教育部高职高专计算机教指委规划教材

# 现代办公自动化项目教程

## （Windows XP＋Office 2010）

主　编　靳广斌
副主编　樊广峰

中国人民大学出版社
·北京·

# 总 序

近年来，我国高等教育取得了跨越式发展，毛入学率由1998年的8%迅速增长到2010年的25%，已经进入到大众的发展阶段，这其中，高等职业教育对实现“形成全民学习、终身学习的学习型社会”、“构建终身教育体系”的宏伟目标，发挥着其他教育形式不可替代的作用。

质量是职业教育的生命，社会需求是职业教育发展的终极动力。新颁布的《国家中长期教育改革和发展规划纲要》（简称《纲要》）特别强调通过推进教育教学改革来提高质量。《纲要》要求通过课程、教材、教学模式和评价方式的创新，推进就业创业教育，实现人才培养方式转变，着力提高学生的职业道德、职业技能和就业创业能力。

实际上，为了适应我国高等职业教育的发展，全面提高教育教学质量，教育部主管部门先后启动了“国家精品课程建设”和“国家示范性高等职业院校建设计划”，经过四年的建设，无论是办学条件、人才培养模式，还是学生的就业质量都取得了显著进步；同时，也涌现出了一批高水平的优秀课程和优秀教材，为传播优秀教学理念、教学方法和教学内容起到了重要作用，为提高教学质量奠定了坚实基础。

为进一步深化教育教学改革和精品课程建设，进一步挖掘优秀的课程和教材，推广优秀的教育成果，扩大精品课程的受益面，在教育部高等学校高职高专计算机类专业教学指导委员会的指导下，中国人民大学出版社组织召开了计算机类专业的教材研讨会，并成立了教材编审委员会，计划在未来两三年内陆续推出百种高职高专计算机系列精品教材。

此套教材的作者大都是有着丰富的职业教育教学经验和较高专业学术水平的专家和教

授。教材内容的选择克服了追求理论“大而全”的不足，做到了少而精，有针对性，突出了能力的训练和培养；教材体例的安排突出了学习使用的弹性和灵活性，形成文字教材和多媒体教程相结合的立体化教材，加强了教师对学生学习过程的指导和帮助，形象生动、灵活方便，更能适应学员在职、业余自学，或配合教师讲授时使用，相信会起到很好的教学效果。为满足教师在实际教学中的需求，本套教材在编写体例形式上不拘一格，具备“任务引领型”、“案例型”、“项目实训型”等写作特点，其目的是让学生在学中练、练中学，在实际动手练习中掌握理论知识和专业技能。

我们期待，这套高职高专计算机精品教材能够为促进我国高校IT职业教育的教学质量做出积极的贡献；我们也相信，这套教材必将在实践中日臻完善、追求卓越！

**教育部高等学校高职高专计算机类专业教学指导委员会 主任委员**

**大连东软信息学院院长　温涛教授**

二〇一〇年六月

# 前 言

随着科学技术特别是计算机及信息技术的发展，办公自动化技术有了很大的飞跃，成为人们提高效率、降低成本、减少时间和能耗的有效手段，对工作人员的办公处理能力也提出了越来越高的要求，因此，学习办公自动化知识，适应信息化发展的需要，已经成为对各类专业学生的基本要求。

**本书特点**

本书语言简练、内容丰富，由浅入深、由易到难、循序渐进、图文并茂，理论紧密结合实际。书中的每个案例都来源于实际，较为详细地介绍了办公自动化所需的通用性操作技能和技术，包括了日常使用的全部知识，贯彻了知识、能力、技术三位一体的教育原则。

**编写方式**

本书以目前最常用的 Windows XP 和微软刚刚发布的 Office 2010 为基础，特别增加了可与 Word 2010 媲美的 Publisher 2010 的内容，拓展了学生的知识面。本书在编写过程中，舍弃了一些实际中使用较少的操作和理论较烦琐的说明，根据案例进行编排，编写方式采用“步步推进”的方法。首先给出完整的案例，然后剖析案例、分析案例、提出方法、写出步骤，最终实现案例。本书运用了大量的图片、说明和提示等形式，突出了应用性和操作性，对于缺乏经验的学生来说大大丰富了其感性认识，加强了对学生的知识、技能与创新能力的训练，深化了学生对概念和理论的理解。此外，在按实例进行讲解时，充分注意知识的完整性和系统性。利用本书不但能够快速入门，而且可以达到较高的水平，有利于教学和自学。

**本书内容**

第 1 章主要介绍计算机基础知识，通过本章的学习，使学生掌握计算机的发展、计算机的分类、计算机的应用和计算机的组成等。

第 2 章主要介绍中文 Windows XP 操作系统，通过本章的学习，使学生掌握 Windows XP 操作系统的启动和关闭、资源管理器的组成、文件和文件夹的操作、附件的应用、控制面板的操作以及常用的中文输入法等。

第 3 章主要介绍中文 Word 2010 操作与应用，通过三个案例的学习，使学生掌握 Word

2010 的基本操作、编辑文档、文本框的插入、设置文档格式、图文混排、表格制作、邮件合并和页面设置等。

第 4 章主要介绍中文 Excel 2010 操作与应用，通过一个案例的学习，使学生掌握工作簿和工作表的创建和使用、工作表的使用维护、表格编辑、数据计算和分析、制作图表、使用数据透视表等。

第 5 章主要介绍中文 PowerPoint 2010 操作与应用，通过一个案例的学习，使学生掌握演示文稿的创建、制作、设计、播放、用母版创建模板以及演示文稿的发布等。

第 6 章主要介绍中文 Publisher 2010 操作与应用，通过一个案例的学习，使学生掌握出版物的基本操作、编辑文稿、版面编排、图文混排、插入边框线和强调线、预览和打印以及发布高品质的出版物等。

第 7 章主要介绍网络应用，通过一个案例的学习，使学生掌握 ADSL 宽带连接，局域网共享，IE 浏览网页，申请电子邮箱，撰写、发送、接收邮件等。

第 8 章主要介绍常用办公自动化设备，通过本章的学习，使学生掌握打印机、扫描仪、传真机、复印机的使用方法等。

**编写人员**

本书由山西大学工程学院靳广斌任主编并负责统稿，太原电力职业技术学院樊广峰任副主编。参加编写的还有太原电力高等专科学校齐兴斌、赵丽，太原警官职业学院李建利，山西医科大学第二医院陈翠兰等。

由于编者水平有限，书中难免有疏漏和不足之处，欢迎广大读者批评指正。

**面向对象**

本书可以作为非计算机专业学生的教材或教学参考书，也可以作为办公自动化培训的教材、公务员电子政务的参考教材以及自学考试相关科目的辅导读物，还可以供相关技术人员参考。

**本书具体章节内容及预分配课时**

| 教材章节 | 内　容 | 预分配课时 |
|---|---|---|
| 第 1 章 | 计算机基础知识 | 2 课时 |
| 第 2 章 | 中文 Windows XP 操作系统 | 6 课时 |
| 第 3 章 | 中文 Word 2010 操作与应用 | 14 课时 |
| 第 4 章 | 中文 Excel 2010 操作与应用 | 12 课时 |
| 第 5 章 | 中文 PowerPoint 2010 操作与应用 | 8 课时 |
| 第 6 章 | 中文 Publisher 2010 操作与应用 | 10 课时 |
| 第 7 章 | 网络应用 | 6 课时 |
| 第 8 章 | 常用办公自动化设备 | 6 课时 |
| 合计课时 | 64 课时 | |

编者

2011 年 4 月 10 日

# 目 录

# 第1章 计算机基础知识

本章重点

- 计算机的概念
- 计算机的分类
- 计算机的组成
- 计算机的用途

教学目标

本章主要介绍计算机的基础知识，包括计算机的发展、计算机的分类、计算机的应用和计算机的组成。通过本章的学习，使学生对计算机有一个初步的认识。

## 1.1 计算机概述

1946年，宾夕法尼亚大学为美国国防部成功研制了世界上第一台电子数字计算机——ENIAC。自此以来，计算机的研究、生产和应用得到了迅猛发展，从而使得计算机信息处理成为当今世界上发展最快、应用最广的科学领域之一。特别是进入互联网时代后，计算机的广泛应用更是渗透到了人们生活的各个方面。

那么，什么是计算机呢？计算机就是一种能按照先前存储的程序，自动、高速、精确地进行数值计算和各种信息处理的现代化的电子装置设备。计算机的全称是“通用电子数字计算机”。它具有以下特点：

（1）运算速度快、精度高。计算机内部的运算器是由数字逻辑电路组成的，可以高速准确地完成各种算术运算和逻辑运算。

（2）存储容量大。计算机的内存储器类似于人类的大脑，可以“记忆”大量的数据和信息，再配上大容量的磁盘、光盘等外存储器，使得计算机的存储容量达到海量级别。

（3）程序运行自动化。计算机能够在人们预先编制好的程序控制下，完全自动化工作。

### 1.1.1 计算机的发展

第二次世界大战期间，美国宾夕法尼亚大学莫尔学院电工系和陆军的阿伯丁弹道实验室共同承担了一项军事任务：每天向海军和陆军的参谋部提交6张火力表，而两三百人用3个月的时间才能完成1张火力表。对于瞬息万变的战场来说，花这么长时间算出的火力表已经没有什么实用价值了。电工系的莫希利教授在1942年8月建议用电子管为基本元件制造高速运算计算机。1943年，24岁的硕士研究生艾克特领导一个工程小组研究和制造出了一台高速运算的电子管计算机——“电子数值和积分计算器”，简称“ENIAC”。在1946年2月15日的揭幕典礼上，人们看到ENIAC占地167m²，有30t重，安装了1.8万多个电子管、7万多个电阻和1万多个电容。ENIAC奠定了电子计算机的发展基础，开辟了一个计算机科学技术的新纪元。有人称其为人类第三次产业革命开始的标志。

但ENIAC还不是真正意义上的计算机，它能做四则运算等，但计算时仍需要人工参与，每次计算前技术人员必须先对那么多的导线管进行插拔等操作，非常麻烦。

同年，著名美籍匈牙利数学家约翰·冯·诺依曼（John von Neumann）提出了“存储程序”和“程序控制”的思想，这一思想为电子计算机的逻辑结构设计奠定了基础，现已成为计算机设计的基本原则。

1. 冯·诺依曼思想的核心要点

(1) 计算机的基本结构由五大部件组成：运算器、控制器、存储器、输入设备和输出设备。

(2) 计算机中应采用二进制形式表示数据和指令。

(3) 采用“存储程序”和“程序控制”的工作方式。

直至今天，绝大部分的计算机还是采用冯·诺依曼方式工作。

2. 计算机的发展阶段

(1) 第一代计算机：电子管计算机（1946年～1957年）。这个时代的计算机的基本元件是电子管，由于电子技术的限制，运算速度为每秒几千次到几万次。软件方面采用低级语言——机器语言、汇编语言。第一代计算机的主要特点是运算速度慢、内存容量也非常小、可靠性差、体积大、价格昂贵，主要应用在科学计算和军事领域。

(2) 第二代计算机：晶体管计算机（1958年～1964年）。这个时代的计算机的基本元件是晶体管，运算速度为每秒几万次到几十万次，内存容量也扩大到几十万字节。软件方面也有了很大的发展，出现了高级语言如BASIC、FORTRAN和COBOL等。第二代计算机的主要特点是速度快、内存容量大、可靠性高、体积小、功能强大，使用范围也扩展到了很多领域。

(3) 第三代计算机：集成电路计算机（1965年～1971年）。这个时代的计算机采用中小规模集成电路作为主要元件。与晶体管计算机相比，集成电路计算机体积更小、质量更高、功耗更小、运算速度更快、可靠性也更高。同时，软件方面也得到了更进一步的发展，出现了操作系统和编译系统，还出现了更多的高级语言。

(4) 第四代计算机：大规模、超大规模集成电路计算机（1972年至今）。这个时代的计算机采用大规模、超大规模集成电路作为主要元件，使计算机体积、重量、成本均大幅度降低，出现了微型机。集成度越来越高，容量越来越大。各种使用方便的输入、输出设备相继出现，各种实用软件层出不穷，极大地方便了用户。同时由于计算机技术与通信技术的结合，计算机网络把世界紧密地联系在一起。再加上多媒体技术的崛起，计算机集图像、图形、声音、文字处理于一体，在信息处理领域掀起了一场革命。

### 1.1.2 计算机的分类

计算机的分类方式有很多种，可以从不同的角度对计算机进行分类。

1. 根据计算机的发展趋势分类

(1) 超级计算机（也称巨型机）。目前，世界上运行最快的超级计算机的速度为每秒1 704亿次浮点运算。生产超级计算机的公司有美国的Cray公司，日本的富士通公司、日立公司。我国研制的银河计算机也是超级计算机，银河一号为亿次机，银河二号为十亿次机，银河三号为百亿次机，曙光-2000和神威超级计算机都是千亿次机。

(2) 小超级计算机（也称小巨型机）。小超级计算机使超级计算机缩小成个人机大小，或者使个人机具有超级计算机的性能。美国Convex公司的C-1、C-2，Alliant公司的FX系列都是小超级计算机。

(3) 大型主机。大型主机就是我们通常所说的大、中型计算机。把大型主机放在计算中心的玻璃机房中，用户要上机就必须去计算中心的终端工作。IBM公司是大型主机市场上的主要公司，不过随着微机与网络的迅速发展，大型主机正被高档微机所取代。

(4) 小型机。在集成电路推动下，20世纪60年代出现了一系列小型机，它们比大型主机要小，结构也简单，便于采用先进工艺，易于操作、维护和推广。

(5) 工作站。工作站与高档微机之间的界限并不十分明确，而且高性能的工作站正在接近小型机，甚至接近低端大型主机。工作站的明显特征是：使用大屏幕、高分辨率的显示器，大容量的内、外存储器。经常用于计算机辅助设计、图形处理、软件工程等。

(6) 个人计算机（也称微机）。在近20年来，微机以超乎寻常的速度在迅猛发展。微机体积更小、重量更轻、价格更便宜、应用面也更广。

2. 根据计算机的用途分类

(1) 通用计算机。通用计算机是指各种行业、各种工作环境等都能使用的计算机。学校、家庭、工厂、医院等用户都能使用的就是通用计算机，平时我们购买的品牌机、兼容机也是通用计算机。

(2) 专用计算机。专用计算机是专为解决某一特定问题而设计制造的电子计算机，一般拥有固定的存储程序。如控制轧钢过程的轧钢控制计算机、计算导弹弹道的专用计算机等。专用计算机速度快、可靠性高，且结构简单、价格便宜。

3. 根据计算机的原理分类

(1) 数字计算机。数字计算机在当今的计算机行业中占主流地位。它的主要特点是“离散”，即在相邻的两个符号之间不可能有第三个符号存在。由于这种处理信号的差异，使得它的组成结构和性能优于模拟计算机。

(2) 模拟计算机。模拟计算机问世较早，内部使用电信号来模拟实际信号。模拟计算机处理问题的精度差、电路结构复杂、抗外界干扰能力差。

(3) 混合计算机。混合计算机出现于20世纪70年代，是把模拟计算机与数字计算机结合在一起的计算机。数字计算机运算精度很高，而模拟计算机运算速度很高、精度较低。把两者结合起来可以取长补短，因此混合计算机主要适用于一些严格要求实时性的复杂系统的仿真。

### 1.1.3 计算机的应用领域

目前，计算机的应用领域可概括为以下几个方面。

1. 科学计算

早期的计算机主要用于科学计算，利用计算机的高速度、大存储能力，可以解决各种科学计算上的问题。

2. 过程检测与控制

利用计算机对工业生产过程中的某些信号进行自动检测，并把检测到的数据存入计算机，再根据需要对这些数据进行处理，这样的系统就是计算机检测系统。例如，在汽车工业方面，利用计算机控制机床、整个装配流水线，不仅可以实现精度要求高、形状复杂的零件加工的自动化，而且可以使整个车间或工厂实现自动化。

3. 计算机辅助系统

(1) 计算机辅助设计（CAD）：利用计算机进行工程设计，可以提高工作的自动化程度，从而节省人力、物力和财力。计算机辅助设计在电路、机械、建筑、服装等设计中得到了广泛的应用。

(2) 计算机辅助制造（CAM）：利用计算机对生产设备进行管理，不仅可以提高产品质量、降低生产成本，而且可以改善工作人员的工作条件。

(3) 计算机辅助测试（CAT）：利用计算机进行各种既复杂又大量的测试工作。

(4) 计算机辅助教学（CAI）：利用计算机进行知识讲授和辅导。

4. 人工智能

利用计算机来模拟人类的各种智能活动，如感知、判断、理解、学习、问题求解和图像识别等。例如，医学上进行疾病诊断的专家系统，具有一定思维能力的智能机器人等。

5. 网络应用

随着通信技术的发展，计算机技术与现代通信技术的结合构成了计算机网络。一个单位、一个地区、一个国家的计算机与计算机之间进行通信，实现了各种软、硬件资源的共享。

### 1.1.4 知识拓展

1. 第五代计算机

1981 年 10 月，日本首先开始研制第五代计算机。第五代计算机是具有人工智能的新一代计算机，它具有推理、联想、判断、决策、学习等功能。第五代计算机包括超导计算机、纳米计算机、光计算机、DNA 计算机和量子计算机等。

2. 中国巨型计算机的发展史

1983 年，中国第一台巨型计算机——银河一号亿次巨型计算机在国防科技大学研制成功。

1992 年，国防科技大学研制出银河二号通用并行巨型计算机，峰值速度达每秒 10 亿次。

1993 年，国家智能计算机研究开发中心研制出曙光一号全对称共享存储多处理机，这是国内首次以基于超大规模集成电路的通用微处理器芯片和标准 UNIX 操作系统设计开发的并行计算机。

1995 年，曙光信息产业有限公司推出了曙光 1000，峰值速度每秒 25 亿次浮点运算。

1997 年，国防科技大学研制成功银河三号百亿次并行巨型计算机，峰值速度为每秒 130 亿次浮点运算。

1997 年至 1999 年，曙光信息产业有限公司又先后研制出曙光 1000A、曙光 2000-Ⅰ、曙光 2000-Ⅱ超级服务器，峰值速度突破每秒 1 000 亿次浮点运算。

1999 年，国家并行计算机工程技术研究中心研制的神威Ⅰ计算机，峰值速度达每秒

3 840亿次。

2004 年，由中国科学院计算研究所、曙光信息产业有限公司、上海超级计算中心三方共同研发制造的曙光 4000A 实现了每秒 10 万亿次运算速度。

2008 年，曙光 5000A 实现了峰值速度 230 万亿次。

2009 年 10 月 29 日，中国首台千万亿次超级计算机天河一号诞生。这台计算机每秒 1 206万亿次的峰值速度和每秒 563.1 万亿次的 Linpack 实测性能，使我国成为继美国之后世界上第二个能够研制千万亿次超级计算机的国家。

## 1.2 计算机系统的组成

一个完整的计算机系统应包括计算机硬件和计算机软件两大部分。计算机硬件是指组成一台计算机的各种物理元件。计算机硬件，如同人体的各个器官，是可以看得见、摸得着的。计算机软件是指在硬件设备上运行的各种程序以及有关的文档。计算机软件，如同人的思维，是看不见摸不着的。从外观上看，完整的微型计算机的外形如图 1—1 所示。

图 1—1 微型计算机

### 1.2.1 计算机硬件系统

无论什么样的计算机，计算机硬件系统基本上都遵循冯·诺依曼体系结构，由运算器、控制器、存储器（内存储器和外存储器）、输入设备和输出设备五大部分组成，如图 1—2 所示。

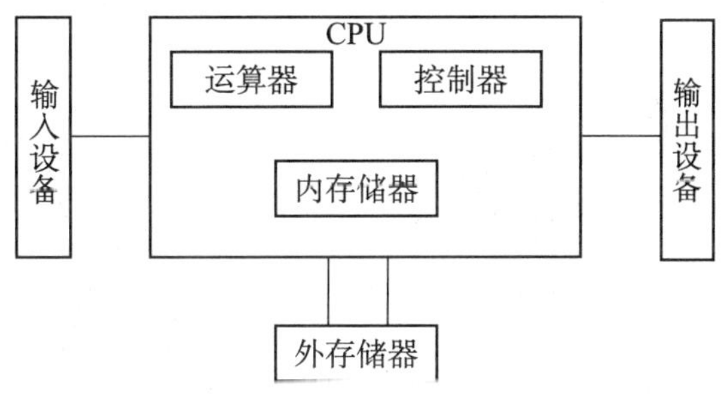


图 1—2 计算机硬件组成

1. CPU 的组成

(1) 运算器。运算器（Arithmetic Unit）是进行算术运算和逻辑运算的部件。算术运算是按照算术规则进行加、减、乘、除等运算；逻辑运算是进行比较、移位、逻辑与、逻辑或、逻辑非等运算。

(2) 控制器。控制器（Control Unit）是计算机的管理机构和指挥中心，统一控制和指挥计算机的各个部件协调工作。各个部件在控制器的控制下，能够自动按照预先存储的程序所设定的步骤进行一系列的操作，从而完成特定的任务。

在实际的计算机中，运算器、控制器、内存储器集成在同一块芯片上，构成中央处理器（Center Processing Unit，CPU），如图 1—3 和图 1—4 所示。所以说，CPU 是计算机的核心和心脏，它控制着整个计算机系统的工作，CPU 的性能决定了计算机的性能。

图 1—3　CPU 的正面

图 1—4　CPU 的背面

**说明：** CPU 是计算机中最重要的一个部分。如果把计算机比作一个人，那么 CPU 就是人的心脏，其重要作用可见一斑。按照 CPU 处理信息的字长可以分为：四位微处理器、八位微处理器、十六位微处理器、三十二位微处理器以及六十四位微处理器等。

英特尔公司是全球最大的半导体芯片制造商，总部位于美国加利福尼亚州的圣克拉拉市。它成立于 1968 年，具有 40 多年产品创新和市场领导的历史。1971 年，英特尔推出了全球第一个微处理器。微处理器所带来的计算机和互联网革命，改变了整个世界。英特尔公司生产的 CPU 如图 1—5 所示。

AMD 是一家专注于微处理器设计和生产的跨国公司，成立于 1969 年，总部位于美国加州硅谷的森尼韦尔。AMD 为计算机、通信及消费电子市场供应各种集成电路产品，其中包括中央处理器、图形处理器、闪存、芯片组以及其他半导体技术。AMD 公司生产的 CPU 如图 1—6 所示。

图 1—5　Intel CPU

图 1—6　AMD CPU

2. 存储器

存储器通常分为内存储器和外存储器两种。

(1) 内存储器。内存储器（见图 1—7），简称内存，由半导体元件制成。内存的特点是存取速度快，但断电后内存的数据就会丢失。内存储器又可分为随机读/写存储器（Random Access Memory，RAM）、只读存储器（Read Only Memory，ROM）、高速缓冲存储器（Cache）三类。

内存储器的特点是存储容量较小、存取速度快、价格较高。

(2) 外存储器，简称外存，也叫辅存储器。外存储器是指除计算机内存及 CPU 缓存以外的储存器，此类储存器一般断电后仍然能保存数据。常见的外储存器有硬盘（见图1—8）、软盘、光盘、U 盘等。

外存储器的特点是存储容量大、价格低、存取速度相对较慢，但外存储器可以存储更多的信息。

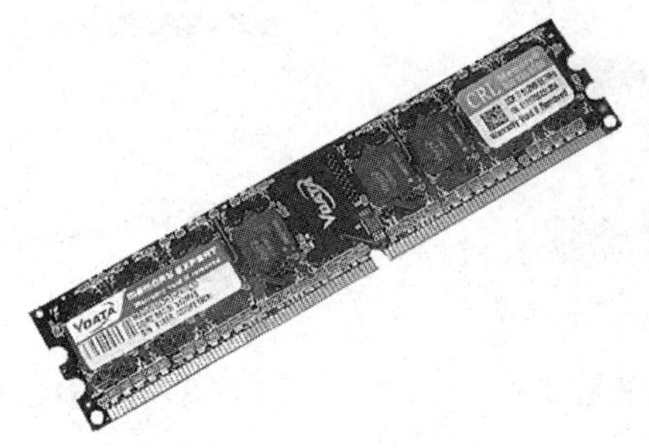

图 1—7　内存储器

图 1—8　硬盘

**提示：**我们平常使用的程序，一般都是存储在外存上的，当要使用时必须把它们调入内存中运行。所以内存的好坏会直接影响计算机的运行速度。目前微型计算机中的内存主要是以内存条的形式进行组织，方便扩展，即用户可以根据需要随时增加内存条。常见的内存条有 256MB、512MB、1G、2G 等，使用时只要将内存条插入内存槽即可。

3. 输入设备

输入设备向计算机输入数据和信息，是计算机与用户或其他设备进行通信的桥梁。键盘、鼠标、麦克风、摄像头、扫描仪、写字板等都是输入设备。常见的输入设备如图1—9～图 1—14 所示。

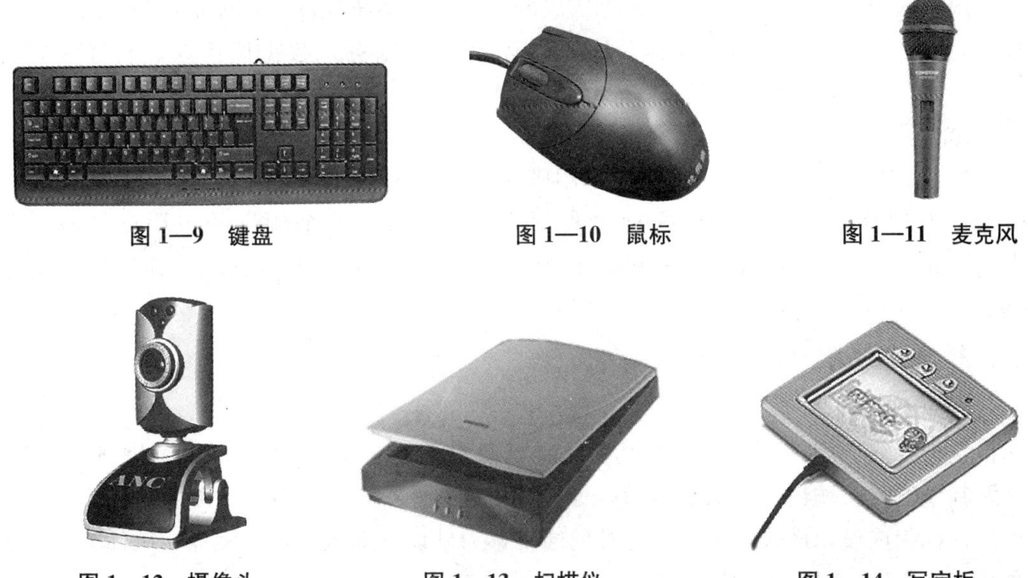

图 1—9　键盘　　图 1—10　鼠标　　图 1—11　麦克风

图 1—12　摄像头　　图 1—13　扫描仪　　图 1—14　写字板

4. 输出设备

输出设备将计算机处理的最终结果或中间结果，以某种形式表现出来。显示器、打印机、绘图仪、影像输出系统、语音输出系统、磁记录设备等都是输出设备。常用输出设备如图 1—15～图 1—17 所示。

图 1—15　LCD 显示器

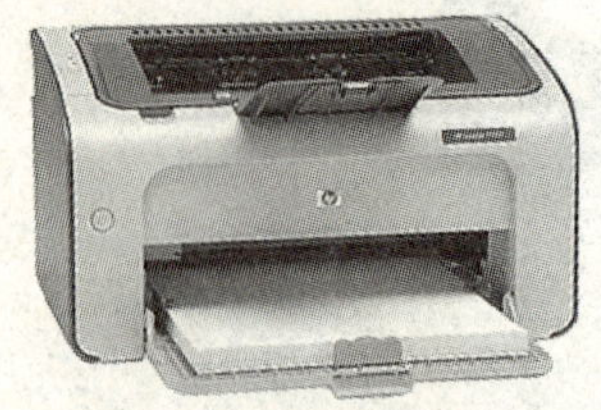

图 1—16　激光打印机

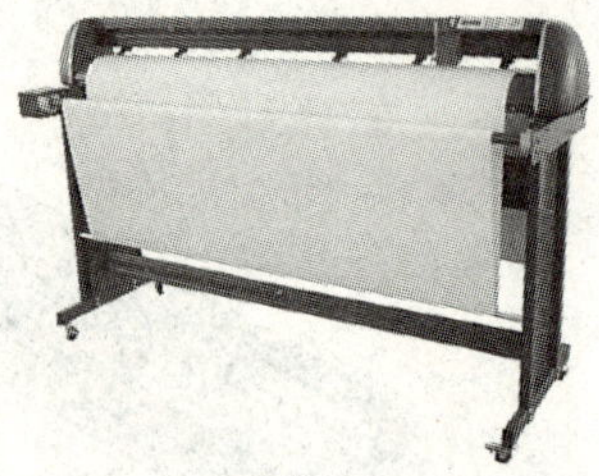

图 1—17　CAD 绘图仪

输入设备、输出设备和外存储器统称为外部设备（简称外设）。

### 1.2.2　计算机软件系统

计算机软件系统是指在计算机系统中各种程序及有关文档资料的总称，它着重解决管理和使用机器的问题。硬件系统和软件系统是相辅相成的，没有任何软件支持的计算机称为裸机，裸机本身不具备任何功能，只有配备一定的软件，才能发挥功能。计算机软件系统的作用就是对计算机资源的控制和管理，也是用户与硬件系统进行交流的接口。计算机的软件系统可以分为系统软件和应用软件两大类（见图 1—8）。

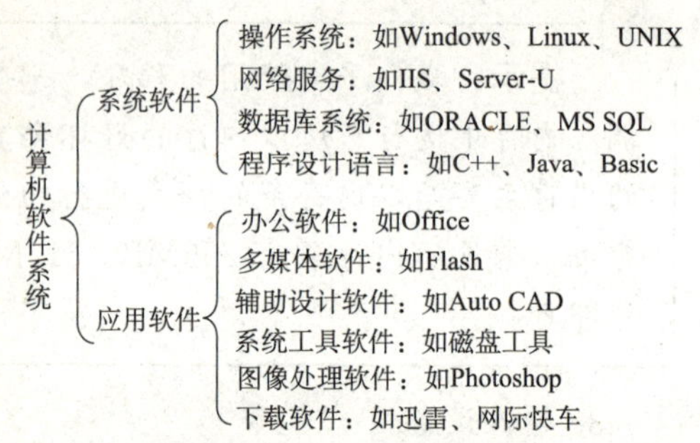


图 1—18　计算机软件系统

1. 系统软件

系统软件是指管理和维护计算机资源（包括硬件和软件）的软件，是计算机系统的必备软件。当用户购买计算机后，都需要根据需求配备相应的系统软件。目前常见的系统软件主要有操作系统（如 Windows、Linux、UNIX 等）、网络服务、数据库系统、程序设计语言等。

2. 应用软件

应用软件是用程序设计语言编写的，用于解决某个应用领域中的具体问题。因此，它具有很强的专用性。随着计算机的日益普及，各行各业、各个领域的应用软件越来越多，如办公软件、多媒体软件、辅助设计软件、系统工具软件、图像处理软件、下载软件等。

### 1.2.3　知识拓展

1. 主机

主机是指计算机用于放置主板及其他主要部件的容器，通常包括 CPU、硬盘、光驱、电源以及其他输入、输出控制器和接口，如 USB 控制器、显卡、网卡、声卡等。位于主机箱内的通常称为内设，而位于主机箱之外的通常称为外设（如显示器、键盘、鼠标、外接硬盘、外接光驱等）。主机内部结构如图 1—19 所示。

**图 1—19　主机内部结构**

2. 主板

主板，又叫主机板（Mainboard）、系统板（Systemboard）或母板（Motherboard）。它安装在机箱内，是计算机最基本的也是最重要的部件之一。主板一般为矩形电路板，上面安装了组成计算机的主要电路系统，一般有 BIOS 芯片、I/O 控制芯片、键盘和面板控制开关接口、指示灯插接件、扩展插槽、主板及插卡的直流电源供电插接件等。常见主板如图 1—20所示。

（a）支持 Intel CPU 的主板

（b）支持 AMD CPU 的主板

**图 1—20　常见主板**

主板采用了开放式结构，上面大都有 2～4 个扩展插槽，供计算机外设的控制卡（适配器）使用。通过更换这些插卡，可以对计算机的相应子系统进行局部升级，使厂家和用户在配置机型方面有更大的灵活性。总之，主板在整个计算机系统中扮演着举足轻重的角色。可以说，主板的类型和档次决定着整个计算机系统的类型和档次，主板的性能影响着整个计算机系统的性能。

3. 显卡

显卡全称显示接口卡（Video Card，Graphics Card），又称为显示适配器（Video Adapter），是计算机最基本组成部分之一。显卡的用途是将计算机系统所要显示的信息进行转换驱动，并向显示器提供逐行扫描信号，控制显示器的正确显示，它是连接显示器和计算机主板的重要元件，是“人机对话”的重要设备之一。显卡作为计算机的一个重要组成部分，承担输出显示图形的任务，对于从事专业图形设计的人来说显卡非常重要。常用显卡供应商主要有 NVIDIA（英伟达）和 ATI 两家，它们生产的显卡如图 1—21 和图 1—22 所示。

图 1—21 NVIDIA 公司 GeForce 芯片显卡

图 1—22 ATI 公司 Radeon 芯片显卡

4. 电源

图 1—23 计算机电源

计算机属于弱电产品，也就是说部件的工作电压比较低，一般为±12V，并且是直流电。而普通的市电为 220V 交流电，不能直接在计算机部件上使用。因此计算机电源负责将普通市电转换为计算机可以使用的电压，一般安装在计算机内部。计算机的核心部件工作电压非常低，并且由于计算机工作频率非常高，因此对电源的要求比较高。目前计算机的电源为开关电路，将普通市电转为直流电，再通过斩波控制电压，将不同的电压分别输出给主板、硬盘、光驱等计算机部件。计算机电源外形如图 1—23 所示。

5. 计算机单位换算

计算机中的数据都是以二进制的形式表示和存储的。二进制数据只有“0”和“1”两个数字，进行运算时进位基数为 2，即加法运算时是“逢二进一”，减法运算时是“借一当二”。计算机中有数以万计的线路，一条线路传递一个信号，0 代表没有信号，1 代表有信号，就像电源开关一样，同一时间只可能有一种状态，所以计算机最基本的单位就是一条线路的信号，我们就把它称作“位”，英文为“bit”，缩写为“b”。“位”和“字节”其实都是计算机的计量单位，字节是由位组成的，“Byte”是字节的意思。位（bit）这个单位太小，所以字节（Byte）是计算机存储容量的基本计量单位，Byte 可缩写为 B。一个字节由八个二进制位组成，其最小值为 0，最大值为 11111111，一个存储单元能存储一个字节的内容。

计算机存储单位之间的换算关系为：

1KB=1 024B

1MB= 1 048 576B（1 024KB）

1GB=1 073 741 824B（1 024MB）

1TB=1 099 511 627 776B（1 024GB）

1PB=1 125 899 906 842 624B（1 024TB）

例如：40GB 的硬盘应该可以存储 40×1 073 741 824B=42 949 672 960B 的数据。

## 本章小结

本章主要介绍了计算机的发展史、计算机的分类、计算机的用途以及计算机系统的组成，尤其是对计算机主机中的主要部件进行了详细的讲解，这对于初学计算机的学生来说是非常重要的。

# 习 题 1

1. 问答题

(1) 计算机的发展经历了哪几个阶段？每个阶段的主要特征是什么？

(2) 简述计算机系统的组成以及各部件的功能。

(3) CPU 的主要生产厂商有哪些？它们的主要产品有哪些？(通过查询资料来答题)

(4) 计算机所用的存储单位主要有哪些？写出它们之间的换算关系。

2. 选择题

(1) 计算机中的所有信息都是以（　　）的形式存储在机器内部的。

A. 字符　　B. 二进制编码　　C. BCD 码　　D. ASCII 码

(2) 提出“存储程序和采用二进制系统”这个设计思想的科学家是（　　）。

A. 牛顿　　B. 帕斯卡　　C. 比尔·盖茨　　D. 冯·诺依曼

(3) CPU 是指（　　）。

A. 运算器＋控制器　　B. 运算器＋控制器＋存储器

C. 运算器＋控制器＋外存储器　　D. 运算器＋控制器＋内存储器

(4) 完整的计算机系统包括（　　）。

A. 硬件系统和软件系统　　B. 主机和外部设备

C. 系统程序和应用程序　　D. 运算器、存储器和控制器

(5) 计算机的性能主要取决于（　　）的性能。

A. RAM　　B. CPU　　C. 内存　　D. 硬盘

(6) 平常所说的“Pentium Ⅳ”是指（　　）。

A. 计算机的制造商　　B. 计算机的品牌

C. 主板的型号　　D. CPU 的型号

(7) CPU 能直接访问的存储器是（　　）。

A. 软盘　　B. 硬盘　　C. 内存　　D. 光盘

(8) 以下均属于硬件的是（　　）。

A. CPU、键盘、文字处理系统　　B. 存储器、打印机、资源管理器

C. 存储器、显示器、激光打印机　　D. 存储器、鼠标器、网页浏览器

(9) 某学校的教学管理软件属于（　　）。

A. 系统程序　　B. 系统软件　　C. 应用软件　　D. 以上都不是

(10) 计算机的内存储器比外存储器（　　）。

A. 速度快　　B. 存储量大　　C. 便宜　　D. 以上都不是

3. 填空题

(1) 第一台电子计算机的名字是__________。

(2) 计算机的主机由__________和__________两部分组成。

(3) 计算机软件系统分为__________软件和__________软件两大部分。

(4) 内存中，ROM 称为__________，对它只能进行读操作，断电后数据__________；RAM 称为__________，对它可进行读和写操作，断电后数据__________。

(5) 微型计算机系统中常见的输出设备有__________和__________等，常见的输入设备有__________和__________。

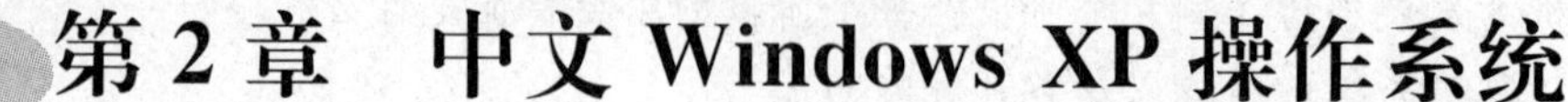

# 第 2 章　中文 Windows XP 操作系统

本章重点

- 启动和关闭 Windows XP 操作系统
- 桌面的组成
- 窗口的组成
- 文件与文件夹
- 资源管理器
- 控制面板
- 汉字输入

教学目标

本章主要介绍中文 Windows XP 操作系统的启动和关闭、资源管理器的组成、文件和文件夹的操作等方面的知识，重点介绍资源管理器的使用。通过本章的学习，使学生能对计算机进行熟练操作，为后续课程的学习打下良好基础。

## 2.1　中文 Windows XP 操作系统概述

Windows XP 是一个多用户、多任务的图形界面操作系统，分为 Windows XP Home（家庭版）和 Windows XP Professional（专业版），它们都是基于 Windows NT 技术构建的，在安全性方面比 Windows 9X 有了大幅度的提高。由于微软在 Windows XP Home 版本中作了较多的限制，本书主要介绍 Windows XP Professional。

### 2.1.1　Windows XP 的启动和关闭

Windows XP 的启动和关闭看似简单，但不可轻视，如果操作不正确会直接影响计算机的使用。

1. 启动

Windows XP 的启动非常简单，只要打开计算机电源，在硬件自检（POST）后，就可进入 Windows XP 的启动阶段，并出现启动画面，等待片刻后，即可进入 Windows XP 环境。

**注意：** 为了安全起见，有的 Windows XP 在登录时，设置了密码保护。启动时必须输入正确的用户名和密码。密码是正确识别用户身份的保密文字，最多可以有 127 个字符，并且区分字母大小写。例如，如果密码是 mypassWord，但输入了 MYPASSWord，那么 Windows XP 将拒绝用户对该计算机的访问。当然，为了防止别的用户窥探我们的计算机，就需要将密码设置得较为复杂一些，比如在密码中掺杂大小写字符、标点符号、数字字符等。

2. 关闭

当需要关闭 Windows XP 时，不能直接关闭电源，这极有可能造成设置信息的丢失、硬盘空间的浪费，甚至会对硬盘造成损害。为了系统的安全，最好使用正常关闭方式，步骤如下：

(1) 选择任务栏中的“开始 | 关机”，出现如图 2—1 所示的“关闭计算机”对话框。

(2) 在对话框中，单击“关闭”按钮，即可退出 Windows XP，并安全关闭计算机。

**图 2—1 “关闭计算机”对话框**

**提示：** 如果单击“待机”按钮，计算机则进入等待状态；如果单击“重新启动”按钮，计算机将重新启动。关闭 Windows XP 系统，也可以按 Alt+F4 组合键（“+”号表示在按“Alt”键的同时按“F4”键）。

### 2.1.2 Windows XP 的桌面组成及操作

启动 Windows XP 之后，首先出现的就是桌面，即屏幕工作区，如图 2—2 所示。

1. 桌面组成

(1) 图标：在桌面上，有多个上面是图形、下面是对该图形的文字说明，这种组合叫图标。

(2) 任务栏：任务栏位于屏幕底部，包括“开始”按钮、快速启动工具栏、任务栏的空白处、输入法、指示区等几部分。

①“开始”按钮：单击该按钮，打开一个“开始”菜单，单击相应的图标即可打开需要的程序或文件。

②快速启动工具栏：用户可以把常用的工具和应用程序的图标拖放到此，用于快速启动应用程序。因为快速启动工具栏在任务栏上，可以把任务栏设置成“总在最前”，这样启动应用程序时只需在快速启动工具栏中单击相应的图标即可。

③任务栏的空白处：用于存放已启动的应用程序的图标按钮，而且可以在多个应用程序之间单击来激活应用程序。

④输入法：在任务栏的最右侧有一个被称做系统托盘的地方，有一个小键盘图标，这就是输入法按钮。单击该按钮，会出现输入法菜单，勾选相应的输入法就可以进行输入。

⑤指示区：显示音量和时钟等图标。

2. 鼠标和键盘操作

最常见的鼠标是两键或三键，一些高级的鼠标还可能有更多的键或者带有一个或多个滚轮，左、右两个键，分别称为“左键”和“右键”。

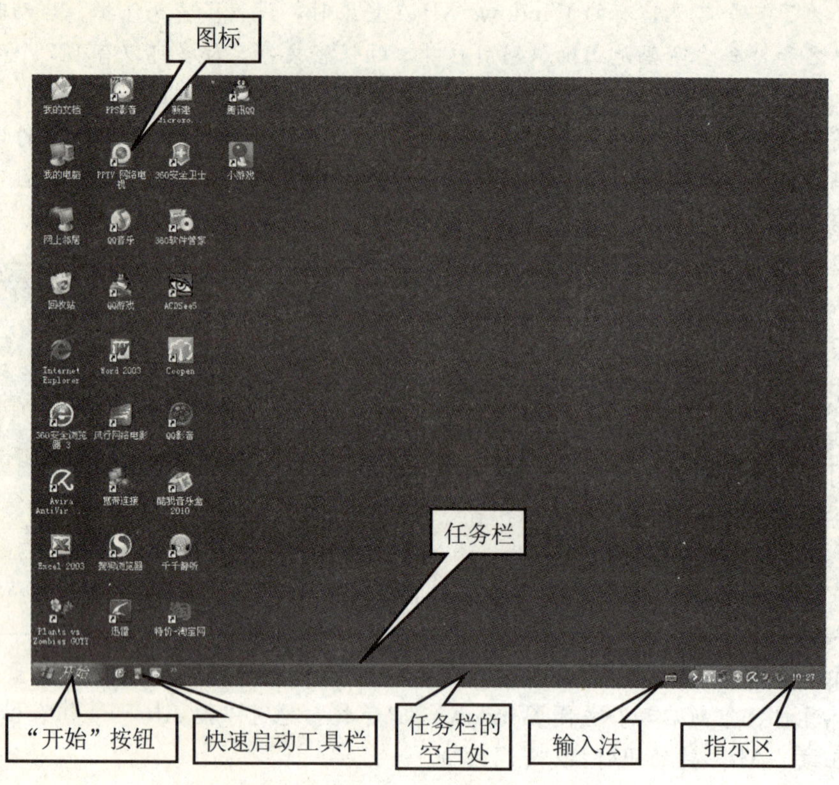


**图 2—2 Windows XP 操作系统桌面**

安装了鼠标后会在屏幕上出现一个鼠标指针，鼠标指针随着鼠标的移动而移动，指向不同的操作对象。

常用的鼠标操作有以下几种：

（1）指向：鼠标指针移动并停留在某一个对象上。

（2）单击：按下并迅速释放鼠标左键，一般用做选中对象。

（3）右击：按下并立即释放鼠标右键。

（4）双击：快速地连续两次按下并立即释放鼠标左键。

（5）拖动：按住鼠标左键不松开，移动鼠标指针到另一位置后再松开。

键盘在 Windows XP 操作中也是不可缺少的。可以用键盘来输入数字或字母，还可以用组合键来替代鼠标的某些操作，鼠标的某些操作有时还必须有键盘配合才能完成。

3. 图标操作

激活图标：用鼠标左键单击某一图标，该图标颜色变深，即被激活。

移动图标：将鼠标光标移到某一图标上，按住左键不放，拖动图标到某一位置后再释放，图标就被移动到该位置。

执行图标：用鼠标左键双击某一图标，将会执行该图标所代表的应用程序或打开该图标所代表的文档。

复制图标：要把某窗口中的图标复制到桌面上，可以先按住 Ctrl 键不放，然后用鼠标左键拖动图标到桌面的指定位置，再释放 Ctrl 键和鼠标，即可完成图标的复制。

图标更名：单击鼠标右键，在快捷菜单中，选择“重命名”，输入新名称，按 Enter 键。

排列图标：在桌面上的空白处单击鼠标右键，弹出快捷菜单在快捷菜单中选择“排列图标”，并选择其中一项排列方式即可。如果选择“自动排列”，则桌面上的图标会自动排列。

删除图标：删除图标的方式有两种，即逻辑删除和物理删除。逻辑删除图标：选定要删除的图标，单击鼠标右键，在弹出的快捷菜单中选择“删除”，出现“确认文件删除”对话框，如果确实要删除，单击“是”按钮，否则单击“否”按钮。物理删除图标：选定要删除的图标，按 Shift＋Delete 组合键，出现“确认文件删除”对话框，单击“是”按钮确认，图标彻底删除（物理删除）。

新建快捷方式图标：单击“所有程序｜应用程序｜发送到｜桌面快捷方式”，即可在桌面新建快捷方式。

### 2.1.3 Windows XP 的窗口组成

Windows XP 的操作主要是在窗口下进行，必须掌握窗口的各个组成部分及其功能，以及对窗口的基本操作，这是熟练使用基于 Windows XP 操作系统应用程序的前提。

在 Windows XP 系统中，窗口一般包括：标题栏、菜单栏、工具栏、地址栏、链接栏、状态栏、工作区域以及滚动条及其按钮等内容，如图 2—3 所示。其中，标题栏包括：控制菜单、窗口标题、最小化按钮、最大化/还原按钮和关闭按钮；工作区域包括：快捷功能窗口、对象窗口及对象图标。

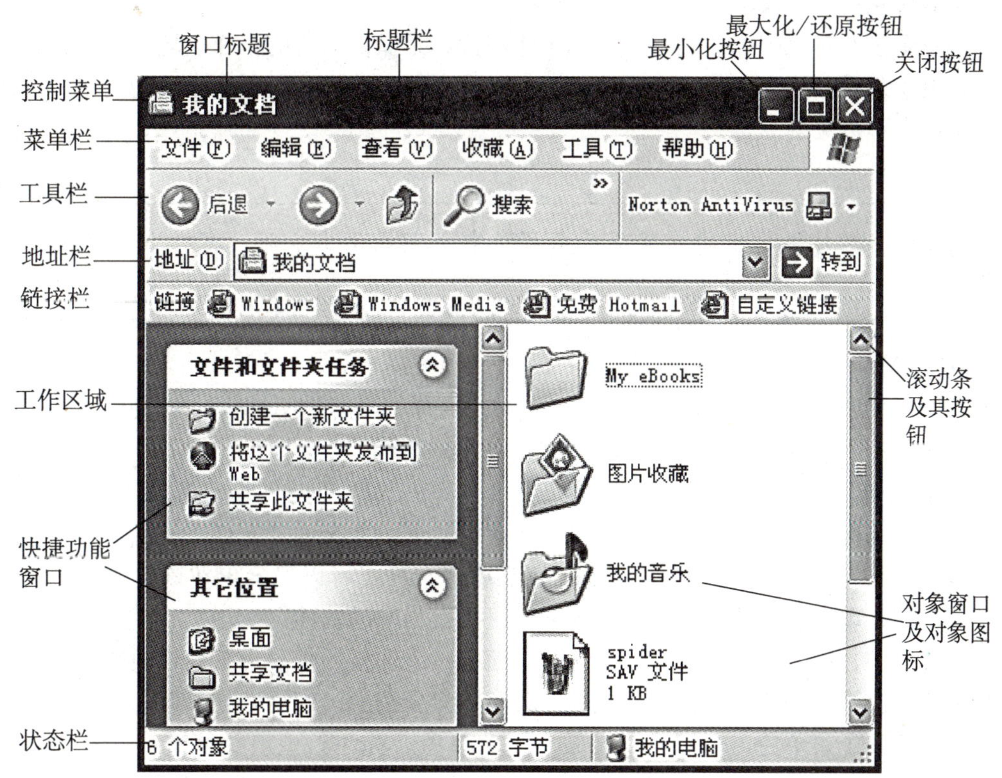


图 2—3 Windows XP 窗口的组成

（1）标题栏：显示当前应用程序名称。

①控制菜单：包括移动窗口、改变窗口尺寸和关闭窗口等。

②窗口标题：显示窗口的名称。

③最小化按钮：用来将窗口缩小成一个图标按钮，并放置在桌面上的任务栏中。

④最大化/还原按钮：最大化按钮用来将窗口放大到满屏尺寸，但不覆盖桌面上的任务栏（除非任务栏自动隐藏）；还原按钮用来将窗口还原到最大化前的窗口状态。

⑤关闭按钮：用来关闭当前窗口。

**提示：**关闭按钮与最小化按钮的区别是：最小化按钮是将窗口缩小成一个图标按钮（在任务栏上），但该窗口仍然是活动的；关闭按钮可将当前窗口从桌面上彻底清除，需要时必须重新打开。

（2）菜单栏：用来显示菜单的名称，一般包括文件、编辑、查看、帮助等内容。

（3）工具栏：一般包括后退、前进、搜索等工具按钮。

（4）地址栏：方便快捷到达指定的位置、显示当前所在位置。

（5）链接栏：用于频繁访问的网页链接。

（6）状态栏：用来显示当前状态或操作状态的有关信息。

（7）工作区域：窗口内部的区域，用来显示操作的内容。应用程序窗口的工作区可以打开一个或多个文档窗口。

①快捷功能窗口：快捷执行相应的操作。

②对象窗格及对象图标：它是窗口的主体部分，是操作对象的工作区域。

（8）滚动条及其按钮：当窗口无法容纳其中的内容时，通过滚动条及滚动按钮，可以看到当前窗口中不可见的内容。

**提示：**当工作区域中的内容不能在窗口中全部显示出来时，窗口中才会出现滚动条。

### 2.1.4 Windows XP 的菜单操作

菜单提供了所有的操作功能，可以从中选择所需要的命令来执行相应的操作。除了“开始”菜单外，还有两种常用的菜单：下拉菜单和快捷菜单。

1. 下拉菜单

绝大部分的应用程序窗口中都有菜单栏。菜单栏上的文字如“文件”、“编辑”、“窗口”、“帮助”等被称为菜单名，也称为主菜单，只要单击它，就可以显示出在该主菜单下包含的所有子菜单项，单击所要选择的子菜单项就可以执行相应的功能。

在主菜单中，可以看到每一个主菜单名后面有一个加括号并且带下划线的英文字母，即人们常说的快捷键。例如要想打开“文件”菜单，只要按 Alt＋F 组合键即可。

同样，打开子菜单后，可以看到在某个子菜单项后标注着一组快捷键（这种快捷键以Ctrl＋英文字母的方式为主，也可能只是某个独立的键）。例如，删除操作相对应的键为Delete键。按此快捷键，可以起到和单击该子菜单项同样的作用，即执行相应的操作。再例如，打印操作可以直接按 Ctrl＋P 组合键；全选操作可以直接按 Ctrl＋A 组合键。利用快捷键这种方式可以极大地提高操作速度，常用的快捷键如下：

剪切：Ctrl＋X

复制：Ctrl+C

粘贴：Ctrl+V

撤销：Ctrl+Z

全选：Ctrl+A

2. 快捷菜单

通过单击鼠标右键而出现的菜单称为快捷菜单。

在 Windows XP 操作系统中，当右击某对象时，就会有与该对象密切相关的最常用的操作以快捷菜单的形式显示出来，从而可以很方便地利用该快捷菜单对该对象执行各种操作。

**注意：**在不同的操作对象上右击，会出现不同的快捷菜单。快捷菜单中菜单项的选择方法，与主菜单中子菜单项的操作方法完全一样。

例如，右击桌面空白处，出现针对桌面的快捷菜单，单击其中的“属性”，就可以打开“显示 属性”对话框。

3. 菜单约定

(1) 菜单项右端带有“▸”标志：表示该菜单项有下一级层叠式菜单。

(2) 菜单项右端带有“…”标志：表示选中该菜单项将弹出一个对话框。

(3) 菜单项前有“√”标志：表示该菜单项为复选项，且已被选中。

(4) 菜单项前有“●”标志：表示该菜单项为单选项，且已被选中。

(5) 灰色显示的菜单项：表示该菜单项当前不可使用。

(6) 黑色显示的菜单项：表示该菜单项当前可以使用。

(7) 菜单中的灰色横线用于将菜单命令划分成不同的组。

不同的菜单约定，如图 2—4 所示。

### 2.1.5 Windows XP 的对话框

在菜单项后面如果有省略号“…”，表示单击该项后会出现对话框，要求用户输入信息或进行进一步的设置。

“显示 属性”对话框如图 2—5 所示。

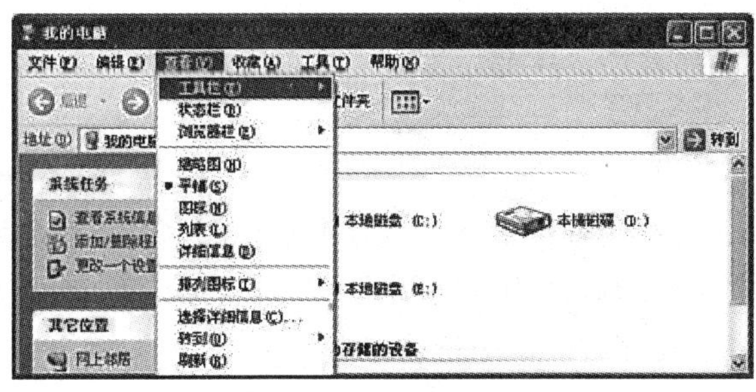


图 2—4　菜单约定

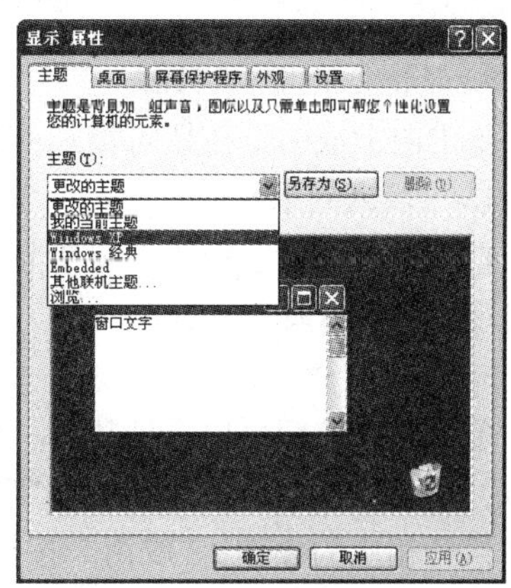


图 2—5　“显示 属性”对话框

利用“显示 属性”对话框可以很方便地对显示方式进行系统及个性化设置，包括对主题、桌面、屏幕保护程序、外观等进行设置，满足个人的工作需要和审美情趣。

在“显示 属性”对话框中，出现了一些对话框中常用的组件。

1. 标题栏

对话框就是一个特殊的窗口，在对话框的标题栏中包括对话框名称、帮助按钮和关闭按钮。

2. 选项卡

一个对话框中可能包含多个选项卡，每个选项卡代表一个相关的功能页面，可以通过单击选项卡的方式切换选择不同的页面，从而显示出不同的内容。例如，当单击“屏幕保护程序”选项卡后，就会出现如图 2—6 所示的界面。

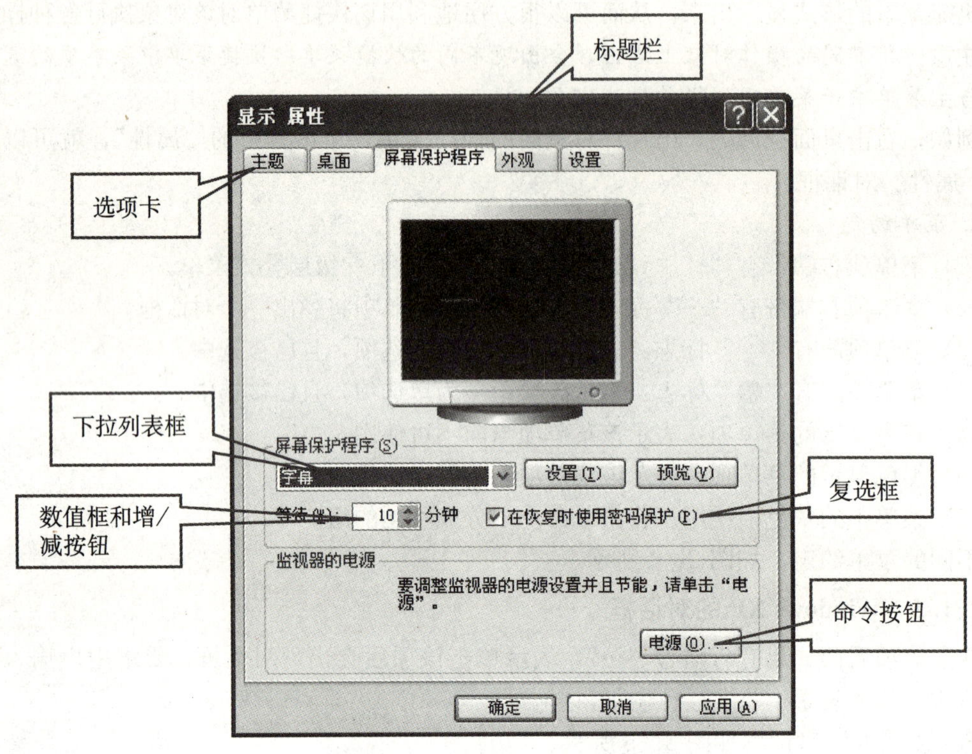


**图 2—6 “屏幕保护程序”选项卡**

3. 数值框和增/减按钮

单击向上或向下按钮可增加或减小数值。

4. 下拉式列表框

它只显示一个选择项，要想看到更多的选择项，还要单击其右侧的下三角按钮，这样就会出现更多的选择项。

5. 命令按钮

单击命令按钮可以立即执行一个命令。在对话框中最常见也是最重要的两个按钮分别是“确定”和“取消”按钮。单击“确定”按钮表示确认当前对话框中的各种设置，并开始按设置执行相应的操作；“取消”按钮表示取消在该对话框中进行的各项设置。

6. 复选框

单击一个复选框后，在其前面的方框中会出现“√ ”，表示此项起作用，习惯称之为选中复选框；再次单击后，方框中的“√ ”消失，称之为清除复选框，此项不再起作用。

此外，还有一些常用的组件。

（1）文本框。

可以在文本框中直接输入信息，包括文字、数字等，如图 2—7 所示。

（2）单选按钮。

在某一个时刻只能从其中选择并且必须选择一个。方法也很简单，只要单击要选择的单选按钮就可以了，选中的单选项的前面圆圈中会出现一个黑点，如图 2—7 所示。

（3）滑块。

左右拖动滑块可以改变数值大小，不过这种调整数值大小的方式是比较粗略的，如图 2—7 所示。

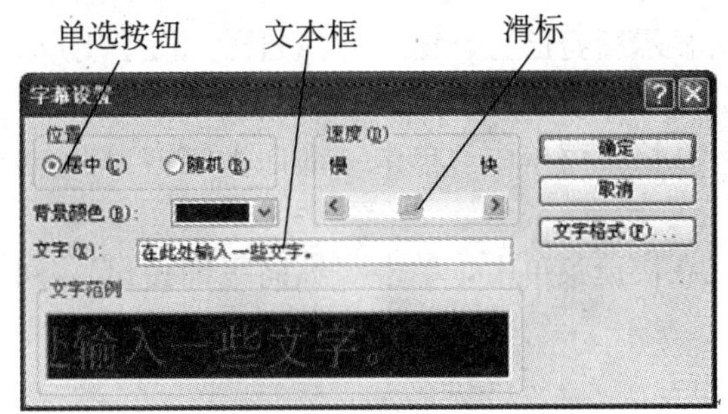


图 2—7 “字幕设置”对话框

### 2.1.6 关闭 Windows XP 的窗口

关闭窗口有以下几种常用的方法。

（1）单击应用程序窗口右上角的“关闭”按钮。

（2）双击应用程序窗口左上角的“控制菜单”图标。

（3）按 Alt+F4 组合键。

（4）选择“文件｜退出”。

（5）右击标题栏，选择“关闭”。

### 2.1.7 知识拓展

在 Windows XP 系统中可以同时运行多个应用程序，每个应用程序都会对应一个应用程序窗口，也就是说，桌面上可以同时打开多个窗口。总有一个而且在某个时刻只能有一个窗口在最前面，称为“活动窗口”或“前台窗口”，而其余的窗口都是非活动窗口，应用程序在后台运行，因此也称为“后台窗口”。

1. 切换窗口

无论是前台程序还是后台程序都会在任务栏产生一个任务按钮。可以通过单击任务栏上任务按钮的方法切换窗口，使后台窗口转化为前台窗口。这时会发现，前台运行的程序的标题栏是深蓝色，而转入后台的窗口标题栏是浅蓝色，这也是区分前台与后台窗口的一个方法。另一个方法就是观察任务栏，被按下的任务按钮就代表前台程序或前台窗口，如图2—8 所示。

图 2—8 前台程序和后台程序

**提示：** 按 Alt＋Tab 组合键转切活动窗口。

2. 排列窗口

当同时打开多个窗口以后，为了查看方便，可以对所有的窗口进行排列，排列方法有层叠、横向平铺、纵向平铺 3 种。“窗口排列”的操作步骤如下：

右击任务栏上的空白区域，可在快捷菜单中选择窗口的排列方式。

层叠式排列窗口：在快捷菜单中，单击“层叠窗口”，可使所有已打开的窗口以层叠方式排列，这种排列方式可显示所有已打开窗口的标题栏，便于用户选择需要操作的窗口。其中最上面的是活动窗口。

横向平铺排列窗口：在快捷菜单中，单击“横向平铺窗口”，可使所有已打开的窗口以横向平铺方式排列。

纵向平铺排列窗口：在快捷菜单中，单击“纵向平铺窗口”，可使所有已打开的窗口以纵向平铺方式排列。

## 2.2 资源管理器

在 Windows XP 中，用户可通过“我的电脑”管理本地系统的所有软件、硬件资源，也可通过资源管理器管理包括本地计算机的软件、硬件资源，以及网上邻居、回收站等资源。通过资源管理器的“浏览”窗口，可以方便地进行文件或文件夹的复制、移动等操作。

### 2.2.1 文件和文件夹

1. 文件

文件是数据在磁盘上的组织形式。如一张表格、一封信、一个通知，还有声音、图像、视频等都可以是一个文件，它们最终都将以文件的形式存储在计算机的磁盘上。

(1) 文件命名：由主文件名和扩展名组成。

(2) 命名规则。

①主文件名规则。

- 由字母、数字、特殊符号组成，但不得超过 256 个字符。

**说明：** 主文件名大于 8 个字符为长文件名，小于 8 个字符为短文件名。

- 不能使用“ * / \ < > | : ? ”这八个字符。
- 用户可以使用大小写形式命名文件和文件夹，Windows 将保留用户指定的大小写格式，但不能利用大小写来区别文件名。
- 在同一文件夹内的文件不可同名。
- 用户可以使用汉字来命名文件和文件夹。

②扩展名规则。

- 代表的是文件属性或文件的类型，文件名和扩展名之间用“.”分隔，并用三个字符表示。
- 也可以使用多个分隔符，也可以增加长度。例如，用户可以创建一个名为

L. P. FILE98 的文件或文件夹。

2. 文件夹

文件夹：一个存储文件的有组织实体（类似一个文件袋或存放文件的抽屉）。

文件夹内可存放文件，也可存放其他文件夹，形成一个文件夹树（称为一级文件夹、二级文件夹等）。

子文件夹：文件夹中所包含的其他文件夹称为子文件夹。

使用文件夹的目的是分类管理文件。

### 2.2.2 资源管理器

在硬盘中安装着众多的系统软件和应用软件，资源管理器的作用就是用来管理计算机的硬件和软件资源。使用它浏览系统中的文件更加方便、直观。

1. 启动“资源管理器”

(1) 选择“开始｜程序｜附件｜Windows 资源管理器”。

(2) 右击“开始”菜单（或“我的电脑”、“我的文档”），在快捷菜单中选择“资源管理器”，出现“资源管理器”窗口，如图 2—9 所示。

2. “资源管理器”窗口的组成

左窗格（称为文件夹树窗格）为“所有文件夹”列表，显示计算机资源的结构。

右窗格（称为内容窗格）显示左窗格中选定对象所包含的内容。

(1) 左、右窗格使用分隔条隔开，用鼠标拖动分隔条可以改变左右窗格的大小，以便查看所需信息。

(2) ＋：表示该文件夹下还有子文件夹，还未展开；

(3) 一：表示该文件夹下还有子文件夹，并已展开；

(4) 既没有＋，也没有一：表示该文件夹下没有子文件夹。

**图 2—9 “资源管理器”窗口**

3. 创建文件和文件夹

在“我的电脑”上单击鼠标右键，在出现的快捷菜单中选择“资源管理器”，打开“资源管理器”窗口，通过“浏览”窗口来创建新的文件或文件夹。

(1) 菜单操作。选择“文件｜新建｜文件夹”（或相应的文件类型），输入相应的文件或文件夹名称，按 Enter 键，如图 2—10 所示。

（2）快捷菜单操作。用鼠标右键单击选定窗口的空白处，选择“新建｜文件夹”（或相应的文件类型），输入相应的文件或文件夹名称，按 Enter 键。

**例 1：**在 E 盘的 WWW 文件夹下建立名为 NEW 的文件夹。

①打开资源管理器窗口，在左窗口选择 E：盘驱动器，在有窗口找到“WWW”文件夹，双击并打开。

②选择“文件｜新建｜文件夹”，如图 2—10 所示。

③在文件夹树窗格中 E 盘 WWW 文件夹下出现默认名为“新建文件夹”的新文件夹，这个文件夹的名字是用蓝色高亮显示的，在这个框中输入文件夹名“NEW”，按“Enter”键或单击窗口的其他任何位置，即完成了“NEW”文件夹的创建。

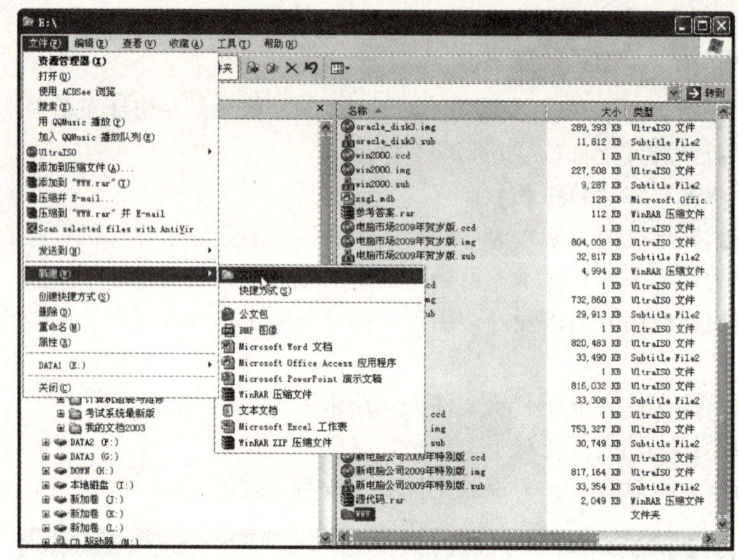


**图 2—10　新建文件夹**

4. 重命名文件和文件夹

（1）菜单操作。“文件｜重命名”，输入新的名称，按 Enter 键。

（2）快捷菜单。单击鼠标右键，在出现的快捷菜单中选择“重命名”，输入新的名称，按 Enter 键。

（3）鼠标操作。两次单击需重命名的文件或文件夹的“名字区”，输入新的名称，按 Enter 键。

**例 2：**将 E 盘 WWW 文件夹下的“Word _ 1. DOC”文件改名为“W _ 1. DOC”。

①打开资源管理器。

②在资源管理器文件夹树窗格中（左窗口）双击“本地磁盘（E:）”或单击其前面的“＋”号标记，展开 E 盘文件夹树。

③再展开 WWW 文件夹。

④选定“Word _ 1. DOC”文件名，单击鼠标右键，在快捷菜单中，选择“重命名”，输入新的文件名“W _ 1. DOC”。

⑤在名称区域外单击或按 Enter 键完成修改。

5. 选定文件或文件夹

(1) 单个文件或文件夹：单击该文件或文件夹。

(2) 多个连续的文件或文件夹：左手按 Shift 键不放，先单击第一个文件或文件夹，然后再单击最后一个文件或文件夹。

(3) 多个不连续的文件或文件夹：单击第一个文件或文件夹，按 Ctrl 键不放，单击其余要选择的文件或文件夹。

(4) 所有文件或文件夹：按 Ctrl＋A 组合键，或“编辑｜全选”。

**提示：** 如果要取消所有选定，在文件夹窗格中任意空白处单击，就可以把所有的选定全部取消，如果是在已经选定的对象的任一项上单击，则会取消该项。如果打算在所有的多个选定中取消某一项选定，可按 Ctrl 键的同时单击要取消的项。

6. 复制、移动文件和文件夹

(1) 复制。把文件或文件夹复制到其他磁盘或同一磁盘的不同文件夹下。

选定文件或文件夹，选择“编辑｜复制”（或按 Ctrl＋C 组合键），选定目标地，选择“编辑｜粘贴”（或按 Ctrl＋V 组合键）。

(2) 移动。把文件或文件夹从某一磁盘（或某一文件夹）中移动到另一磁盘（或某一文件夹）中。

选定文件或文件夹，选择“编辑｜剪切”（或按 Ctrl＋X 组合键），选定目标地，选择“编辑｜粘贴”（或按 Ctrl＋V 组合键）。

**提示：** 完成复制和粘贴也可以利用鼠标操作的方法。

(1) 复制。同一磁盘：选中对象，按 Ctrl 键不放，拖动选定的对象到目标地；不同磁盘：选中对象，拖动选定的对象到目标地。

(2) 移动。同一磁盘：选中对象，拖动选定的对象到目标地；不同磁盘：选中对象，按 Shift 键不放，再拖动选定的对象到目标地。

(3) 复制与移动的区别。

①从执行的步骤看：复制执行的是“复制”命令，而移动执行的是“剪切”命令。

②从执行的结果看：复制之后，在原位置和目标位置都有这个文件；而移动后，只有在目标位置才有这个文件。

③从执行的次数看：在复制中，执行一次“复制”命令可以“粘贴”无数次；而在移动中，执行一次“剪切”命令却只能“粘贴”一次。

7. 删除文件或文件夹

(1) 删除文件或文件夹到回收站。

①菜单：选择“文件｜删除”。

②快捷键：按 Delete 键。

③鼠标拖动：将选定的删除文件或文件夹拖动到回收站中。

④快捷菜单：选定删除的文件或文件夹，单击鼠标右键，选择“删除”。

(2) 彻底删除文件和文件夹。

按 Shift+Delete 键或在“回收站”上单击鼠标右键，选择“清空回收站”。

8. 恢复删除的文件或文件夹

Windows XP 提供了一个恢复被删除文件的工具，即回收站。如果没有被删除的文件，它显示为一个空纸篓的图标，如果有被删除的文件，则显示为装有废纸的纸篓图标。

恢复被删除的文件或文件夹的步骤：

(1) 双击“回收站”图标，打开“回收站”窗口。

(2) 选择要恢复的文件或文件夹。

(3) 选择“文件｜还原”，则选定对象自动恢复到删除前的位置。

9. 创建快捷方式

(1) 快捷菜单法。选定对象，单击鼠标右键，在快捷菜单中选择“发送到｜桌面快捷方式”。

(2) 直接在桌面上创建快捷方式。

①在桌面空白处单击鼠标右键，在快捷菜单中选择“新建｜快捷方式”命令，出现“创建快捷方式”对话框。

②在命令行中输入项目的名称和位置。如果不清楚项目的详细位置，可以单击“浏览”按钮来查找该项目。当在“浏览”对话框中查找到所需的项目后，单击“打开”按钮返回到“创建快捷方式”对话框。

③单击“下一步”按钮，出现“选择程序标题”对话框。在选择快捷方式的名称文本框中已经显示了一个默认的标题名称，也可以重新命名。

④单击“完成”按钮，即可在桌面上创建一个快捷方式。

10. 查看或修改文件或文件夹的属性

选定文件或文件夹，单击鼠标右键出现快捷菜单，在快捷菜单中选择“属性”，然后在属性对话框的属性设置区域中，选择“只读（R）、隐藏（H）、存档（I）”等复选框。

**提示：**一个文件可以具有上述一种或多种属性，只读文件只能读出不能改写；隐藏文件和系统文件不能用简单的列目录命令显示；只读文件、隐藏文件和系统文件都不能用删除命令删除。

11. 文件或文件夹查看方式

有时候为了保密，不让别人看到自己的文件或文件夹，就需要隐藏这些文件或文件夹，这时候就会用到文件或文件夹“隐藏”属性。

找到被隐藏的文件需要借助于“文件夹选项”对话框。

(1) 选择“工具｜文件夹选项”，出现如图 2—11 所示的对话框。

(2) 单击该对话框的“查看”选项卡，在“查看”选项卡中的“高级设置”列表框中，通过右侧的滚动条向下滚动，在列表框中就可以找到“隐藏文件和文件夹”项，其下有两个单选项（每次能且只能选择其中一个）。

(3) 不显示隐藏的文件和文件夹。

（4）显示所有文件和文件夹。

（5）如果要想把被隐藏的文件显示出来，选择“显示所有文件和文件夹”单选按钮，然后打开资源管理器窗口进行查看。

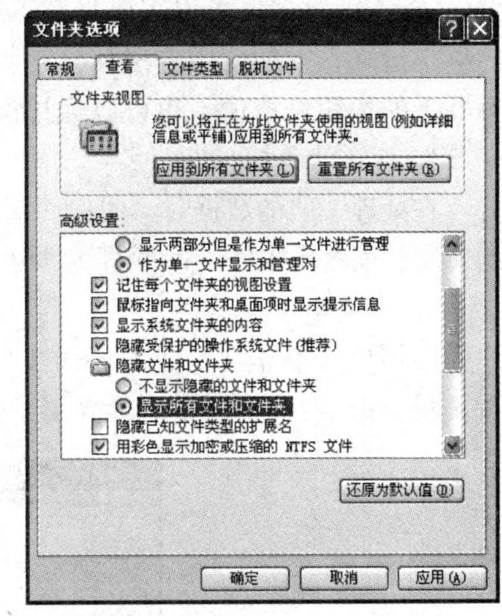


图 2—11　“文件夹选项”对话框

### 2.2.3　知识拓展

1. 一键打开文件夹

如果经常使用某个文件夹，并希望随时可以快速打开它，那么只要为它创建一个快捷方式并指定快捷键即可以做到一键打开文件夹。操作步骤如下：在“资源管理器”中右击该文件夹，选择“发送到｜桌面快捷方式”命令，这样可以桌面创建一个该文件夹的快捷方式，接着右击该快捷方式图标，选择“属性”命令，在打开的“属性”窗口中单击“快捷方式”选项卡，在“快捷键”中输入一个组合键，比如 Ctrl＋Alt＋M 或 Ctrl＋Shift＋M。这样以后只要按这个组合键便可随时随地打开该文件夹。

2. 删除 Thumbs. db 文件

当在“资源管理器”中使用了缩略图查看后，Windows 会自动在相应文件夹生成一个名为 Thumbs. db 的文件，它用来缓存该文件夹中的图片，使下次浏览时速度更快，不过这样会占用一些磁盘空间，因此可以选择“工具｜文件夹选项｜查看”命令，勾选“不要缓存缩略图”，接着再利用搜索功能把所有 Thumbs. db 文件找出来并删除。

## 2.3　附件的应用

Windows XP 的附件应用程序是系统附带的一套功能强大的实用工具程序。我们可以充分利用这些工具程序完成一些非常重要的任务。

### 2.3.1　放大镜

Windows XP 专门为特殊的计算机用户设计了辅助工具。例如，对于近视或弱视的用户来说，使用“放大镜”工具可以使屏幕指定位置的显示内容放大，以便弥补无法看清楚标准大小的屏幕或字体的缺陷。

进入放大镜后，桌面会分为上下两部分，上面部分为放大后的图像内容，下部分为原来屏幕视图。

在屏幕上的“放大镜设置”对话框中，用户可以根据自己的需要进行放大镜的参数调整。如果关闭对话框，同时也将关闭放大镜，返回原屏幕。

### 2.3.2　画图

Windows XP 自带的画图，是一个较好的软件。在画图软件中，打开自己喜欢的图片或者照片可以完成图像格式的转换，将 BMP 转换为 JPG 格式或者 PNG 转换为 GIF 格式，使体积大大缩小，而对图片的质量影响也不大。启动画图程序的步骤如下：选择“开始｜所有程序｜附件｜画图”，出现画图窗口。

### 2.3.3　计算器

计算器可以帮助用户完成数据的运算，它可分为“标准计算器”和“科学计算器”两种，“标准计算器”可以完成日常工作中简单的算术运算；“科学计算器”可以完成较为复杂的科学运算，它的使用方法与日常生活中所使用的计算器的方法一样，可以通过鼠标单击计算器上的按钮来取值，也可以通过键盘输入来操作。

1. 标准计算器

在处理一般的数据时，用户使用“标准计算器”就可以满足工作和生活的需要，选择“开始 | 所有程序 | 附件 | 计算器”，即可打开“计算器”窗口，系统默认为“标准计算器”。

2. 科学计算器

当用户从事非常专业的科研工作时，要经常进行较为复杂的科学运算，可以选择“查看 | 科学型”，弹出科学“计算器”窗口，如图 2—12 所示。

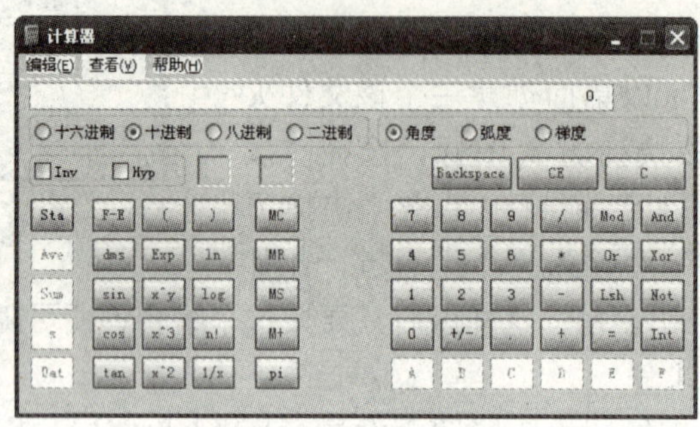

图 2—12 科学计算器

### 2.3.4 写字板

“写字板”是一个使用简单，但功能强大的文字处理程序，用户可以利用它进行日常工作中文件的编辑。它不仅可以进行中英文文档的编辑，而且还可以图文混排，插入图片、声音、视频剪辑等多媒体资料。当用户要使用写字板时，可执行以下操作：选择“开始 | 所有程序 | 附件 | 写字板”命令，进入“写字板”界面。

### 2.3.5 知识拓展

由于操作系统在磁盘上频繁的建立和删除数据，因此造成磁盘上的碎片文件或文件夹增多。Windows 需要花费额外的时间来读取和搜索文件和文件夹的不同部分，影响了计算机的运行速度，造成了计算机访问数据效率的降低，系统整体性能的下降。

为了保证系统的稳定和高效运行，用户需要定期对磁盘碎片进行整理。但是频繁的碎片整理会影响磁盘的使用寿命，所以碎片整理的时间间隔要相对长一些，一般三个月或半年整理一次较好。运行磁盘碎片整理程序的具体操作如下：

(1) 选择“开始 | 所有程序 | 附件 | 系统工具 | 磁盘碎片整理程序”命令，打开“磁盘碎片整理程序”之一对话框。

(2) 在该对话框中显示了磁盘的一些状态和系统信息。选择一个磁盘，单击“分析”按钮，系统即分析该磁盘是否需要进行磁盘整理，并弹出是否需要进行磁盘碎片整理的“磁盘碎片整理程序”之二对话框。

(3) 单击“碎片整理”按钮，即可开始磁盘碎片整理程序，系统会以不同的颜色条来显示文件的零碎程度及碎片整理的进度。

(4) 整理完毕后，会弹出“磁盘整理程序”之三对话框，提示用户磁盘整理程序已完成。

(5) 单击“确定”按钮，结束“磁盘碎片整理程序”。

## 2.4 控制面板

“控制面板”是 Windows XP 的功能控制和系统配置中心，提供丰富的专门用于更改 Windows 外观和行为方式的工具。

选择“开始｜控制面板”，打开“控制面板”窗口，如图 2—13 所示。在控制面板窗口中选择“切换到经典视图”操作。双击项目图标，即可打开该项目。

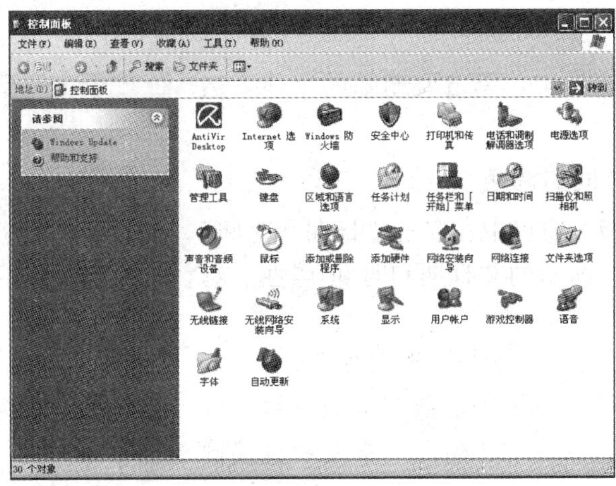


图 2—13 “控制面板”窗口

### 2.4.1 字体的安装与删除

Windows XP 附带了许多标准字体，每台计算机上都安装了这些字体。如果缺少我们需要的一些字体，必须进行安装。有些字体是占用一定空间的，而且也会影响系统的速度，对于一些没有用的字体可以把它删除掉。

1. 字体的安装

将新字体添加到计算机系统中的步骤如下：

(1) 选择“开始｜控制面板”。

(2) 在“控制面板”窗口，双击“字体”图标，打开如图 2—14 所示的“字体”窗口。

(3) 在“字体”窗口中，选择“文件｜安装新字体”，打开“添加字体”对话框，如图 2—15 所示。

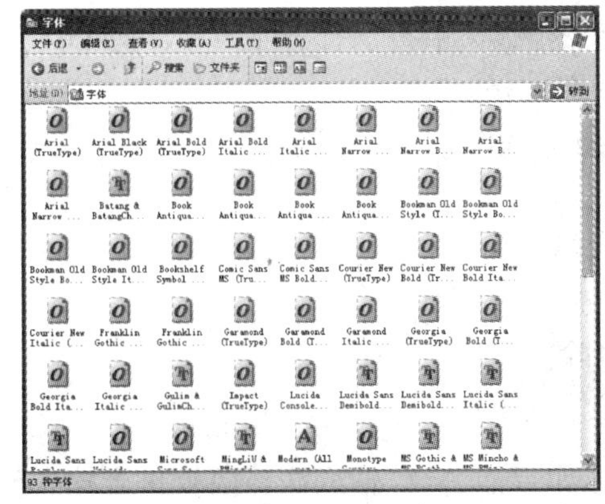

图 2—14 “字体”窗口

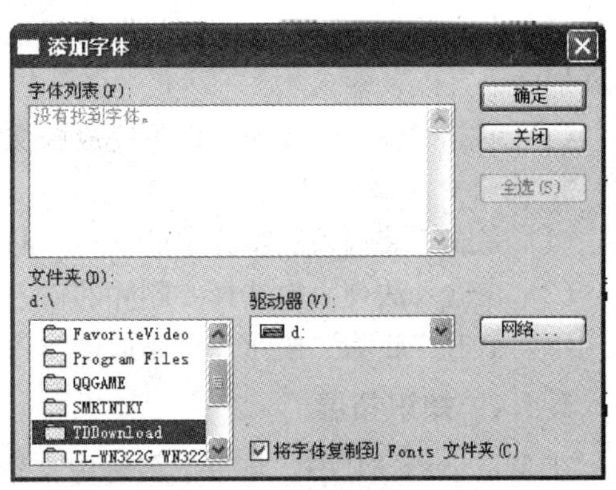


图 2—15 “添加字体”对话框

（4）在“驱动器”列表中，选择待安装的字体所在驱动器的名称。

（5）在“文件夹”列表中，双击包含要添加的字体的文件夹。

（6）在“字体列表”中，选择要添加的字体，如：方正简体大标宋、方正简体大黑体等。

（7）单击“确定”按钮。若要添加所有列出的字体，可单击“全选”按钮，然后单击“确定”按钮即可。

2. 字体的删除

（1）打开“字体”窗口。

（2）在“字体”窗口中，单击要删除的字体，然后选择“文件｜删除”。

### 2.4.2 日期和时间的调整

（1）在“控制面板”窗口中，双击“日期和时间”图标，打开如图2—16所示的“日期和时间 属性”对话框。

图2—16 “日期和时间属性”对话框

（2）打开“月份”下拉列表框，选取月份。

（3）单击“年份”文本框中的数字增减按钮，可调整年份数值，也可直接在“年份”文本框中直接输入年份。

（4）在日历中直接选择相应的日期。系统以黑色反白显示选择的日期。

（5）在“时间”框架内，分别单击时间框中的时、分、秒数值，然后按数字增减按钮来调整时间。或直接在时间框中分别输入时、分、秒数值。

### 2.4.3 输入法的设置

虽然Windows XP在系统安装时已预装了多种输入法，但是，用户还可以根据自己的需要，任意安装或卸载某种输入法。

1. 安装中文输入法

（1）双击“控制面板”窗口中的“区域和语言选项”图标，出现“区域和语言选项”对话框，在对话框中选择“语言”选项卡。

（2）在“文字服务和输入语言”框中，单击“详细信息”按钮，出现“文字服务和输入语言”对话框。

（3）在对话框中，单击“添加”按钮，出现“添加输入语言”对话框，在对话框中选择要添加的语言以及输入法。

（4）单击“确定”按钮，即可完成中文输入法的安装。

2. 删除输入法

（1）完成安装输入法步骤中的（1）和（2）。

（2）在输入法列表中选择要删除的输入法。

（3）单击“删除”按钮，可完成该输入法的删除。

### 2.4.4 知识拓展

在Windows XP中，自带了多种中文输入法，如智能ABC输入法、微软拼音输入法。另外还可以外挂多种新的输入法，如：使用最多的搜狗拼音输入法、拼音加加输入法以及五笔字型输入法。下面我们详细了解一下智能 ABC 输入法和搜狗拼音输入法。

1. 智能 ABC 输入法

智能 ABC 输入法又称标准输入法，是由北京大学的朱守涛先生发明的，具有简单易学、快速灵活的特点。

(1) 智能 ABC 输入法的状态条。切换到智能 ABC 输入法后，可以看到 ABC 输入法的状态条，状态条的具体功能如表 2—1 所示。

**表 2—1　　智能 ABC 输入法的状态条**

| 按钮 | 作用 | 快捷键 |
|---|---|---|
| 标准 | 切换中英文输入模式 | Ctrl+Space |
| A | 切换中文与大写字母输入模式 | Caps Lock |
|  | 切换全半角模式 | Shift+Space |
|  | 切换中英文标点模式 | Ctrl+. |
|  | 软键盘开关 | 无 |

(2) 简拼输入与混拼输入相结合。简拼的规则为取各个音节的第一个字母输入。对于包含 zh、ch、sh（知、吃、诗）的音节，也可以取前两个字母组成。混拼输入是两个音节以上的拼音码，有的音节全拼，有的音节简拼。

**例 1：** 词汇“知识”，全拼码为“zhishi”，简拼码为 zhsh”或“zhs”、“zsh”、“zs”，混拼码为“zhish”或“zshi”等。

**注意：** 在简拼和混拼时，隔音符号（英文单引号）的作用进一步增强。例如，“档案”的混拼码应该为“dang’an”，如果写成“dangan”则不正确，它是“单干”的拼音码。

(3) v 字母的使用。输入中文文章时，经常出现中英文混合输入，如果频繁的进行中英文切换，非常麻烦。实际上，完全可以不必切换到英文方式。输入英文时，先键入“v”作为标志符，后面跟随要输入的英文，按空格键即可，英文字母就会出现，“v”本身并不会出现。

如：输入“中文 Windows”过程中，希望输入英文“Windows”则只要输入“vWindows”，再按空格键即可。

**注意：** 要出现第一个字母大写，需安装智能 ABC 5.23 版本。

(4) 小写 i 和大写 I 字母的使用。

①智能 ABC 提供阿拉伯数字和中文大小写数字的转换。

“i”为输入小写中文数字的前导字符。

“I”为输入大写中文数字的前导字符（注意此时的 I 用 Shift+I 组合键来控制）。

**例 2：** 输入“i1”，按空格键（或回车键），将显示“一”；输入“i2010”，按空格，将显示“二〇一〇”。

**例 3：** 输入“I1”，按空格键（或回车键），将显示“壹”；输入“I2010”，按空格，将显示“贰零壹零”。

②常用量词。对一些常用量词也可简化输入，输入“ig”，按空格键（或回车键），将显示“个”。系统规定数字输入中字母的含义为：g［个］、s［十，拾］、b［百，佰］、q［千，仟］、w［万］、e［亿］、z［兆］、d［第］、n［年］、y［月］、r［日］、t［吨］、k［克］、

$ [元]、h [时]、f [分]、l [里]、m [米]、j [斤]、o [度]、p [磅]、u [微]、i [毫]、a [秒]、c [厘]、x [升]

**例 4**：输入“i2010n”，按回车键，将显示“二〇一〇年”；输入“I2010n”，按回车键，将显示“贰零壹零年”。

**例 5**：输入“i1w5q5b4s5”，按回车键，将显示“一万五千五百四十五”；输入“I1w5q5b4s5I2010n”，按回车键，将显示“壹万伍仟伍佰肆拾伍”。

**例 6**：输入“i2010n8y23r”，按回车键，将显示“二〇一〇年八月二三日”；输入“I2010n8y23r”，按回车键，将显示“贰零壹零年捌月贰叁日”。

**提示**：26 个英文字母中，输入“i”＋除“v”字母外的其余字母，都有相应的中文量词。

(5) 把握按词输入的大体规律。以下的 27 个单音节词，可以只输入声母（或声母的最前的一个字母）就显示出来。

如直接输入“a”，则显示“啊”。相对应的：

a b c d e f g h i j k l m n o p q r s t w x y z

啊不才的饿发个和一就可了没年哦批去日是他我小有在

zh sh ch

这上出

(6) Ctrl＋\ 组合键的使用。对于刚刚用过不久的词条，可以使用通过 Ctrl＋\ 组合键完成。

**例 7**：输入“教师”、“教室”，您现在又想输入“教师”，则只要输入“js”然后按 Ctrl＋\ 组合键，则刚才输入“教师”的拼音又会出现。如果连续按两次 Ctrl＋\ 组合键即可出现“教室”汉字。

(7) 直接输入图形符号。在智能 ABC 输入法的中文输入状态下，只要输入“v1”～“v9”就可以输入 GB 2312 字符集 1～9 区各种符号（其实就是区位号码的输入，只是省了切换）。

**例 8**：要输入“★”，只需在中文状态输入框中键入“v1”，然后翻几页就看见“★”符号。

2. 搜狗拼音输入法

搜狗拼音输入法是搜狗推出的一款基于搜索引擎技术的、特别适合用户使用的、新一代的输入法产品，深受用户欢迎，是拼音输入法中使用最多的输入法。

(1) 输入法切换。将鼠标移到要输入的地方，单击一下，使系统进入到输入状态，然后按 Ctrl＋Shift 组合键切换输入法，直到“搜狗拼音输入法”显示出来即可。按 Ctrl＋空格组合键即可切换中英文搜狗输入法。

(2) 翻页选字。搜狗拼音输入法默认的翻页键是“逗号（，）”和“句号（。）”，即输入拼音后，按句号“。”进行向下翻页选字，相当于 PageDown 键，找到所选的字后，按其相对应的数字键即可输入。我们推荐使用这两个键翻页，因为用“逗号”、“句号”时手不用移开键盘主操作区，效率最高，也不容易出错。

输入法默认的翻页键还有“减号（－）”和“等号（＝）”以及“左右方括号（[]）”，可以通过“设置属性｜按键｜翻页键”来进行设定，如图 2—17 所示。

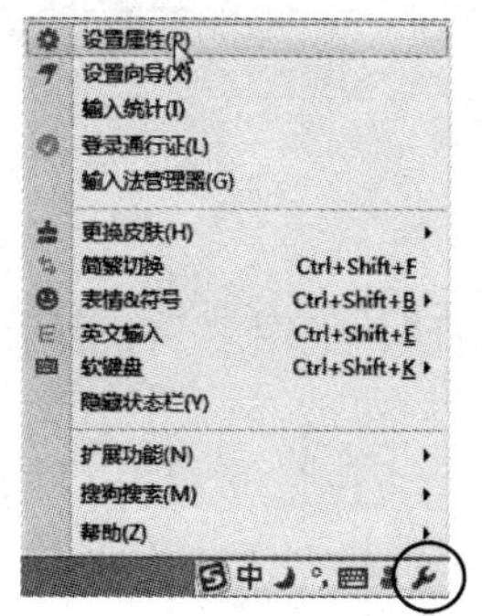

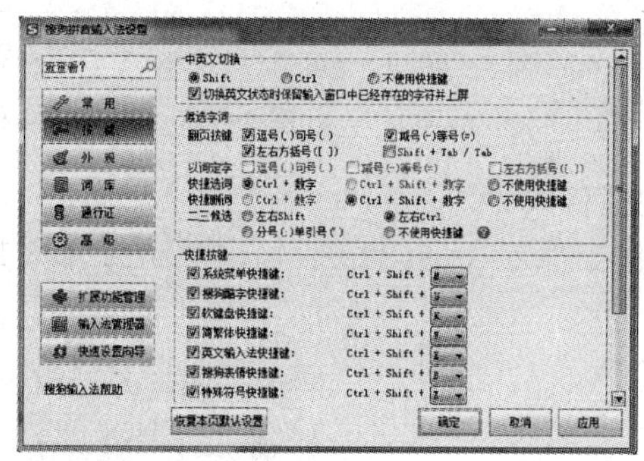

图 2—17　“输入法”对话框

（3）全拼输入。按 Ctrl＋Shift 组合键切换到搜狗输入法，在输入窗口输入拼音，然后依次选择你要的字或词即可。

**例 9：** 输入“搜狗拼音”，如图 2—18 所示。

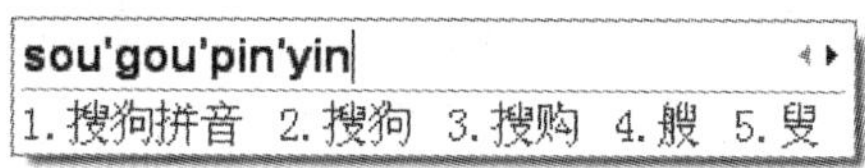


图 2—18　全拼输入

（4）简拼。简拼是输入声母或声母的首字母来进行输入的一种方式，有效地利用简拼，可以大大地提高输入的效率。搜狗输入法现在支持的是声母简拼和声母的首字母简拼。

**例 10：** 输入“张亮颖”，你只要输入“zhly”或者“zly”都可以输入“张亮颖”。

（5）简拼全拼的混合输入。搜狗输入法支持简拼全拼的混合输入，例如：输入“srf”“sruf”“shrfa”，得到的都是“输入法”三个字。

**注意：** 这里声母的首字母简拼的作用和模糊音中的“z，s，c”相同。有效地用声母的首字母简拼可以提高输入效率，减少误打。例如，输入“指示精神”这几个字，如果你输入传统的声母简拼，只能输入“zhshjsh”，需要输入的多而且多个 h 容易造成误打，而输入声母的首字母简拼，“zsjs”能很快得到你想要的词。

（6）英文的输入。输入法默认的是按 Shift 键就切换到英文输入状态，再按 Shift 键就会返回中文状态。用鼠标单击状态栏上面的中字图标也可以切换。

除了 Shift 键切换以外，搜狗输入法也支持回车输入英文和 v 模式输入英文。在输入较短的英文时能省去切换到英文状态下的麻烦。

**例 11：** 输入英文“Windows”，按回车键即可输入“Windows”，如图 2—19 所示。

（7）v 模式。

①数学计算。先输入“v”，然后输入你要计算的数字，选择“a”或者“b”即可，如图 2—20 所示。

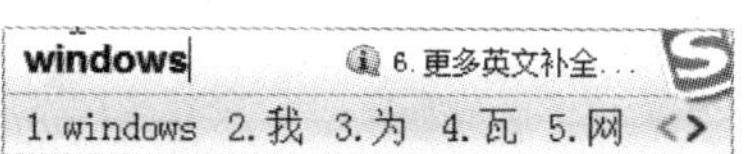


图 2—19　英文输入

图 2—20　数学计算

②数字转换和量词。先输入“v”，然后输入数字，选择“a”、“b”、“c”、“d”或者“e”即可，如图 2—21 所示。

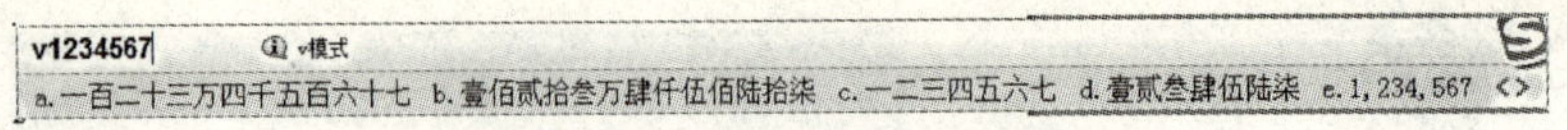


**图 2—21　数字转换和量词**

③年份快捷输入。

**例 12**：输入“v2010n8y23r”，输出“2010 年 8 月 23 日”，如图 2—22 所示。

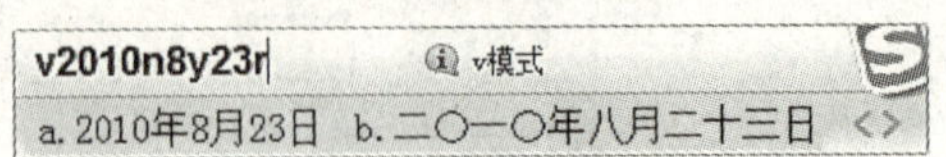


**图 2—22　年份快捷输入**

(8) u 模式笔画输入。u 模式是专门为输入不会读的字所设计的。在按 u 键后，然后依次输入一个字的笔顺，笔顺为：h（横）、s（竖）、p（撇）、n（捺）、z（折），就可以得到该字，同时小键盘上的 1、2、3、4、5 也代表 h、s、p、n、z。

**例 13**：输入“太”字，如图 2—23 所示。

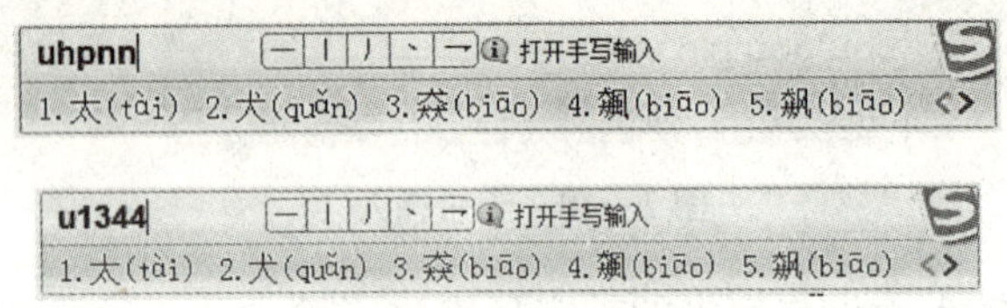


**图 2—23　笔画输入**

(9) 插入日期。“插入当前日期时间”的功能可以方便地输入当前的系统日期、时间、星期，如图 2—24 所示。

①输入“rq”(日期的首字母)，输出系统日期“2010 年 8 月 23 日”。

②输入“sj”(时间的首字母)，输出系统时间“2010 年 8 月 23 日 11：24：38”。

③输入“xq”(星期的首字母)，输出系统星期“2010 年 8 月 23 日 星期一”。

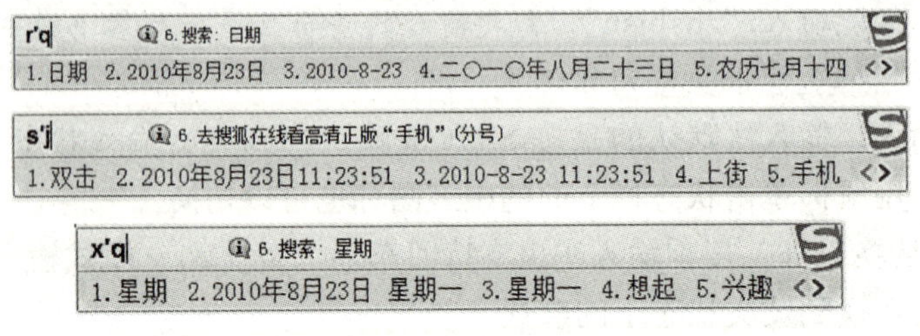


**图 2—24　插入日期**

(10) i 模式换肤。输入英文字母“i”，即可出现 i 模式换肤界面。按↑和↓键，可以选择不同的皮肤，选择过程会有皮肤的预览图片出现，如图 2—25 所示。

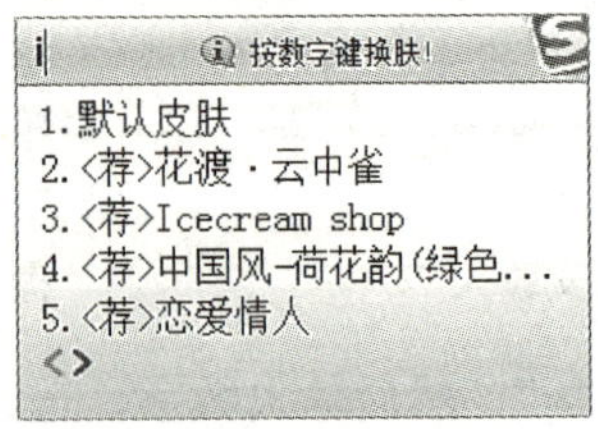


**图 2—25　换肤界面**

(11) 模糊音设置。模糊音是专为对某些音节容易混淆的人所设计的。当启用了模糊音后（例如 sh←→s），输入“si”也可以出来“十”，输入“shi”也可以出来“四”。要使用模糊音必须进行设置。

①选择“设置 | 设置属性”，打开输入法设置对话框。

②在打开的对话框中，在左侧单击“高级”按钮，在右侧单击“模糊音设置”按钮，打开模糊音设置对话框。

③按照图 2—26 所示选择模糊音多选框，单击“确定”按钮，再单击“确定”按钮。

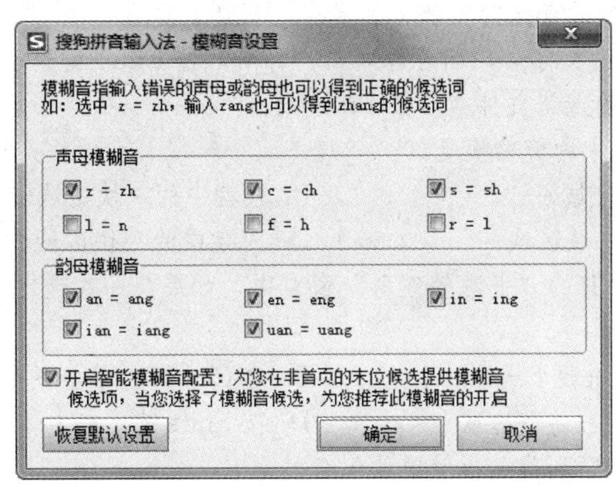


**图 2—26　模糊音设置**

搜狗支持的模糊音有：

声母模糊音：s←→sh，c←→ch，z←→zh，l←→n，f←→h，r←→l。

韵母模糊音：an←→ang，en←→eng，in←→ing，ian←→iang，uan←→uang。

**注意：**最好不要设置 l←→n，f←→h，r←→l 模糊音，否则会影响输入的速度。

## 本章小结

本章主要介绍了桌面的组成、文件与文件夹的概念、资源管理器的操作、控制面板的使用、任务栏的设置和常用汉字输入，通过本章的学习，使学生能够对 Windows XP 进行熟练的操作。

## 习　题　2

1. 思考题

(1) Windows XP 为什么需要进行登录验证？用户登录时输入的密码是否区分大小写？

(2) 如何退出 Windows XP？

(3) 常用的鼠标操作有哪几种？

(4) 窗口由哪些部分组成？

(5) 菜单有哪些约定方式？

(6) 如何设置文件、文件夹的属性？

(7) 如何彻底删除文件或文件夹？

2. 选择题

(1) Windows XP 操作系统是（　　）。

A. 单用户单任务操作系统　　　　　　　　B. 单用户多任务操作系统

C. 多用户多任务操作系统　　　　　　　　D. 多用户单任务操作系统

(2) 在 Windows XP 中，当一个应用程序窗口被最小化后，该应用程序将（　　）。

A. 被终止执行　　B. 继续执行　　C. 被暂停执行　　D. 被删除

(3) Windows XP 中能更改文件名的操作是（　　）。

A. 鼠标右击文件名，在弹出的快捷菜单中选择“重命名”，然后输入新文件名后按 Enter 键

B. 单击文件名，然后直接输入新文件名后按 Enter 键

C. 按 Ctrl 键，单击文件名，然后输入新文件名后按 Enter 键

D. 双击文件名，输入新文件名后按 Enter 键

(4) Windows XP 中的剪贴板是（　　）。

A. 硬盘中的一块区域　　　　　　　　B. 软盘中的一块区域

C. 高速缓存中的一块区域　　　　　　D. 内存中的一块区域

(5) 在 Windows XP 的“资源管理器”窗口中，如果想一次选定多个分散的文件或文件夹，正确的操作是（　　）。

A. 按 Ctrl 键，右击逐个选取　　　　B. 按 Ctrl 键，单击逐个选取

C. 按 Shift 键，右击逐个选取　　　　D. 按 Shift 键，单击逐个选取

(6) 将选定内容粘贴到剪贴板使用的组合键是（　　）。

A. Ctrl+C　　B. Ctrl+X　　C. Ctrl+V　　D. Ctrl+P

(7) 选定多个非连续的文件或文件夹时，需要单击时按（　　）键。

A. Ctrl　　B. Shift　　C. Alt　　D. Ctrl+Shift

(8) 删除文件或文件夹时，需要在执行删除操作时按（　　）键。

A. Ctrl　　B. Shift　　C. Alt　　D. Ctrl+Shift

3. 填空题

(1) 执行 Windows XP 应用程序是__________鼠标的__________键。

(2) 连续选择文件或文件夹需要按下__________键，按__________键时是选择非连续的文件或文件夹，选择全部文件或文件夹时按下____________________键。

(3) 窗口的排列方式有__________、__________和__________。

(4) 资源管理器中的“+”表示__________，“-”表示__________。

(5) 在删除文件时不把文件送入回收站，而是直接物理删除，可以按__________组合键。

# 第 3 章　中文 Word 2010 操作与应用

## 本章重点

- 启动 Word 2010
- Word 2010 的界面
- 文本框操作
- 图文混排
- 表格制作
- 邮件合并

## 教学目标

Microsoft Word 是微软公司的一个文字处理器应用程序，是微软公司的 Office 系列办公组件之一，是目前世界上最流行的文字编辑软件，主要用于日常办公的文字处理。通过本章三个实际案例的学习，能够使学生掌握办公自动化所需的一些最主要的操作技能，能更迅速、更轻松地创建外观精美的 Word 2010 文档，为以后工作处理日常文档打下良好的基础。

## 教学案例

**案例 1：**“电脑与生活报”的版面设计，如图 3—1 所示。

计算机发展前景展望

电脑与生活

DIANNAOYUSHENGHUO

团队

组成

首字下沉

公式编辑器

**图 3—1　电脑与生活报**

**案例 2**：××医院入院评估表，如图 3—2 所示。

XX 医院

入院评估表 I

科室：________ 床号：________ 住院号：________

| 姓名 | | 性别 | | 出生年月 | | 籍贯 | | 婚姻 | | 民族 | |
|---|---|---|---|---|---|---|---|---|---|---|---|
| 信仰 | | 文化程度 | | 职业 | | 工作单位 | | | | | |
| 现住址 | | | | 联系电话 | | | | 费用支付 | | | |
| 入院时间 | | | 入院方式 | | | 入院诊断 | | | | | |
| 主管医生 | | | 主管护士 | | | | | 护士长 | | | |

主诉：

现病史：

| 入院一般状况 | T. | | 情绪行为 | 正常、焦虑、紧张、忧郁、不合作、其它（ ） |
|---|---|---|---|---|
| | P. | | 面容表情 | 正常、痛苦、无欲、潮红、苍白、黄疸、其它（ ） |
| | R. | | 体味步态 | 正常、强迫、被动、跛行、蹒跚、其它（ ） |
| | BP. | | 营养状态 | 优、良、中、差、体重及变化（ ） |
| | 意识 | | 皮肤黏膜 | 正常、淤血、损伤、肿胀、其它（ ） |
| | 瞳孔 | | 不适感 | 疼痛、恶心、气紧、心悸、疲乏、其它（ ） |
| | 障碍 | 饮食排泄 | | 视力 |
| | | 感觉活动 | | 听力 |
| | | 认知记忆 | | 语言交流 |

生活自理及改变：（1. 完全　2. 部分　3. 完全不能）

翻身（ ）坐起（ ）下床（ ）穿衣（ ）洗漱（ ）洗澡（ ）

进食（ ）行走（ ）入厕（ ）上下楼（ ）做饭（ ）购物（ ）

专科、辅助检查：

治疗原则：

| 辅助器具 | | 初步处置 | |
|---|---|---|---|

装　订　线

图 3—2　××医院入院评估表

**案例 3**：三好学生奖状，如图 3—3 所示。

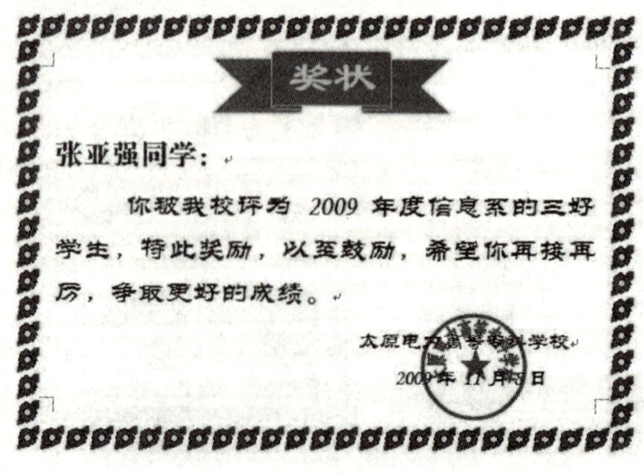
奖状

张亚强同学：

你被我校评为 2009 年度信息系的三好学生，特此奖励，以至鼓励，希望你再接再厉，争取更好的成绩。

太原电力高等专科学校

2009年 11 月8日

图 3—3　三好学生奖状

## 3.1 基本操作

### 3.1.1 建立 Word 2010 文档

建立新文档，首先要启动 Word，启动步骤如下：

(1) 选择“开始｜所有程序｜Microsoft Office｜Microsoft Word 2010”。

(2) 选择“文件｜新建｜空白文档｜创建”，出现如图 3—4 所示的界面。Word 2010 窗口界面包括：快速访问工具栏、标题栏、功能选项卡、功能区（功能区有各种组件）、帮助按钮、文档编辑区、标尺、插入点、状态栏、视图栏，以及最大化（还原）、最小化、关闭按钮等。

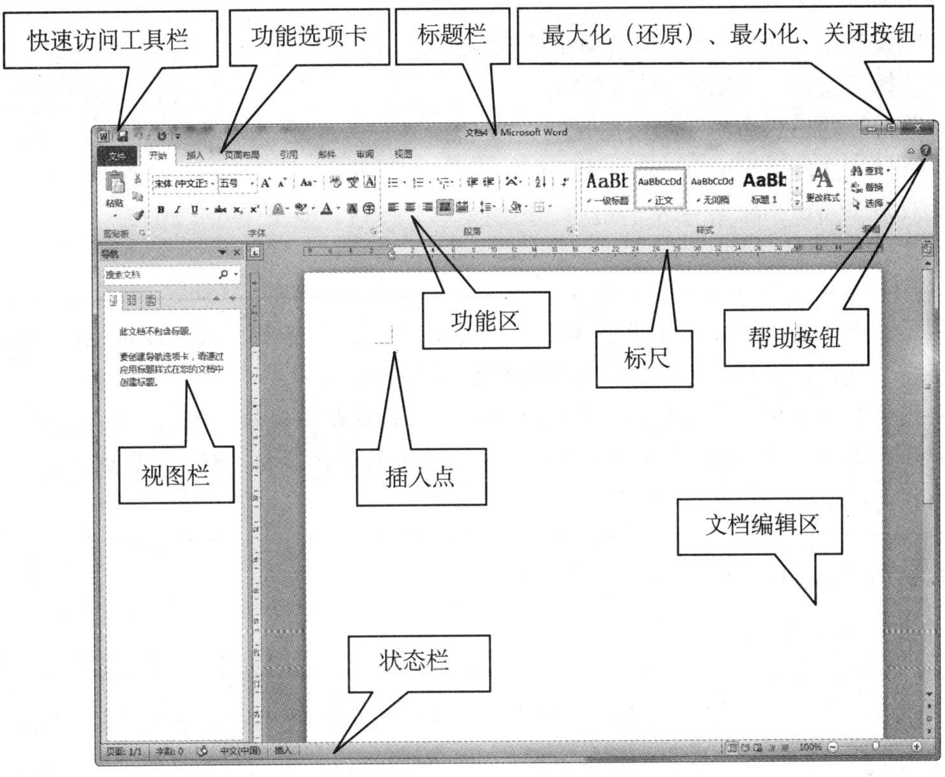


图 3—4 Word 2010 界面组成

### 3.1.2 页面设置

页面设置是指对文档页面布局的设置，主要包括纸张大小、纸张方向和页边距等，经页面设置后，排出的版面更具有特色，更加漂亮。页面设置步骤如下：

(1) 选择“页面布局｜纸张大小｜A4”。

(2) 选择“纸张方向｜横向”。

(3) 选择“页边距｜自定义边距”，将“上”、“下”、“左”、“右”分别改为“1 厘米”。单击“版式”选项卡，将“页眉和页脚”分别改为“0.4 厘米”，单击“确定”按钮。

### 3.1.3 Word 2010 文档的保存、关闭和退出

1. 文档的保存

文档创建完成，需要进行保存。

（1）选择“文件｜保存”，出现“另存为”对话框，在“文件名”中输入“电脑与生活报”。

（2）单击“保存”按钮。

**提示：**可以单击“快速访问工具栏”中的“■”进行保存。为了以后方便使用设置好的格式，可以把它保存为模板，只要在保存时将文件的“保存类型”改为“Word模板（dotx）”即可。

2. 文档的关闭和退出

对文档进行过保存后，就可以关闭目前的文档。

（1）选择“文件｜关闭”，关闭文档。

（2）单击标题栏右边的关闭按钮“■”。

（3）选择“文件｜退出”，退出 Word 2010。

（4）双击 Word 2010 程序左上角的“控制菜单”按钮，退出 Word 2010。

**提示：**如果修改过的文件没有保存直接关闭时，会出现一个信息提示框，在信息框中单击“保存”按钮，可以将未保存的文档加以保存。

要想让窗口占满整个屏幕时，单击标题栏右侧的最大化按钮“■”；要恢复到原来的窗口单击还原按钮“■”；要使窗口最小化，单击最小化按钮“■”。若要恢复文件，在任务栏上单击 Word 图标“■”。

### 3.1.4 知识拓展

1. 设置页面的默认值

Word 2010 默认的启动模板是 A4 纸，纵向纸张，上下页边距各 2.54 厘米，左右页边距各 3.17 厘米，这是大多数人办公的习惯设置。但默认的设置不符合案例 1 的要求，需要对页面进行重新设置。为使设计的模板方便使用，对页面设置采用自定义模板的方法。设计自定义模板的步骤如下：

（1）单击“页面布局”选项卡，在“页面设置”组中，单击辅助按钮“■”，打开“页面设置”对话框。

（2）在对话框中，可以设置 Word 2010 启动时的纸张大小、方向、页边距等。

（3）设定完成，单击“设为默认值｜是”按钮，在出现的对话框中选择“是”，则该设置替换了 Word 2010 的默认设置，如图 3—5 所示。在下次启动 Word 2010 时，就会以用户自定义的模板方式打开。

2. 用模板创建文档

除了通用型的空白文档模板之外，Word 2010 中还内置了多种文档模板，如博客文章模板、书法字帖模板等。另外，Office.com 网站还提供了证书、奖状、名片、简历等特定功能模板。借助这些模板，用户可以创建比较专业的 Word 2010 文档。使用模板创建文档的步骤同建立空白文档的步骤相似，这里不加以详述。

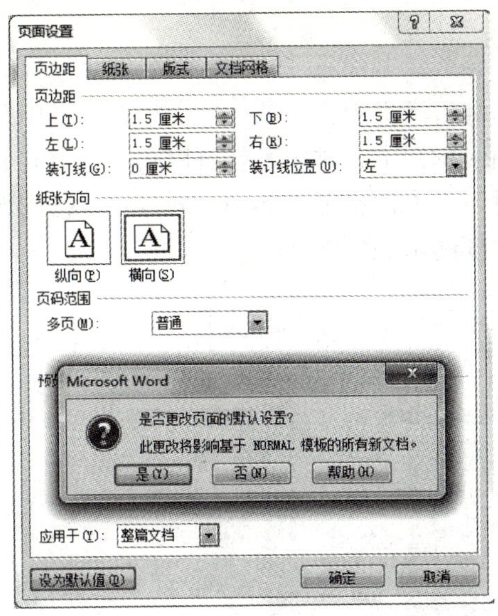


图 3—5　“页面设置”对话框

3. 保存为其他格式

(1) 保存为 PDF 格式。在 Word 2003 和 Word 2007 中，用户需要安装 Microsoft Save as PDF 加载项后才能将 Word 文档保存为 PDF 文件。而 Word 2010 具有直接另存为 PDF 文件的功能，用户可以将 Word 2010 文档直接保存为 PDF 文件，操作步骤如下：

单击“文件 | 另存为”命令，在打开的“另存为”对话框中，选择“保存类型”为“PDF”，选择保存文件的位置和 PDF 文件名称，然后单击“保存”按钮。

**提示：**PDF 全称 Portable Document Format，是 Adobe 公司开发的电子文件格式。这种文件格式与操作系统平台无关，PDF 文件不管是在 Windows，Unix 还是在苹果公司的 Mac OS 操作系统中都是通用的。它已成为在 Internet 上进行电子文档发送和数字化信息传播的理想文档格式。越来越多的电子图书、产品说明、公司文告、网络资料、电子邮件开始使用 PDF 格式文件。

(2) 保存为 Word 2003 格式。对于在 Word 2010 窗口中编辑的 Word 文档，如果希望其能够在 Word 2003 窗口中编辑，则可以将 Word 2010 文档保存为 Word 2003 文档，操作步骤如下：

选择“文件 | 另存为”，在打开的“另存为”对话框中，选择“保存类型”为“Word 97—2003 文档”，选择保存文件的位置和文件名，单击“保存”按钮。

4. 查看 Word 文档属性

用户可以在 Word 文档的属性对话框中查看 Word 文档被修改的次数，从而了解该 Word 文档被修订的情况，步骤如下：

(1) 打开 Word 2010 文档窗口，选择“文件 | 信息”。在“信息”面板中，单击“属性”按钮，然后在打开的下拉列表中选择“高级属性”选项。

(2) 在打开的文档属性对话框中，切换到“统计”选项卡。用户可以在“统计”选项卡中查看“修改时间”、“上次保存者”、“修订次数”等信息。

## 3.2 文本框的操作

从案例 1 中看到，电脑与生活报图文并茂，版面生动，其中很多效果都是“文本框”的功劳，文字和图片一旦放到文本框中，排版时就可以随意调整它们的位置，如果没有文本框就很难实现这种效果。同时，文本框也可以起到如同分栏一样的作用。

在案例 1 中，各种文本框的组成如图 3—6 所示。

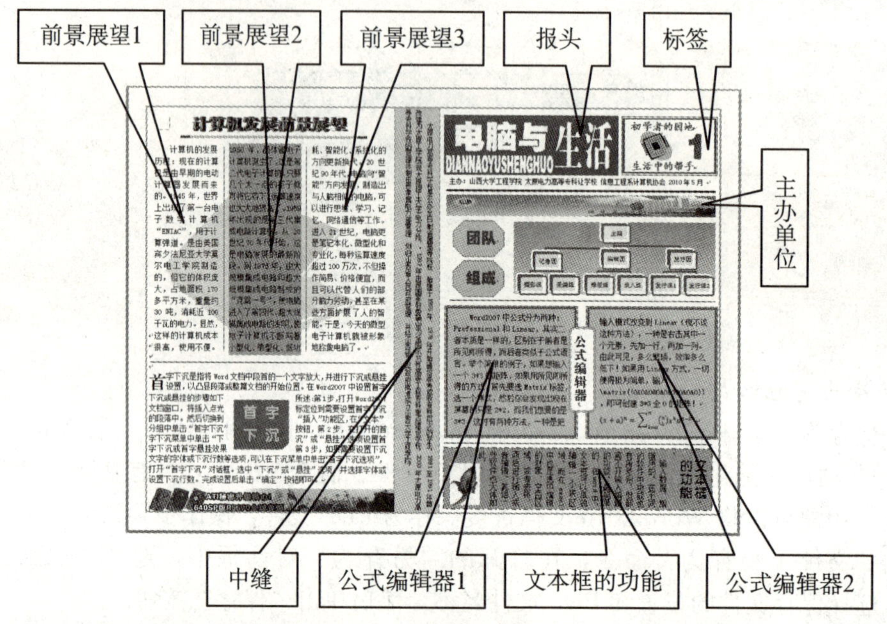


图 3—6 文本框组成说明

### 3.2.1 打开“电脑与生活报”文档

打开“电脑与生活报”文档窗口的步骤如下：

单击“文件 | 最近使用的文档”命令（或单击“文件 | 打开”命令），在右侧列表中单击“电脑与生活”文档名，如图 3—7 所示。

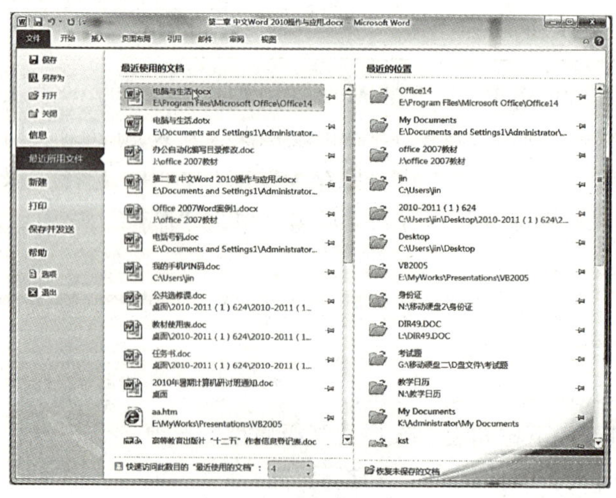

图 3—7 打开文件

### 3.2.2 插入文本框

1. 插入“报头和标签”文本框

(1) 单击“插入”选项卡，在“文本”组中，选择“文本框｜绘制文本框”，在版面的右侧绘制出报头的位置。

(2) 选定（鼠标单击文本框）文本框，单击“绘图工具格式”选项卡，在“形状样式”组中，单击“形状填充”按钮，在“标准色”中选择“红色”，如图 3—8 所示。

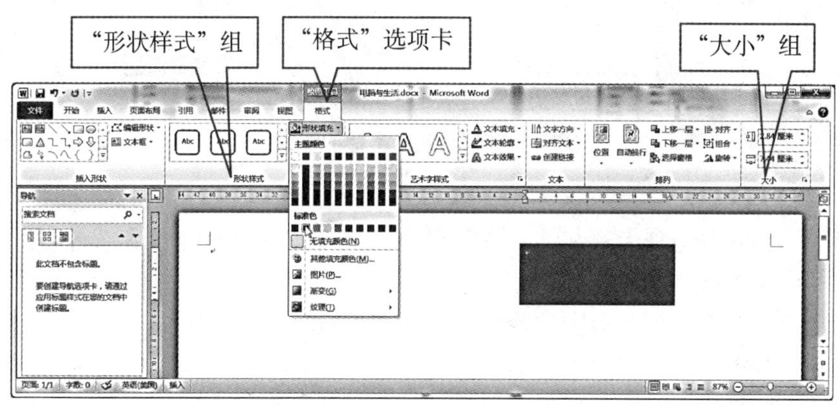


图 3—8 设置形状格式

(3) 单击“绘图工具格式”选项卡，在“形状样式”组中，单击“形状轮廓”按钮，在“标准色”中选择“红色”。

(4) 在“大小”组中，输入宽度和高度的值分别为“8.5 厘米”和“2.63 厘米”。

(5) 单击“插入”选项卡，在“文本”组中，选择“文本框｜绘制文本框”，在版面的报头的右侧绘制出标签的位置。

(6) 单击“绘图工具格式”选项卡，在“形状样式”组中，单击其他按钮“▾”，如图 3—9 所示。在彩色轮廓中选择“红色”，如图 3—10 所示。

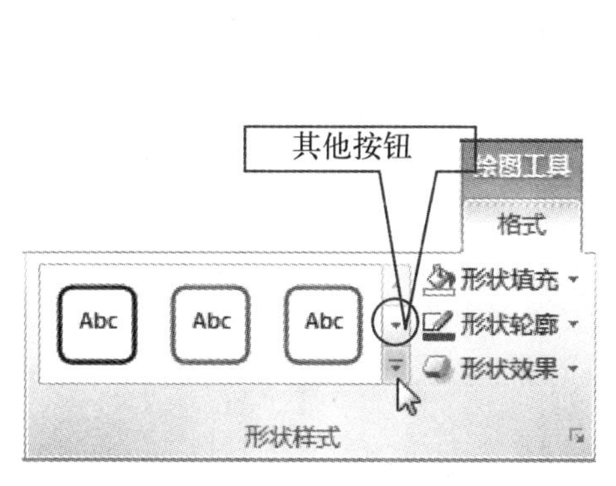


图 3—9 其他按钮

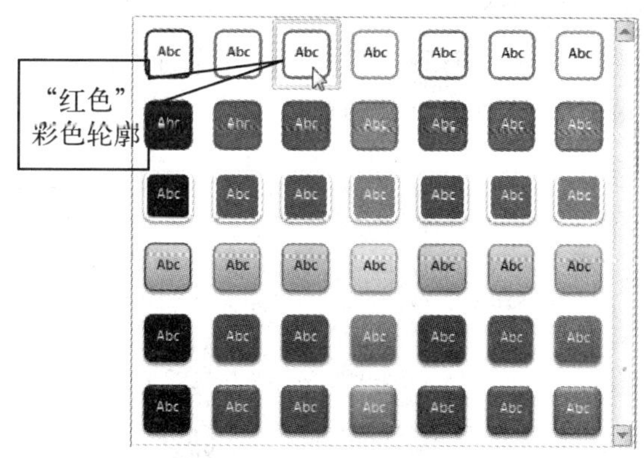


图 3—10 彩色轮廓选择区域

(7) 在“形状样式”组中，选择“形状轮廓｜粗细｜4.5 磅”。

(8) 在“大小”组中，输入宽度和高度的值分别为“4.53 厘米”和“2.63 厘米”，并调整两个文本框的位置，如图 3—11 所示。

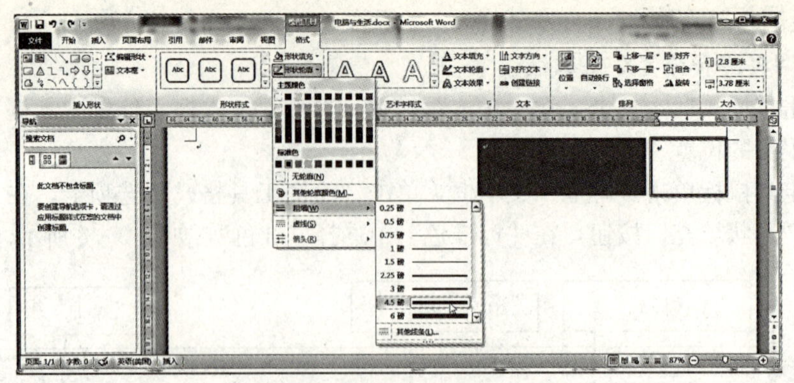

图 3—11 设置文本框的线型

2. 插入“公式编辑器”说明文本框

(1) 单击“插入”选项卡，在“文本”组中，选择“文本框｜绘制文本框”，在版面的右侧绘制出两个文本框。

(2) 选定第一个文本框，单击“绘图工具格式”选项卡，在“大小”组中，输入文本框的“宽度”和“高度”分别为“6.24 厘米”和“6.17 厘米”，并调整两个文本框的位置。

(3) 在“形状样式”组中，单击“形状填充”按钮，在“主题”颜色中选择“深蓝，文字，淡色 80%”（第二行第四列）。

(4) 选定第二个文本框，按照步骤 (3)，设置第二个文本框的颜色、宽度和高度。

(5) 分别选定两个文本框，单击鼠标右键，在快捷菜单中选择“设置形状格式”，在出现的对话框左侧选择“线型”，宽度选择“5.5 磅”，复合类型选择“由细到粗”。

(6) 分别选定两个文本框，在“形状样式”组中，单击“形状轮廓”按钮，在主题颜色中选择“深蓝，文字 2，淡色 40%”（第四行第四列）。

3. 插入“公式编辑器”标题文本框

(1) 单击“插入”选项卡，在“文本”组中，选择“文本框｜绘制竖排文本框”，绘制出标题文本框。

(2) 选定标题文本框，单击鼠标右键，在快捷菜单中选择“设置形状格式”，左侧选择“填充”，右侧选择“纯色填充”，在填充颜色中选择“白色”，如图 3—12 所示。

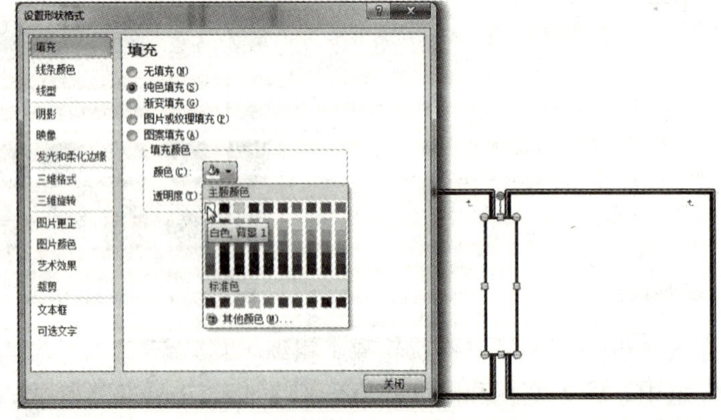


图 3—12 填充颜色

(3) 在左侧选择“线条颜色”，右侧颜色选择“深蓝，文字 2，淡色 40%”。

（4）在左侧选择“线型”，右侧宽度选择“5.5 磅”，复合类型选择“由细到粗”，单击“关闭”按钮。

4. 插入“文本框的功能”文本框

（1）单击“插入”选项卡，在“文本”组中，选择“文本框｜绘制竖排文本框”，在版面右侧的底部绘制出一个竖排文本框。

（2）选定文本框，在“大小”组中，输入文本框的宽度和高度分别为“13.02 厘米”和“2.91 厘米”，并调整文本框的位置。

（3）在“形状样式”组中，选择“形状轮廓｜粗细｜0.75 磅”。

（4）在“形状样式”组中，选择“形状填充”按钮，在主题颜色中选择“茶色，背景 2，深色 10%”（第二行第三列）。

5. 插入“中缝”文本框

（1）单击“插入”选项卡，在“文本”组中，选择“文本框｜绘制竖排文本框”，在版面中部绘制出一个竖排文本框。

（2）双击文本框，在“大小”组中，输入文本框的宽度和高度分别为“1.99 厘米”和“19.26 厘米”，并调整文本框的位置。

（3）在“形状样式”组中，单击“形状轮廓｜粗细｜2.25 磅”。

（4）在“形状样式”组中，单击“形状填充”按钮，在主题颜色中，选择“蓝色，强调文字颜色 1，深色 80%”（第二行第五列）。

6. 插入“前景展望”文本框

（1）单击“插入”选项卡，在“文本”组中，选择“文本框｜绘制文本框”，在版面的左侧绘制出三个文本框。

（2）选定“前景展望 1”文本框，在“大小”组中，输入文本框的宽度和高度分别为“3.12 厘米”和“10.02 厘米”。

（3）选定第一个文本框，单击“开始”选项卡。

（4）在“剪贴板”组中，单击“复制”按钮，再单击“粘贴”按钮两次，并调整三个文本框的位置，如图 3—13、图 3—14 所示。

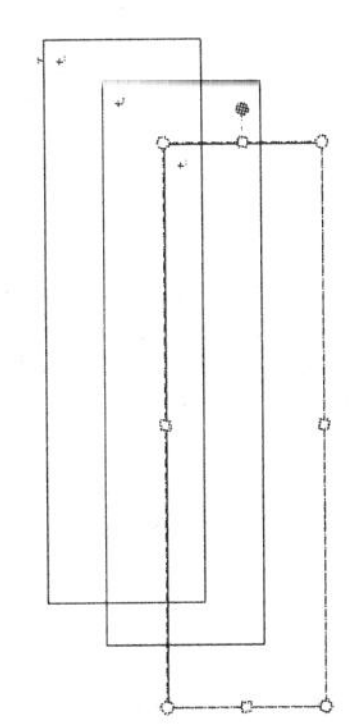

**图 3—13　复制和粘贴文本框**

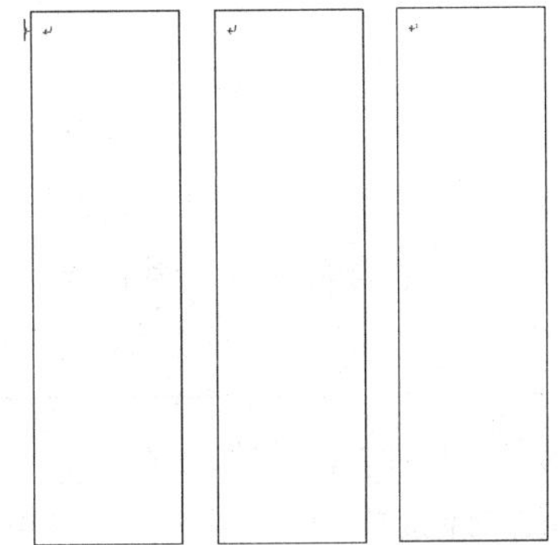

**图 3—14　调整后的位置**

**提示：**“复制”命令的组合键为：Ctrl+C，“剪切”命令组合键为：Ctrl+X，“粘贴”命令的组合键为：Ctrl+V。

调整文本框的位置可以使用小键盘中的四个方向移动键（↑、↓、←、→）进行微调。

7. 插入“主办单位”文本框

(1) 单击“插入”选项卡，在“文本”组中，选择“文本框｜绘制文本框”，在报头下面绘制出文本框。

(2) 选定“主办单位”文本框，在“大小”组中，输入文本框的宽度和高度分别为“13.34 厘米”和“0.78 厘米”。

**提示：** 如果文本框中的文字与边界线的距离较大时，可以选定文本框，单击鼠标右键，在快捷菜单中选择“设置形状格式”，出现“设置形状格式”对话框。在对话框的左侧选定“文本框”，在右侧的“内部边距”中调整“上”、“下”、“左”、“右”即可。

### 3.2.3 文本框的链接

1. “公式编辑器”文本框的链接

选定“公式编辑器”的第一个文本框，在“文本”组中，单击“创建链接”按钮，将“茶杯”图标移动到第二个文本框中，单击鼠标左键，如图 3—15 所示。

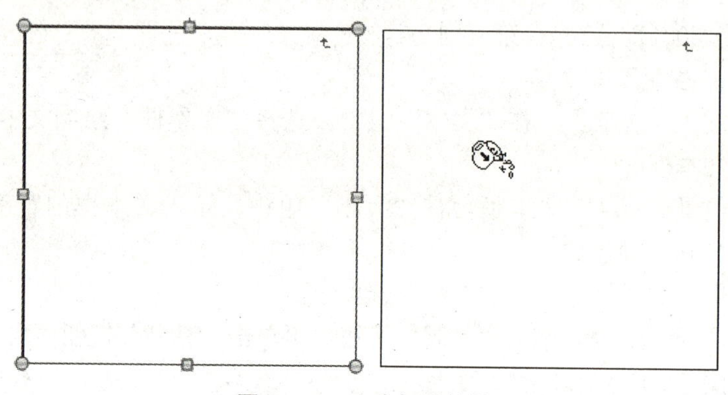

图 3—15 文本框的链接

**提示：** 以上操作表示当在第一个文本框中输入的文字较多时，文字会自动进入第二个文本框。

2. “前景展望”文本框的链接

(1) 选定“前景展望”第一个文本框，在“文本”组中，单击“创建链接”按钮，将“茶杯”图标移动到第二个文本框中，单击鼠标左键。

(2) 选定“前景展望”第二个文本框，在“文本”组中，单击“创建链接”按钮，将“茶杯”图标移动到第三个文本框中，单击鼠标左键。

(3) 按 Shift 键，用鼠标分别单击三个文本框，在“排列”组中，单击“组合”按钮，将三个文本框组合在一起，便于移动等操作。若要取消组合，选定组合的文本框，单击

“组合”按钮下的“取消组合”即可。

**说明：** 如果要断开文本框的链接，只要选定父文本框，在“文本”组中，选择“断开链接”即可。

### 3.2.4 知识拓展

1. “信息”命令的功能

Word 2010 中的“文件”按钮是一个类似于菜单的按钮，位于 Word 2010 窗口左上角。选择“文件 | 信息”，用户可以进行旧版本格式转换、保护文档（包含设置 Word 文档密码）、检查问题和管理自动保存的版本，如图 3—16 所示。

2. “最近所用文件”命令的功能

打开“最近所用文件”命令面板，在面板右侧可以查看最近使用的 Word 文档列表，用户可以通过该面板快速打开使用的 Word 文档。在每个历史 Word 文档名称的右侧含有一个固定按钮“”，单击该按钮可以将该记录固定在当前位置，而不会被后续历史 Word 文档名称替换，如图 3—17 所示。

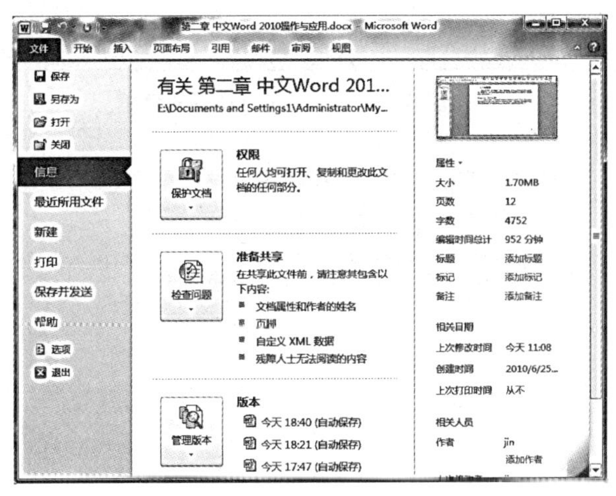


图 3—16 “信息”命令面板

图 3—17 “最近”命令面板

3. 文本框属性设置

Word 2010 提供了四十多种样式供选择，主要是排版的位置、风格、颜色、大小有所区别，可以根据需要选择一种。插入后可看到文本框工具栏已经弹出，输入你所需要的内容，之后对文本进行美化，如图 3—18 所示。除用“形状样式”组中的工具外，还可单击组中右下角的下拉小箭头“”，弹出“设置形状格式”对话框，在对话框中可以设置文本框的线型、线条颜色、填充效果、阴影、三维格式等，如图 3—19 所示。

4. 文本框的环绕

有时文本框需要围绕在文本的周围，这时就要修改文本框的环绕效果。单击文本框（选定），在文本框的边界线上单击鼠标右键，在快捷菜单中选择“设置文本框格式 | 版式”，在出现的对话框中选择“版式”选项卡，在“环绕方式”中选择一种环绕，在“水平对齐”中选择“对齐方式”，如图 3—20 和图 3—21 所示。

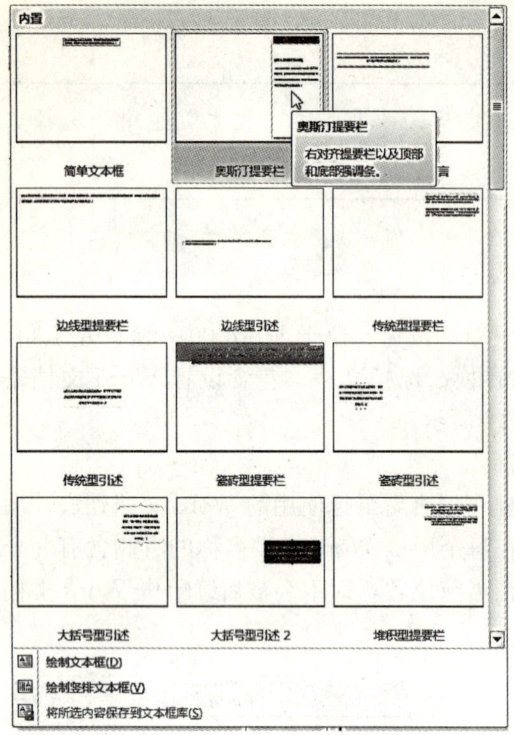


图 3—18　文本框的样式

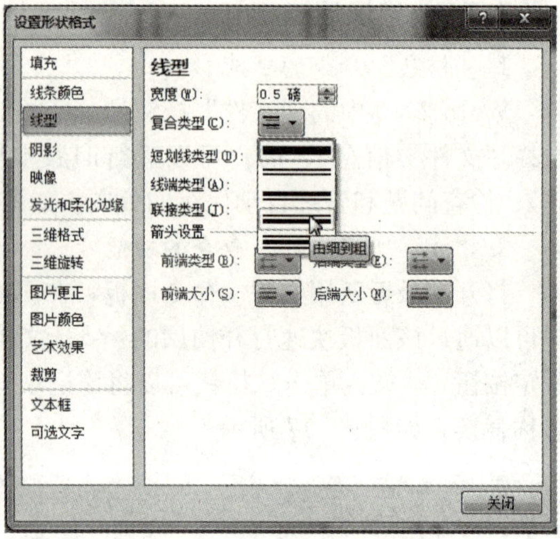

图 3—19　设置形状格式对话框

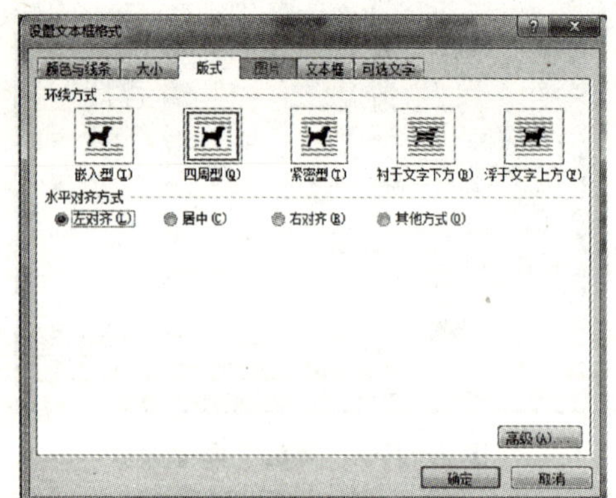


图 3—20　设置环绕

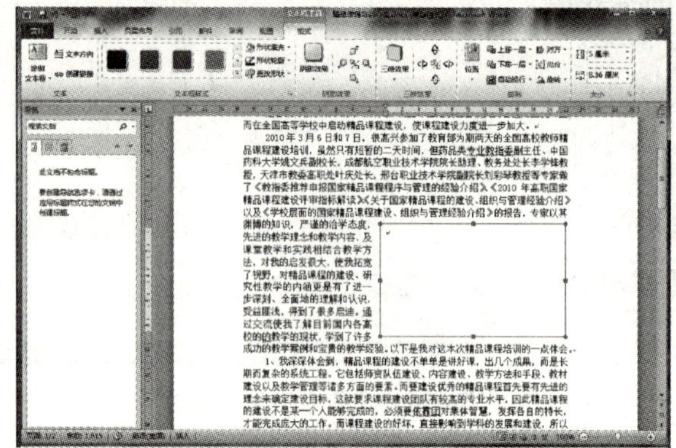

图 3—21　环绕结果

**提示：** 可以在快捷菜单中选择“其他布局选项”，出现“布局”对话框，在对话框中可以设置文本框的环绕效果和大小。

## 3.3　输入文字

Word 2010 是一个文字处理软件，主要用于文字的编辑与排版，是 Office 办公软件包中最适用的办公软件之一。

文本框中录入文字和在空文档中是一样的。文字录入完毕，可以对文档进行排版，设定字体、字号、字形、颜色、段落等。

### 3.3.1　输入“公式编辑器”文本框中的内容

1. 输入文字

（1）选定“公式编辑器 1”文本框，将鼠标移到插入点，输入图示文字。

需要编辑公式时，依次单击“插入｜对象”，调出“对象”对话框，在“对象类型”中找到“Microsoft 公式 3.0”，选定后，单击“确定”按钮，在文档中就插入了公式编辑窗口，此时文字与公式处于混排状态，若勾选了“显示为图标”前的复选框，则在文档中插入的是“Microsoft 公式 3.0”的图标。

双击图标，可打开一个独立的“公式编辑器”程序窗口，此程序窗口与 Word 程序窗口是相互独立的，在编辑公式过程中若想编辑文字，则直接切换到 Word 程序窗口进行编辑即可，不需关闭“公式编辑器”程序窗口。

**说明：**在输入文字过程中，我们发现当文本框 1 中的文字放不下后，文字会自动移动到文本框 2 中，这就是文本框链接的结果。

（2）将鼠标移动到文本的最左端（选定区域），光标变为向右箭头“↗”，三击鼠标左键选定全部文本，单击“开始”选项卡，在标尺栏上拖动“首行缩进”为 2 个字符“”。

2. 输入公式

（1）将鼠标定位在“公式编辑器 2”文本框中文字的尾部，单击“插入”选项卡，在“符号”组中，单击“π 公式”，出现专用于公式的工具栏。

（2）工具栏包括三个组：“工具”组、“符号”组和“结构”组，如图 3—22 所示。

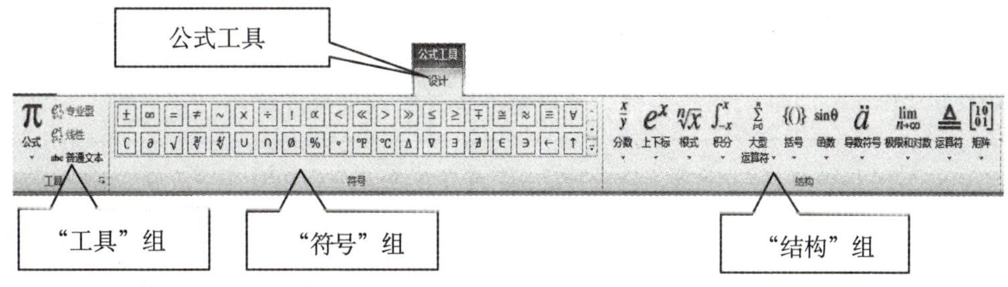


**图 3—22　公式编辑器**

（3）在“工具”组中，单击“公式 π”下的小箭头，出现一些公式，包括：圆的面积计算公式、二项式定理、和的展开式、傅立叶级数、勾股定理、二次方程式公式、三角恒等式 1、三角恒等式 2、泰勒展开式和圆的面积。如果没有找到所需要的公式样式，可以单击“π 插入新公式(I)”，如图 3—23 所示。

（4）单击“二项式定理”，出现公式“$(x+a)^n=\sum_{k=0}^{n}\binom{n}{k}x^k a^{n-k}$”。

（5）单击插入的公式右下角的小箭头，可以看到一个下拉列表框，可以改变公式的对齐方式和形状（专业型和线性），如图 3—24 所示。

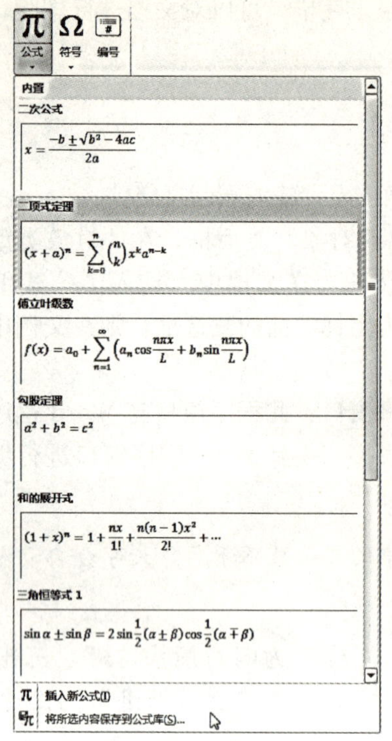


图 3—23　插入公式

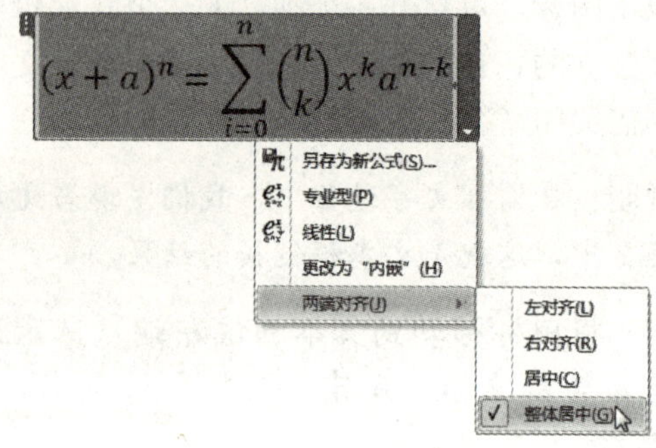


图 3—24　改变对齐方式

(6) 如果公式需要改变，可进行编辑。在“符号”组中有很多符号，选择一个插入即可。

**提示：**如果觉得公式的字号比较小，可以选定公式，单击“开始”选项卡，在“字号”下拉列表框中选择合适的字号，整个公式可以按照一定的比例进行缩放，如果按 Ctrl＋Shift＋>（或<）组合键，可以对公式进行放大（或缩小）。

3. 输入“公式编辑器”标题

(1) 选定标题文本框，单击鼠标右键，在快捷菜单中选择“编辑文字”，输入标题“公式编辑器”。

(2) 用鼠标在字体上拖动（选定字体），单击“开始”选项卡，在“字体”组中，选择“字体”为“方正大标宋简体”，字号为“小二”。

**注意：**系统是没有“方正大标宋简体”字体的，需要进行安装。

### 3.3.2　输入“文本框的功能”文本框中的内容

1. 输入文字

选定“文本框的功能”文本框，将鼠标移到插入点，输入以下文字：

“输入数据，编辑用的。在不同的软件中功能也有所差别，但都离不开输入编辑的功能。最简单的，在 Word 中，文本框可以单独编辑一小块区域。而在 Excel 中也是选中编辑的对象，空白区域，或者表格，而后进行输入或者编辑。其他一些软件也大体如此。”

2. 标题设置

(1) 选定“文本框的功能”标题，单击“开始”选项卡，在“字体”组中，选择字体为

"方正水柱简体"，字号为"小二"。

（2）在标题"文本框"的后面按回车键，使标题分为两列，单击"开始"选项卡，在"段落"组中，将对齐方式改为居中"≡"。

（3）选定标题中的"的功能"三个字，单击"页面布局"选项卡，在"段落"组中，将段后值改为"1字符"。

选定标题中的"文本框"三个字，单击"页面布局"选项卡，在"段落"组中，将段前值改为"0.5字符"。

**提示：**设置标题的段前段后值，可以单击"开始"选项卡，在"段落"组中，单击右下角的辅助按钮"⧉"，在"段落"对话框中进行设置。

3. 文本内容设置

（1）选定"输入数据……其他一些软件也大体如此。"，单击"开始"选项卡，在"字体"组中，选择字体为"宋体"，字号为"五号"。

（2）选定"输入数据……其他一些软件也大体如此。"，单击"开始"选项卡，在"段落"组中，单击右下角的辅助按钮⧉，将特殊格式修改为"首行缩进"，如图3—25所示。

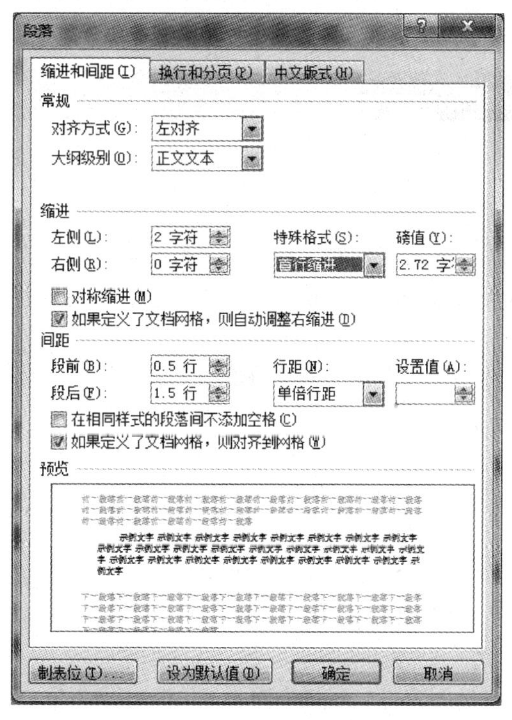


**图3—25 "段落"对话框**

**提示：**首行缩进指的是每一段的开始空两个字符，绝对不可以在每段开始连续打回车键。首行缩进也可以拖动标尺栏中的标尺。

### 3.3.3 输入“前景展望”文本框中的内容

1. 输入文字

选定“前景展望1”文本框，将鼠标移到插入点，输入以下文字：

“计算机的发展历程：现在的计算机是由早期的电动计算器发展而来的。1945年，世界上出现了第一台电子数字计算机“ENIAC”，用于计算弹道，是由美国宾夕法尼亚大学莫尔电工学院制造的，但它的体积庞大，占地面积170多平方米，重量约30吨，消耗近100千瓦的电力。显然，这样的计算机成本很高，使用不便。1956年，晶体管电子计算机诞生了，这是第二代电子计算机。只要几个大一点的柜子就可将它容下，运算速度也大大地提高了。1959年出现的是第三代集成电路计算机。从20世纪70年代开始，这是电脑发展的最新阶段。到1976年，由大规模集成电路和超大规模集成电路制成的“克雷一号”，使电脑进入了第四代。超大规模集成电路的发明，使电子计算机不断向着小型化、微型化、低功耗、智能化、系统化的方向更新换代。20世纪90年代，电脑向“智能化”方向发展，制造出与人脑相似的电脑，可以进行思维、学习、记忆、网络通信等工作。

进入21世纪，电脑更是笔记本化、微型化和专业化，每秒运算速度超过100万次，不但操作简易、价格便宜，而且可以代替人们的部分脑力劳动，甚至在某些方面扩展了人的智能。于是，今天的微型电子计算机就被形象地称作电脑了。”

**思考：**在输入文字过程中，我们发现当“前景展望1”文本框中的文字容不下后，文字会自动移动到“前景展望2”中，当“前景展望2”中的文字容不下后，文字会自动移动到“前景展望3”中，为什么？

2. 文本内容设置

(1) 选定文本框，单击“开始”选项卡，在“字体”组中，选择字体为“宋体”，字号为“五号”。

(2) 选定每一个文本框，单击“开始”选项卡，在“段落”组中，将对齐方式改为两端对齐“▤”。在“段落”组中，单击右下角的辅助按钮“◲”，将特殊格式修改为“首行缩进”。

(3) 双击“前景展望2”文本框，在“形状样式”组中，单击“形状填充”右侧的下拉箭头，从中选择“茶色，背景2，深色25%”(第三行第三列)。

**提示：**双击文本框的作用是出现绘图组件，也可以选定文本框，单击“绘图工具”选项卡。

### 3.3.4 输入“中缝”文本框中的内容

1. 修改文本框环绕效果

选定“中缝”文本框，单击鼠标右键，在快捷菜单中单击“其他布局”命令，在“布局”对话框中，单击“文字环绕”选项卡，将环绕方式设置为“四周型”。

2. 输入文字

在“中缝”文本框中输入以下文字：

“太原电力高等专科学校是公办全日制省属高等院校，始建于1955年，1978年开始通过高考招收专科层次的学生。1981年至1991年曾改建为太原工学院（现太原理工大学）电力分院。1997年由原国家教委确定为全国示范性高等工程专科重点建设学校。2000年太原电力高等专科学校的管理体制由原隶属电力部管理，划归山西省人民政府管理，并经山西省人民政府批准成立山西大学工程学院。”

3. 文本内容设置

（1）选定文本框，单击“开始”选项卡，在“字体”组中，选择字体为“宋体”，字号为“小五号”。

（2）选定文本框，单击“开始”选项卡，在“段落”组中，将对齐方式改为“两端对齐▤”。

（3）在“段落”组中，单击右下角的辅助按钮“◲”，将特殊格式修改为“首行缩进”。

4. 设置背景颜色

选定文本框，出现“形状样式”组（如果没有出现，请单击“绘图工具”选项卡），单击“形状填充”右侧的下拉箭头，从中选择“深蓝，文字 2，淡色 80%”。

### 3.3.5 输入“首字下沉”文本框中的内容

1. 输入文字

在“前景展望 1”文本框的下面双击鼠标左键，出现多个换行符号，在最后一个换行符号后面输入以下文字：

“首字下沉是指将 Word 文档中段首的一个文字放大，并进行下沉或悬挂设置，以凸显段落或整篇文档的开始位置。在 Word 2010 中设置首字下沉或悬挂的步骤如下所述：第 1 步，打开 Word 2010 文档窗口，将插入点光标定位到需要设置首字下沉的段落中。然后切换到“插入”组中，在“文本”分组中单击“首字下沉”按钮。第 2 步，在打开的首字下沉菜单中单击“下沉”或“悬挂”选项设置首字下沉或首字悬挂效果。第 3 步，如果需要设置下沉文字的字体或下沉行数等选项，可以在下沉菜单中单击“首字下沉选项”，打开“首字下沉”对话框。选中“下沉”或“悬挂”选项，并选择字体或设置下沉行数，完成设置后单击“确定”按钮即可。”

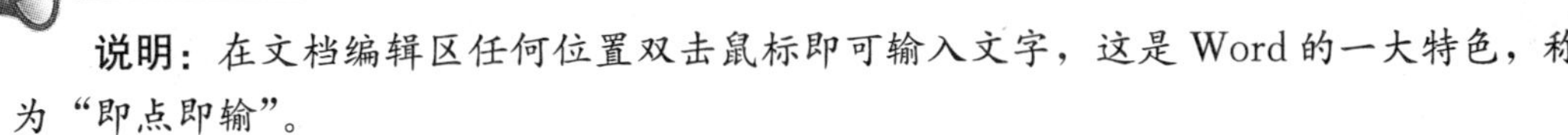

**说明：**在文档编辑区任何位置双击鼠标即可输入文字，这是 Word 的一大特色，称为“即点即输”。

如果输入文字过程中出现文字穿透中缝文本框的现象，应修改中缝文本框的环绕效果为“四周型”，自动换行为“只在左侧”。

2. 设置首字下沉

设置首字下沉的步骤如下：

（1）将插入点光标定位到“首”字的前面，单击“插入”选项卡，在“文本”组中，单击“首字下沉”按钮。

（2）在打开的“首字下沉”菜单中，单击“首字下沉选项”命令，出现“首字下沉”对话框。

（3）选中“下沉”或“悬挂”选项，并选择字体为“宋体”，下沉行数为“2”，单击“确定”按钮。

3. 输入标题

（1）单击“插入”选项卡，在“插图”组中，单击形状“◫”的下拉箭头，在“基本形状”中选择折角型“□”。

(2) 用鼠标在文字区域绘制出“折角型”图案。修改图案的环绕效果为“四周型”,“自动换行”为“两边”。

**思考:** 想一想如何修改图案的环绕效果?

(3) 在“折角型”中输入标题“首字下沉”。字体设置为“方正粗圆简体”,字号为“四号”。

(4) 单击“开始”选项卡,在“段落”组中,单击右下角的辅助按钮“⊡”,出现“段落”对话框。

(5) 在对话框中,单击“缩进和间距”选项卡,将行距固定值设置为“18 磅”。

### 3.3.6 输入“主办单位”文本框中的内容

1. 输入文字

选定“主办单位”文本框,将鼠标移到插入点,输入以下文字:

“主办:山西大学工程学院 太原电力高等专科让学校 信息工程系计算机协会 2010 年 5 月”

2. 设置字体、字号和对齐方式

(1) 选定文本框,单击“开始”选项卡,在“字体”组中,选择字体为“宋体”,字号为“小五号”。

(2) 在“段落”组中,将对齐方式改为左对齐“≡”。

### 3.3.7 知识拓展

1. 显示或隐藏标尺

“标尺”包括水平标尺和垂直标尺,用于显示 Word 2010 文档的页边距、段落缩进、制表符等。单击“视图”选项卡,选中或取消“标尺”复选框可以显示或隐藏标尺。

2. 显示或隐藏导航窗格

“导航窗格”主要用于显示 Word 2010 文档的标题大纲,用户可以单击“文档结构图”中的标题展开或收缩下一级标题,并且可以快速定位到标题对应的正文内容,还可以显示 Word 2010 文档的缩略图。单击“视图”选项卡,选中或取消“导航窗格”复选框可以显示或隐藏导航窗格。

3. 文档的选定

将光标移动到文档的左部,光标变为向右的箭头,这时单击鼠标左键选定一行;双击鼠标左键选定一段;三击鼠标左键选定全部。

4. 复制、剪切和粘贴

Word 2010 中最常见的文本操作就是复制、剪切和粘贴。其中复制操作是在原有文本保持不变的基础上,将所选中文本放入剪贴板;而剪切操作则是在删除原有文本的基础上将所选中文本放入剪贴板;粘贴操作则是将剪贴板的内容放到目标位置。在 Word 2010 文档中进行复制、剪切和粘贴操作的步骤如下:

(1) 菜单法。

①选中需要剪切或复制的文本,单击“开始”选项卡,在“剪贴板”组中,单击“剪切”或“复制”按钮。

②将光标定位到目标位置,单击“剪贴板”组中的“粘贴”按钮。

(2) 拖动法。选定需要移动或复制的文本内容,将鼠标指针指向被选中的文本区域,按住左键拖动文本到目标位置,完成移动操作。如果要复制,需按住 Ctrl 键的同时,拖动文本到目标位置。

5. 在 Word 2010 文档中使用“选择性粘贴”

“选择性粘贴”功能可以帮助用户在 Word 2010 文档中有选择地粘贴剪贴板中的内容，可以将剪贴板中的内容以无格式或有格式的形式粘贴到目标位置。如：把网上复制的文件粘贴到 Word 文档中，就可以使用“选择性粘贴”功能。操作步骤如下：

(1) 选中需要复制或剪切的文本或对象，单击“开始”选项卡，在“剪贴板”组中，单击“复制”或“剪切”按钮。

(2) 确定目标位置，在“剪贴板”组中，单击“粘贴”下方的下拉三角按钮“ ▾ ”，单击“选择性粘贴”命令。

(3) 在打开的“选择性粘贴”对话框中，选定“粘贴”单选框，然后在“形式”列表中选择一种粘贴格式，例如选择“无格式文本”选项，单击“确定”按钮。

6. 使用“撤销清除（ ）”或“恢复清除（ ）”功能

在编辑 Word 2010 文档时，如果出现失误操作，而想返回到当前结果前面的状态，则可以通过“撤销清除”或“恢复清除”功能实现。“撤销清除”功能可以保留最近执行的操作记录，用户可以按照从后到前的顺序撤销若干步骤，但不能有选择地撤销不连续的操作。用户可以单击“快速访问工具栏”中的“撤销”或“恢复”按钮。

7. 字号改变更方便

如果要改变字体的大小，选定字体，单击“开始”选项卡，在“字体”组中，单击增大字体按钮“A˄”或缩小字体“A˅”即可。

**提示**：Alt＋Backspace 组合键执行撤销操作，“Ctrl＋Y”组合键执行恢复操作。

## 3.4　插入艺术字

艺术字是一种包含特殊文本效果的绘图对象。利用艺术字，可以修饰文字，任意旋转角度、着色、拉伸或调整字间距，以达到最佳效果。

### 3.4.1　插入报头艺术字

1. 插入“电脑与”三个艺术字

(1) 将鼠标放在任何位置上，单击“插入”选项卡，在“文本”组中，单击“艺术字”按钮，然后选择“填充，茶色，文本 2，轮廓—背景 2”内置的艺术字样式，文档中将自动插入含有默认文字“请在此放置您的文字”和所选样式的艺术字，并且组中将显示“绘图工具”的选项卡，如图 3—26 所示。

(2) 将“请在此放置您的文字”修改为“电脑与”三个字。在“艺术字样式”组中，单击“文本填充”按钮，把“主题特色”改为“白色，背景 1”。

(3) 在“艺术字样式”组中，单击“文本轮廓”按钮，把主题特色改为“白色，背景 1”。

(4) 单击“开始”选项卡，选定“电脑与”三个字，在“段落”组中，单击“ ”右面的箭头，单击“字体缩放 | 150%”命令，将三个字变为“扁体”。

(5) 在“字体”组中，将字体改为“方正大黑简体”，字号改为“小初”。

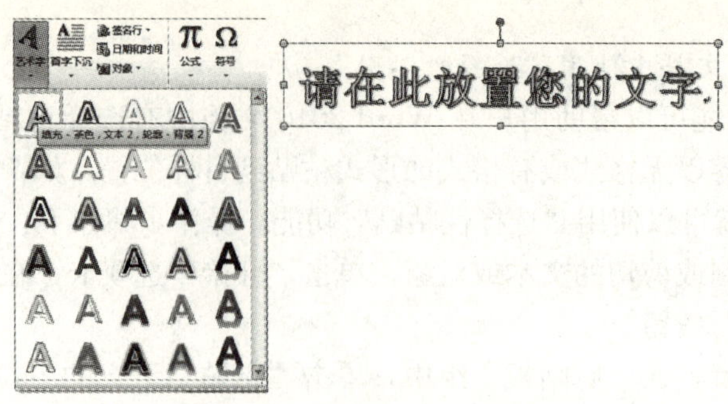


**图 3—26　插入艺术字“电脑与”**

（6）将“电脑与”三个艺术字拖动到“报头”文本框中。

2. 插入“生活”两个艺术字

（1）按照插入“电脑与”三个艺术字的步骤（1）～（3），插入“生活”两个艺术字。

（2）选定“生活”两个艺术字，在“段落”组中，选择“字体缩放｜50%”命令，将两个字变为长方形体。

（3）单击“开始”选项卡，在“字体”组中，单击辅助按钮“ ”，打开“字体”对话框。单击“高级”选项卡，将间距修改为“加宽”，磅值为“2.3”磅，如图 3—27 所示。

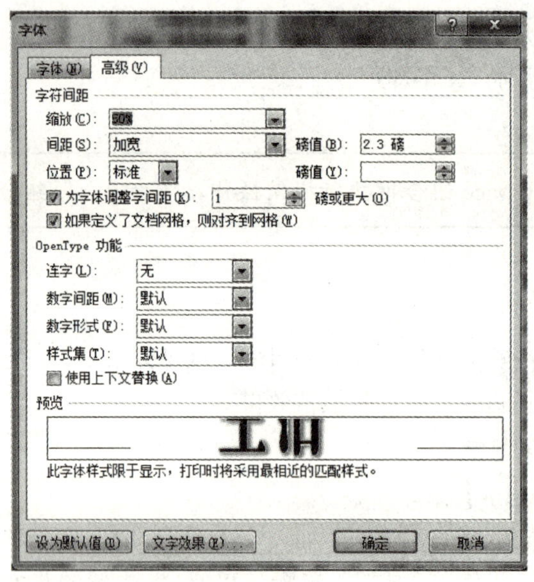


**图 3—27　“字体”对话框**

（4）将“生活”两个艺术字拖动到“报头”文本框中。

3. 插入“拼音”艺术字

（1）按照插入“电脑与”三个艺术字的步骤（1）～（3），插入拼音“DIANNAOYUSHENGHUO”（电脑与生活）艺术字。

（2）单击“开始”选项卡，选定“DIANNAOYUSHENGHUO”拼音，在“段落”组中，单击“ ”右面的箭头，选择“字体缩放｜50%”命令，将拼音变为长方形体。

（3）在“字体”组中，将字体改为“Stencil”，字号改为“28”。

（4）拖动拼音艺术字到“电脑与”三个艺术字的下面，如图 3—28 所示。

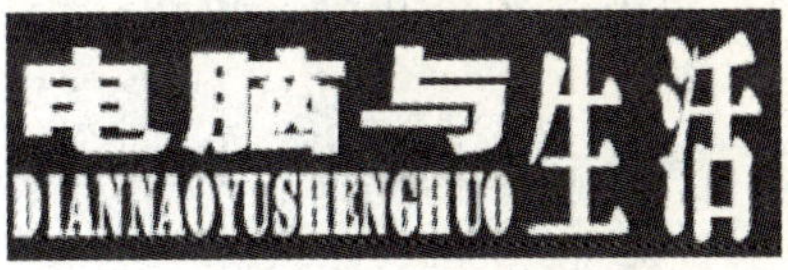
电脑与生活
DIANNAOYUSHENGHUO

图 3—28　完成的报头

### 3.4.2　插入标签中的艺术字

1. 插入“初学者的园地，生活中的帮手”

（1）将鼠标放在任何位置上，单击“插入”选项卡，在“文本”组中，单击“艺术字”按钮，然后选择“A 填充 - 红色，强调文字颜色 2，暖色粗糙棱台”内置的艺术字样式，将默认文字“请在此放置您的文字”修改为“初学者的园地”。

（2）选定“初学者的园地”艺术字，单击“开始”选项卡，在“字体组中”，将字体修改为“楷体”，将字号修改为“四号”。

（3）选定“初学者的园地”艺术字，在“开始”组中，单击“复制”按钮，再单击“粘贴”按钮。

（4）将粘贴后的艺术字“初学者的园地”改为“生活中的帮手”。

（5）将“初学者的园地”和“生活中的帮手”两个艺术字拖动到标签文本框中，如图 3—29 所示。

**思考：**这里为什么做“复制”和“粘贴”，有什么好处？“复制”和“粘贴”的快捷键是什么？

2. 插入期刊号

（1）将鼠标放在任何位置上，单击“插入”选项卡，在“文本”组中，单击“艺术字”按钮，然后选择“A 填充 - 红色，强调文字颜色 2，暖色粗糙棱台”内置的艺术字样式，将默认文字“请在此放置您的文字”修改为“1”。

（2）选定艺术字，单击“开始”选项卡，在“字体组中”，将字体修改为自己喜爱的字体，这里选择“Broadway”字体，将字号修改为“初号”。

（3）移动期刊号艺术字到标签文本框中，如图 3—30 所示。

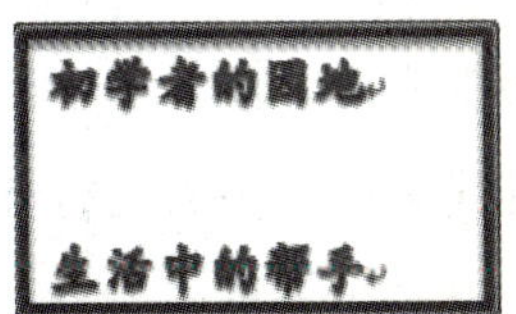

初学者的园地
生活中的帮手

图 3—29　标签艺术字

初学者的园地
1
生活中的帮手

图 3—30　期刊号艺术字

**思考：**在 Word 2010 中，插入艺术字是否可以利用文本框的功能？

### 3.4.3　插入标题艺术字

（1）将鼠标放在任何位置上，单击“插入”选项卡，在“文本”组中，单击“艺术字”按钮，然后选择“填充—茶色，文本 2，轮廓—背景 2”样式。

（2）选定艺术字，单击“开始”选项卡，将字体设置为“方正大黑简体”。

（3）单击缩小字体按钮“A”，直到字号变为“一号”。

（4）在“形状样式”组中，单击“文本填充”按钮，主体颜色为“黑色”。

（5）在“形状样式”组中，单击“文本轮廓”按钮，主体颜色为“白色，背景 1，深色 15%”。

（6）在“形状样式”组中，单击“文本效果”按钮，在“阴影”中选择“由上对角透视”。

（7）将艺术字“请在此放置您的文字”改为“计算机发展展望前景”。

（8）将艺术字拖动到“前景展望”三个文本框的中间。

### 3.4.4 知识拓展

1. Word 2010 艺术字与旧版本的主要区别

Word 2010 提供的艺术字效果，更加注重用户的体验效果，字体美观大方，颜色更加亮丽，更加具有活力。Word 2010 一共有 6 组默认艺术字样张，可以从中选择你喜欢的一种艺术字效果，如图 3—31 所示。但与 Word 2003 和 Word 2007 相比操作起来有些麻烦，因为 Word 2010 不能直接拖动艺术字放大和缩小，需要用字号来改变。

Word 2010 中改变艺术字的形状需要用转换命令，如图 3—32 所示。而旧版本是用“艺术字形状”按钮来实现，如图 3—33 所示。

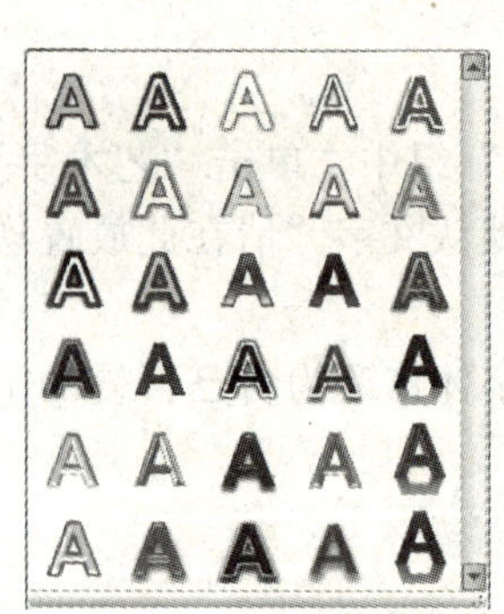

图 3—31 6 组默认艺术字样张

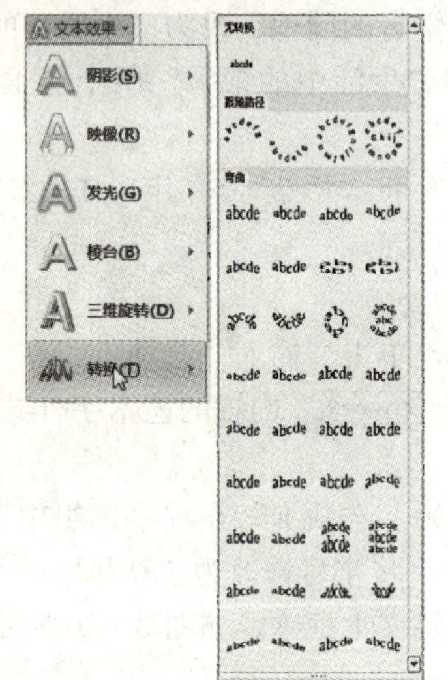


图 3—32 Word 2010 的“转换”命令

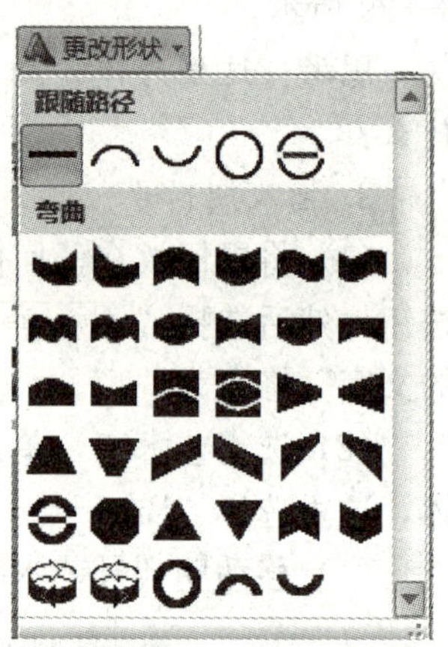


图 3—33 旧版本的“更改形状”

当用 Word 2010 打开旧版本编辑的艺术字时，双击艺术字，将自动打开旧版本的 Word 艺术字样式，大小也可以直接用鼠标器拖动。

2. 使用 Word 2003 和 Word 2007 艺术字编辑器

（1）如果喜欢 Word 2003 和 Word 2007 艺术字操作，可以单击“插入”选项卡，在“文本”组中，单击“对象”按钮，出现“对象”对话框。

（2）在“对象类型”中选定“Microsoft Word 97—2003 文档”，单击“确定”按钮，如图 3—34 所示。

（3）在新出现的空白窗口中，单击“插入”选项卡，在“文本”组中，单击“艺术字”按钮，出现“艺术字工具”，这时的操作基本与 Word 2003 和 Word 2007 相同，如图 3—35 所示。

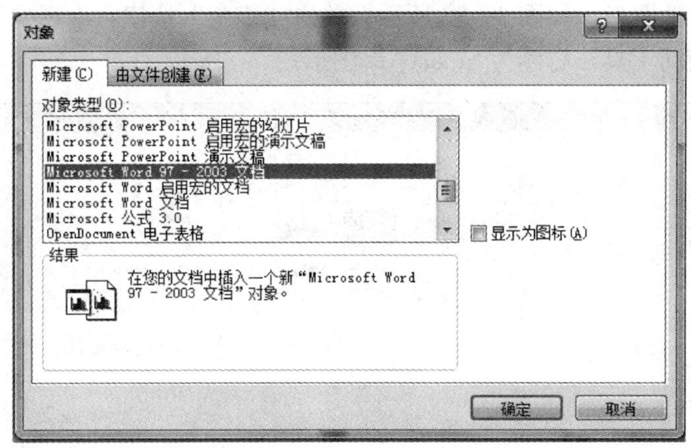


图 3—34　插入对象

图 3—35　使用 Microsoft Word 97—2003 文档插入艺术字

## 3.5　插入图形

在 Word 2010 文档中，除了可以输入文字外，还可以插入图片、图表、公式等对象，实现图文混排的功能，使文档更加生动活泼，更加多姿多彩，大大增强了文档的吸引力。

### 3.5.1　插入 SmartArt 图形

从 Word 2010 开始增加了一个“SmartArt”工具，有了这个工具使制作出的文档更加精美。SmartArt 图形主要用于演示流程、层次结构、循环或关系。SmartArt 图形包括水平列表和垂直列表、组织结构图以及射线图和维恩图。插入 SmartArt 图形的步骤如下：

(1) 将鼠标放在任何位置上，单击“插入”选项卡，在“插图”组中，单击“SmartArt”按钮，出现“选择 SmartArt 图形”对话框。

**提示：**内置的 SmartArt 图形库，其中一共提供了 80 种不同类型的模板，有列表、流程、循环、层次结构、关系、矩阵、棱锥图等七大类。

(2) 在对话框的左窗口单击“层次结构”按钮，在中间窗口选择“层次结构”，右窗口预览“层次结构”的图形，如图 3—36 所示，单击“确定”按钮，出现如图 3—37 所示的图形，其中左侧为辅助工具，右侧为 SmartArt 图形。

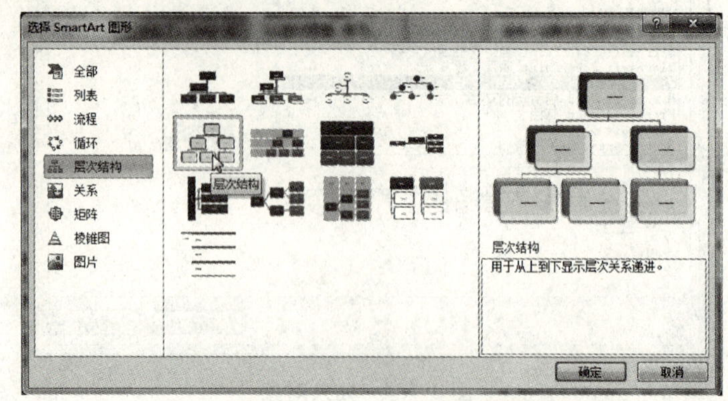


图 3—36 SmartArt 图形库

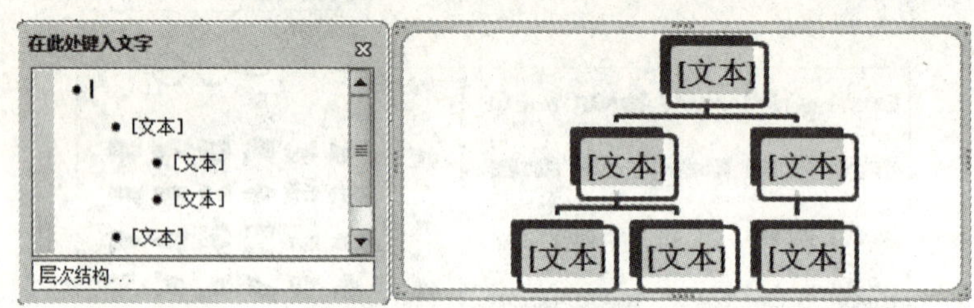


图 3—37 层次结构

(3) 选定“层次结构”图形，单击鼠标右键，在快捷菜单中单击“其他布局选项”命令，出现“布局”对话框。

(4) 在“布局”对话框中，单击“文字环绕”选项卡，“环绕方式”选择“四周型”，单击“确定”按钮。

(5) 输入文字。输入文字有两种方法：第一种方法是在左侧辅助工具中单击“文本”字样，然后输入文字；第二种方法是直接在 SmartArt 图形中单击“文本”字样，然后输入文字，如图 3—38 所示。

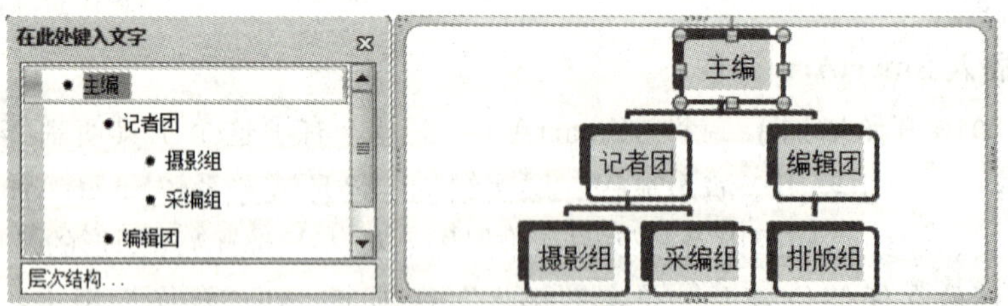


图 3—38 输入文字

(6) 单击“主编”，在“创建图形”组中，单击“添加形状”右边的下拉箭头，在菜单中，单击“在下方添加形状”按钮。

(7) 单击“编辑团”，在“创建图形”组中，单击“添加形状”右边的下拉箭头，在菜单中，单击“在下方添加形状”按钮。

(8) 按照同样的方法，添加录入组、发行团、发行组 1 和发行组 2，如图 3—39 所示。

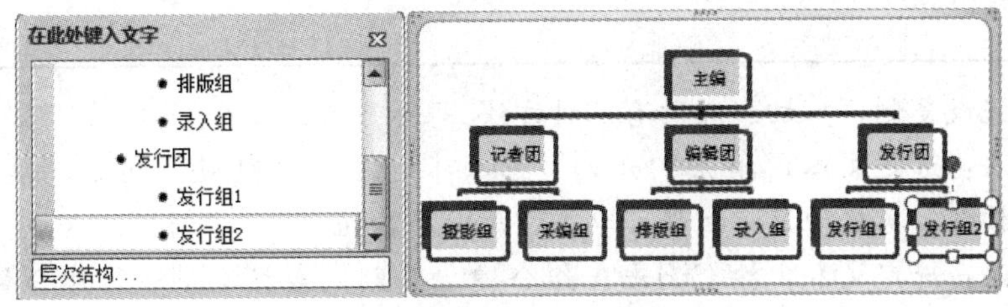


**图 3—39　完成的结果**

(9) 在“层次结构”图上，单击鼠标右键，在快捷菜单中单击“设置对象的格式”命令，出现“设置形状格式”对话框。在对话框的左侧单击“填充”，右窗口选择单选框“渐变填充”，拖动“渐变光圈”可以改变渐变的效果，如图 3—40 所示。

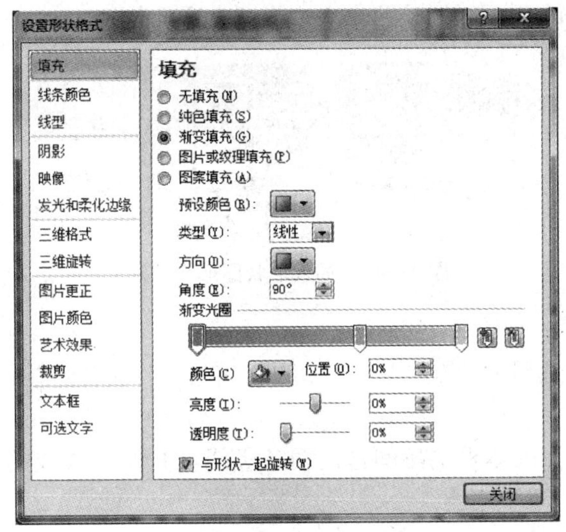


**图 3—40　渐变填充**

### 3.5.2　插入形状图形

1. 插入六边形

在 Word 2010 文档中插入自选图形，会给文档带来更加生动的表现，操作步骤如下：

(1) 单击“插入”选项卡，在“插图”组中，单击形状按钮“ ”，在“基本形状”中选择“六边形”。

(2) 在“层次结构”图的左边绘制出一个六边形。调整六边形的宽度为“2.48 厘米”，高度为“1.69 厘米”。

(3) 选定六边形，将线条颜色设置为“深蓝，文字 2，淡色 40%”，内部颜色填充为“深蓝，文字 2，淡色 80%”。

**思考：**想一想如何填充六边形的颜色？

(4) 在六边形中输入文字“团队”，将字体修改为“方正超粗黑简体”，字号修改为“20”，颜色为“红色”。

(5) 选定“团队”六边形，左手按 Ctrl 键不动，右手用鼠标拖动“团队”六边形，出现第二个六边形，完成复制和粘贴。

**提示：** 完成复制、剪切、粘贴有三种方法。

①菜单法：选定文本，单击“开始”选项卡，在“剪贴板”组中，单击“复制”或“剪切”按钮，再定位目标位置，单击“粘贴”按钮。

②键盘法：选定文本，按 Ctrl＋A 组合键（复制）或按 Ctrl＋X 组合键（剪切），再定位目标位置，按 Ctrl＋V 组合键粘贴。

③拖动法：选定文本，左手按 Ctrl 键（复制）不动，或不按任何键（剪切），拖动选定的文本到目标位置，释放 Ctrl 键和鼠标左键。

(6) 将第二个六边形的文字改为“组成”。

(7) 按照如图 3—41 所示，调整两个六边形到合适的位置。

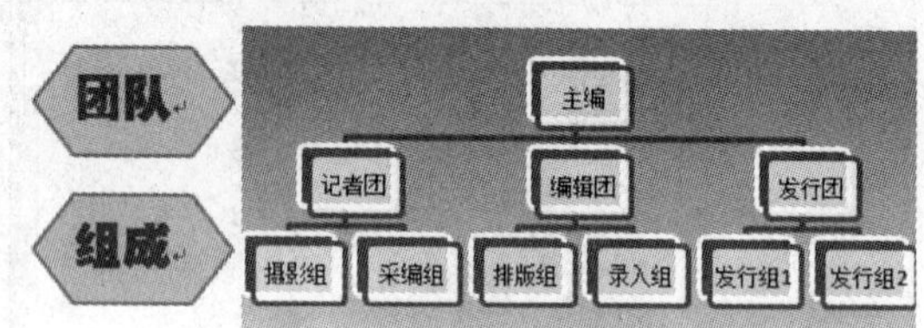


**图 3—41　插入形状图形六边形**

2. 插入直线

(1) 单击“插入”选项卡，在“插图”组中，单击形状按钮“”，在“线条”中选择“直线”。

(2) 在“前景展望”文本框的中间拖出两条竖线，并设置竖线的颜色为“黑色”，宽度为“1.25 磅”。

**思考：** 如何设置竖线的颜色和宽度？

(3) 在“前景展望”文本框的下面，首字下沉的上面拖出一条横线，并设置横线的颜色为“黑色”，宽度为“1.5 磅”。

(4) 在“层次结构”图的下面绘制出一条横线，并设置横线的颜色为“黑色”，宽度为“1.5 磅”。

(5) 在“公式编辑器”文本框的下面绘制出一条横线，并设置横线的颜色为“黑色”，宽度为“1.5 磅”。

(6) 在“主办单位”文本框的下面绘制出一条横线，并设置横线的颜色为“黑色”，宽度为“2 磅”。

### 3.5.3　插入图片

Word 2010 在常规操作中改进最大的方面之一就是加强了图片的编辑功能，可以像一般的图片处理软件一样对图片进行处理，这算得上是新版本的一大亮点。插入图片步骤如下。

1. 插入“显卡广告”图片

(1) 单击“插入”选项卡，在“插图”组中，单击“图片”按钮，出现“插入图片”对话框。

(2) 在“插入图片”对话框中，“文件类型”编辑框中将列出最常见的图片格式。找到案例 1 使用的图片“显卡 . png”，单击“插入”按钮。

（3）修改图片的文字环绕为“四周型”。

（4）将图片的高度修改为“1.16 厘米”，宽度修改为“12.46 厘米”。

（5）将图片移到“首字下沉”文本的下面，如图 3—42 所示。

> **提示：**修改图片的文字环绕、图片的高度和宽度和修改文本框一样，请参考文本设置。

2. 插入“学校名称”图片

（1）单击“插入”选项卡，在“插图”组中，单击“图片”按钮，出现“插入图片”对话框。

（2）在“插入图片”对话框中，找到案例 1 使用的图片“学校名称 . png”，单击“插入”按钮。

（3）修改图片的文字环绕为“四周型”。

（4）将图片的高度修改为“1.01 厘米”，宽度修改为“13.26 厘米”。

（5）将图片移到“层次结构”图的上面，如图 3—43 所示。

首字下沉是指将 Word 文档中段首的一个文字放大，并进行下沉或悬挂设置，以凸显段落或整篇文档的开始位置。在 Word2007 中设置首字下沉或悬挂的步骤如下所述：第 1 步，打开 Word2007 文档窗口，将插入点光标定位到需要设置首字下沉的段落中。然后切换到“插入”功能区，在“文本”分组中单击“首字下沉”按钮，第 2 步，在打开的首字下沉菜单中单击“下沉”或“悬挂”选项设置首字下沉或首字悬挂效果。第 3 步，如果需要设置下沉文字的字体或下沉行数等选项，可以在下沉菜单中单击“首字下沉选项”，打开“首字下沉”对话框。选中“下沉”或“悬挂”选项，并选择字体或设置下沉行数。完成设置后单击“确定”按钮。

首 字
下 沉

图 3—42　插入“显卡 . png”图片

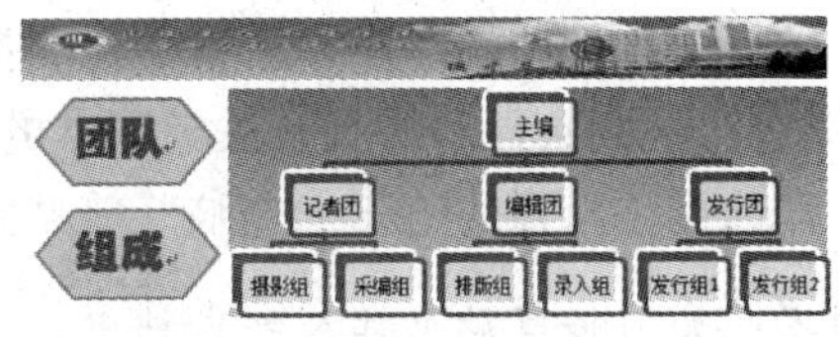


图 3—43　插入“学校名称 . png”图片

3. 插入“花 . png”图片

（1）单击“插入”选项卡，在“插图”组中，单击“图片”按钮，出现“插入图片”对话框。

（2）在“插入图片”对话框中，找到案例 1 使用的图片“花 . png”，单击“插入”按钮。

（3）修改图片的“文字环绕”为“四周型”。

（4）将图片移到“文本框的功能”文本的最后。

> **提示：**请勿先将图片移动到文本框中，再设置“文字环绕”，否则“文字环绕”将失去作用，应该在文本框的外面先设置，再移动。

**思考：**为什么会发生这样的情况？（文本框只能处理文字，不能处理图形）

4. 插入“CPU”图片

（1）单击“插入”选项卡，在“插图”组中，单击“图片”按钮，出现“插入图片”对话框。

（2）在“插入图片”对话框中，找到案例 1 使用的图片“CPU. png”，单击“插入”按钮。

（3）修改图片的文字环绕为“四周型”。

（4）将图片的高度修改为“1.2 厘米”，宽度修改为“1.32 厘米”。

（5）将图片移到“标签”文本框中。

5. 插入“剪贴画”

默认情况下，Word 2010 中的剪贴画不会全部显示出来，而需要用户使用相关的关键字进行搜索。插入剪贴画的步骤如下：

（1）单击“插入”选项卡，在“插图”组中，单击“剪贴画”按钮。

（2）打开“剪贴画”任务窗格，在“搜索文字”编辑框中，输入准备插入的剪贴画的关键字，这里输入“线”（不要输入引号）。

（3）单击“搜索”按钮，则会显示剪贴画搜索结果。单击合适的线条剪贴画（或单击剪贴画右侧的下拉三角按钮，并在打开的菜单中单击“插入”按钮），即可将该剪贴画插入到 Word 2010 文档中。

（4）修改线条的高度为“0.19 厘米”，宽度修改为“11.93 厘米”。

（5）将线条移动到标题“计算机发展前景展望”的下面。

### 3.5.4 插入剪贴画水印

通过在 Word 2010 文档中插入水印，可以使文档更加正式化，同时也是对 Word 文档版权的一种声明，也可以起到美化的作用。插入图片自定义水印的步骤如下：

（1）单击“插入”选项卡，在“插图”组中，单击“剪贴画”按钮。

（2）打开“剪贴画”任务窗格，在“搜索文字”编辑框中输入“笔记本”关键字，单击“搜索”按钮，则会显示所有有关笔记本的剪贴画。

（3）选择“打开的笔记本电脑”剪贴画，拖动剪贴画到“前景展望”的文本框下面。

**思考：**如何将剪贴画插入到文档中，有几种方法？

（4）选定被插入的剪贴画，单击“图片工具格式”选项卡，在“排列”组中，单击“自动换行 | 衬于文字下方”命令。

（5）调整剪贴画的大小和“前景展望”文本框的大小相同。

（6）在“调整”组中，单击“颜色”按钮。在“重新着色”区域中，单击“冲蚀”，最后效果如图 3—44 所示。

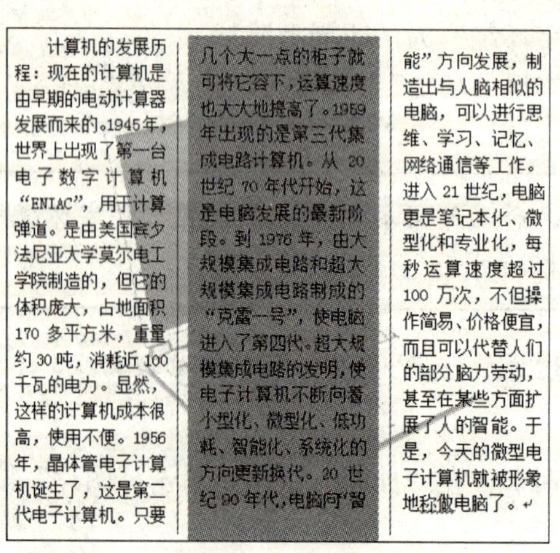
计算机的发展历程：现在的计算机是由早期的电动计算器发展而来的。1945年，世界上出现了第一台电子数字计算机“ENIAC”，用于计算弹道。是由美国宾夕法尼亚大学莫尔电工学院制造的，但它的体积庞大，占地面积170多平方米，重量约30吨，消耗近100千瓦的电力。显然，这样的计算机成本很高，使用不便。1956年，晶体管电子计算机诞生了，这是第二代电子计算机。只要几个大一点的柜子就可将它容下，运算速度也大大地提高了。1959年出现的是第三代集成电路计算机。从20世纪70年代开始，这是电脑发展的最新阶段。到1976年，由大规模集成电路和超大规模集成电路制成的“克雷一号”，使电脑进入了第四代。超大规模集成电路的发明，使电子计算机不断向着小型化、微型化、低功耗、智能化、系统化的方向更新换代。20世纪90年代，电脑向“智能”方向发展，制造出与人脑相似的电脑，可以进行思维、学习、记忆、网络通信等工作。进入21世纪，电脑更是笔记本化、微型化和专业化，每秒运算速度超过100万次，不但操作简易、价格便宜，而且可以代替人们的部分脑力劳动，甚至在某些方面扩展了人的智能。于是，今天的微型电子计算机就被形象地称做电脑了。↵

**图 3—44　冲蚀效果**

### 3.5.5 知识拓展

1. 为图片设置艺术效果

在 Word 2010 文档中，用户可以为图片设置艺术效果，这些艺术效果包括铅笔素描、影印、图样等多种效果，使图片处理变得更加容易。操作步骤如下：

(1) 打开 Word 2010 文档窗口，单击“插入”选项卡，在“插图”组中，单击“图片”按钮，出现“插入图片”对话框。

(2) 在“插入图片”对话框中，找到要修饰的图片，单击“插入”按钮。

(3) 选定准备要修饰的图片，单击“图片工具格式”选项卡，在“调整”组中，单击“艺术效果”按钮。

(4) 在打开的“艺术效果”面板中，选择一种合适的艺术效果，这里选中“图样”效果，如图 3—45、图 3—46 所示。

图 3—45 原图

图 3—46 铅笔素描效果

2. 应用图片预设效果

Word 2010 中提供了多种图片预设效果，这些预设效果综合应用了 Word 2010 图片阴影效果、映像效果、柔化边缘效果、棱台效果等多种效果。通过应用图片的预设效果，用户可以快速设置选中的一个或多个图片，操作步骤如下：

(1) 选中应用预设效果的一个或多个图片。

(2) 选中准备设置艺术效果的图片，单击“图片工具格式”选项卡，在“图片样式”组中，单击“图片效果”按钮。选择“预设”选项，并在打开的预设列表中选择需要的预设效果（例如选中“预设 10”），如图 3—47 所示。

3. 设置图片柔化边缘效果

借助 Word 2010 提供的图片柔化边缘功能，用户可以为文档中的图片设置柔化边缘，使图片的边缘呈现比较模糊，实现了 Photoshop 图像处理软件才能实现的效果，操作步骤如下：

(1) 选中需要设置柔化边缘的图片。

(2) 单击“图片工具格式”选项卡，在“图片样式”组中，单击“图片效果”按钮。

(3) 单击“柔化边缘 | 25 磅”命令，出现如图所示的柔化效果，如图 3—48 所示。

图 3—47 预设 10 效果

图 3—48 柔化边缘效果

4. 裁剪图片

在 Word 2010 文档中，用户可以方便地对图片进行裁剪操作，以截取图片中最需要的部分，操作步骤如下：

(1) 选中需要裁剪的图片。

(2) 将图片的环绕方式设置为非嵌入型。单击“图片工具格式”选项卡，在“大小”组中，单击“裁剪”下的三角形按钮，然后单击“裁剪”命令。

(3) 图片周围出现 8 个方向的裁剪控制柄，用鼠标拖动控制柄将对图片进行相应方向的裁剪，同时可以拖动控制柄将图片复原，直至调整合适为止，如图 3—49 所示。

图 3—49 裁剪的图片

(4) 将鼠标光标移出图片，单击鼠标左键将确认裁剪，如果想恢复图片只能单击快速工具栏中的“撤销裁减图片”按钮。

总之，Word 2010 图像处理功能非常强大，这大大缓解了不懂图像处理软件用户的燃眉之急。是 Word 2010 的图片处理的其他功能，还需在工作中慢慢去体会，由于篇幅所限，这里不做详细的介绍。

5. 用艺术字和形状图形制作公章

在 Word 2010 中，默认的文档格式为“docx”，在艺术字的操作上，Word 2010 没有 Word 2003 容易，尤其是没有 Word 2003 的拖放功能，所以做公章没有 Word 2003 方便，但由于 Word 2010 有兼容 Word 2003 的功能，我们可以利用这个功能用 Word 2003 来制作，步骤如下：

(1) 单击“文件 | 新建”命令，选定“空白文档”，单击“创建”按钮。

(2) 单击“文件 | 保存”命令，将“空白文档”保存为 Word 97—2003 兼容格式“. doc”。

(3) 单击“文件 | 打开”命令，打开刚才建立的空白文档“. doc”，这时 Word 2010 就运行在“兼容模式”下。

(4) 单击“插入”选项卡，在“文本”组中，单击“艺术字”按钮。

(5) 在样式区选定“艺术字样式 1”，出现“编辑艺术字文字”对话框，将“请在此放置您的文字”修改为“太原电力高等专科学校”，将字体改为“仿宋体”，单击“确定”按钮。

(6) 选定艺术字，在“艺术字样式”组中，单击“形状填充”按钮，将字体填充为“红色”。单击“形状轮廓”按钮，将艺术字线条改变为“红色”。

(7) 在“排列”组中，单击“自动换行 | 紧密型环绕”命令。

(8) 在“艺术字样式”组中，单击“更改形状”按钮，从中选择“细上弯弧⌒”形状。

(9) 拖动艺术字的八个点，使艺术字成为“上弯弧”形状。

(10) 单击“插入”选项卡，在“文本”组中，单击“形状”按钮，选定“椭圆”形状，按 Shift 键，用鼠标在编辑区域画出一个正圆。

**提示：**按住 Shift 的作用是使画出的是正圆而不是椭圆。同理，画出的矩形为正方形而不是长方形。

(11) 将圆的环绕效果修改为“紧密型环绕”。

**思考**：如何修改圆的环绕效果？

(12) 调整圆的大小和艺术字的大小，艺术字的大小略小于圆。将调整好的艺术字拖到圆中。

(13) 根据以上 (4) ～ (7)、(10) 的步骤，插入艺术字“信息工程系”和“★”，调整大小和环绕效果，并拖到圆中。

(14) 单击“开始”选项卡，在“编辑”组中，单击“选择 | 选择对象”命令，在圆的外部四周拖动鼠标，选定整个对象，如图 3—50 所示。

(15) 单击“绘图工具格式”选项卡，在“排列”组中，单击“组合 | 组合(G)”，使图组合一起，如图 3—51 所示。

图 3—50　选定整个对象

图 3—51　组合成一个完整的图形

## 3.6　插入边框

页面边框是指出现在页面周围的一条线、一组线或装饰性图形。页面边框在标题页、传单和小册子上十分多见，插入页边框，既能达到美化文档的效果，同时也能达到与文档中其他元素相区别的目的。

### 3.6.1　插入页面边框

插入页面边框的步骤如下：

(1) 单击“页面布局”选项卡，在“页面背景”组中，单击“页面边框”按钮，出现“边框和底纹”对话框。

(2) 在对话框中，单击“页面边框”选项卡，在“样式”中，选择第一个样式，在“颜色”中选择一种茶色，在宽度中选择“3.0 磅”。

(3) 在预览中单击四条边，如图 3—52 所示，单击“确定”按钮。

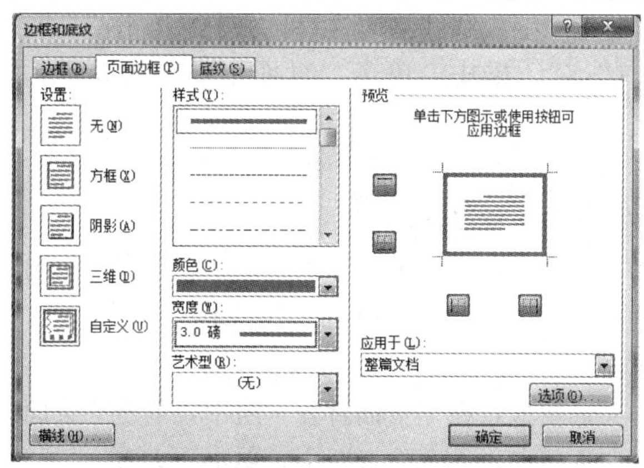


图 3—52　插入页边框

至此，“电脑与生活”报设计完毕，最后进行一些细微的调整，以使版面更加合理和美观。

### 3.6.2 知识拓展

1. 边框的操作

边框包括页面边框、段落边框和文本边框。

（1）设置文本边框。

①选中文本，单击“页面布局”选项卡，在“页面背景”组中，单击“页面边框”按钮，出现“边框和底纹”对话框。

②单击“边框”选项卡，在“应用于”中选择“文字”，对边框线进行设置，如图3—53所示。

（2）设置段落边框。

①选中文本段落，单击“页面布局”选项卡，在“页面背景”组中，单击“页面边框”按钮，出现“边框和底纹”对话框。

②单击“边框”选项卡，在“应用于”中选择“段落”，对边框线进行设置，如图3—54所示。

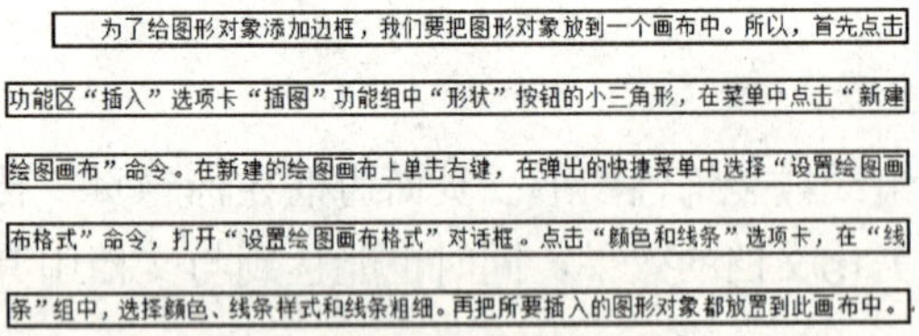

为了给图形对象添加边框，我们要把图形对象放到一个画布中。所以，首先点击功能区“插入”选项卡“插图”功能组中“形状”按钮的小三角形，在菜单中点击“新建绘图画布”命令。在新建的绘图画布上单击右键，在弹出的快捷菜单中选择“设置绘图画布格式”命令，打开“设置绘图画布格式”对话框。点击“颜色和线条”选项卡，在“线条”组中，选择颜色、线条样式和线条粗细。再把所要插入的图形对象都放置到此画布中。

图 3—53 文本边框

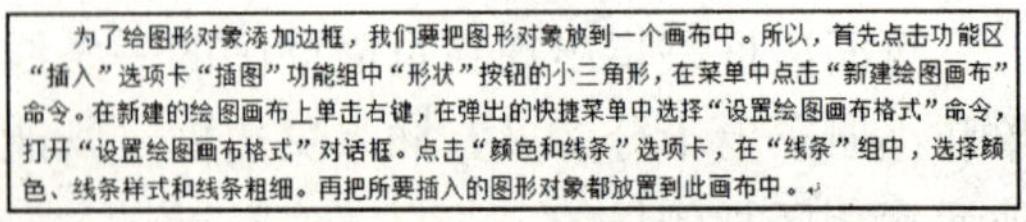

为了给图形对象添加边框，我们要把图形对象放到一个画布中。所以，首先点击功能区“插入”选项卡“插图”功能组中“形状”按钮的小三角形，在菜单中点击“新建绘图画布”命令。在新建的绘图画布上单击右键，在弹出的快捷菜单中选择“设置绘图画布格式”命令，打开“设置绘图画布格式”对话框。点击“颜色和线条”选项卡，在“线条”组中，选择颜色、线条样式和线条粗细。再把所要插入的图形对象都放置到此画布中。

图 3—54 段落边框

（3）更改文字和段落边框。

①选择要更改其边框的文本和段落。

②单击“页面布局”选项卡，在“页面背景”组中，单击“页面边框”按钮。

③在“边框和底纹”对话框中，单击“边框”选项卡，修改需要更改的所有选项。

（4）更改页面边框。

①单击“页面布局”选项卡，在“页面背景”组中，单击“页面边框”按钮。

②在“边框和底纹”对话框中，单击“页面边框”选项卡，修改需要更改的所有选项。

（5）删除边框。

①选择要删除其边框的文本或段落。

②单击“页面布局”选项卡，在“页面背景”组中，单击“页面边框”按钮。

③单击“边框”选项卡，在“设置”中，单击“无”。

（6）删除页面边框。

①单击“页面布局”选项卡，在“页面背景”组中，单击“页面边框”按钮。

②单击“页面边框”选项卡，在“设置”中，单击“无”。

**提示**：如果只删除文档一边的边框，例如，删除除上边框之外的所有边框，请在“预览”下单击图表中要删除的边框即可。

（7）为段落设置图案底纹。在 Word 2010 文档中不仅能为段落设置边框，还可以为段落设置底纹，使设置底纹的段落更美观。

①选中需要设置图案底纹的段落。

②单击“页面布局”选项卡，在“页面背景”组中，单击“页面边框”按钮，在打开的“页面与边框”对话框中，单击“底纹”选项卡。

③在“图案”区域分别选择图案样式和图案颜色，单击“确定”按钮。

2. 制表位

（1）制表位的概念。制表位是指水平标尺上的位置，它指定文字缩进的距离或一栏文字开始的位置。制表位可以让文本向左、向右或居中对齐；或者将文本与小数字符或竖线字符对齐。

制表位有 5 种，分别用符号表示，这些符号就叫制表符。这 5 种制表位的制表符是：

① “左对齐式制表符”制表位：设置文本的起始位置。在键入时文本将移动到右侧。

② “居中式制表符”制表位：设置文本的中间位置。在键入时，文本以此位置为中心显示。

③ “右对齐式制表符”制表位：设置文本的右端位置。在键入时，文本移动到左侧。

④ “小数点对齐式制表符”制表位：使数字按照小数点对齐。无论位数如何，小数点始终位于相同位置。(只可按照十进制字符对齐数字)

⑤ “竖线对齐式制表符”制表位：不定位文本。它在制表符的位置插入一条竖线。

（2）制表位的使用。以成绩表为例，介绍制表位的操作，如图 3—55 所示。

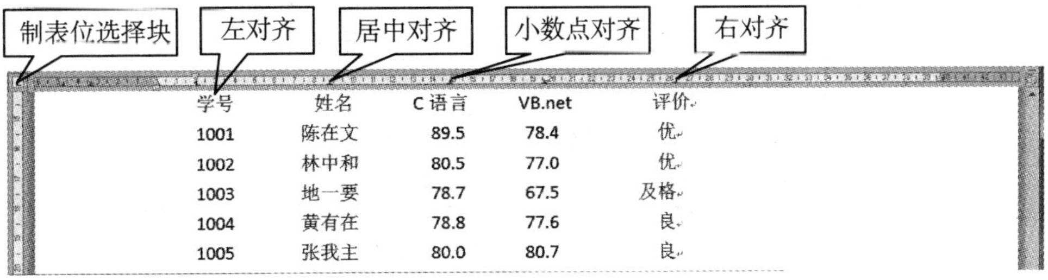
制表位选择块
左对齐
居中对齐
小数点对齐
右对齐
学号 姓名 C 语言 VB.net 评价
1001 陈在文 89.5 78.4 优
1002 林中和 80.5 77.0 优
1003 地一要 78.7 67.5 及格
1004 黄有在 78.8 77.6 良
1005 张我主 80.0 80.7 良

**图 3—55 成绩表**

①单击制表位选择块，直到出现“左对齐”制表位，在标尺栏的“2.7”的位置单击鼠标左键，确定“左对齐”制表位的位置。

②单击制表位选择块，直到出现“居中对齐”制表位，在标尺栏的“8.78”的位置单击

鼠标左键，确定“居中对齐”制表位的位置。

③单击制表位选择块，直到出现“小数点对齐”制表位，在标尺栏的“14.85”和“19.58”的位置单击鼠标左键，确定“小数点对齐”制表位的位置。

④单击制表位选择块，直到出现“右对齐”制表位，在标尺栏的“27”的位置单击鼠标左键，确定“右对齐”制表位的位置。

⑤按Tab键，输入“学号”；按Tab键，输入“姓名”；按Tab键，输入“C语言”；按Tab键，输入“VB.net”；按Tab键，输入“评价”，按回车键输入第二行。

⑥按Tab键，输入“1001”；按Tab键，输入“陈在文”；按Tab键，输入“89.5”；按Tab键，输入“78.4”；按Tab键，输入“优”，按回车键输入第三行。

⑦重复以上操作步骤，直到成绩全部输入完毕。

**提示：**如果无法通过单击标尺来获得制表符精确的定位位置，或要在制表符前插入特定字符（前导符），可以使用“制表符”对话框。要显示此对话框，请双击标尺上的任一制表位，或采用以下操作步骤实现。

（1）单击“开始”按钮，在“段落”组中，单击辅助功能按钮“ ”，出现制表位对话框，如图3—56所示。

（2）在制表位位置中输入数字，在对齐方式中选择对齐方式，单击“设置”按钮，全部输入完成，单击“确定”按钮。例如：在制表位位置中输入“2.7”，在对齐方式中选择“左对齐”，单击“设置”按钮，重复以上步骤，直到全部完成。

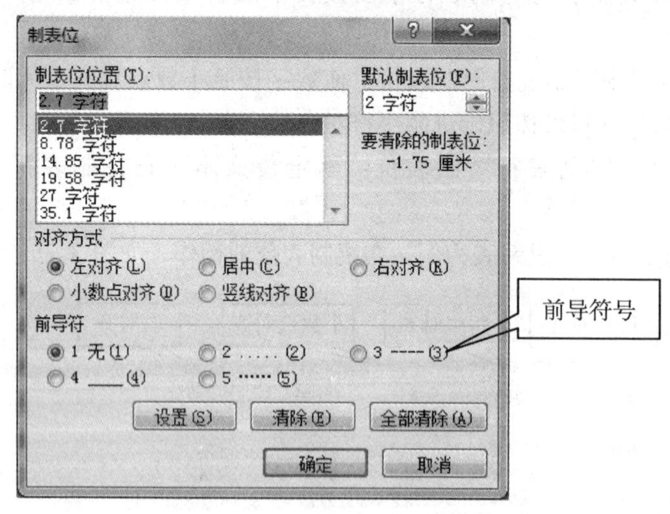


**图3—56 “制表位”对话框**

**思考：**能否用制表位的方法做一个目录表，想想如何做？

3. 自动生成目录表

学生毕业之前都忙于写论文，许多同学在文章开头手动做目录，由于反复的增删、不断修改，目录表中的页码和实际的页码总是难以一致，而且页码也参差不齐，令人头痛。如果采用自动生成的目录的方法就要简单得多，操作也不那么烦琐。

在 Word 2010 中目录可以自动生成，目录来自于文档的结构。如果文档没有结构，首先编排结构。

（1）单击“开始”选项卡，在“样式”组中，将主标题设置为“标题 1”样式，如图 3—57 所示。

**图 3—57 将主标题设置为“标题 1”**

（2）在“样式”组中，将二级标题设置为“标题 2”样式，如图 3—58 所示。

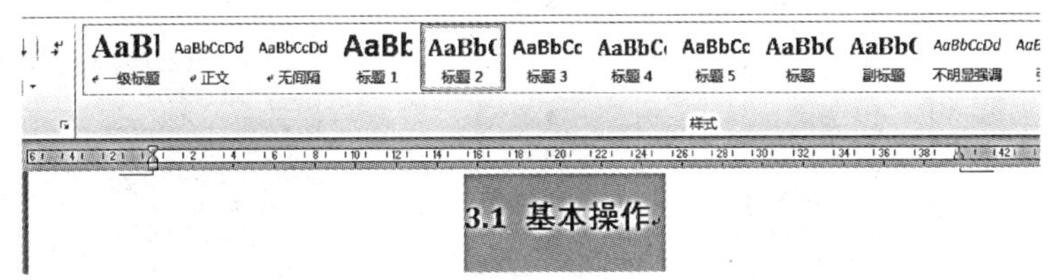


**图 3—58 将二级标题设置为“标题 2”**

（3）在“样式”组中，将三级标题设置为“标题 3”样式，如图 3—59 所示。

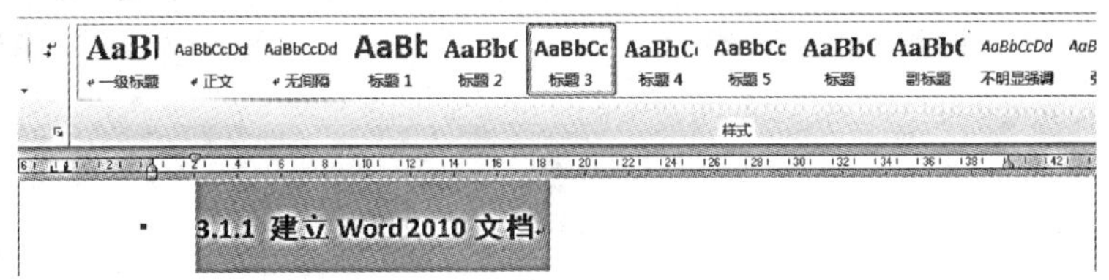


**图 3—59 将三级标题设置为“标题 3”**

**提示：**如果要打开样式库，可以单击“样式”右下角的辅助功能按钮“”，如图 3—60 所示，在样式库中也可以设置标题样式。如果要显示所有的样式，单击“选项”，出现“样式窗格选项”对话框，如图 3—61 所示。在选择要显示的样式中，选择“所有的样式”。

如果对现有的样式不满意，可以对样式进行修改。在样式上单击鼠标右键，在快捷菜单中，单击“修改”命令，出现“修改样式”对话框，如图 3—62 所示。在对话框中，单击“格式”按钮，可以对样式的字体、段落、边框等进行详细设置。

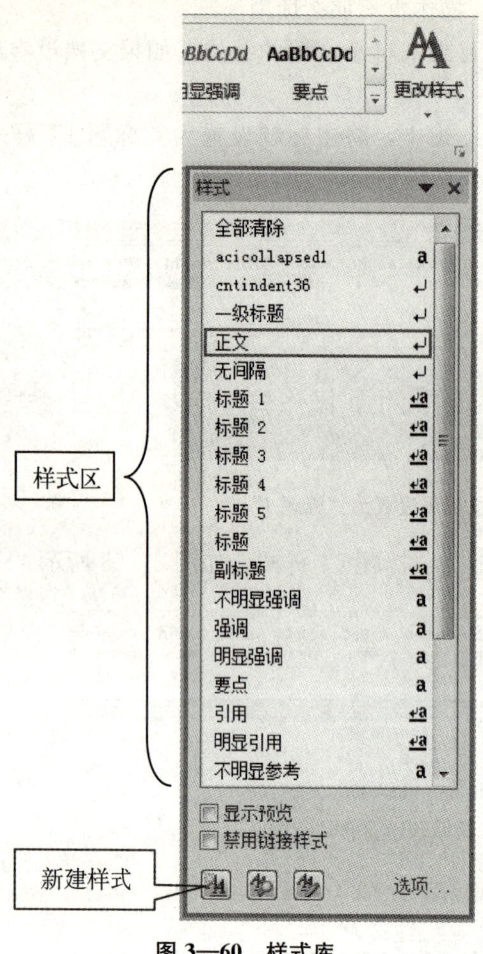


图 3—60 样式库

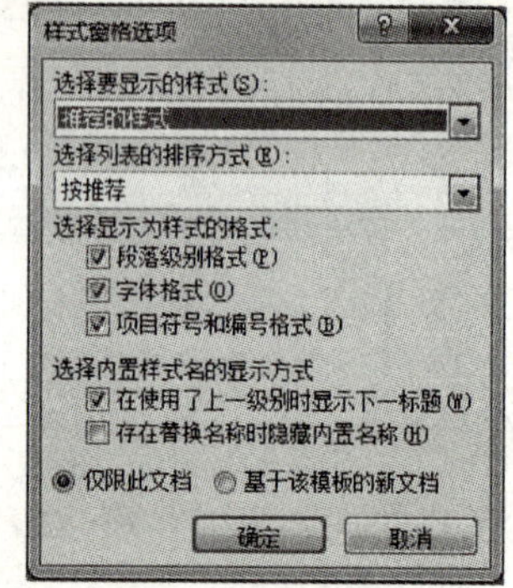


图 3—61 样式窗格

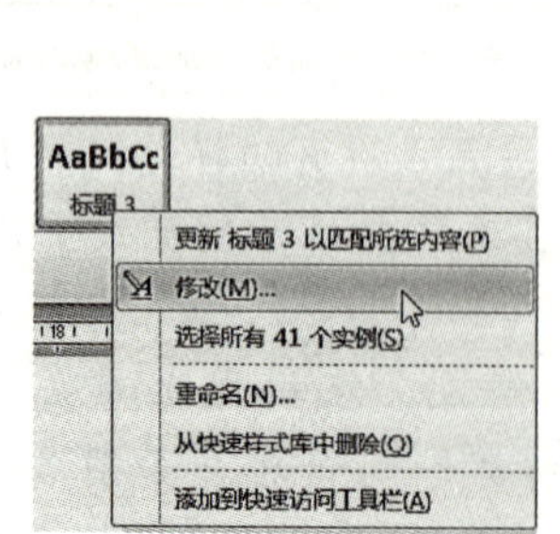


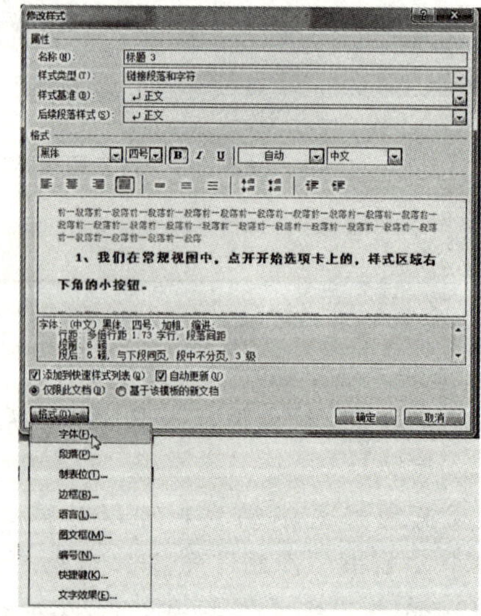


图 3—62 “修改样式”对话框

(4) 把光标移动到要插入目录的位置，单击“引用”选项卡，在“目录”组中，单击

"目录"按钮。

（5）在目录种类中选择一种自动目录。或者单击"插入目录"命令，出现"目录"对话框，如图 3—63 所示，进行人工干预操作。

（6）按照图 3—63 中的参数进行设置，单击"确定"按钮，自动生成目录表，如图 3—64所示。

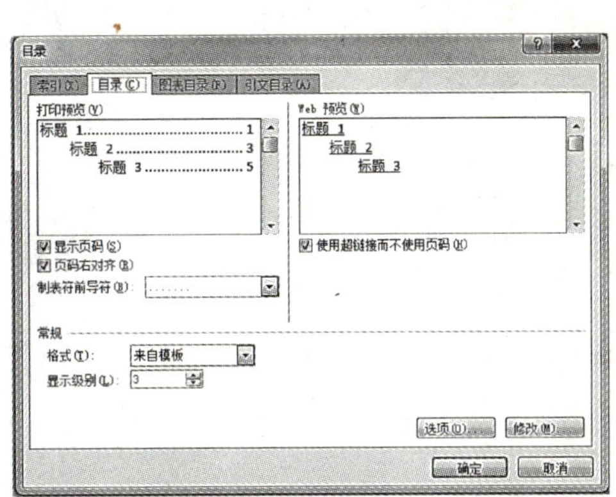


图 3—63 "目录"对话框

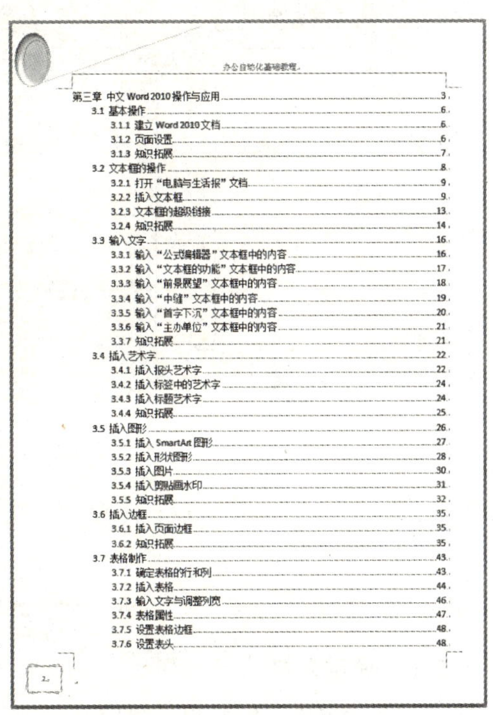

办公自动化基础教程



2

图 3—64 自动生成的目录表

**提示：** 若论文以后要更改标题、文本，页码也会发生变动，正文里的变动不会马上反映在目录里。这时不需要重新生成目录，只要更新目录即可。单击"引用"选项卡，在"目录"组中，单击"更新目录"按钮，出现"更新目录"对话框。在对话框中，选择"更新整个目录"命令，如图 3—65 所示，单击"确定"按钮。

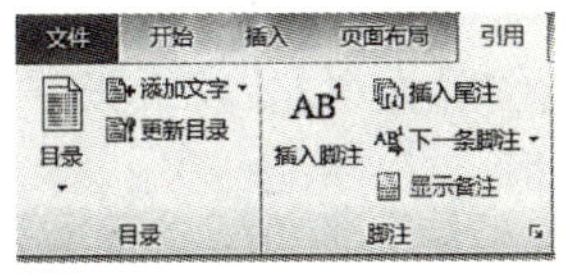


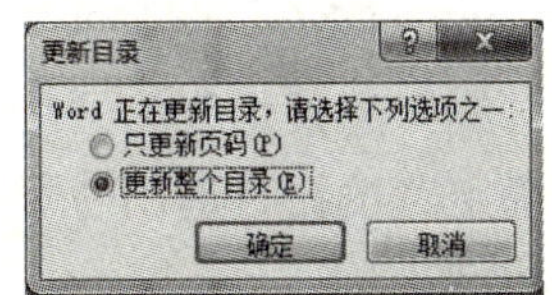


图 3—65 更新目录

## 3.7 表格制作

Word 2010 是一个功能强大的软件，其中的表格功能更加丰富，我们用它能够随心所欲地设计出所想要的形形色色的漂亮表格。Word 2010 的表格制作，分为自动绘制和手动绘制，两者各有优缺点，在实际制作中可以把这两种方法结合起来使用。

案例 2 表格的组成，如图 3—66 所示。

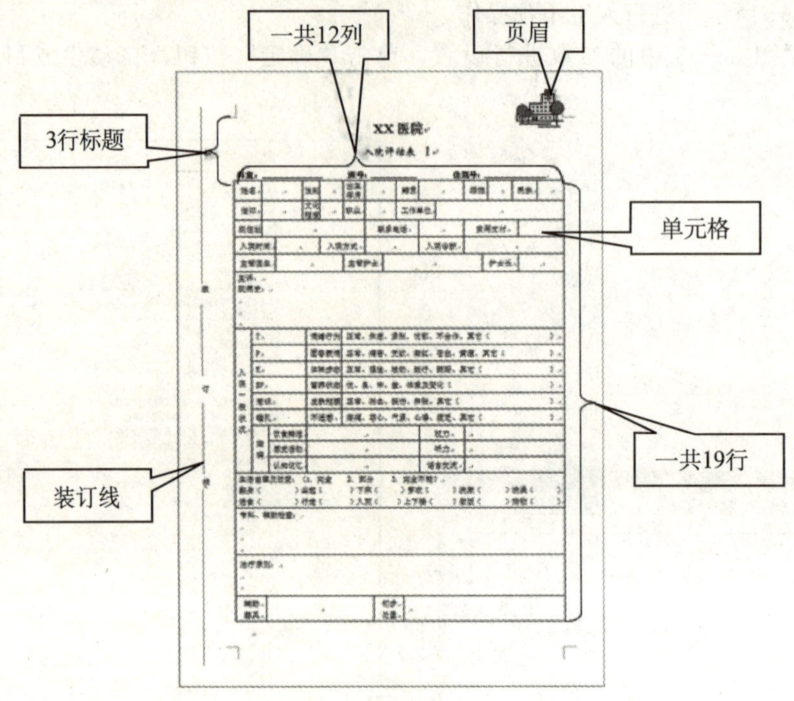


图 3—66　案例 2 表格的组成

### 3.7.1　确定表格的行和列

从案例 2 的表格可以看出，尽管是一个不规则表格，但可以把它看作是一个规则的表格。仔细分析这个表共有 19 行，22 列（以最多的一列作为列数）。

### 3.7.2　插入表格

“插入表格”命令的优点在于插入表格之前可以选择表格尺寸和格式，操作步骤如下：

1. 页面设置

（1）单击“页面布局”选项卡，在“页面设置”组中，单击右下角“ ”辅助按钮，出现“页面设置”对话框。

（2）在对话框中，单击“页边距”选项卡，将上、下、左、右的值分别修改为“2.2 厘米”、“1.9 厘米”、“2 厘米”、“2 厘米”。

（3）将“装订线”的值修改为“1 厘米”，装订线位置为“左”，纸张方向为“纵向”。

（4）单击“确定”按钮，退出“页面设置”对话框。

2. 输入表格标题

分三行输入表格的标题，如图 3—67 所示。

**XX** 医院↵
入院评估表↵
科室：＿＿＿＿＿＿＿＿　床号：＿＿＿＿＿＿＿　住院号：＿＿＿＿＿＿＿＿

图 3—67　表格的标题

3. 插入表格

(1) 在插入表格的位置双击。

**思考：** 为什么要双击，如果单击该如何处理？

(2) 单击“插入”选项卡，在“表格”组中，单击“表格｜插入表格”命令，出现插入表格对话框，如图 3—68 所示。

(3) 在“表格尺寸”下，将列数和行数修改为“12”和“19”。

(4) 在“‘自动调整’操作”下，选择“固定列宽”单选框，列宽为“自动”，单击“确定”按钮。

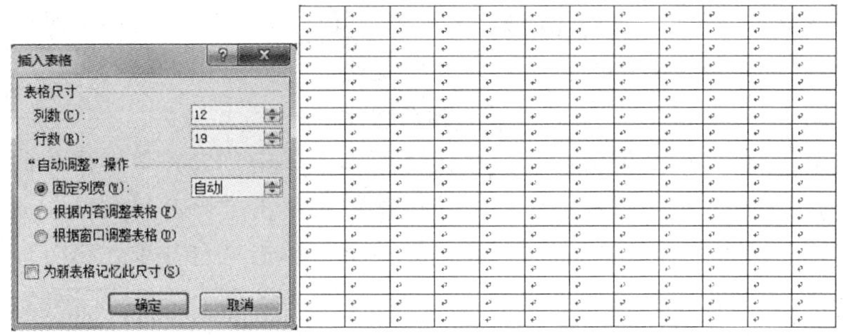


**图 3—68 插入表格**

4. 合并单元格

(1) 在表格第 2 行中，选定第 8～12 列单元格。

(2) 单击“表格工具布局”选项卡，在“合并表格”组中，单击“合并单元格”按钮，第 8～12 列单元格合并成为一个单元格，如图 3—69 所示。

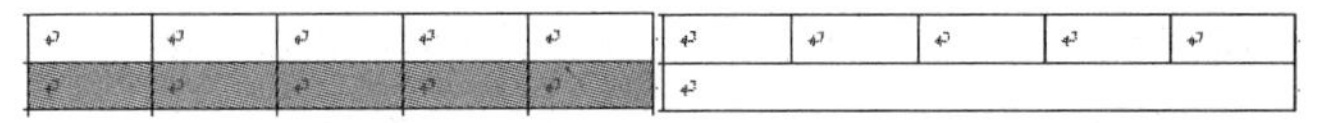

**图 3—69 合并单元格**

**提示：** 在选定的单元格上单击鼠标右键，在快捷菜单中，单击“合并单元格”命令更加操作方便。

(3) 在表格第 3 行中，选定第 2～5 列单元格，单击鼠标右键，在快捷菜单中单击“合并单元格”命令。

(4) 在表格第 3 行中，选定第 6～7 列单元格，单击鼠标右键，在快捷菜单中单击“合并单元格”命令。

(5) 在表格第 3 行中，选定第 9～10 列单元格，单击鼠标右键，在快捷菜单中单击“合并单元格”命令。

(6) 在表格第 4 行中，分别选定第 2～3 列、第 4～5 列、第 6～7 列、第 9～12 列单元格，分别单击鼠标右键，在快捷菜单中单击“合并单元格”命令。

(7) 在表格第 5 行中，分别选定第 1～4 列、第 5～6 列、第 7～8 列、第 9～10 列、第 11～12 列单元格，分别单击鼠标右键，在快捷菜单中单击“合并单元格”命令。

(8) 在表格第6行中，选定第1～12列，单击鼠标右键，在快捷菜单中单击“合并单元格”命令。

(9) 在表格第7～15行中，选定第1列，单击鼠标右键，在快捷菜单中单击“合并单元格”命令。

(10) 在表格第7行中，分别选定第2～3列、第4～5列、第6～12列，分别单击鼠标右键，在快捷菜单中单击“合并单元格”命令。

(11) 分别选定第8～12行，依据（10）操作步骤合并单元格。

(12) 在表格第13～15行中，选定第2列，单击鼠标右键，在快捷菜单中单击“合并单元格”命令。

(13) 在表格第13行中，分别选定第3～4列、第5～7列、第8～9列、第10～12列，分别单击鼠标右键，在快捷菜单中单击“合并单元格”命令。

(14) 选定第14行～15行，依据（13）操作步骤合并单元格。

(15) 选定第16行，单击鼠标右键，在快捷菜单中单击“合并单元格”命令。

(16) 选定第17行，单击鼠标右键，在快捷菜单中单击“合并单元格”命令。

(17) 选定第18行，单击鼠标右键，在快捷菜单中单击“合并单元格”命令。

(18) 在表格第19行中，分别选定第2～6列、第7～8列、第9～12列，分别单击鼠标右键，在快捷菜单中单击“合并单元格”命令。

### 3.7.3 输入文字与调整列宽

空表格制好后，可以在单元格中输入文字，但由于每个单元格中文字的长度不同，当单元格的宽度小于文字的长度时，就会出现自动换行的现象，这时就应该对单元格的宽度进行调整，具体操作步骤如下：

(1) 根据案例2的要求，在表格中输入文字。在第1行第5列中输入“出生年月”时，出现如图3—70（a）所示的情况。这时，把鼠标定位到“出生年月”中，向左拖动标尺栏第5列对应的“移到标尺列”，将“出生年月”四个字调整为双行双列，如图3—70（b）所示。

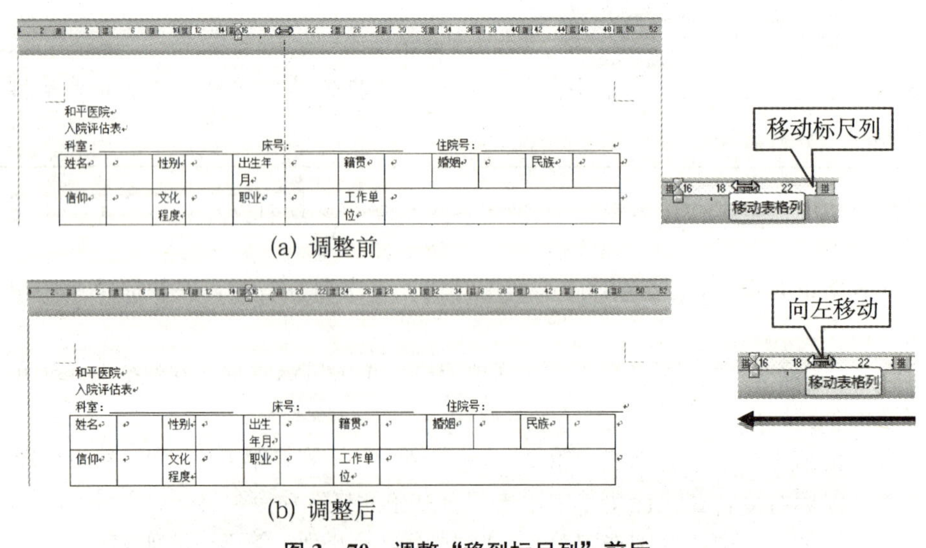


(a) 调整前

(b) 调整后

**图3—70 调整“移到标尺列”前后**

（2）在第 2 行第 7 列单元格中输入“工作单位”时，出现自动换行现象，要把“工作单位”变成一行，可以选定单元格，按下鼠标左键，光标成为变成“+”，向右拖动列宽线即可，如图 3—71 所示。

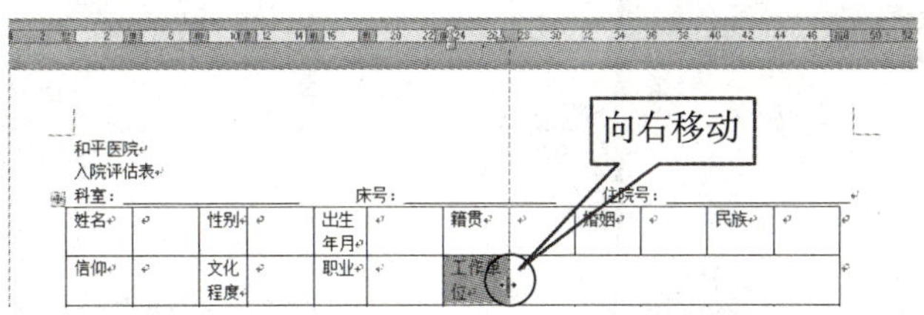


**图 3—71　向右拖动列宽线加宽单元格**

**提示：**可以按 Shift 键，拖动标尺栏中的“移动表格列”。

（3）分别输入第 3～5 行中的数据，并调整列的宽度。

（4）在第 6 行中，输入两行数据，按三次回车键。

（5）把鼠标定位在表格第 7～15 行，合并后的第 1 列单元格中，单击“页面布局”选项卡，在“页面设置”组中，选择“文字方向｜垂直”，输入文字“入院一般状况”。

（6）选定文字“入院一般状况”，单击“开始”选项卡，在“段落”组中，单击“分散对齐”按钮，调整“新文字”宽度为“10 个字符”。

（7）分别输入第 7～12 行中其他单元格中的数据，并调整列的宽度。

（8）把鼠标定位在表格第 13～15 行，合并后的第 2 列单元格中，单击“页面布局”选项卡，在“页面设置”组中，单击“文字方向｜垂直”命令，输入文字“障碍”。

（9）分别输入第 13～15 行中其他单元格中的数据，并调整列的宽度。

（10）在第 16 行中，输入数据，并按四次回车键。

（11）在第 17 行中，输入数据，并按三次回车键。

（12）在第 18 行中，输入数据，并调整宽度。

### 3.7.4　表格属性

在 Word 2010 中，可以通过“表格属性”对话框对行高、列宽、表格尺寸或单元格尺寸进行更精确的设置，操作步骤如下：

（1）用鼠标单击表格左上角的全选按钮“⊞”，选定整个表格。

在选定的表格中单击鼠标右键，在快捷菜单中单击“表格属性”命令，出现“表格属性”对话框。

（2）在对话框中，单击“行”选项卡，将尺寸中的“指定高度”修改为“0.8 厘米”。

（3）在对话框中，单击“单元格”选项卡，选定“垂直对齐方式”为“居中”，如图 3—72 所示，单击“确定”按钮。

（4）在表格选定状态下，单击“开始”选项卡，在“段落”组中，单击居中对齐“≡”，使表格中文字水平对齐。

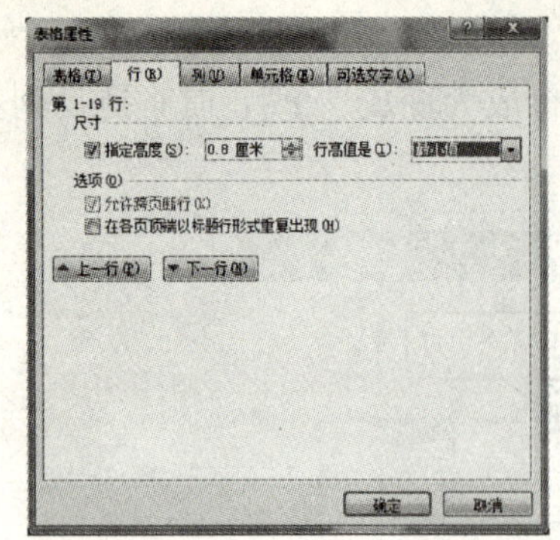


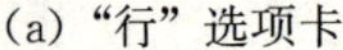
(a)“行”选项卡

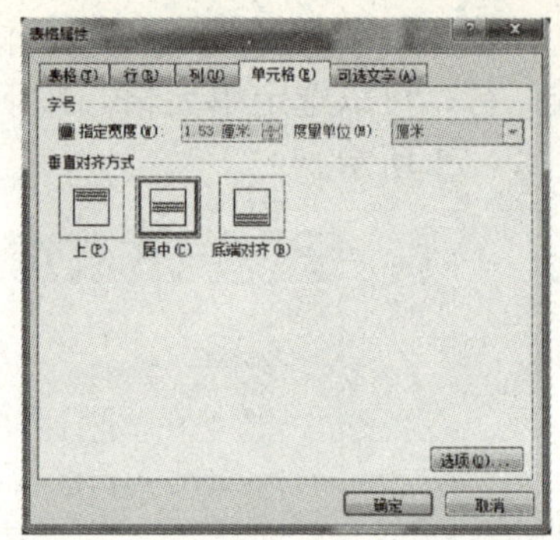


(b)“单元格”选项卡

**图 3—72　“表格属性”对话框**

**提示：**①表格的水平和垂直对齐，可以单击“表格工具布局”选项卡，在“对齐方式”组中，单击居中对齐“▤”；②要加宽表格的行和列，可以在“单元格大小”组中，修改“高度”和“宽度”的值；③要打开“表格属性”对话框，可以在“表”组中，单击“属性”按钮。

表格的选定包括：列的选定、行的选定、单元格的选定和整个表格选定。这些选定既可以用鼠标拖动，也可以在“表”组中，单击“选择”按钮。

（5）选定第 7～12 行中第 2 列、第 16～18 行，单击“开始”选项卡，在“段落”组中，单击文本左对齐“≣”。

### 3.7.5　设置表格边框

从案例 2 的表格看出，表格外框是粗线，所以要对表格的边框线进行设置，操作步骤如下：

（1）选定整个表格，单击“表格工具设计”选项卡，在“绘图边框”组中，单击右下角的辅助按钮“◲”，出现“段落与边框”对话框。

（2）在“段落与边框”对话框中，单击“边框”选项卡，在“设置”区域选择“自定义”，样式为“实线”，宽度为“1.5 磅”，颜色为“黑色”。

（3）在预览区域，用鼠标单击四个边界线，成为“实线”，如图 3—73 所示，单击“确定”按钮。

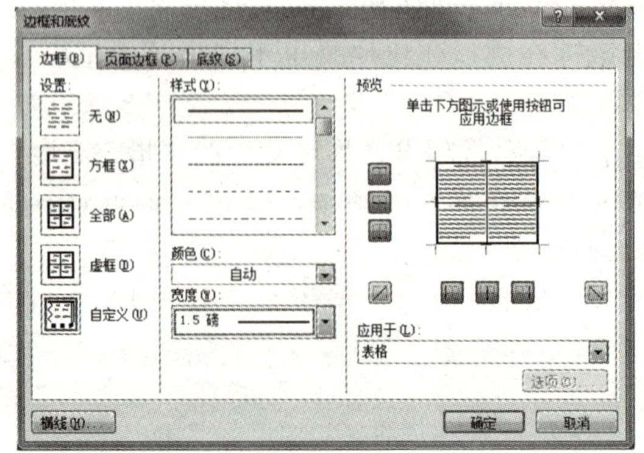


**图 3—73　设置表格外框线**

**提示：**在"表格属性"中，也可以进入"边框与底纹"对话框。

**思考：**还有什么方法能进入"边框与底纹"对话框？

### 3.7.6 设置表头

表格属性设置完毕，可以对表头字体和字号进行设置。操作步骤如下：

(1) 选定"××医院"，单击"开始"选项卡，在"字体"组中，在"字体"列表框中，选择"方正大标宋简体"，在"字号"列表框中选择"小二号"。

(2) 在"段落"组中，单击居中对齐"☰"。

(3) 选定"入院评估表Ⅰ"，将字体设置为"楷体"，字号设置为"三号"，单击加粗"**B**"，对齐方式为"居中对齐"，使表头居中。

### 3.7.7 设置表格页眉

一本内容不错的书、杂志和一篇文章，如果加上页眉和页脚可以起到画龙点睛的作用，让人赏心悦目。

页眉和页脚可以包含文本、图像、图形以及颜色。所谓页眉就是在页面最上面的部分，页脚是页面最下方的部分。

案例2表格中，右上角出现一个图形，我们可以使用页眉的办法来插入（当然也可以直接插入图形），操作步骤如下：

(1) 单击"插入"选项卡，在"页眉和页脚"组中，单击"页眉｜编辑页眉"命令。

(2) 在"插图"组中，单击"剪贴画"按钮，在"剪贴画"任务栏中，在"搜索文字"中输入"医院"，单击"搜索"按钮，出现许多有关医院的剪贴画，从中选择一个插入。

(3) 修改图片的大小，高度为"1.42 厘米"，宽度为"1.91 厘米"，并将图片"右对齐"。

(4) 单击"关闭页眉和页脚"按钮。

**提示：**如果找不到"关闭页眉和页脚"按钮，可以单击"页眉和页脚工具设计"选项卡，在"关闭"组中就可出现这个按钮。条件是必须在页眉和页脚状态下。

### 3.7.8 去掉页眉横线

设置页眉后，发现在页眉处出现一条横线，影响表格的美观，要把页眉的横线去掉，操作步骤如下：

(1) 单击"插入"选项卡，在"页眉和页脚"组中，单击"页眉｜编辑页眉"命令，进入"页眉和页脚"状态。

(2) 单击"页面布局"选项卡，在"页面背景"组中，单击"页面边框"按钮，出现"边框与底纹"对话框。

(3) 在对话框中，单击“边框”选项卡，在“设置”中选择“无”，在“应用于”中选择“段落”，单击“确定”按钮。

(4) 单击“关闭页眉和页脚”按钮，页眉横线消失。

**思考：**如何在页眉中加一条横线？

### 3.7.9 设置装订线

为使设计好的表格装订时有一定的标准，可以设置表格的装订线，操作步骤如下：

(1) 单击“插入”选项卡，在“文本”组中，单击“文本框｜绘制竖文本框”命令，在表格的左侧绘制出一条竖的文本框。

(2) 单击“插入”选项卡，在“插图”组中，单击“形状”按钮，在样式中选择“直线”。

(3) 在文本框中绘制出四条竖直线，每条直线之间留出 2 个汉字的宽度。

(4) 在直线之间汉字的位置分别输入“装”、“订”、“线”三个字。

### 3.7.10 知识拓展

1. 直接生成表格

单击“插入”选项卡，在“表格”组中，单击“表格”按钮，在表格区域直接拖动鼠标即可，如图 3—74 所示。

2. 绘制表格

可以绘制包含不同高度单元格的表格或每行列数不同的表格。

(1) 在要创建表格的位置双击。

(2) 单击“插入”选项卡，在“表格”组中，单击“表格｜绘制表格”命令，指针会变为铅笔状。

(3) 先绘制表格矩形外边框，如图 3—75 所示。

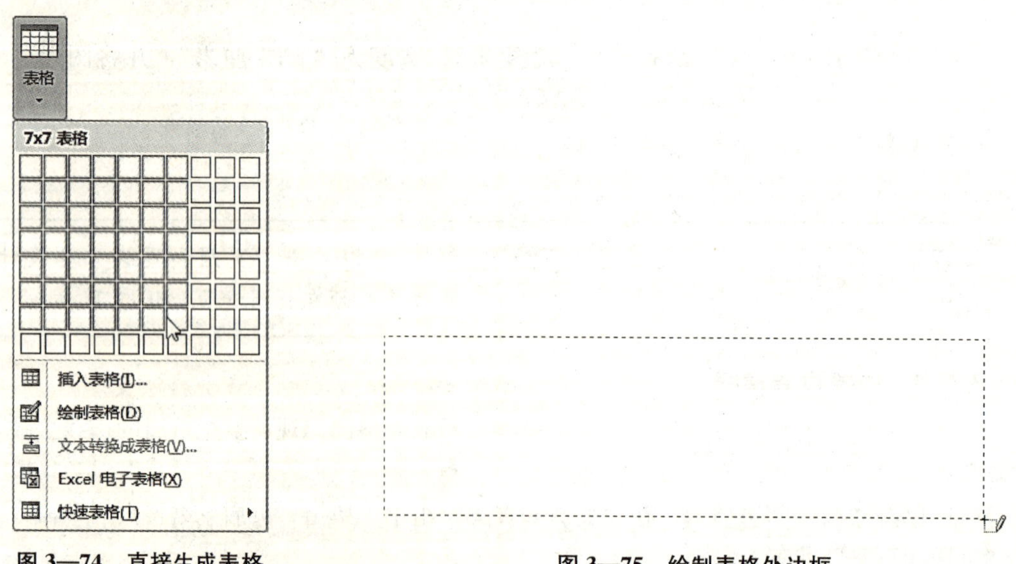


图 3—74 直接生成表格　　图 3—75 绘制表格外边框

(4) 在该矩形内绘制列线和行线。

**提示：**在“绘图边框”组中，双击“绘制表格”按钮，可以连续绘制表格线。

3. 表格线的擦除

（1）要擦除一条线或多条线，单击“表格工具设计”选项卡，在“绘制边框”组中，单击“擦除”按钮。

（2）单击要擦除的线条。

**提示：**合并单元格也可用擦除的方法。

4. 删除表格

选定整个表格，单击“表格工具布局”选项卡，在“行和列”组中，单击“删除”按钮，在出现的快捷菜单中共有四个删除项：删除单元格、删除行、删除列、删除表格，选择一种删除的项。

**提示：**选定表格，按 Del 键，只删除表格中的内容，不会删除表格线，可以制作空表格。

5. 插入表格行和列

当所制作的表格行或列不够时，这时就要对表格的行或列进行插入，步骤如下：

（1）选定表格中的行，单击“表格工具布局”选项卡，在“行和列”组中，单击“在上方插入”或“在下方插入”按钮，即可在选定行的上或下插入一行或多行。

（2）选定表格中的列，单击“表格工具布局”选项卡，在“行和列”组中，单击“在左侧方插入”或“在右侧插入”按钮，即可在选定列的左或右插入一列或多列。

**提示：**插入行和列的数目，根据选定行或列的数目来插入。

6. 标题行重复

如果一张表格需要在多页中跨页显示，则设置标题行重复显示很有必要，因为这样会在每一页都明确显示表格中的每一列所代表的内容。设置标题行重复显示的步骤如下：

在 Word 表格中选中标题行（必须是表格的第一行），单击“表格工具布局”选项卡，在“数据”组中，单击“标题行重复”按钮。

7. 平均分布各行各列

当用绘制功能绘制的表格行列不均匀时，可以根据实际需要在表格总尺寸不改变的情况下，平均分布所有行或列的尺寸，使表格外观更加整齐统一，操作步骤如下：

（1）在表格任意单元格中单击鼠标。

（2）单击“表格工具布局”选项卡，在“单元格大小”组中，单击“分布行”或“分布列”按钮。

**提示：**可以选中整个表格，然后右键单击任意单元格，在打开打的快捷菜单中单击“平均分布各行”或“平均分布各列”命令。

8. 拆分表格

当需要将一个表格根据需要拆分成多个表格时，可以采用拆分表格功能。不过表格只能从行拆分，不能从列拆分。拆分表格的步骤如下：

（1）选定表格拆分的分界行中任意单元格。

（2）单击“表格工具布局”选项卡，在“合并”组中，单击“拆分表格”按钮。

9. 对表格中数据进行排序

在 Word 2010 中，可以对表格中的数字、文字和日期数据进行排序操作，操作步骤如下：

（1）在需要进行数据排序的 Word 表格中，单击任意单元格。

（2）单击“表格工具布局”选项卡，在“数据”组中，单击“排序”按钮，出现“排序”对话框。

（3）在“列表”区域选定“有标题行”单选框（有标题行排序更加直观）。

（4）在“主要关键字”区域，单击关键字下拉三角按钮选择排序依据的主要关键字。单击“类型”下拉三角按钮，在“类型”列表中选择“笔画”、“数字”、“日期”或“拼音”选项。如果参与排序的数据是文字，则可以选择“笔画”或“拼音”选项；如果参与排序的数据是日期类型，则可以选择“日期”选项；如果参与排序的只是数字，则可以选择“数字”选项。选中“升序”或“降序”单选框设置排序的顺序类型。

（5）在“次要关键字”和“第三关键字”区域进行相关设置，并单击“确定”按钮，如图 3—76 所示。

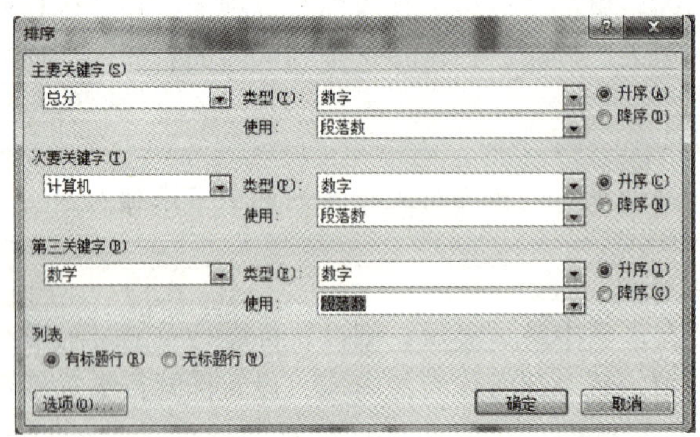


**图 3—76　排序对话框**

10. 表格简单计算

在 Word 2010 中可以对表格中的数据进行一些简单的计算，操作步骤如下：

| 班级 | 计算机 | 数学 | 英语 | 总分 |
|---|---|---|---|---|
| 动 0918 | 67 | 90 | 85 | |
| 动 0918 | 65 | 89 | 82 | |
| 动 0918 | 77 | 76 | 75 | |
| 动 0918 | 87 | 89 | 90 | |

（1）在第 2 行第 5 列单击鼠标左键。

（2）单击“表格工具布局”选项卡，在“数据”组中，单击公式按钮“*fx*”，出现“公式”对话框。

（3）在“公式”输入栏中输入＝SUM（LEFT），如图 3—77 所示。单击“确定”按钮，求出第一行的和，如图 3—78 所示。

**提示：**＝SUM（LEFT）为左侧单元格的数字求和，右侧是＝SUM（RIGHT），上面是＝SUM（ABOVE），下面是＝SUM（BELOW）。

（4）选定第一行求出的结果，分别复制到其他求和的单元格中，如图 3—79 所示。

（5）选定“总分”列中所有的数据，按“F9”键求出所有每行的和，如图 3—80 所示。

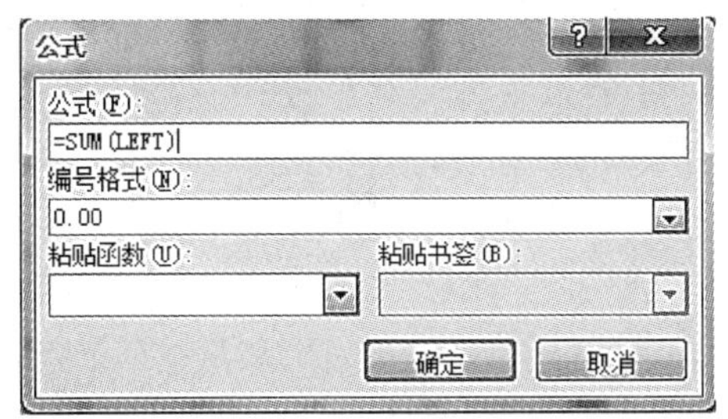


**图 3—77　输入公式**

| 班级 | 计算机 | 数学 | 英语 | 总分 |
|---|---|---|---|---|
| 动 0918 | 67 | 90 | 85 | 242.00 |
| 动 0918 | 65 | 89 | 82 | |
| 动 0918 | 77 | 76 | 75 | |
| 动 0918 | 87 | 89 | 90 | |

**图 3—78　求出第一行的和**

| 班级 | 计算机 | 数学 | 英语 | 总分 |
|---|---|---|---|---|
| 动 0918 | 67 | 90 | 85 | 242.00 |
| 动 0918 | 65 | 89 | 82 | 242.00 |
| 动 0918 | 77 | 76 | 75 | 242.00 |
| 动 0918 | 87 | 89 | 90 | 242.00 |

**图 3—79　将和复制到其他单元格中**

| 班级 | 计算机 | 数学 | 英语 | 总分 |
|---|---|---|---|---|
| 动 0918 | 67 | 90 | 85 | 242.00 |
| 动 0918 | 65 | 89 | 82 | 236.00 |
| 动 0918 | 77 | 76 | 75 | 228.00 |
| 动 0918 | 87 | 89 | 90 | 266.00 |

**图 3—80　求出所有的行的和**

## 3.8　邮件合并

每个学校都会遇到过这样的情况：要向所有学生发送内容相同的文档，但每份文档的姓名等各不相同。这类文档的特点是文档中的主要内容相同，只有个别部分不同。传统做法则是每打印一张进行一次修改，虽然这样也可以完成任务，但却非常麻烦，如果使用邮件合并功能，则可以非常轻松地做好这项工作。

邮件合并的原理是将发送的文档中相同的重复部分保存为一个文档，称为主文档；将不同的部分，如很多收件人的姓名、地址等保存成另一个文档，称为数据源，然后将主文档与数据源合并起来，形成用户需要的文档。

现以案例 3“奖状”为例，介绍邮件合并的操作步骤。

### 3.8.1　建立主文档

（1）创建一个空白文档，并进行页面设置，将“页边距”的上、下、左、右修改为“2 厘米”，“纸张方向”为“横向”。

（2）插入“形状”图形，在样式的“星与旗帜”中选定上凸带形“”。

(3) 在主文档中绘制出图形，大小合适为止。

(4) 将图形填充为“红色”，图形的线条为“黄色”。

(5) 插入艺术字。艺术字的字体为“华文隶书”，艺术字填充的颜色为“黄色”，线条颜色为“黄色”。调整艺术字的大小，将艺术字的环绕方式设置为“紧密型”环绕。

(6) 将艺术字拖到“上凸带形”图形中。

**思考：**如何填充图形的颜色和调整艺术字的大小？

(7) 在图形的下方适当位置双击鼠标，输入以下文字：

同学：

你被我校评为年度系的三好学生，特此奖励，以至鼓励，希望你再接再厉，争取更大的成绩。

太原电力高等专科学校

2010 年 7 月 5 日

(8) 将主文档中，文字的字体设置为“华文隶书”，字号设置为“28”号。

(9) 设置主文档的“页面边框”为艺术型“小红花”。

(10) 按照 3.5.5 知识设计一枚公章，将图章的环绕效果设置为“衬于文字下方”，如图 3—81 所示。

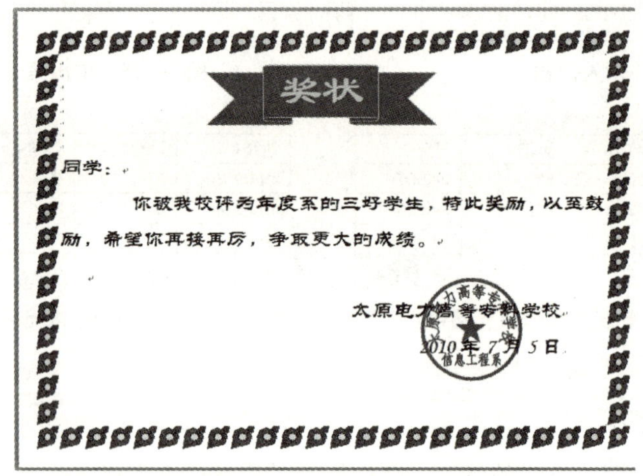


**图 3—81　设计主文档**

(11) 单击“文件 | 保存”命令，文件名命名为“学生奖状”，单击“保存”按钮，将主文档保存。

**提示：**Word 2010 有许多模板文件，可以单击“文件 | 新建”命令，在“Office. com”区，选择“证书、奖状”，然后 Word 2010 将连接互联网下载 Office Online 中的“证书、奖状”模板。我们选择“奖状 2”模板，单击“下载”按钮，如图 3—82 所示。把下载的“奖状 2”作为主文档，在主文档的获奖信息的位置填写相应的内容即可。

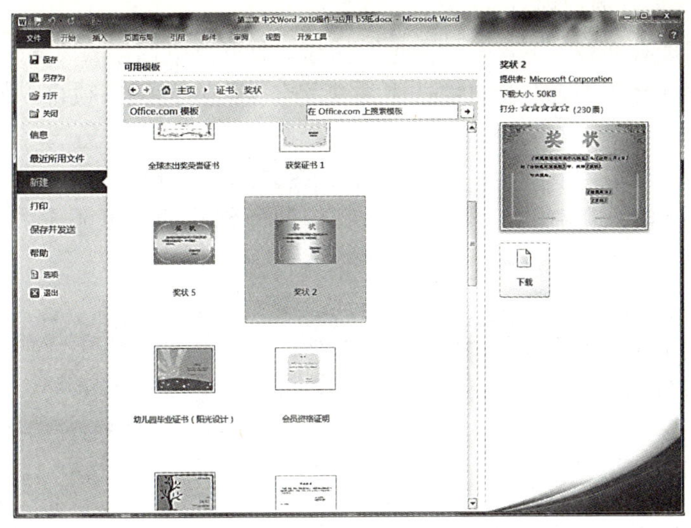


图 3—82　奖状 2 模板

### 3.8.2　建立数据源

数据源可看成是一张简单的二维表格。表格中的每一列对应一个信息类别，如：姓名、年度、系别等。各个数据域的名称由表格的第一行来表示，这一行称为域名行，随后的每一行为一条数据记录。数据记录是一组完整的相关信息，如某个学生获奖的姓名、年度、系别等。建立数据源的步骤如下：

（1）建立一个二维表，并输入以下数据。

| 姓名 | 系别 | 年度 |
|---|---|---|
| 张亚强 | 信息 | 2009 |
| 陈晓会 | 信息 | 2009 |
| 唐克研 | 信息 | 2009 |
| 孟祥雪 | 信息 | 2009 |
| 苗薇薇 | 信息 | 2009 |
| 郭婧茹 | 信息 | 2009 |

**提示：** 数据源既可以用 Word 表，也可以用 Excel 表和 Access 数据库表。建立数据源表时，在表的上面不能加入大标题。

（2）单击“文件 | 保存”命令，文件名命名为“学生名单”，单击“保存”按钮，将数据源保存。

### 3.8.3　邮件合并

建好主文档数据源后，可以进行邮件的合并，操作步骤如下：

（1）打开主文档，单击“邮件”选项卡，在“开始邮件合并”组中，单击“开始邮件合并 | 邮件合并分布向导”命令，打开“邮件合并”任务窗口（在窗口的右侧）。

（2）在“选择开始文档”下，选定“使用当前文档”，单击“下一步，选取收件人”，在

“选择收件人”下选择“使用现有列表”。

(3) 在“使用现有列表”下单击“浏览”按钮，打开刚刚创建的“学生名单”数据源。

(4) 在“邮件合并收件人”窗口中选中“获奖名单”中的所有项目，如图 3—83 所示，单击“确定”按钮。

(5) 在向导栏中单击“下一步：撰写信函”，在“撰写信函”下单击“其他项目”，出现“插入合并域”对话框，其中的“域”，正是我们前面创建的数据源中的各个类别，如图 3—84所示。

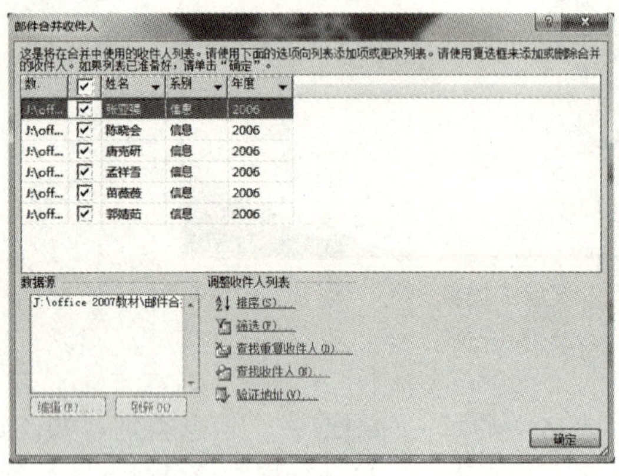


图 3—83 选择邮件合并的收件人

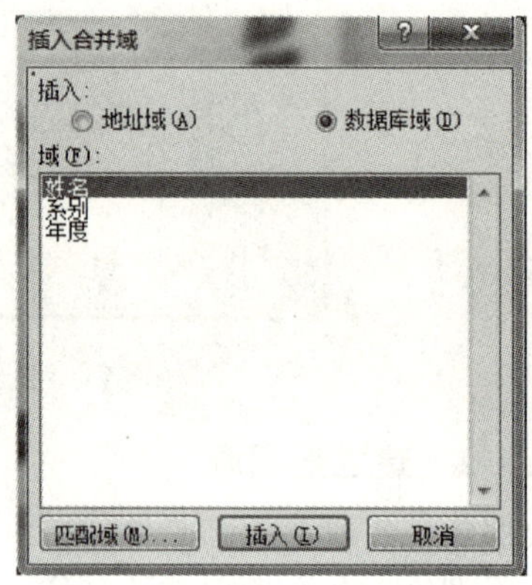


图 3—84 插入合并域对话框

(6) 关闭“插入合并域”窗口，在主文档编辑窗口中，将光标放到需要插入获奖姓名的地方，即“同学”的前面，单击“其他项目”，打开“插入合并域”窗口，选中“姓名”，单击“插入”按钮，完成了“姓名”合并域的插入。

(7) 关闭“插入合并域”窗口，在主文档编辑窗口中，将光标放到“年度”的前面，单击“其他项目”，打开“插入合并域”窗口，选中“年度”，单击“插入”按钮，完成了“年度”合并域的插入。

(8) 关闭“插入合并域”窗口，在主文档编辑窗口中，将光标放到“系”的前面，单击“其他项目”，打开“插入合并域”窗口，选中“系别”，单击“插入”按钮，完成了“系别”合并域的插入，如图 3—85 所示。

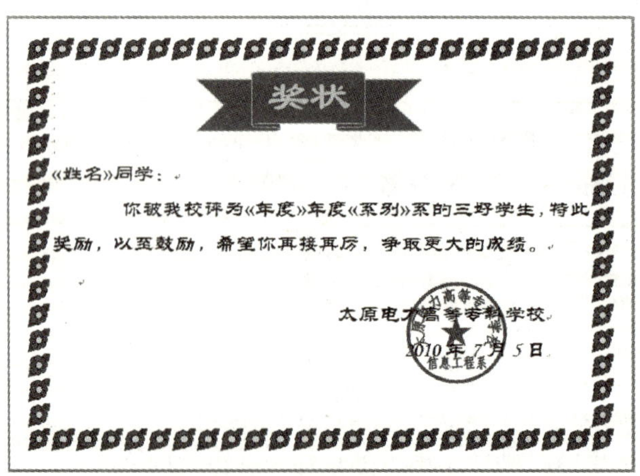


图 3—85 完成域的插入

**提示：**可以在“编写和插入域”组中，单击“插入合并域”按钮，插入域名，不必每次关闭“插入合并域”窗口。

(9) 单击“下一步：预览信函”，出现一个同学的奖状，再单击“下一步：完成合并”。

(10) 单击“完成合并”下的“编辑单个信函”，出现“合并到新文档”对话框。在对话框中选择“全部”，单击“确定”按钮，生成一个新的 Word 2010 文档，里面显示合并后的所有奖状，如图 3—86 所示，将新的文档保存，以便以后打印之用。

**图 3—86 新的文档**

### 3.8.4 知识拓展

1. 工资单的制作

工资单的制作以往都采用数据库编程的方法来实现，在 Word 2010 中，使用“邮件合并”的功能同样可以实现，操作更加简单。

(1) 准备数据源。数据源可以使用 Word 表、Excel 表和数据库表，由于我们只学了 Word，所以这里采用 Word 表作为数据源。

①建立的数据源，如图 3—87 所示。

| 编号 | 姓　名 | 部门 | 工龄 | 基本工资 | 奖金 | 午餐 | 扣除 | 实发工资 |
|---|---|---|---|---|---|---|---|---|
| 1003 | 陈在文 | 办公室 | 10 | 1000 | 100 | 200 | 20 | 1290 |
| 1008 | 林中和 | 办公室 | 16 | 1500 | 100 | 300 | 20 | 1796 |
| 1004 | 地一要 | 办公室 | 20 | 2500 | 200 | 200 | 50 | 2870 |
| 1005 | 黄有在 | 办公室 | 25 | 2700 | 200 | 200 | 70 | 3055 |
| 1007 | 张我主 | 动力处 | 12 | 1100 | 100 | 200 | 20 | 1392 |
| 1002 | 黄跃进 | 动力处 | 15 | 2000 | 150 | 200 | 20 | 2345 |
| 1001 | 黄海陆 | 动力处 | 20 | 2600 | 200 | 200 | 80 | 2940 |
| 1006 | 林有主 | 后勤处 | 30 | 3000 | 200 | 200 | 70 | 3360 |
| 1009 | 黄主民 | 技术处 | 17 | 1500 | 100 | 200 | 20 | 1797 |
| 1010 | 张要同 | 技术处 | 25 | 2700 | 150 | 200 | 60 | 3015 |

**图 3—87 数据源**

②保存数据源，数据源的文件名称为“工资表”。

(2) 建立主文档。

①打开 Word 2010，建立一个只包含标题和表头的空表，如图 3—88 所示。

工资条

| 编号 | 姓　名 | 部门 | 工龄 | 基本工资 | 奖金 | 午餐 | 扣除 | 实发工资 |
|---|---|---|---|---|---|---|---|---|
| | | | | | | | | |

**图 3—88 工资条**

②保存主文档，文档的文件名称为“工资条”。

(3) 将数据源合并到主文档中。

①打开“工资条”主文档。

②单击“邮件”选项卡，在“开始邮件合并”组中，单击“开始邮件合并｜信函”命令，如图 3—89 所示。

③在“开始邮件合并”组中，单击“选择收件人｜使用现有列表”按钮，即找到刚才保存的“工资表”数据源。

④单击“编辑收件人列表”按钮，出现“邮件合并收件人”对话框，如图 3—90 所示。

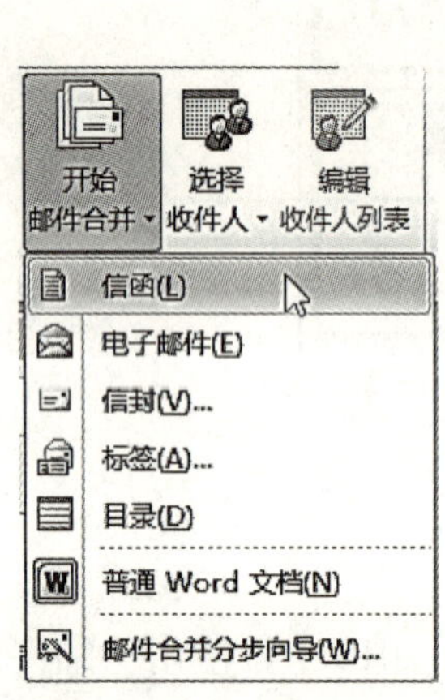


图 3—89　单击信函

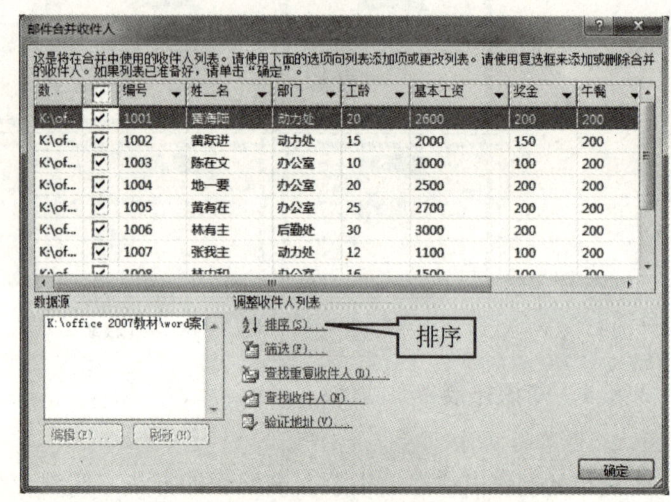


图 3—90　“邮件合并收件人”对话框

⑤在对话框中，单击“排序”，对数据表中的数据进行筛选和排序，如图 3—91 所示。

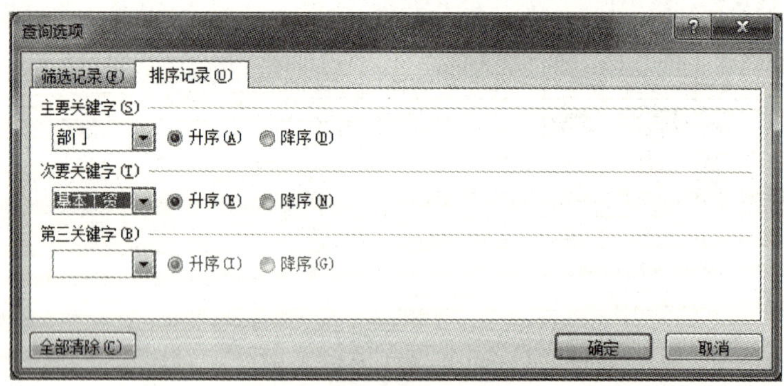


图 3—91　按关键字排序

**提示：** 可以在准备数据源的过程中直接完成排序。

**提示：**（1）排序中主关键字是排序的主要依据，在这个数据源表中可以看出，部门是主要关键字。次关键字的作用是，当主关键字相同时，需按照另外一个关键字进行排序。一般情况下，文字按拼音字母排序，数字按大小排序。

（2）如果只打印办公室所有人员的工资，可采用筛选功能（显示满足条件的记录，不满足条件的记录加以隐藏，但并没有删除）。在“邮件合并收件人”对话框中，单击“筛选”，出现“查询选项”对话框。

在“域”中选择“部门”字段，比较条件中选择“等于”，在比较对象中输入“办公室”，如图 3—92 所示，单击“确定”按钮。

**图 3—92　筛选条件**

（4）插入合并域。

①单击“插入合并域”按钮，出现域名表。

②将插入点定位到主文档中将要被替换的部分（如：编号的下面的单元格中），在域名表中，选择“编号”字段，再按照同样方法选择其他字段，将所有的信息填入表中。我们可以看到，合并之后的文档中出现了九个引用字段，它们被书名号包围（如：《编号》），如图 3—93 所示。

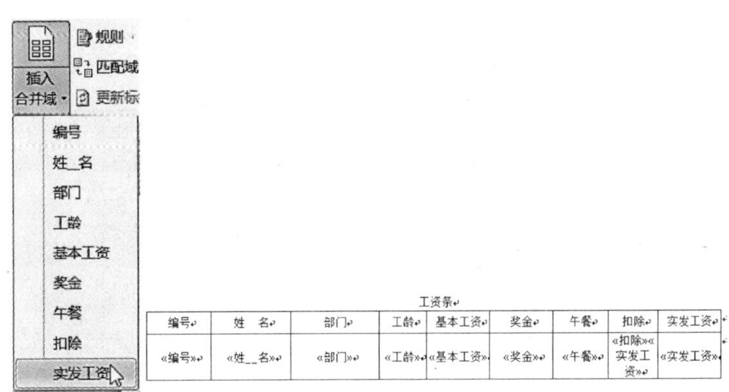


| 编号 | 姓　名 | 部门 | 工龄 | 基本工资 | 奖金 | 午餐 | 扣除 | 实发工资 |
|---|---|---|---|---|---|---|---|---|
| «编号» | «姓__名» | «部门» | «工龄» | «基本工资» | «奖金» | «午餐» | «扣除»«实发工资» | «实发工资» |

**图 3—93　插入域名**

（5）完成并合并。域插入完毕，即可完成合并域的操作。

①单击“完成并合并｜编辑个人文档”命令，出现“合并到新文档”对话框，如图 3—94所示。

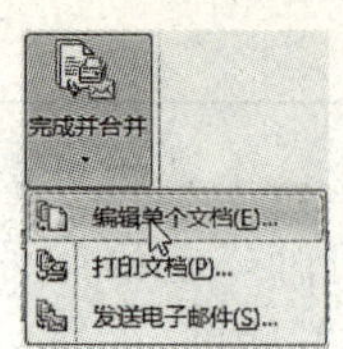


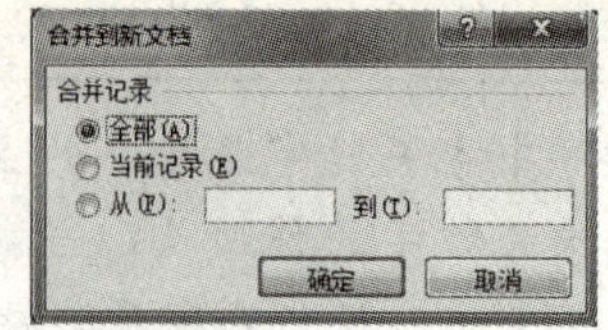


图 3—94　完成并合并

②在对话框中，选择“全部”单选框，单击“确定”按钮，完成合并，如图 3—95 所示。

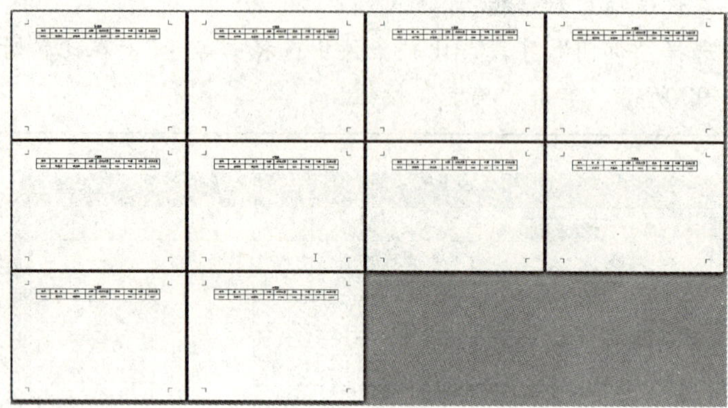

图 3—95　合并后的结果

2. 每页打印多条工资条

从结果可以看出，每页只打印一个人的工资单，这样会造成不必要的浪费，那么有何办法让一页纸打印多条工资条呢？现在以每页打印 7 条工资条为例，介绍操作步骤。

（1）打开主文档“工资条”，选定整个表格，单击鼠标右键，在快捷菜单中，单击“复制”命令。

（2）在工资表的下方插入 1 个空格键，单击鼠标右键，在快捷菜单中，单击“粘贴”命令。

（3）重复以上步骤，粘贴 6 个表，如图 3—96 所示。

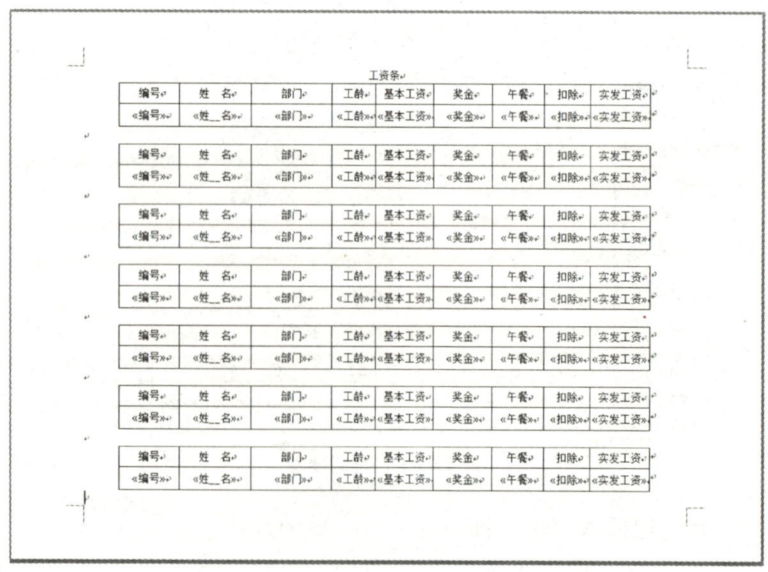

工资条

| 编号 | 姓　名 | 部门 | 工龄 | 基本工资 | 奖金 | 午餐 | 扣除 | 实发工资 |
|---|---|---|---|---|---|---|---|---|
| «编号» | «姓__名» | «部门» | «工龄» | «基本工资» | «奖金» | «午餐» | «扣除» | «实发工资» |

| 编号 | 姓　名 | 部门 | 工龄 | 基本工资 | 奖金 | 午餐 | 扣除 | 实发工资 |
|---|---|---|---|---|---|---|---|---|
| «编号» | «姓__名» | «部门» | «工龄» | «基本工资» | «奖金» | «午餐» | «扣除» | «实发工资» |

| 编号 | 姓　名 | 部门 | 工龄 | 基本工资 | 奖金 | 午餐 | 扣除 | 实发工资 |
|---|---|---|---|---|---|---|---|---|
| «编号» | «姓__名» | «部门» | «工龄» | «基本工资» | «奖金» | «午餐» | «扣除» | «实发工资» |

| 编号 | 姓　名 | 部门 | 工龄 | 基本工资 | 奖金 | 午餐 | 扣除 | 实发工资 |
|---|---|---|---|---|---|---|---|---|
| «编号» | «姓__名» | «部门» | «工龄» | «基本工资» | «奖金» | «午餐» | «扣除» | «实发工资» |

| 编号 | 姓　名 | 部门 | 工龄 | 基本工资 | 奖金 | 午餐 | 扣除 | 实发工资 |
|---|---|---|---|---|---|---|---|---|
| «编号» | «姓__名» | «部门» | «工龄» | «基本工资» | «奖金» | «午餐» | «扣除» | «实发工资» |

| 编号 | 姓　名 | 部门 | 工龄 | 基本工资 | 奖金 | 午餐 | 扣除 | 实发工资 |
|---|---|---|---|---|---|---|---|---|
| «编号» | «姓__名» | «部门» | «工龄» | «基本工资» | «奖金» | «午餐» | «扣除» | «实发工资» |

| 编号 | 姓　名 | 部门 | 工龄 | 基本工资 | 奖金 | 午餐 | 扣除 | 实发工资 |
|---|---|---|---|---|---|---|---|---|
| «编号» | «姓__名» | «部门» | «工龄» | «基本工资» | «奖金» | «午餐» | «扣除» | «实发工资» |

图 3—96　复制多个表

（4）将鼠标定位到每个表下方的回车键处。

（5）单击“邮件”选项卡，在“编写和插入域”组中，单击“规则”右侧的向下箭头。在列表框中选择“下一条记录”。重复做这样的操作，到最后一条工资单，如图3—97所示。

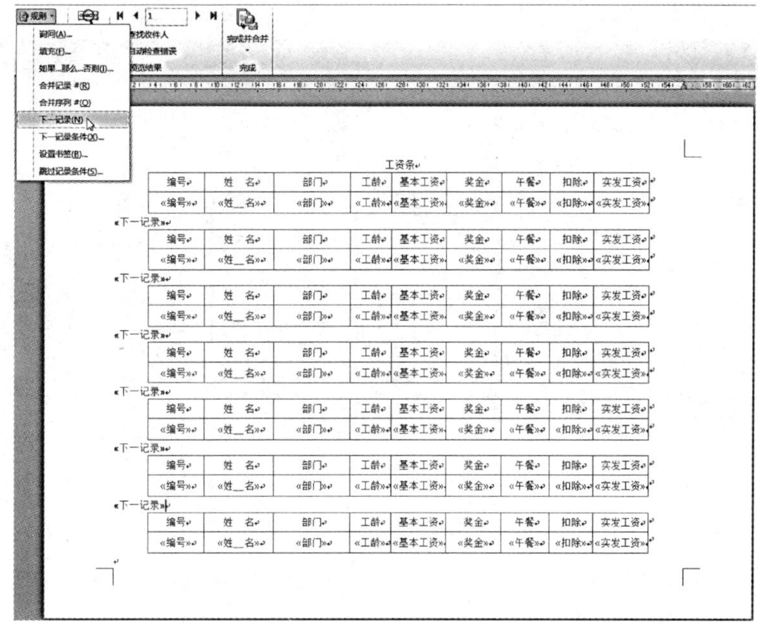

**图3—97 插入“下一条记录”**

3. 完成并合并

（1）单击“完成并合并｜编辑个人文档”命令，出现“合并到新文档”对话框。

（2）在对话框中，选择“全部”单选框，单击“确定”按钮，完成合并。

## 3.9 打印预览和打印

使用Word 2003和Word 2007时，要预览Word文档，必须选择“打印预览”才能看到打印后的样子。在Word 2010中，打印预览做了很大的改进，没有“打印”和“打印预览”按钮，与打印相关的内容集成在Word 2010“文件”菜单的打印选项下。

在Word 2010“文件”菜单中选择打印选项，可以看到打印界面分为两部分，左侧是打印设置，在其中可以设置打印机型号，还可以设置打印方向、打印页数等，而右侧则是打印预览区域。

### 3.9.1 打印预览

为了节约纸张，造成不必要的浪费，文档编辑完成都要进行打印预览，以便及时发现问题及时修改。要完成打印预览，需按以下操作步骤进行：单击“文件｜打印”命令，在右侧直接就可以预览打印后的效果。如果要进行修改，单击“文件｜信息”命令，在右侧单击预览的文档即可返回文档。

如果要多页预览，可以调整打印窗口右下角的显示比例“10%”。百分比越小，显示的页面越多，如图3—98所示。

在打印窗口，可以单击“页面设置”，直接进入页面设置对话框，对“纸张大小”、“纸张方向”、“页边距”、“版式”等进行修改，不必返回文档进行设置。修改后，在右侧及时能实时预览，十分方便。

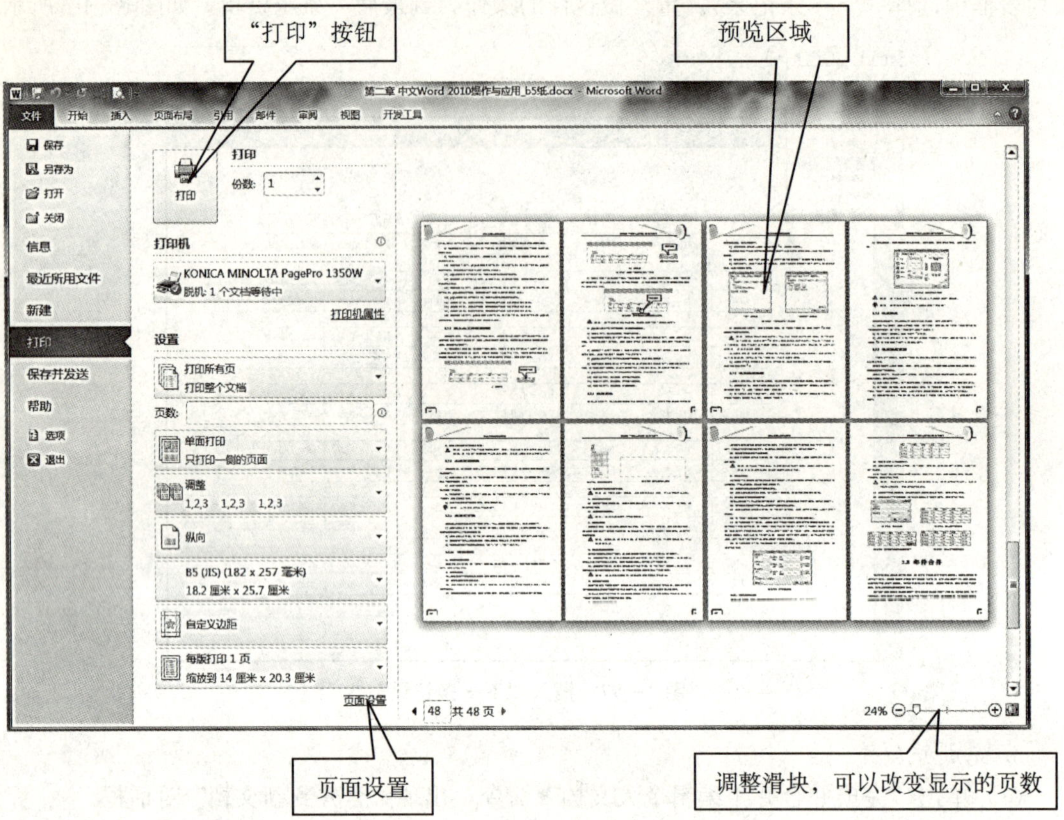

图 3—98 打印预览窗口

### 3.9.2 打印

在 Word 2010 中，要完成打印，需做以下操作。

1. 直接打印

单击“文件｜打印”命令，这里提供了所有与打印有关的功能选项，包括打印时最常用的对话框。一般情况下，在完成相关的页面设置之后，直接单击“打印”按钮即可打印，如果需要打印多份，可以在“份数”右侧进行设置。

2. 打印参数设置

（1）选择其他的打印机。如果不准备使用默认的打印机，那么可以在“打印机”下拉列表框中选择另外的打印机，也可以在这里添加新的打印机或将当前文档打印到文件。

（2）打印自定义范围。如果对文档有特殊的打印要求，如要打印某几页的文件，可以在“打印自定义范围”中进行定义。例如：1，3-40，43，表示打印第 1 页、第 3 页～40 页和第 43 页的内容，其他页不打印。

**提示：**如果打印第 3 页到最后一页，打印范围定义为：3-

**思考：**如果打印第 1 页到最后一页如何定义，不定义是否可以？

如果要打印当前页或者奇偶页，可在“打印自定义范围”中选择。

**注意：**当前页指的是鼠标定位的页面，不是你看到的页面。

3. 每版打印多页

如果一页纸要打印多页文档，可以在“每版打印 1 页”中进行选择，每版最多可以打印 16 页。

设置好参数后，单击“打印”按钮。

4. 逆序打印

一般情况下，在 Word 2010 中打印文档时会按照从前往后的顺序进行打印。对于一些页数较多的文档，常常需要按照从后往前的顺序进行打印，即所谓的逆序打印。设置逆序打印的操作步骤如下。

（1）打开 Word 2010 文档窗口，单击“文件｜选项”命令。

（2）在打开的“Word 选项”对话框中，切换到“高级”选项卡，然后在“打印”区域，选择“逆序打印页面”复选框，并单击“确定”按钮，如图 3—99 所示。

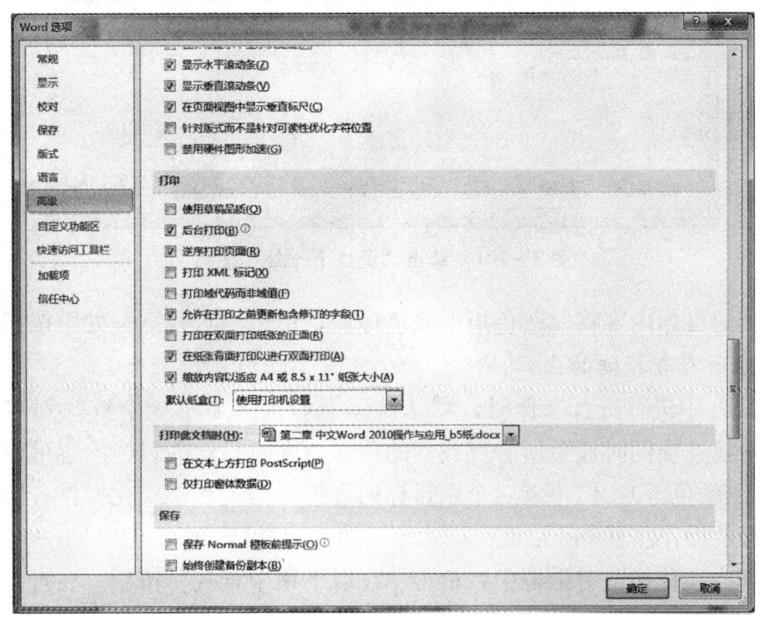


图 3—99　选中“逆序打印页面”复选框

### 3.9.3　知识拓展

1. 查找功能

利用 Word 2010 提供的“查找”功能，用户可以在 Word 2010 文档中快速查找特定的字符，操作步骤如下：

（1）打开 Word 2010 文档窗口，将插入点光标移动到文档的开始位置。

（2）单击“开始”选项卡，在“编辑”组中，单击“查找”按钮。

（3）在打开的“导航”窗格编辑框中（Word 右侧），输入需要查找的内容，并单击“搜索”按钮。也可以在“导航”窗格中单击“搜索”按钮右侧的下拉三角，在打开的菜单中选择“高级查找”命令，如图 3—100 所示。

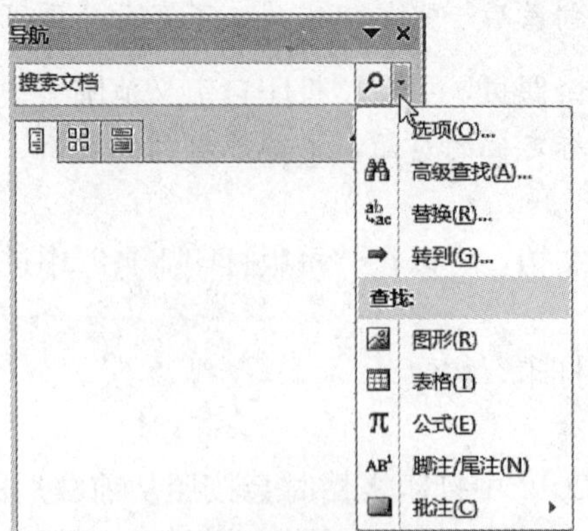

图 3—100　选择“高级查找”命令

(4) 在打开的“查找和替换”对话框中，单击“查找”选项卡，然后在“查找内容”编辑框中输入要查找的字符，并单击“查找下一处”按钮，如图 3—101 所示。

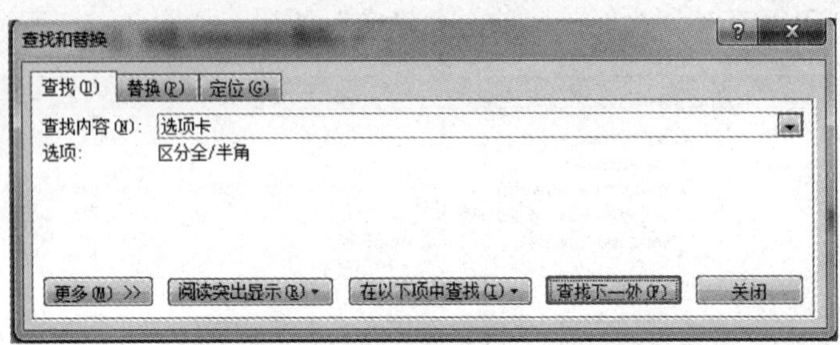

图 3—101　单击“查找下一处”按钮

(5) 查找到的目标内容将以蓝色矩形底色标识，单击“查找下一处”按钮继续查找。

2. 同时显示所有查找到的内容

在 Word 2010 中进行查找操作时，默认情况下每次只显示一个查找到的目标。用户也可以通过选择查找选项同时显示所有查找到的内容。同时显示的目标内容可以同时设置格式（如字体、字号、颜色等），但不能对个别目标内容进行编辑和格式化操作。同时显示所有查找到的目标内容的操作步骤如下：

(1) 在“查找和替换”对话框中，单击“在以下项中查找”按钮，在打开的菜单中选择“主文档”命令，如图 3—102 所示。

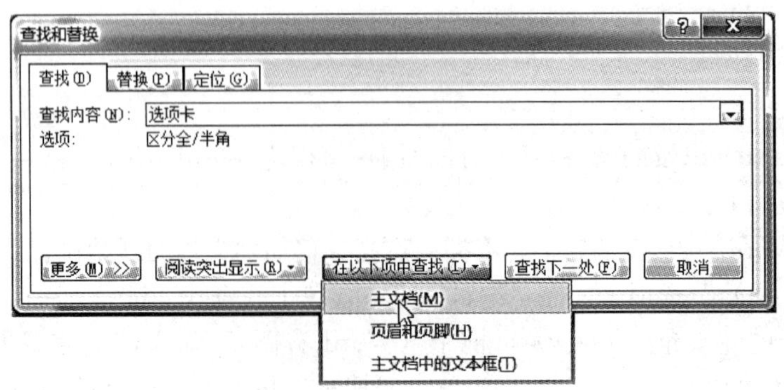

图 3—102　选择“主文档”命令

（2）所有查找到的目标内容都将被标识为蓝色矩形底色，用户可以同时对查找到的内容进行格式化设置。

如果单击“阅读突出显示”按钮，所有找到的内容都以黄色的显示。

3. 分节符的类型

Word 2010 显示了多种不同种类的分节符，大概有 4 种类型。

（1）下一页：使新的一节从下一页开始。

（2）连续：使当前节与下一节共存于同一页面中。并不是所有种类的格式都能共存于同一页面中，所以，即使选择了“连续”，Word 2010 有时也会迫使不同格式的内容从新的一页开始。可以在同一页面中不同部分共存的不同节格式包括：列数、左、右页边距和行号。

（3）偶数页：使新的一节从下一个偶数页开始。如果下一页是奇数页，那么此页将保持空白（除非它有页眉/页脚内容，它可以包含水印）。

（4）奇数页：使新的一节从下一个奇数页开始。如果下一页将是偶数页，那么此页将保持空白。

4. 插入分节符

如果在文档中有三张表，第一张表是纵向表，第二张是横向表，第三张表是纵向表。这时就可以使用插入分节符的方法，操作步骤如下：

（1）单击“页面布局”选项卡，在“页面设置”组中，单击“分隔符”按钮。

（2）插入点定位在第一张表的尾部，单击“分节符”中的“下一页”命令。

（3）选定第二张表，单击“页面布局”选项卡，在“页面设置”组中，单击“纸张方向｜横向”命令。

（4）插入点定位在第二张表的尾部，单击“分节符”中的“下一页”命令。

（5）选定第三张表，单击“页面布局”选项卡，在“页面设置”组中，单击“纸张方向｜纵向”命令，如图 3—103 所示。

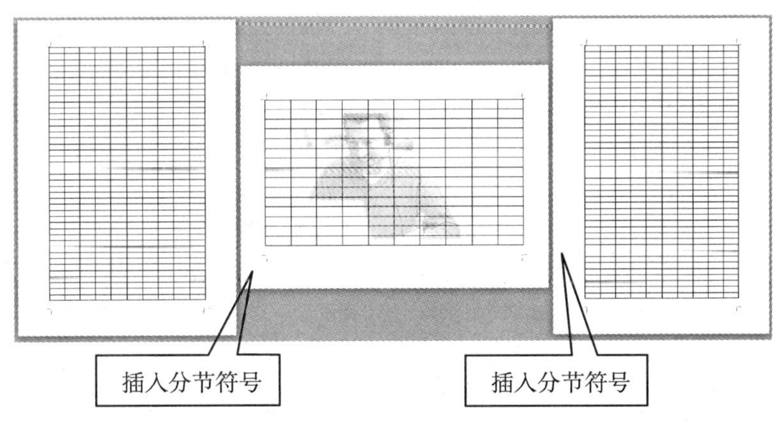


**图 3—103　插入分节符号**

5. 插入分栏符

在做文档分栏时，有时会发现，本应分两栏的文档，却只分了一栏，或者所分的两栏不均匀，遇到这种情况就必须采取插入分栏符的办法去实现，操作步骤如下：

（1）选定要分栏的文档，单击“页面布局”选项卡，在“页面设置”组中，单击“分栏｜更多分栏”命令，出现“分栏”对话框。

（2）在对话框中，选择“两栏”，单击“确定”按钮。出现如图 3—104 所示的情况，发现并不是所要求的两栏，而是一栏，这时就要采取插入分栏符的办法。

（3）将鼠标定位在“天记录……”的前面，如图 3—104 所示，单击“页面布局”选项卡，在“页面设置”组中，单击“分隔符”右侧的向下箭头。

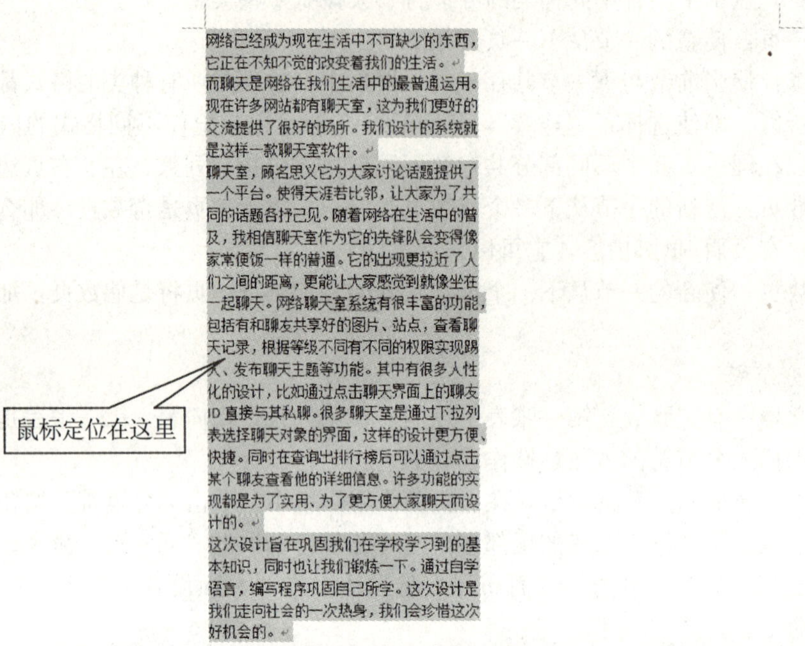

网络已经成为现在生活中不可缺少的东西，它正在不知不觉的改变着我们的生活。
而聊天是网络在我们生活中的最普通运用。现在许多网站都有聊天室，这为我们更好的交流提供了很好的场所。我们设计的系统就是这样一款聊天室软件。
聊天室，顾名思义它为大家讨论话题提供了一个平台。使得天涯若比邻，让大家为了共同的话题各抒己见。随着网络在生活中的普及，我相信聊天室作为它的先锋队会变得像家常便饭一样的普通。它的出现更拉近了人们之间的距离，更能让大家感觉到就像坐在一起聊天。网络聊天室系统有很丰富的功能，包括有和聊友共享好的图片、站点，查看聊天记录，根据等级不同有不同的权限实现踢人、发布聊天主题等功能。其中有很多人性化的设计，比如通过点击聊天界面上的聊友ID 直接与其私聊。很多聊天室是通过下拉列表选择聊天对象的界面，这样的设计更方便、快捷。同时在查询出排行榜后可以通过点击某个聊友查看他的详细信息。许多功能的实现都是为了实用、为了更方便大家聊天而设计的。
这次设计旨在巩固我们在学校学习到的基本知识，同时也让我们锻炼一下。通过自学语言，编写程序巩固自己所学。这次设计是我们走向社会的一次热身，我们会珍惜这次好机会的。

鼠标定位在这里

**图 3—104　两栏成为一栏**

（4）在“分页符”中，单击“分栏符”命令，出现如图 3—105 所示的正确分栏。

**提示：**要实现正确分栏不插入分栏符也可以实现，方法是：在选定文本时，不要选定最后一个回车键，如图 3—106 所示。

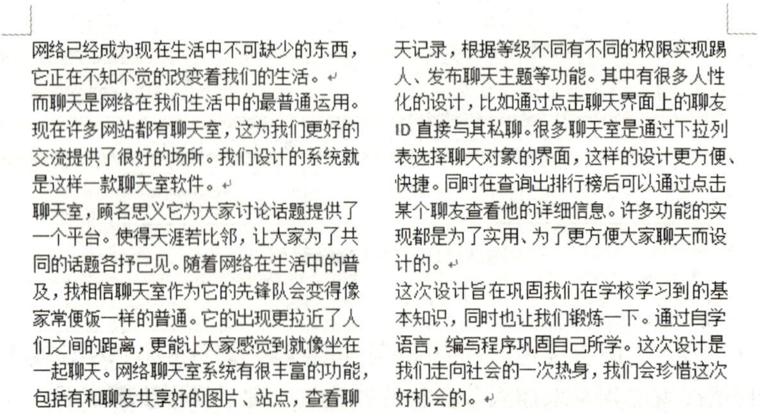

网络已经成为现在生活中不可缺少的东西，它正在不知不觉的改变着我们的生活。
而聊天是网络在我们生活中的最普通运用。现在许多网站都有聊天室，这为我们更好的交流提供了很好的场所。我们设计的系统就是这样一款聊天室软件。
聊天室，顾名思义它为大家讨论话题提供了一个平台。使得天涯若比邻，让大家为了共同的话题各抒己见。随着网络在生活中的普及，我相信聊天室作为它的先锋队会变得像家常便饭一样的普通。它的出现更拉近了人们之间的距离，更能让大家感觉到就像坐在一起聊天。网络聊天室系统有很丰富的功能，包括有和聊友共享好的图片、站点，查看聊天记录，根据等级不同有不同的权限实现踢人、发布聊天主题等功能。其中有很多人性化的设计，比如通过点击聊天界面上的聊友ID 直接与其私聊。很多聊天室是通过下拉列表选择聊天对象的界面，这样的设计更方便、快捷。同时在查询出排行榜后可以通过点击某个聊友查看他的详细信息。许多功能的实现都是为了实用、为了更方便大家聊天而设计的。
这次设计旨在巩固我们在学校学习到的基本知识，同时也让我们锻炼一下。通过自学语言，编写程序巩固自己所学。这次设计是我们走向社会的一次热身，我们会珍惜这次好机会的。

**图 3—105　正确插入分栏符后的两栏**

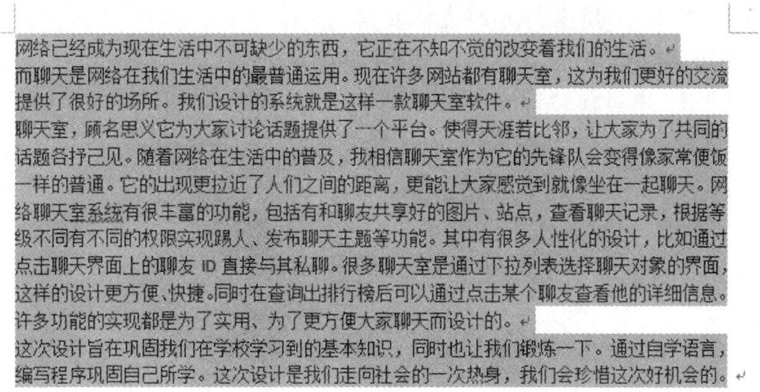

网络已经成为现在生活中不可缺少的东西，它正在不知不觉的改变着我们的生活。

而聊天是网络在我们生活中的最普通运用。现在许多网站都有聊天室，这为我们更好的交流提供了很好的场所。我们设计的系统就是这样一款聊天室软件。

聊天室，顾名思义它为大家讨论话题提供了一个平台。使得天涯若比邻，让大家为了共同的话题各抒己见。随着网络在生活中的普及，我相信聊天室作为它的先锋队会变得像家常便饭一样的普通。它的出现更拉近了人们之间的距离，更能让大家感觉到就像坐在一起聊天。网络聊天室系统有很丰富的功能，包括有和聊友共享好的图片、站点，查看聊天记录，根据等级不同有不同的权限实现踢人、发布聊天主题等功能。其中有很多人性化的设计，比如通过点击聊天界面上的聊友 ID 直接与其私聊。很多聊天室是通过下拉列表选择聊天对象的界面，这样的设计更方便、快捷。同时在查询出排行榜后可以通过点击某个聊友查看他的详细信息。许多功能的实现都是为了实用、为了更方便大家聊天而设计的。

这次设计旨在巩固我们在学校学习到的基本知识，同时也让我们锻炼一下。通过自学语言，编写程序巩固自己所学。这次设计是我们走向社会的一次热身，我们会珍惜这次好机会的。

**图 3—106　未选定最后一个回车键**

## 本章小结

通过本章三个案例，介绍了 Word 2010 的基本操作。案例 1 介绍了利用文本框和艺术字、图片等进行图文混排，设计复杂、漂亮美观的版面。案例 2 介绍了对复杂的表格的制作方法，如何对表格中的数据进行排序和计算。案例 3 介绍了使用邮件合并功能处理信息相同的文档，为提高工作效率，减轻工作压力提供了帮助。

## 习　题　3

1. 思考题

(1) 启动 Word 2010 的一般方法是什么?

(2) Word 2010 的窗口界面由哪几部分组成?

(3) Word 2010 可以保存为几种格式?

(4) 如何查看文档的字数统计信息?

(5) 如何查看文本框的属性?

(6) 如何设置页面的默认值?

(7) 在文档的末尾如何插入日期和时间?

(8) 如何使查找的文本全部显示?

(9) 常用的图片环绕方式有哪些?

(10) 哪些表可以作为邮件合并的数据源?

2. 选择题

(1) 在 Word 2010 下列视图中，显示效果与实际打印效果最接近的视图方式是（　　）。

A. 普通视图　　B. 页面视图　　C. 联机版视图　　D. 主控文档视图

(2) 窗口被最大化后如果要调整窗口的大小，正确的操作是（　　）。

A. 用鼠标拖动窗口的边框线

B. 单击“还原”按钮，再用鼠标拖动边框线。

C. 单击“最小化”按钮，再用鼠标拖动边框线。

D. 用鼠标拖动窗口的四角

(3) 选择“文件｜关闭”命令，是（　　）。

A. 退出 Word 2010 系统

B. 关闭 Word 2010 下所有打开的文档窗口

C. 将 Word 2010 中当前的活动窗口关闭

D. 将 Word 2010 中当前活动窗口最小化

(4) Word 2010 中保存文档的命令出现在（　　）选项卡里。

A. 插入　　B. 页面布局　　C. 文件　　D. 开始

(5) 在 Word 2010 的"文件"选项卡中，对已经保存过的文件，关于"保存"和"另存为"两个选择，下列说法中正确的是（　　）。

A."保存"命令只能用原文件名存盘，"另存为"命令不能用原文件名存盘。

B."保存"命令不能用原文件名存盘，"另存为"命令只能用原文件名存盘。

C."保存"命令只能用原文件名存盘，"另存为"命令也能用原文件名存盘。

D."保存"和"另存为"命令都能用任意文件名存盘。

(6) 在 Word 2010 中，要用模板来生成新的文档，一般应先选择（　　），再选择模板名。

A."文件｜打开"命令　　B."文件｜新建"命令

C."引用｜样式"命令　　D."文件｜选项"命令

(7) Word 2010 启动后，将自动打开一个名为（　　）的文档。

A. BOOK1　　B. NONAME　　C. 文档 1　　D. 文件 1

(8) 在 Word 2010 中，要将图片作为水印，应修改图片的（　　）环绕效果。

A. 四周型　　B. 紧密型　　C. 衬于文字上方　　D. 衬于文字下方

(9) 在 Word 2010 中，实现"复制"功能的组合键是（　　）。

A. Ctrl+Z　　B. Ctrl+U　　C. Ctrl+C　　D. Ctrl+X

(10) 关于"选定 Word 2010 对象操作"的叙述，不正确的是（　　）。

A. 双击文本选定区可以选定一个段落

B. 将鼠标移动到该行的左侧，直到鼠标变成一个指向右边的箭头，双击可以选定一行

C. 按 Alt 键的同时拖动鼠标左键可以选定一个矩形区域

D. 选择"编辑"菜单中的"全选"命令可以选定整个文档

(11) 在 Word 2010 中，单击"项目符号"按钮后，（　　）。

A. 可在现有的所有段落前自动添加项目符号

B. 仅在插入点所在段落前自动添加项目符号，对之后新增段落不起作用

C. 仅在之后新增段落前自动添加项目符号

D. 可在插入点所在段落和之后新增的段落前自动添加项目符号

(12) 在 Word 2010 中，当单击"查找"命令，并在"查找内容"文本框中输入了"电话"之后，下面（　　）被查找。

A."电 话"　　B."电　　话"　　C."电话"　　D."　电话"

(13) 在 Word 2010 中，剪切操作的组合键是（　　）。

A. Ctrl+A　　B. Ctrl+X　　C. Ctrl+V　　D. Ctrl+C

(14) 在 Word 2010 中，下面有关文本框操作的错误叙述是（　　）。

A. 在文本框中，可以插入文字、表格和图形

B. 在文本框上单击，文本框外围出现斜线框，此时选定的是文本框

C. 文本框的大小可以通过拖动文本框上的控制点来改变

D. 文本框的位置和大小均可以改变

(15) 在 Word 2010 中，用户可以利用（　　）很方便、直观地改变段落缩进方式，调整左右边界和改变表格的列宽。

A. 标尺　　B. 工具栏　　C. 菜单栏　　D. 格式栏

(16) Word 2010 的段落对齐方式中，能使段落中每一行（包括未输满的行）都保持首尾对齐的是（　　）。

A. 左对齐　　B. 两端对齐　　C. 居中对齐　　D. 分散对齐

(17) 如果两个文本框建立关系，需做链接，链接的按钮在（　　）选项卡下。

A. 开始　　B. 格式　　C. 插入　　D. 绘图工具格式

(18) 在图形编辑状态下，单击“矩形”按钮，按（　　）键的同时拖动鼠标，可以画出正方形。

A. Ctrl　　B. Alt　　C. Shift　　D. Insert

(19) 下列关于对 Word 2010 中插入的图片进行的操作中，描述正确的是（　　）。

A. 图片不能被移动　　B. 图片不能被裁剪

C. 图片不能被放大或缩小　　D. 图片的内容不能进行编辑

(20) 内置的 SmartArt 图形库，其中一共提供了（　　）种不同类型的模板。

A. 90　　B. 85　　C. 80　　D. 70

(21) 在 Word 2010 中，用户若要书写诸如积分、矩阵等复杂的数学公式，应通过（　　)选项卡进行。

A. 文件　　B. 视图　　C. 插入　　D. 引用

(22) 在 Word 2010 中，图形组合功能可以通过（　　）选项卡中的“组合”命令来实现。

A. 插入　　B. 页面布局　　C. 视图式　　D. 引用

(23) 假设文档里有一个 6×5 的表格，当插入点在第 3 行最右边的单元格时按下 Tab 键，插入点将移动到（　　）。

A. 上一行左边第一个单元格　　B. 上一行右边第一个单元格

C. 下一行左边第一个单元格　　D. 下一行右边第一个单元格

(24) 选定整个表格，按 Delete 键，所删除的是（　　）。

A. 表格线　　B. 表格中的文字

C. 表格与表中的数据　　D. 都不能删除

(25) 将表格中数据进行排序时，汉字的默认排序是以（　　）排序。

A. 大小　　B. 字母　　C. 笔画　　D. 不能

(26) 在表格中选定某一个单元格，当用鼠标拖动它的框线时，改变的是（　　）的宽度。

A. 选定列　　B. 整个表格　　C. 选定行　　D. 选定单元格

(27) 创建邮件合并在（　　）选项卡下。

A. 文件　　B. 开始　　C. 邮件　　D. 邮件合并

(28) 邮件合并的数据源，（　　）不是正确的。

A. Access　　B. Excel　　C. Word 表格　　D. E-mail

(29) 以下正确的说法是（　　）。

A. 移动文本的方法是：选择文本、粘贴文本、在目标位置移动文本

B. 移动文本的方法是：选择文本、复制文本、在目标位置粘贴文本

C. 复制文本的方法是：选择文本、剪切文本、在目标位置复制文本

D. 复制文本的方法是：选择文本、复制文本、在目标位置粘贴文本

(30) 要打印第3～8页以及第10页的Word 2010文档的内容，在“打印预览”的“设置页数”中输入（　　）。

A. 3，8，10　　B. 3-8，10　　C. 3，8-10　　D. 3-8-10

3. 填空题

(1) Word 2010是一个__________软件。

(2) Word 2010文档的扩展名为__________。

(3) Word 2010窗口中对编辑区的文本进行定位的尺子称为__________。

(4) Word 2010窗口中的标尺上有4个符号，分别是__________、__________、__________和__________。

(5) 当Word 2010启动后，新建的文档区是空的，区中有一个闪烁的垂直条称为__________。

(6) 录入文本到一个自然段结束时，应按__________键，结束本段的录入。

(7) 当光标在一个自然段某处时，按一下__________键，可以分成两个自然段。

(8) 要恢复误删除的一段文字，可以单击快捷菜单中的__________按钮。

(9) 要实现文字的移动操作，可以单击__________选项卡，在__________组中，单击__________和__________按钮。

(10) 进行段落排版时，常用的对齐方式为__________、__________、__________和__________。

(11) Word 2010将页面正文的顶部空白称为__________，页面底部空白称为__________。

(12) 要设定打印纸的大小，应在__________选项卡中进行。

# 第 4 章　中文 Excel 2010 操作与应用

## 本章重点

- 启动 Excel 2010
- Excel 2010 的界面
- 数据输入
- 公式和函数
- 格式化工作表
- 数据处理
- 图表操作
- 数据透视表

## 教学目标

中文 Microsoft Excel 2010 是微软公司推出的优秀电子表格处理软件。通过本章实际案例的学习，能够使学生掌握工作簿的使用、工作表的使用、表格编辑、数据分析与处理、制作各种统计图表等技能。

## 教学案例

**案例**："期中考试成绩统计表"的制作，如图 4—1 所示。

| 期中考试成绩统计表 | | | | | | | | | | |
|---|---|---|---|---|---|---|---|---|---|---|
| 日期： | 2010/6/8 | | | | | | | 时间： | 19 时 07 分 | |
| 学号 | 姓名 | 系别 | 语文 | 数学 | 英语 | 物理 | 化学 | 总分 | 平均分 | 名次 |
| 001 | 钱梅宝 | 土木 | 88 | 98 | 82 | 85 | 89 | 442 | 88.4 | 21 |
| 002 | 张平光 | 土木 | 100 | 98 | 100 | 97 | 100 | 495 | 99.0 | 1 |
| 003 | 袁大江 | 土木 | 76 | 85 | 87 | 90 | 62 | 400 | 80.0 | 26 |
| 004 | 张宇 | 土木 | 86 | 76 | 98 | 96 | 80 | 436 | 87.2 | 23 |

**图 4—1　样表**

| 学号 | 姓名 | 系别 | 语文 | 数学 | 英语 | 物理 | 化学 | 总分 | 平均分 | 名次 |
|---|---|---|---|---|---|---|---|---|---|---|
| 005 | 徐飞 | 土木 | 86 | 68 | 79 | 50 | 81 | 364 | 72.8 | 29 |
| 006 | 王伟 | 土木 | 95 | 89 | 93 | 87 | 86 | 450 | 90.0 | 14 |
| 007 | 沈迪 | 土木 | 87 | 75 | 78 | 96 | 55 | 391 | 78.2 | 27 |
| 008 | 曾国芸 | 土木 | 94 | 84 | 98 | 89 | 94 | 459 | 91.8 | 8 |
| 009 | 罗劲松 | 土木 | 78 | 77 | 69 | 80 | 78 | 382 | 76.4 | 28 |
| 010 | 赵国辉 | 土木 | 80 | 60 | 53 | 79 | 80 | 352 | 70.4 | 30 |
| 011 | 周琦 | 电力 | 92 | 97 | 95 | 96 | 83 | 463 | 92.6 | 5 |
| 012 | 刘明 | 电力 | 84 | 96 | 98 | 86 | 85 | 449 | 89.8 | 15 |
| 013 | 庞瑜 | 电力 | 94 | 96 | 96 | 86 | 91 | 463 | 92.6 | 5 |
| 014 | 范成 | 电力 | 95 | 81 | 90 | 97 | 92 | 455 | 91.0 | 10 |
| 015 | 张盛世 | 电力 | 97 | 96 | 85 | 96 | 80 | 454 | 90.8 | 12 |
| 016 | 张忠良 | 电力 | 92 | 89 | 92 | 89 | 93 | 455 | 91.0 | 10 |
| 017 | 李豫 | 电力 | 97 | 91 | 97 | 100 | 89 | 474 | 94.8 | 2 |
| 018 | 乔峰 | 电力 | 94 | 89 | 95 | 84 | 89 | 451 | 90.2 | 13 |
| 019 | 曾国熙 | 电力 | 94 | 95 | 52 | 81 | 84 | 406 | 81.2 | 25 |
| 020 | 薛恒实 | 电力 | 99 | 92 | 91 | 90 | 86 | 458 | 91.6 | 9 |
| 021 | 陈川 | 动力 | 80 | 88 | 91 | 90 | 87 | 436 | 87.2 | 23 |
| 022 | 马骏 | 动力 | 91 | 77 | 94 | 92 | 89 | 443 | 88.6 | 19 |
| 023 | 杨文 | 动力 | 99 | 90 | 86 | 98 | 99 | 472 | 94.4 | 3 |
| 024 | 王科学 | 动力 | 92 | 93 | 87 | 78 | 96 | 446 | 89.2 | 17 |
| 025 | 童雅新 | 动力 | 88 | 81 | 94 | 90 | 89 | 442 | 88.4 | 21 |
| 026 | 崔河永 | 动力 | 91 | 97 | 96 | 92 | 93 | 469 | 93.8 | 4 |
| 027 | 王健兵 | 动力 | 90 | 89 | 96 | 91 | 96 | 462 | 92.4 | 7 |
| 028 | 康新 | 动力 | 96 | 85 | 96 | 80 | 86 | 443 | 88.6 | 19 |
| 029 | 陈海洋 | 动力 | 95 | 83 | 88 | 94 | 87 | 447 | 89.4 | 16 |
| 030 | 郭岩瑾 | 动力 | 84 | 82 | 91 | 100 | 88 | 445 | 89.00 | 18 |
| 统计项目 | | | 语文 | 数学 | 英语 | 物理 | 化学 | 总分 | 平均分 | 名次 |
| 平均分 | | | 90 | 87 | 88 | 89 | 86 | 440 | 88.0 | |
| 最高分 | | | 100 | 98 | 100 | 100 | 100 | 495 | 99.0 | |
| 最低分 | | | 76 | 60 | 52 | 50 | 55 | 352 | 70.4 | |
| 优秀率 | | | 63.3% | 40.0% | 63.3% | 56.7% | 30.0% | | 46.7% | |
| 及格率 | | | 100.0% | 100.0% | 93.3% | 96.7% | 96.7% | | 100.0% | |
| 频率分布 | 分数段 | | 语文 | 数学 | 英语 | 物理 | 化学 | 总分 | 平均分 | 名次 |
| 100 | 100 | | 1 | 0 | 1 | 2 | 1 | | 0 | |
| 99.9 | 90—99 | | 18 | 12 | 18 | 15 | 8 | | 14 | |
| 89.9 | 80—89 | | 9 | 12 | 6 | 10 | 18 | | 12 | |
| 79.9 | 70—79 | | 2 | 4 | 2 | 2 | 1 | | 4 | |
| 69.9 | 60—69 | | 0 | 2 | 1 | 0 | 1 | | 0 | |
| 59.9 | 50—59 | | 0 | 0 | 2 | 1 | 1 | | 0 | |
| 49.9 | 50 以下 | | 0 | 0 | 0 | 0 | 0 | | 0 | |

**图 4—1　样表（续）**

# 4.1 基本知识

## 4.1.1 Excel 2010 启动

启动 Excel 的方法如下：

(1) 单击“开始｜所有程序｜Microsoft Office｜Microsoft Excel 2010”命令。

(2) 如果在桌面上创建了快捷方式，直接双击 Microsoft Excel 图标。

(3) 打开“我的电脑”窗口，双击 Excel 类型的文件。

## 4.1.2 Excel 2010 窗口组成

第一次启动 Excel 2010 后，系统自动建立一个名为 Book1 的空工作簿，供用户添加内容，如图 4—2 所示。主要包括快速访问工具栏、功能标签、功能区、标题栏、帮助按钮、名称栏、编辑栏、工作表标签、缩放控件、视图按钮等几部分。

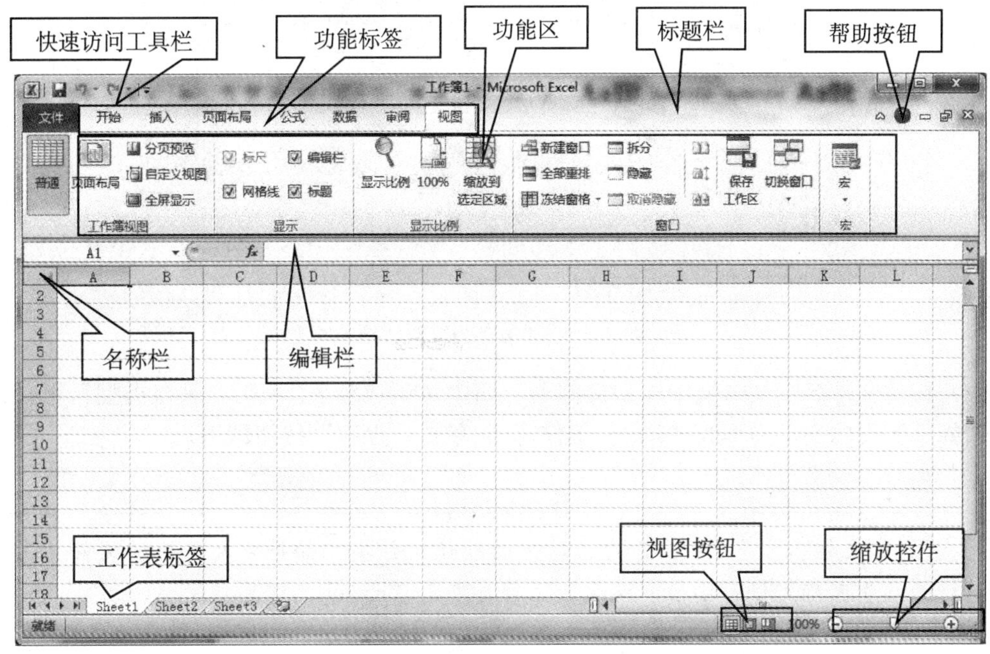


**图 4—2 Excel 2010 界面组成**

Excel 2010 界面中各主要元素的说明如表 4—1 所示。

**表 4—1　Excel 2010 界面中各主要元素**

| 名称 | 描述 |
|---|---|
| 快速访问工具栏 | 通过自定义来显示常用命令的工具栏 |
| 功能标签 | 通过单击不同的功能标签，可改变功能区的显示 |
| 功能区 | 用来对工作表或选中的区域进行操作或设置 |
| 标题栏 | 显示当前操作的工作簿的名称 |
| 帮助按钮 | 打开 Excel 帮助 |
| 名称栏 | 显示选中的单元格名称 |
| 编辑栏 | 显示所选单元格中的内容，也可在编辑栏中对所选单元格的内容进行修改 |
| 工作表标签 | 单击不同的标签，可选择对应的工作表进行操作 |
| 缩放控件 | 拖动滑块可改变显示比例 |
| 视图按钮 | 用于切换视图 |

### 4.1.3 工作簿的保存、关闭和打开

Excel 2010 为用户提供了多种保存工作簿的方式，并且还具有自动保存功能，可以最大限度地保护因意外而引起的数据丢失。

1. 工作簿的保存

(1) 选择“文件 | 保存”命令，或按 Ctrl+S 组合键，或单击快速访问工具栏上的“保存”按钮，即可打开“另存为”对话框，如图 4—3 所示。

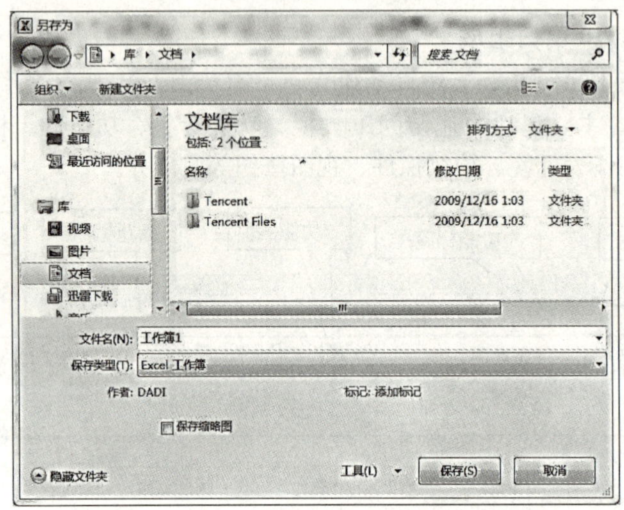


图 4—3 “另存为”对话框

(2) 在“文件名”文本框中输入文件名“期中考试成绩表”，在“保存类型”下拉列表框中选择所需要的文件类型为“Excel 工作簿”，单击“保存”按钮即可。

**提示：**“文档库”是 Excel 保存工作簿的默认文件夹。如果要在其他的文件夹中保存，就必须重新确定保存路径。默认的保存类型是“Excel 工作簿（*.xlsx)”。

2. 工作簿的关闭

(1) 单击 Excel 工作簿窗口右上角的关闭窗口按钮，或选择“文件 | 关闭”命令，即可关闭打开的 Excel 工作簿。

(2) 单击 Excel 窗口右上角的关闭按钮，或选择“控制 | 关闭”命令，即可退出 Excel 程序。

**提示：**工作簿窗口的关闭按钮与帮助按钮 在同一行上，单击工作簿窗口的关闭按钮，只是关闭掉工作簿，并未关闭 Excel。而选择“文件 | 退出”命令，则真正将 Excel 关闭。在关闭工作簿时，会出现保存提示信息。

3. 工作簿的打开

打开工作簿的常用操作方法如下：

启动 Excel 2010，选择“文件 | 打开”命令，或按 Ctrl+O 组合键，出现“打开”对话框，

如图 4—4 所示。在“打开”对话框中选择“期中考试成绩统计表”工作簿，单击“打开”按钮。

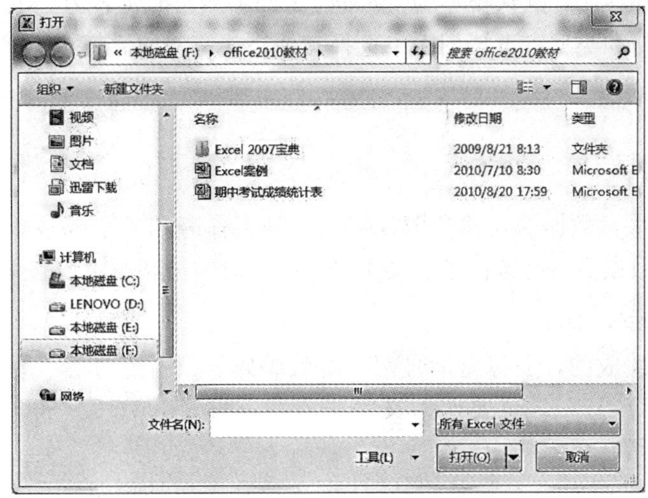


图 4—4 “打开”对话框

### 4.1.4 知识拓展

1. 基本概念

(1) 工作簿。Excel 2010 所创建的文件称为工作簿，其扩展名为 . xlsx。工作簿是包含一个或多个工作表的文件。在一个新工作簿中，系统默认有 3 个工作表，分别为 Sheet1、Sheet2 和 Sheet3。

(2) 工作表。工作簿中的工作表用来组织各种相关信息，也称为电子表格。工作表是由行和列组成的二维表。行用数字来表示，共有 65 536 行。列用字母来表示，共有 256 列。

工作表最多有 255 个，最少有 1 个，默认的工作表有 3 个，即 Sheet1、Sheet2、Sheet3。

(3) 单元格。工作表的行、列交叉位置称为单元格，在单元格中可输入多种数据。

2. 使用模板

Excel 2010 启动后，选择“文件 | 新建”命令，打开如图 4—5 所示的对话框，可选择所需要的模板创建工作簿。

图 4—5 “可用模板”对话框

3. 保存类型

在进行工作簿保存时，默认类型为“Excel 工作簿”（扩展名为 .xlsx），也可在“另存为”对话框中的“保存类型”下拉列表中选择其他格式，例如低版本的 Excel 格式、PDF 格式、网页格式等。

## 4.2 数据输入

在 Excel 2010 中，数据输入就是把数据输入到工作表的一个或多个单元格中。一个单元格中可以保存的数据类型有数值型、文本型、日期时间型和逻辑型。

### 4.2.1 文本输入

文字是由字符组成的，但像电话号码、邮政编码、银行账号等虽然是由数字组成（例如 030021、03517777777），也要作为文字来看待，称之为数字字符。若按数值来输入，第一位的 0 不能保留在单元格中。数字字符的输入方法为：先输入英文的单引号“'”，再依次输入各字符，也可先输入等号“=”，再在数字前后加上英文的双引号。例如，="01088888888"。

1. 输入标题

(1) 打开“期中考试成绩统计表”工作簿，单击“Sheet1”工作表。

(2) 选定 A1 单元格，输入“期中考试成绩统计表”。

(3) 选定 A2 单元格，输入“日期:”。

(4) 选定 I2 单元格，输入“时间:”。

**提示：**A 为列，1 为行。A 列和 1 行交叉位置称为“A1 单元格”，不能写为“1A”。

2. 输入表头

(1) 选定 A3 单元格，输入“学号”。

(2) 选定 B3 单元格，输入“姓名”。

(3) 选定 C3 单元格，输入“系别”。

(4) 选定 D3 单元格，输入“语文”。

(5) 选定 E3 单元格，输入“数学”。

(6) 选定 F3 单元格，输入“英语”。

(7) 选定 G3 单元格，输入“物理”。

(8) 选定 H3 单元格，输入“化学”。

(9) 选定 I3 单元格，输入“总分”。

(10) 选定 J3 单元格，输入“平均分”。

(11) 选定 K3 单元格，输入“名次”。

3. 输入学号

(1) 选定 A4 单元格，输入“'001”。

(2) 选定 A5 单元格，输入“'002”。

(3) 分别选定 A6～A33 单元格，分别输入“'003～'030”。

**提示：**输入“001”时，“00”会自动消失掉，只保留整数“1”。在 Excel 表中，为了保存如“001”学号，所以在 1 的前面加英文单引号，然后再输入 001，表示将数值转变为字符。

4. 输入姓名

分别选定 B4～B33 单元格，在单元格中依次输入如下姓名：

钱梅宝、张平光、袁大江、张宇、徐飞、王伟、沈迪、曾国芸、罗劲松、赵国辉、周琦、刘明、庞瑜、范成、张盛世、张忠良、李豫、乔峰、曾国熙、薛恒实、陈川、马骏、杨文、王科学、童雅新、崔河永、王健兵、康新、陈海洋、郭岩瑾。

5. 输入系别

分别选定 C4～C33 单元格，在单元格中依次输入学生的系名，结果如图 4—6 所示。

土木、土木、土木、土木、土木、土木、土木、土木、土木、土木、电力、电力、电力、电力、电力、电力、电力、电力、电力、电力、动力、动力、动力、动力、动力、动力、动力、动力、动力、动力。

| | A | B | C | D | E | F | G | H | I | J | K |
|---|---|---|---|---|---|---|---|---|---|---|---|
| 1 | 期中考试成绩统计表 | | | | | | | | | | |
| 2 | 日期: | | | | | | | | 时间: | | |
| 3 | 学号 | 姓名 | 系别 | 语文 | 数学 | 英语 | 物理 | 化学 | 总分 | 平均分 | 名次 |
| 4 | 001 | 钱梅宝 | 土木 | | | | | | | | |
| 5 | 002 | 张平光 | 土木 | | | | | | | | |
| 6 | 003 | 袁大江 | 土木 | | | | | | | | |
| 7 | 004 | 张宇 | 土木 | | | | | | | | |
| 8 | 005 | 徐飞 | 土木 | | | | | | | | |
| 9 | 006 | 王伟 | 土木 | | | | | | | | |
| 10 | 007 | 沈迪 | 土木 | | | | | | | | |
| 11 | 008 | 曾国芸 | 土木 | | | | | | | | |
| 12 | 009 | 罗劲松 | 土木 | | | | | | | | |
| 13 | 010 | 赵国辉 | 土木 | | | | | | | | |
| 14 | 011 | 周琦 | 电力 | | | | | | | | |
| 15 | 012 | 刘明 | 电力 | | | | | | | | |
| 16 | 013 | 庞瑜 | 电力 | | | | | | | | |
| 17 | 014 | 范成 | 电力 | | | | | | | | |
| 18 | 015 | 张盛世 | 电力 | | | | | | | | |
| 19 | 016 | 张忠良 | 电力 | | | | | | | | |
| 20 | 017 | 李豫 | 电力 | | | | | | | | |
| 21 | 018 | 乔峰 | 电力 | | | | | | | | |
| 22 | 019 | 曾国熙 | 电力 | | | | | | | | |
| 23 | 020 | 薛恒实 | 电力 | | | | | | | | |
| 24 | 021 | 陈川 | 动力 | | | | | | | | |
| 25 | 022 | 马骏 | 动力 | | | | | | | | |
| 26 | 023 | 杨文 | 动力 | | | | | | | | |
| 27 | 024 | 王科学 | 动力 | | | | | | | | |
| 28 | 025 | 童雅新 | 动力 | | | | | | | | |
| 29 | 026 | 崔河永 | 动力 | | | | | | | | |
| 30 | 027 | 王健兵 | 动力 | | | | | | | | |
| 31 | 028 | 康新 | 动力 | | | | | | | | |
| 32 | 029 | 陈海洋 | 动力 | | | | | | | | |
| 33 | 030 | 郭岩瑾 | 动力 | | | | | | | | |

**图 4—6　文本录入结果**

6. 输入统计项目名称标题

分别选定 A34、D34、E34、F34、G34、H34、I34、J34、K34 单元格，依次输入如下数据：

统计项目、语文、数学、英语、物理、化学、总分、平均分、名次。

7. 输入统计项目

分别选定 A35～A39 单元格，依次输入如下数据：

平均分、最高分、最低分、优秀率、及格率。

8. 输入频率分布项目标题

分别选定 A40、B40、D40～K40，依次输入如下数据：

频率分布、分数段、语文、数学、英语、物理、化学、总分、平均分、名次。

9. 输入频率分布值

分别选定 A41～A47 单元格，依次输入如下数据：

100、99.9、89.9、79.9、69.9、59.9、49.9。

10. 输入分数段的值

分别选定 B41～B47 单元格，依次输入如下数据：

100、90-99、80-89、70-79、60-69、50-59、50 以下。

以上输入完成后的结果如图 4—7 所示。

|  | A | B | C | D | E | F | G | H | I | J | K |
|---|---|---|---|---|---|---|---|---|---|---|---|
| 34 | 统计项目 |  |  | 语文 | 数学 | 英语 | 物理 | 化学 | 总分 | 平均分 | 名次 |
| 35 | 平均分 |  |  |  |  |  |  |  |  |  |  |
| 36 | 最高分 |  |  |  |  |  |  |  |  |  |  |
| 37 | 最低分 |  |  |  |  |  |  |  |  |  |  |
| 38 | 优秀率 |  |  |  |  |  |  |  |  |  |  |
| 39 | 及格率 |  |  |  |  |  |  |  |  |  |  |
| 40 | 频率分布 | 分数段 |  | 语文 | 数学 | 英语 | 物理 | 化学 | 总分 | 平均分 | 名次 |
| 41 | 100 | 100 |  |  |  |  |  |  |  |  |  |
| 42 | 99.9 | 90-99 |  |  |  |  |  |  |  |  |  |
| 43 | 89.9 | 80-89 |  |  |  |  |  |  |  |  |  |
| 44 | 79.9 | 70-79 |  |  |  |  |  |  |  |  |  |
| 45 | 69.9 | 60-69 |  |  |  |  |  |  |  |  |  |
| 46 | 59.9 | 50-59 |  |  |  |  |  |  |  |  |  |
| 47 | 49.9 | 50以下 |  |  |  |  |  |  |  |  |  |

**图 4—7 输入统计项目、标题、分数段和频率分布**

### 4.2.2 数值输入

数值包括整数、小数、分数、科学计数法的数值等。在“期中考试成绩统计表”中，录入的各科成绩就是数值。

（1）输入语文成绩。分别选定 D4～D33 单元格，依次输入学生的“语文”成绩：

88、100、76、86、86、95、87、94、78、80、92、84、94、95、97、92、97、94、94、99、80、91、99、92、88、91、90、96、95、84。

（2）分别选定 E4～E33 单元格，依次输入学生的“数学”成绩：

98、98、85、76、68、89、75、84、77、60、97、96、96、81、96、89、91、89、95、92、88、77、90、93、81、97、89、85、83、82。

（3）分别选定 F4～F33 单元格，依次输入学生的“英语”成绩：

82、100、87、98、79、93、78、98、69、53、95、98、96、90、85、92、97、95、52、

91、91、94、86、87、94、96、96、96、88、91。

(4) 分别选定 G4～G33 单元格，依次输入学生的“物理”成绩：

85、97、90、96、50、87、96、89、80、79、96、86、86、97、96、89、100、84、81、90、90、92、98、78、90、92、91、80、94、100。

(5) 分别选定 H4～H33 单元格，依次输入“化学”成绩：

89、100、62、80、81、86、55、94、78、80、83、85、91、92、80、93、89、89、84、86、87、89、99、96、89、93、96、86、87、88。

数据录入完后的结果，如图 4—8 所示。

| | A | B | C | D | E | F | G | H | I | J | K |
|---|---|---|---|---|---|---|---|---|---|---|---|
| 1 | 期中考试成绩统计表 | | | | | | | | | | |
| 2 | 日期: | | | | | | | | 时间: | | |
| 3 | 学号 | 姓名 | 系别 | 语文 | 数学 | 英语 | 物理 | 化学 | 总分 | 平均分 | 名次 |
| 4 | 001 | 钱梅宝 | 土木 | 88 | 98 | 82 | 85 | 89 | | | |
| 5 | 002 | 张平光 | 土木 | 100 | 98 | 100 | 97 | 100 | | | |
| 6 | 003 | 袁大江 | 土木 | 76 | 85 | 87 | 90 | 62 | | | |
| 7 | 004 | 张宇 | 土木 | 86 | 76 | 98 | 96 | 80 | | | |
| 8 | 005 | 徐飞 | 土木 | 86 | 68 | 79 | 50 | 81 | | | |
| 9 | 006 | 王伟 | 土木 | 95 | 89 | 93 | 87 | 86 | | | |
| 10 | 007 | 沈迪 | 土木 | 87 | 75 | 78 | 96 | 55 | | | |
| 11 | 008 | 曾国芸 | 土木 | 94 | 84 | 98 | 89 | 94 | | | |
| 12 | 009 | 罗劲松 | 土木 | 78 | 77 | 69 | 80 | 78 | | | |
| 13 | 010 | 赵国辉 | 土木 | 80 | 60 | 53 | 79 | 80 | | | |
| 14 | 011 | 周琦 | 电力 | 92 | 97 | 95 | 96 | 83 | | | |
| 15 | 012 | 刘明 | 电力 | 84 | 96 | 98 | 86 | 85 | | | |
| 16 | 013 | 庞瑜 | 电力 | 94 | 96 | 96 | 86 | 91 | | | |
| 17 | 014 | 范成 | 电力 | 95 | 81 | 90 | 97 | 92 | | | |
| 18 | 015 | 张盛世 | 电力 | 97 | 96 | 85 | 96 | 80 | | | |
| 19 | 016 | 张忠良 | 电力 | 92 | 89 | 92 | 89 | 93 | | | |
| 20 | 017 | 李豫 | 电力 | 97 | 91 | 97 | 100 | 89 | | | |
| 21 | 018 | 乔峰 | 电力 | 94 | 89 | 95 | 84 | 89 | | | |
| 22 | 019 | 曾国熙 | 电力 | 94 | 95 | 52 | 81 | 84 | | | |
| 23 | 020 | 薛恒实 | 电力 | 99 | 92 | 91 | 90 | 86 | | | |
| 24 | 021 | 陈川 | 动力 | 80 | 88 | 91 | 90 | 87 | | | |
| 25 | 022 | 马骏 | 动力 | 91 | 77 | 94 | 92 | 89 | | | |
| 26 | 023 | 杨文 | 动力 | 99 | 90 | 86 | 98 | 99 | | | |
| 27 | 024 | 王科学 | 动力 | 92 | 93 | 87 | 78 | 96 | | | |
| 28 | 025 | 童雅新 | 动力 | 88 | 81 | 94 | 90 | 89 | | | |
| 29 | 026 | 崔河永 | 动力 | 91 | 97 | 96 | 92 | 93 | | | |
| 30 | 027 | 王健兵 | 动力 | 90 | 89 | 96 | 91 | 96 | | | |
| 31 | 028 | 康新 | 动力 | 96 | 85 | 96 | 80 | 86 | | | |
| 32 | 029 | 陈海洋 | 动力 | 95 | 83 | 88 | 94 | 87 | | | |
| 33 | 030 | 郭岩瑾 | 动力 | 84 | 82 | 91 | 100 | 88 | | | |

**图 4—8 数值录入结果**

**说明：**①输入整数。当建立新的工作表时，所有单元格都采用默认的通用数字格式。在输入整数时，可参照下面的规则：

- 可以在数字中包括一个逗号，例如 1，450，500。
- 在数字前输入的正号被忽略。
- 负数输入时要在前面加上一个减号或者用圆括号括起来，例如 (2)。

②输入小数。依次输入正负号、整数部分、小数点和小数部分即可。

③输入分数。输入分数时，先输入正负号（正号可省略），再依次输入 0、空格、分子、分数线“/”及分母。

④科学记数法的输入。科学记数法由尾数部分、字母 e（或 E）及指数部分组成。例如 5.87e—5、6.4e9。

### 4.2.3 合并单元格

合并单元格时，其实就是将多个相邻的单元格合并到一个大的单元格。当合并两个或多个相邻的水平或垂直单元格时，这些单元格就成为一个跨多列或多行显示的大单元格。

1. 合并“期中考试成绩统计表”标题单元格

选定单元格区域 A1：K1，单击“开始”选项卡，在“对齐方式”组中，单击“合并后居中”按钮右侧的向下箭头，在出现的菜单中，选择“合并后居中”命令。

2. 合并“统计项目”单元格

选定单元格区域 A34：C34，在“对齐方式”组中，单击“合并后居中”按钮右侧的向下箭头，在出现的菜单中，选择“合并后居中”命令。

3. 合并其他单元格

(1) 选定单元格区域 A35：C35，完成在“平均分”单元格合并。

(2) 选定单元格区域 A36：C36，完成在“最高分”单元格合并。

(3) 选定单元格区域 A37：C37，完成在“最低分”单元格合并。

(4) 选定单元格区域 A38：C38，完成在“优秀率”单元格合并。

(5) 选定单元格区域 A39：C39，完成在“及格率”单元格合并。

(6) 选定单元格区域 B40：C40，完成在“分数段”单元格合并。

### 4.2.4 数据有效性

使用数据有效性可以控制用户输入到单元格的数据或值的类型。例如，使用列表限制选择限制数据输入范围等。

1. 使用列表限制选择

在某些单元格中需要输入固定格式的数据，如“系别”、“职称”等字段有几个固定的可选值，可以利用“数据有效性”做成一个下拉列表，进行选择性输入。使用下拉列表操作步骤如下：

(1) 选定单元格区域 C4：C33，单击“数据”选项卡，在“数据工具”组中，单击“数据有效性”按钮下方的向下箭头，在出现的菜单中，选择“数据有效性”命令，如图 4—9 所示，出现“数据有效性”对话框，如图 4—10 所示。

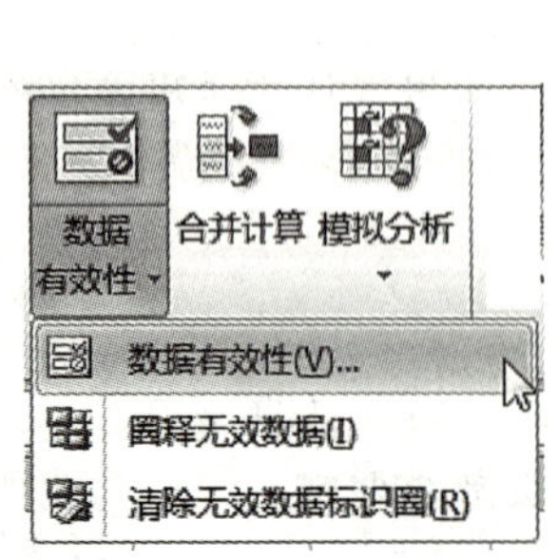


图 4—9 “数据有效性”按钮

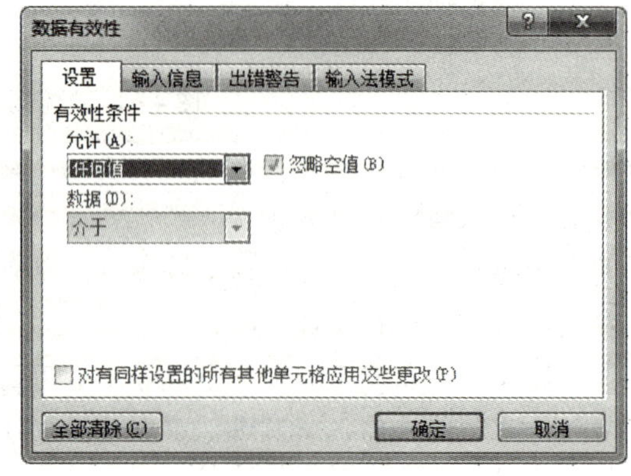


图 4—10 “数据有效性”对话框

**说明**：C4：C33 表示 C4 单元格到 C33 单元格的范围。

(2) 在对话框中，单击“设置”选项卡，单击“允许”右侧的下拉按钮，从中选择“序列”选项。

(3) 在下面“来源”方框中输入序列的各元素：“土木”，“电力”，“动力”(不要输入双引号)，如图 4—11 所示，单击“确定”按钮返回。

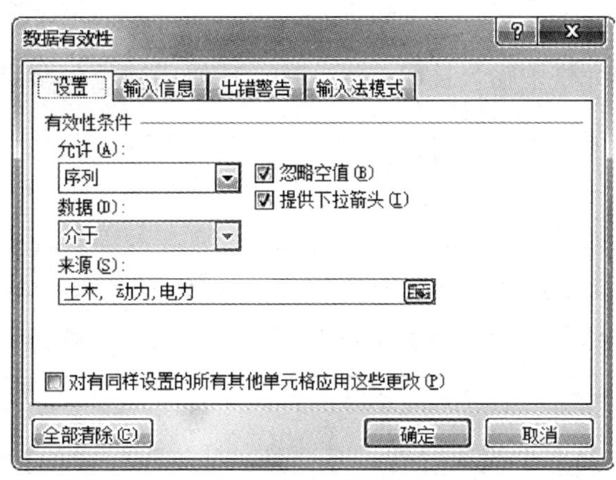


**图 4—11 “来源”的输入结果图**

(4) 选中上述区域中某个单元格，在其右侧出现一个下拉按钮，单击此按钮，在随后出现的下拉列表中，选择相应的元素，即可将该元素输入到相应的单元格中。

**注意：**在“来源”方框中输入的逗号都是西文的逗号。

2. 限制数据的输入范围

在“期中考试成绩统计表”中，每位同学的每门课程成绩都在 0～100 之间，下面通过数据有效性的设置进行限定。

(1) 选择单科成绩区域 D4：H33。

(2) 在“数据工具”组中，单击“数据有效性”按钮下方的向下箭头，在出现的菜单中，选择“数据有效性”命令，出现“数据有效性”对话框。

(3) 在对话框中，单击“设置”选项卡，单击“允许”右侧的下拉按钮，从中选择“小数”选项。

(4) 单击“数据”右侧的下拉按钮，从中选择“介于”选项。

(5) 在“最小值”中输入为“0”，在“最大值”中输入为“100”，如图 4—12 所示，单击“确定”按钮。

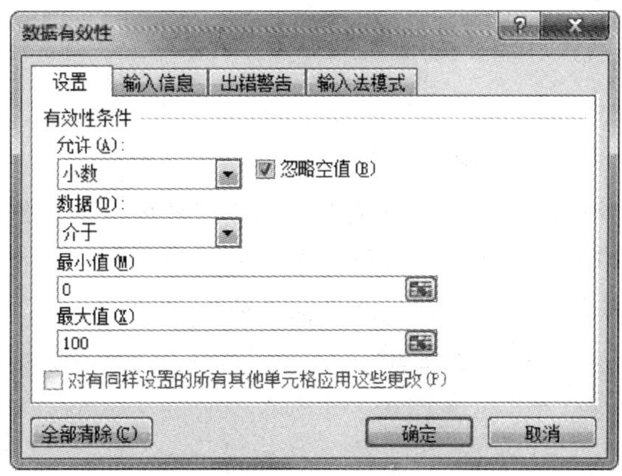


**图 4—12 单科成绩限制在 0～100**

通过这样的设置，如果在单科成绩区域 D4：H33 中，输入的数值小于 0 或大于 100，将会出现输入值非法的提示。

### 4.2.5 日期和时间的输入

1. 输入日期

在 Excel 2010 的单元格中输入日期，年、月、日使用阿拉伯数字，分隔符使用“-”或“/”，输入日期的步骤如下。

选定 B2 单元格，输入“2010-6-8”（或“2010/6/8”）。

**提示**：默认的显示格式是“2010/6/8”。也可以输入“2010 年 6 月 8 日”，但不能输入“2010.6.8”，否则 Excel 就会把“2010.6.8”当成了字符。

2. 输入时间

在 Excel 2010 的单元格中输入时间，时、分、秒使用阿拉伯数字，分隔符使用“:”，输入时间的步骤如下。

选定 J2 单元格，输入“19:07”（或输入“19 时 7 分”）。

**提示**：时期和时间所使用的分隔符“-”、“/”和“:”都是西文符号。

### 4.2.6 知识拓展

1. 选定单元格

选定单元格的目的是要将单元格设置为当前单元格。可以给当前单元格中输入数据，也可对当前单元格进行设置和修改。

（1）单个单元格选定。直接用鼠标单击或在名称框中输入单元格的名称。

（2）一行的选定。用鼠标单击最左侧的行号。

（3）一列的选定。用鼠标单击顶端的列号。

（4）相邻单元格选定。用鼠标从起始单元格对角线拖动到最后一个单元格，或在名称框中输入“起始单元格地址：终止单元格地址”，如，A4：K33。

（5）部分单元格选定。用鼠标单击第一个单元格，按 Ctrl 键不动，依次单击其他要选定的单元格。

2. 修改数据

（1）选定要输入数据的单元格。

（2）采用下列方法之一输入或修改数据：

①单击单元格，直接输入数据，若单元格中原来有数据，则被修改。

②双击单元格，这时鼠标指针变为竖条，输入或修改数据，或直接输入数据。

③单击编辑栏，这时鼠标指针变为竖条，输入或修改数据。

（3）输入数据后，单击编辑栏左边的“√”或按 Enter 键确认，若单击编辑栏左边的“×”，则放弃输入或修改。

3. 使用回车键

在一个单元格中输入数据后，按回车键，单元格指针会移到下一个单元格中。通过设置可以指定下一个单元格是“向上”、“向下”、“向左”或“向右”。设置方法如下：

(1) 选择“文件｜选项”命令，打开如图 4—13 所示的“Excel 选项”对话框。

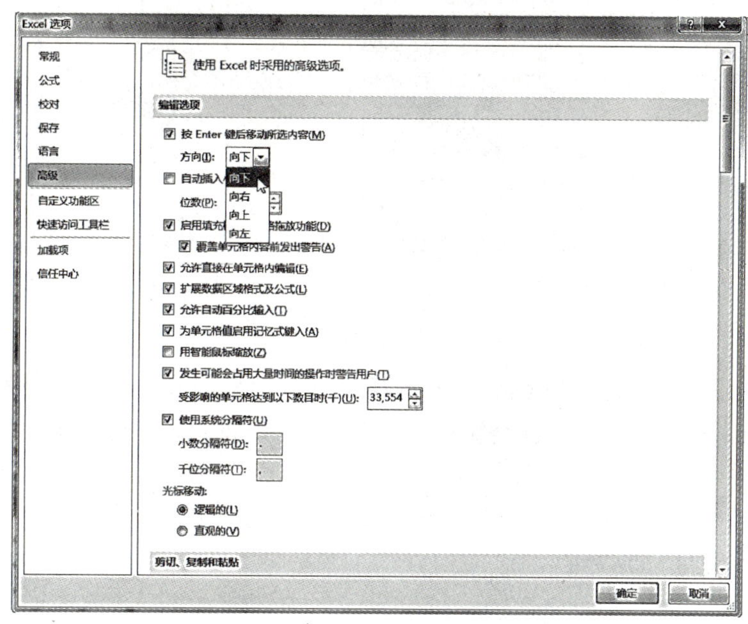


**图 4—13　“Excel 选项”对话框**

(2) 单击“高级”选项卡，选择“按 Enter 键移动所选内容”复选框，在下方的“方向”下拉列表中，有“向下”、“向右”、“向上”或“向左”4 个值，按需求进行选择。一般情况下选择“方向”值为“向下”。

4. 使用方向键代替回车键

在单元格中输入完毕后，可以用方向键结束输入。因此使用方向键可以使下一个单元格是上、下、左或右。

5. 在多个单元格中输入相同数据

(1) 选定要输入相同数据的单元格区域 A1：A10，输入数据“太原电力高等专科学校”。

(2) 按 Ctrl+Enter 组合键，如图 4—14 所示。

6. 输入序列

使用 Excel 的“自动填充”功能，可以在一组单元格中输入数据序列。在“期中考试成绩统计表”中，“学号”就可以使用这样方法快速输入。

(1) 选定 A4 单元格，输入“'001”。

(2) 用鼠标拖动该单元格右下方的填充柄（活动单元格右下方的黑方框）向下拖动，完成“学号”列的输入，如图 4—15 所示。

**提示：** 在多个单元格中输入相同数据也可以采用这种方法。

7. 单元格中文本强制换行

当在单元格中输入一行数据后要换行，按 Alt+Enter 组合键进行强制换行。

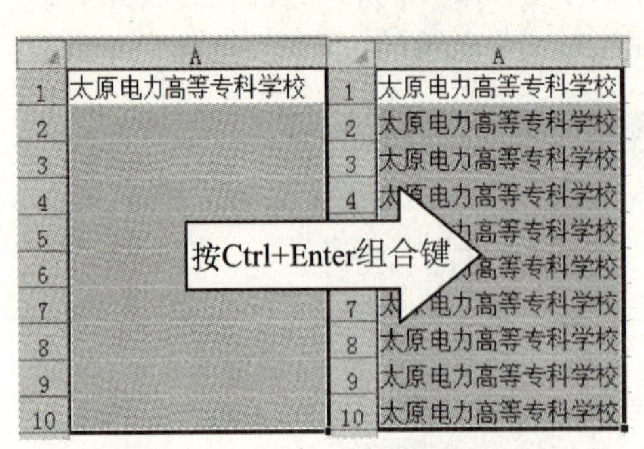


图 4—14　输入相同数据前后

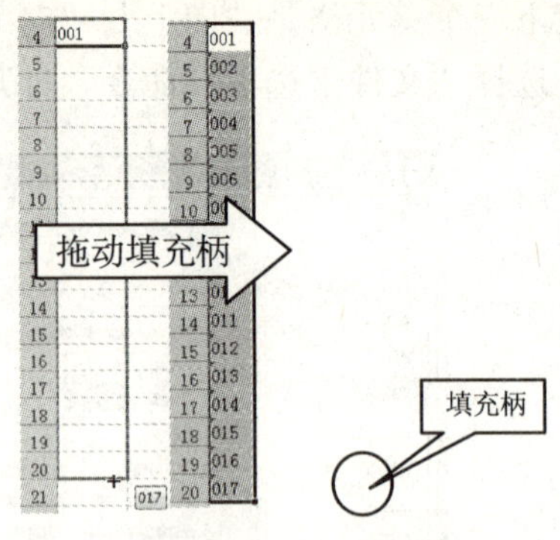


图 4—15　输入序列

8. 输入分数

在单元格中输入分数时，先输入 0，再输入分子、分数线和分母。如输入“0 3/4”，则显示“3/4”。如果输入“3/4”，就会显示 3 月 4 日，系统将它转换为日期。

9. 当前日期和当前时间的输入

要在单元格中输入系统当前日期，按 Ctrl＋;(分号）组合键。要显示当前时间，按 Ctrl＋Shift＋；(分号）组合键。

## 4.3　工作表的操作

新建立的工作簿默认有 3 个工作表，但是要视实际需要对工作表进行增减、重命名、复制、移动、隐藏和窗口分割等操作。

### 4.3.1　复制工作表

为了不使原有的数据受到破坏，要对原始数据使用复制的方法对“Sheet1”工作表进行备份。

(1) 选定 Sheet1 工作表。

(2) 在 Sheet1 工作表标签上右击鼠标，在快捷菜单中，选择“移动或复制”命令，出现“移动或复制工作表”对话框。

(3) 在对话框中，选定“建立副本”复选框，在“下列选定工作表之前”下方的列表框中指定副本位置，如：Sheet1，单击“确定”按钮。这时，在 Sheet1 的前面出现 Sheet1 (2) 工作表。

**提示：**也可以按 Ctrl 键不动，拖动 Sheet1 标签至 Sheet3 标签之后，出现 Sheet1 (2) 标签，则可完成工作表的复制。

### 4.3.2　重命名工作表

系统所默认的工作表名称为 Sheet1、Sheet2、Sheet3 等，工作表名可以反映工作表的内容。如果要对默认工作表名称进行修改，就要进行重命名操作。

1. 重命名 Sheet1 工作表

鼠标右键单击工作表签 Sheet1，打开如图 4—16 所示的快捷菜单，选择“重命名”命令，则工作表标签反相显示，输入新的名字“原始数据”。

2. 重命名 Sheet1 (2) 工作表

鼠标右键单击工作表标签 Sheet1 (2)，在快捷菜单中，选择“重命名”命令，则工作表标签反相显示，输入新的名字“成绩统计”。

**说明：** 也可以双击要重命名的工作表标签，则工作表标签反相显示，输入新的名字。

插入(I)...
删除(D)
重命名(R)
移动或复制(M)...
查看代码(V)
保护工作表(P)...
工作表标签颜色(T)
隐藏(H)
取消隐藏(U)...
选定全部工作表(S)

图 4—16 快捷菜单

### 4.3.3 知识拓展

1. 插入工作表

(1) 要插入新的工作表，步骤如下：

①在某一个工作表的标签右击鼠标，出现如图 4—16 所示的快捷菜单。

②在快捷菜单中，选择“插入”命令，打开“插入”对话框，如图 4—17 所示。

③在对话框中，单击“常用”选项卡，选定“工作表”，单击“确定”按钮，则在当前工作表前插入一个新的工作表。

(2) 插入工作表还有以下操作方法：

①选择工作簿使用 Shift+F11 组合键，在当前工作表插入一个新工作表。

②单击最后一个工作表标签右侧的插入“ ”按钮，在最后增加一个新工作表。

③选择“开始”选项卡，在“单元格”组中，单击“插入”按钮下方的向下箭头，在下拉菜单中，选择“插入工作表”命令，则在当前工作表前插入一个新工作表。

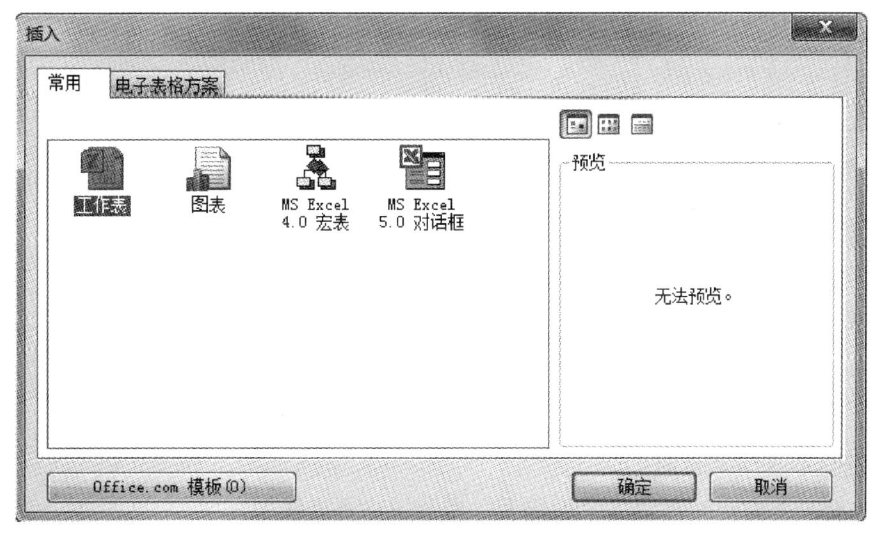


图 4—17 “插入”对话框图

2. 删除工作表

删除工作表的方法有两种：

(1) 用快捷菜单。鼠标右键单击要重命名的工作表标签，打开如图 4—16 所示的快捷菜单，在快捷菜单中，选择“删除”命令，则删除当前工作表。

(2) 使用命令按钮。单击“开始”选项卡，在“单元格”组中，单击“删除”按钮下方的向下箭头，在打开的下拉菜单中，选定“删除工作表”命令，则删除当前工作表。

**说明：** 工作表删除后不能恢复。

3. 移动工作表

基于使用上的需要，可能要将工作表在同一工作簿内移动，或者在不同的工作簿之间移动，具体操作如下：

(1) 在同一工作簿内要移动工作表，用鼠标左键将其标签拖至他处即可。

(2) 要在不同工作簿间移动工作表，先将这两个工作簿都打开，并且同时显示在屏幕上，再用鼠标左键进行拖动操作即可。

4. 设置当前工作表

一般情况下，单击工作表标签就可指定当前工作表。当工作表数目较多时，标签区不能显示出所有工作表，此时可以右击标签滚动控件“|◀ ◀ ▶ ▶|”，则会列出当前工作簿中的所有工作表，以指定当前工作表。

5. 改变工作簿中默认的工作表数量

工作簿中默认的工作表数量是3个，按以下操作可改变默认工作表的数量：选择“文件|选项”命令，打开“Excel 选项”对话框。单击“常规”选项卡，修改“包含的工作表数”右侧计数器的数值，从而达到改变默认工作表数的目的，如图4—18所示。

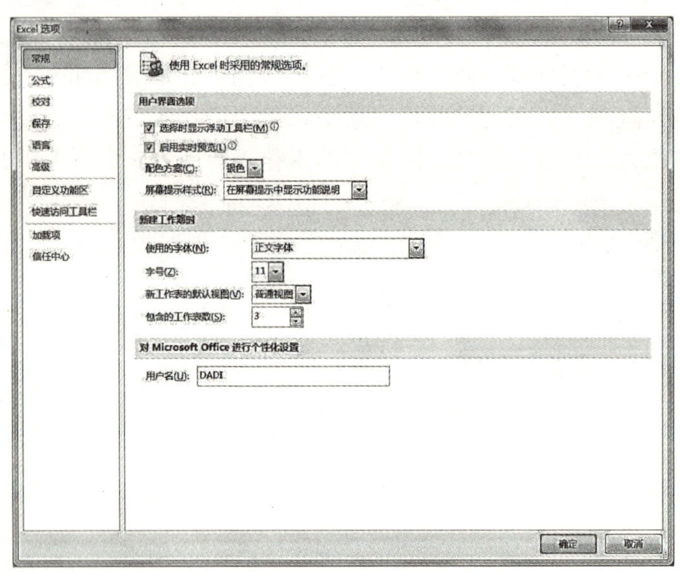


**图4—18　“Excel 选项”对话框的“常规”选项卡**

6. 同时显示多个工作表

操作中有时需要同时看到多个工作表，可通过以下操作来完成。

(1) 单击“视图”选项卡，在“窗口”组中，单击“新建窗口”按钮，一个工作簿就有了两个窗口。

(2) 为使两个窗口能同时显示，单击“全部重排”按钮，在打开的“重排窗口”对话框中，选择“平铺”单选框，如图4—19所示，单击“确定”按钮。两个工作表在窗口中同时显示。

7. 改变工作表标签的颜色

通过改变工作表标签颜色，从而对工作表进行标识。

右击工作表标签，在弹出的快捷菜单中，选择“工作表标签颜色”命令，如图 4—20 所示，选择所需要的颜色。

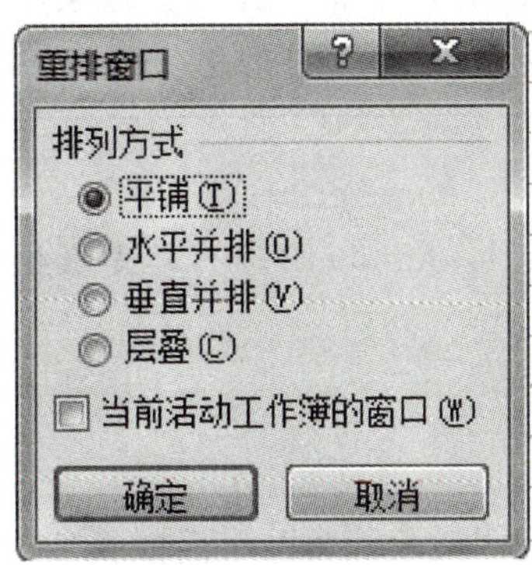


图 4—19 “重排窗口”对话框

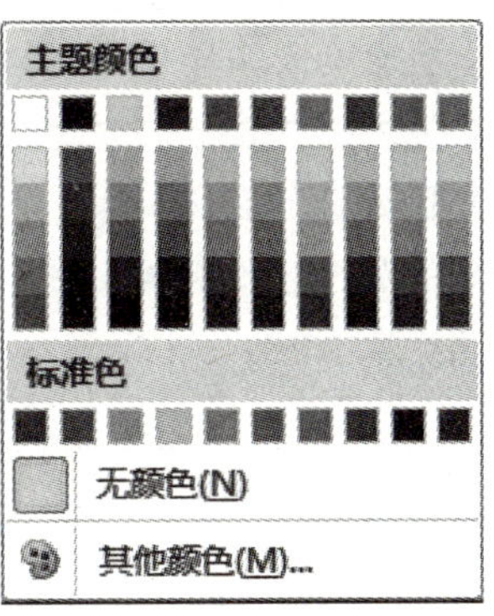


图 4—20 指定工作表标签颜色

## 4.4 公式和函数

公式和函数是 Excel 的重要组成部分，为用户分析与处理工作表中的数据提供了很大的方便。在单元格中输入正确的公式或函数后，会立即在单元格中显示计算出来的结果。如果改变了工作表中与公式有关或作为函数参数的单元格里的数据，Excel 会自动更新计算结果。

### 4.4.1 输入函数

Excel 含有大量的函数，可以帮助用户进行数学、文本、逻辑、在工作表内查找信息等计算工作。Excel 除了自身带有的内置函数外还允许用户自定义函数。

1. 计算总分

计算总分步骤如下：

(1) 选定 I4 单元格，单击函数按钮“fx”，出现“插入函数”对话框，如图 4—21 所示。

(2) 在对话框中，选择“SUM”函数，单击“确定”按钮，出现“函数参数”对话框，如图 4—22 所示。

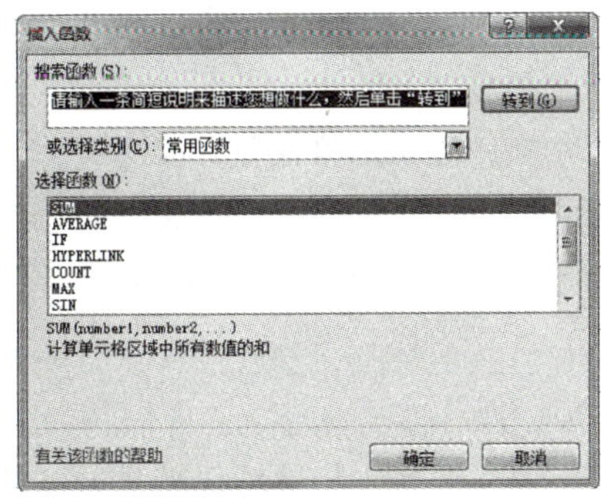


图 4—21 “插入函数”对话框

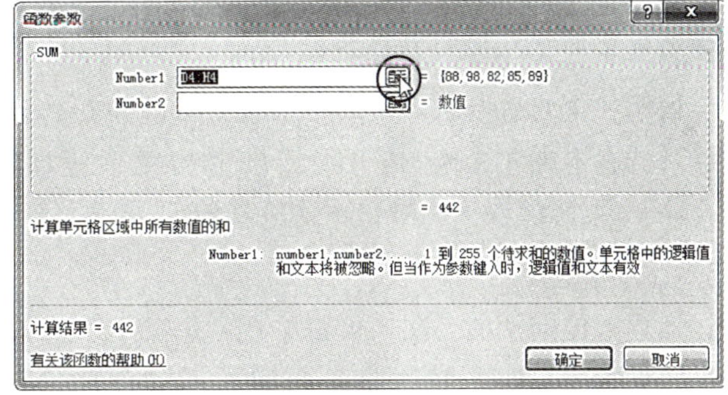


图 4—22 “函数参数”对话框

(3) 在“函数参数”对话框中，单击“Number1”右侧的范围按钮“▣”，用鼠标拖动 D4：H4，再单击右侧的范围按钮“▣”，回到“函数参数”对话框中，单击“确定”按钮。

I4 单元格显示的是单元格区域 D4：H4 的求和结果。

（4）用鼠标拖动 I4 单元格右下角的填充柄到 I33 为止。

**提示：**计算“总分”，也可以选中 D4：I33 单元格，单击“开始”选项卡，在“编辑”组中，单击自动求和按钮“Σ 自动求和 ▾”，此时 I4：I33 单元格的总分即可全部求出。

**说明：**SUM 函数的语法格式是：SUM（number1，number2…）

SUM 函数的功能是求各参数的和，参数 number1，number2 等可以是数值或含有数值的单元格的引用。

2. 计算平均分

计算平均分步骤如下：

（1）选定 J4 单元格，单击函数按钮“fx”，出现“插入函数”对话框。

（2）在对话框中，选择“AVERAGE”函数，单击“确定”按钮，出现“函数参数”对话框。

（3）在“函数参数”对话框中，单击“Number1”右侧的范围按钮“”，用鼠标拖动 D4：H4，再单击右侧的范围按钮“”，回到“函数参数”对话框，单击“确定”按钮。

（4）用鼠标拖动 J4 单元格右下角的填充柄，到 J33 为止。

**提示：**计算平均分，也可以选中 J4 单元格，单击“开始”选项卡，在“编辑”组中，单击自动求和按钮“Σ 自动求和 ▾”右侧的下拉箭头，在出现的快捷菜单中，选择“平均值”命令，此时 J4 单元格显示为“＝AVERAGE（D4：I4）”，将函数中的“I4”改为“H4”，按 Enter 键确认，J4 单元格显示为单元格区域 D4：H4 的求平均值结果，用鼠标拖动 J4 单元格右下角的填充柄，到 J33 为止。

**说明：**AVERAGE 函数的语法格式是：AVERAGE（number1，number2…）

AVERAGE 函数的功能是求各参数的平均值，参数 number1，number2 等可以是数值或含有数值的单元格的引用。

**说明：**使用自动求和与求平均值，系统默认的数据区域为目标单元格左侧或上方连续的数据区。在本例中求和时，D4：H4 正好是第一位同学的各单科成绩区域，而在求平均值时，D4：I4 包括第一位同学总分所在的 I4 单元格，因此要将 D4：I4 改为 D4：H4。

3. 计算名次

计算每位同学的名次，可以采用“RANK”函数来实现。操作步骤如下：

（1）选定“K4”单元格，并输入：“＝RANK（J4，$J$4：$J$33）”，按 Enter 键确认。

（2）用鼠标拖动 K4 单元格右下角的填充柄，到 K33 单元格为止。

**提示**：RANK 的语法格式是：RANK（Number,Ref,Order）。其中：

Number 为需要找到排位的数字，在本例中为某同学的“平均分”。

Ref 为数字列表数组或对数字列表的引用，在本例中为“平均分”所分布的单元格区域。

Order 为一数字，指明排位的方式。如果 Order 为 0（零）或省略，Microsoft Excel 对数字的排位是基于 Ref 为按降序排列的列表；如果 Order 不为零，Microsoft Excel 对数字的排位是基于 Ref 为按照升序排列的列表。

**说明**：用这个函数进行排名次，如 014 号和 016 号平均分都是 91，名次同样是 10 名，出现两个 10 名，那下一个名次则不再是 11 名，而是从 12 名开始排。

**注意**：“$J$4：$J$33”为绝对引用。

使用 SUM 函数、AVERAGE 函数和 RANK 函数后，“期中考试成绩统计表”中的计算结果如图 4—23 所示。

4. 计算各科成绩平均分

(1) 选定 D35 单元格。

(2) 单击函数按钮“fx”，出现“插入函数”对话框中。

(3) 在对话框中，选择“AVERAGE”函数，单击“确定”按钮，出现“函数参数”对话框。

(4) 在“函数参数”对话框中，单击“Number1”右侧的范围按钮“”，用鼠标拖动 D4：D33，再单击右侧的范围按钮“”，回到“函数参数”对话框，单击“确定”按钮确认。

(5) 拖动 D35 单元格右下角的填充柄到 J35 单元格为止。

5. 计算各科成绩最高分

(1) 选定 D36 单元格。

(2) 单击函数按钮“fx”，出现“插入函数”对话框。

(3) 在对话框中，选择“MAX”函数，单击“确定”按钮，出现“函数参数”对话框。

(4) 在“函数参数”对话框中，单击“Number1”右侧的范围按钮“”，用鼠标拖动 D4：D33，再单击右侧的范围按钮“”，回到“函数参数”对话框，单击“确定”按钮确认。

(5) 拖动 D36 单元格右下角的填充柄到 J36 单元格为止。

**说明**：最大值 MAX 函数的语法规则：MAX（number1，number2…）

MAX 函数的功能是求各参数中的最大值，参数 number1，number2 等可以是数值或含有数值的单元格的引用。

6. 计算各科成绩最低分

(1) 选定 D37 单元格。

(2) 单击函数按钮“fx”，出现“插入函数”对话框。

(3) 在对话框中，选择“MAX”函数，单击“确定”按钮，出现“函数参数”对话框。

| | A | B | C | D | E | F | G | H | I | J | K |
|---|---|---|---|---|---|---|---|---|---|---|---|
| 1 | 期中考试成绩统计表 | | | | | | | | | | |
| 2 | 日期： | 2010/6/8 | | | | | | | 时间： | 19时07分 | |
| 3 | 学号 | 姓名 | 系别 | 语文 | 数学 | 英语 | 物理 | 化学 | 总分 | 平均分 | 名次 |
| 4 | 001 | 钱梅宝 | 土木 | 88 | 98 | 82 | 85 | 89 | 442 | 88.4 | 21 |
| 5 | 002 | 张平光 | 土木 | 100 | 98 | 100 | 97 | 100 | 495 | 99.0 | 1 |
| 6 | 003 | 袁大江 | 土木 | 76 | 85 | 87 | 90 | 62 | 400 | 80.0 | 26 |
| 7 | 004 | 张宇 | 土木 | 86 | 76 | 98 | 96 | 80 | 436 | 87.2 | 23 |
| 8 | 005 | 徐飞 | 土木 | 86 | 68 | 79 | 50 | 81 | 364 | 72.8 | 29 |
| 9 | 006 | 王伟 | 土木 | 95 | 89 | 93 | 87 | 86 | 450 | 90.0 | 14 |
| 10 | 007 | 沈迪 | 土木 | 87 | 75 | 78 | 96 | 55 | 391 | 78.2 | 27 |
| 11 | 008 | 曾国芸 | 土木 | 94 | 84 | 98 | 89 | 94 | 459 | 91.8 | 8 |
| 12 | 009 | 罗劲松 | 土木 | 78 | 77 | 69 | 80 | 78 | 382 | 76.4 | 28 |
| 13 | 010 | 赵国辉 | 土木 | 80 | 60 | 53 | 79 | 80 | 352 | 70.4 | 30 |
| 14 | 011 | 周琦 | 电力 | 92 | 97 | 95 | 96 | 83 | 463 | 92.6 | 5 |
| 15 | 012 | 刘明 | 电力 | 84 | 96 | 98 | 86 | 85 | 449 | 89.8 | 15 |
| 16 | 013 | 庞瑜 | 电力 | 94 | 96 | 96 | 86 | 91 | 463 | 92.6 | 5 |
| 17 | 014 | 范成 | 电力 | 95 | 81 | 90 | 97 | 92 | 455 | 91.0 | 10 |
| 18 | 015 | 张盛世 | 电力 | 97 | 96 | 85 | 96 | 80 | 454 | 90.8 | 12 |
| 19 | 016 | 张忠良 | 电力 | 92 | 89 | 92 | 89 | 93 | 455 | 91.0 | 10 |
| 20 | 017 | 李豫 | 电力 | 97 | 91 | 97 | 100 | 89 | 474 | 94.8 | 2 |
| 21 | 018 | 乔峰 | 电力 | 94 | 89 | 95 | 84 | 89 | 451 | 90.2 | 13 |
| 22 | 019 | 曾国熙 | 电力 | 94 | 95 | 52 | 81 | 84 | 406 | 81.2 | 25 |
| 23 | 020 | 薛恒实 | 电力 | 99 | 92 | 91 | 90 | 86 | 458 | 91.6 | 9 |
| 24 | 021 | 陈川 | 动力 | 80 | 88 | 91 | 90 | 87 | 436 | 87.2 | 23 |
| 25 | 022 | 马骏 | 动力 | 91 | 77 | 94 | 92 | 89 | 443 | 88.6 | 19 |
| 26 | 023 | 杨文 | 动力 | 99 | 90 | 86 | 98 | 99 | 472 | 94.4 | 3 |
| 27 | 024 | 王科学 | 动力 | 92 | 93 | 87 | 78 | 96 | 446 | 89.2 | 17 |
| 28 | 025 | 童雅新 | 动力 | 88 | 81 | 94 | 90 | 89 | 442 | 88.4 | 21 |
| 29 | 026 | 崔河永 | 动力 | 91 | 97 | 96 | 92 | 93 | 469 | 93.8 | 4 |
| 30 | 027 | 王健兵 | 动力 | 90 | 89 | 96 | 91 | 96 | 462 | 92.4 | 7 |
| 31 | 028 | 康新 | 动力 | 96 | 85 | 96 | 80 | 86 | 443 | 88.6 | 19 |
| 32 | 029 | 陈海洋 | 动力 | 95 | 83 | 88 | 94 | 87 | 447 | 89.4 | 16 |
| 33 | 030 | 郭岩瑾 | 动力 | 84 | 82 | 91 | 100 | 88 | 445 | 89.00 | 18 |

**图 4—23　总分、平均分和名次的计算结果**

（4）在“函数参数”对话框中，单击“Number1”右侧的范围按钮“ ”，用鼠标拖动 D4：D33，再单击右侧的范围按钮“ ”，回到“函数参数”对话框，单击“确定”按钮确认。

（5）拖动 D37 单元格右下角的填充柄到 J37 单元格为止。

**说明：**最小值 MIN 函数的语法规则：MIN（number1，number2…）

MIN 函数功能是求各参数中的最小值。参数 number1，number2 等可以是数值或含有数值的单元格的引用。

7. 计算各门成绩为 100 分的人数

（1）选定 D41 单元格。

（2）单击函数按钮“ ”，出现“插入函数”对话框。

(3) 在对话框中，选择“COUNTIF”函数，单击“确定”按钮，出现“函数参数”对话框。

(4) 在“函数参数”对话框中，单击“Range”右侧的范围按钮“”，用鼠标拖动D4：D33，再单击右侧的范围按钮“”，回到“函数参数”对话框。

(5) 在“函数参数”对话框中，在“Criteria (条件)”中输入：100，单击“确定”按钮确认。

(6) 这时，在D41单元格中出现：=COUNTIF (D4：D33，100)，拖动D41单元格右下角的填充柄到J41单元格为止。

8. 计算各门成绩不足50分的人数

(1) 选定D47单元格。

(2) 单击函数按钮“fx”，出现“插入函数”对话框。

(3) 在对话框中，选择“COUNTIF”函数，单击“确定”按钮，出现“函数参数”对话框。

(4) 在“函数参数”对话框中，单击“Range”右侧的范围按钮“”，用鼠标拖动D4：D33单元格，再单击右侧的范围按钮“”，回到“函数参数”对话框。

(5) 在“函数参数”对话框中，在“Criteria (条件)”中输入：<50，单击“确定”按钮确认。

(6) 这时，在D47单元格中出现：=COUNTIF (D4：D33,"<50")，拖动D47单元格右下角的填充柄到J47单元格为止。

图4—24给出了统计区域的函数输入结果。

**说明：** COUNTIF函数对区域中满足单个指定条件的单元格进行计数。其格式为：COUNTIF (range，criteria)，各参数含义为：

range必需：要对其进行计数的一个或多个单元格，其中包括数字或名称、数组或包含数字的引用。空值和文本值将被忽略。

criteria必需：用于定义将对哪些单元格进行计数的数字、表达式、单元格引用或文本字符串。例如，条件可以表示为32、">32"、B4、"苹果"或"32"。

| | A | B | C | D | E | F | G | H | I | J | K |
|---|---|---|---|---|---|---|---|---|---|---|---|
| 34 | 统计项目 | | | 语文 | 数学 | 英语 | 物理 | 化学 | 总分 | 平均分 | 名次 |
| 35 | 平均分 | | | 90 | 87 | 88 | 89 | 86 | 440 | 88.0 | |
| 36 | 最高分 | | | 100 | 98 | 100 | 100 | 100 | 495 | 99.0 | |
| 37 | 最低分 | | | 76 | 60 | 52 | 50 | 55 | 352 | 70.4 | |
| 38 | 优秀率 | | | | | | | | | | |
| 39 | 及格率 | | | | | | | | | | |
| 40 | 频率分布 | 分数段 | | 语文 | 数学 | 英语 | 物理 | 化学 | 总分 | 平均分 | 名次 |
| 41 | 100 | 100 | | 1 | 0 | 1 | 2 | 1 | | 0 | |
| 42 | 99.9 | 90-99 | | | | | | | | | |
| 43 | 89.9 | 80-89 | | | | | | | | | |
| 44 | 79.9 | 70-79 | | | | | | | | | |
| 45 | 69.9 | 60-69 | | | | | | | | | |
| 46 | 59.9 | 50-59 | | | | | | | | | |
| 47 | 49.9 | 50以下 | | 0 | 0 | 0 | 0 | 0 | | 0 | |

**图4—24 统计区域的函数计算结果**

### 4.4.2 输入公式

有些比较复杂的运算，仅使用系统所提供的函数难以完成，需输入公式。Excel 中的公式，类似于数学公式。公式由操作数与运算符组成。操作数可以是单元格、单元格区域、常数、函数或其他公式。

1. 计算每门课的优秀率

(1) 选定 D38 单元格，输入公式：=COUNTIF (D4:D33,">=90")/COUNT (D4:D33)，按 Enter 键确认。

(2) 选定 D38 单元格，单击“开始”选项卡，在“数字”组中，单击“百分比%”按钮，将 D38 单元格设置为百分比的数字格式。

(3) 向下拖动 D38 单元格右下角的填充柄到 J38 单元格为止。

**提示：** 计数 COUNT 函数的语法规则：COUNT (value1，value2…)

COUNT 函数的功能是求各参数中数值型参数和包含数值的单元格个数。参数 value1，value2，…是包含或引用各种类型数据的参数，但只有数字类型的数据才被计数。

**说明：** 满足单个指定条件计数函数 COUNTIF 的语法规则：COUNTIF (range，criteria)

range：范围，必需的参数。要对其进行计数的一个或多个单元格，其中包括数字或名称、数组或包含数字的引用。空值和文本值将被忽略。

criteria：条件，必需的参数。用于定义将对哪些单元格进行计数的数字、表达式、单元格引用或文本字符串。

2. 计算每门课的及格率

(1) 选定 D39 单元格，输入公式：=COUNTIF (D4:D33,">=60") /COUNT (D4:D33)，按 Enter 键确认。

(2) 选定 D39 单元格，单击“开始”选项卡，在“数字”组中，单击“百分比%”按钮，将 D39 单元格设置为百分比的数字格式。

(3) 向下拖动 D39 单元格右下角的填充柄到 J39 单元格为止。

3. 计算各科成绩在 90～99 分的人数

(1) 选定 D42 单元格，输入公式：=COUNTIF (D4:D33,">=90") -COUNTIF (D4:D33,100)，按 Enter 键确认。

(2) 向下拖动 D42 单元格右下角的填充柄到 J42 单元格为止。

4. 计算各科成绩在 80～89 分的人数

(1) 选定 D43 单元格，输入公式：=COUNTIF (D4:D33,">=80") -COUNTIF (D4:D33,">=90")，按 Enter 键确认。

(2) 向下拖动 D43 单元格右下角的填充柄到 J43 单元格为止。

5. 计算各科成绩在 70～79 分的人数

(1) 选定 D44 单元格，输入公式：=COUNTIF (D4:D33,">=70") -COUNTIF (D4:D33,">=80")，按 Enter 键确认。

（2）向下拖动 D44 单元格右下角的填充柄到 J44 单元格为止。

6. 计算各科成绩在 60～69 分的人数

（1）选定 D45 单元格，输入公式：＝COUNTIF（D4:D33,"＞＝60"）-COUNTIF（D4:D33,"＞＝70"），按 Enter 键确认。

（2）向下拖动 D45 单元格右下角的填充柄到 J45 单元格为止。

7. 计算各科成绩在 50～59 分的人数

（1）选定 D46 单元格，输入公式：＝COUNTIF（D4:D33,"＞＝50"）-COUNTIF（D4:D33,"＞＝60"），按 Enter 键确认。

（2）向下拖动 D46 单元格右下角的填充柄到 J46 单元格为止。

以上各公式计算结果如图 4—25 所示。

**说明：** 在单元格中输入公式或函数后，单元格显示的是公式或函数的计算结果，而在编辑栏中显示的是公式。

| | A | B | C | D | E | F | G | H | I | J | K |
|---|---|---|---|---|---|---|---|---|---|---|---|
| 34 | 统计项目 | | | 语文 | 数学 | 英语 | 物理 | 化学 | 总分 | 平均分 | 名次 |
| 35 | 平均分 | | | 90 | 87 | 88 | 89 | 86 | 440 | 88.0 | |
| 36 | 最高分 | | | 100 | 98 | 100 | 100 | 100 | 495 | 99.0 | |
| 37 | 最低分 | | | 76 | 60 | 52 | 50 | 55 | 352 | 70.4 | |
| 38 | 优秀率 | | | 63.3% | 40% | 63.3% | 56.7% | 30.0% | | 46.7% | |
| 39 | 及格率 | | | 100.0% | 100.0% | 93.3% | 96.7% | 96.7% | | 100.0% | |
| 40 | 频率分布 | 分数段 | | 语文 | 数学 | 英语 | 物理 | 化学 | 总分 | 平均分 | 名次 |
| 41 | 100 | 100 | | 1 | 0 | 1 | 2 | 1 | | 0 | |
| 42 | 99.9 | 90-99 | | 18 | 12 | 18 | 15 | 8 | | 14 | |
| 43 | 89.9 | 80-89 | | 9 | 12 | 6 | 10 | 18 | | 12 | |
| 44 | 79.9 | 70-79 | | 2 | 4 | 2 | 2 | 1 | | 4 | |
| 45 | 69.9 | 60-69 | | 0 | 2 | 1 | 0 | 1 | | 0 | |
| 46 | 59.9 | 50-59 | | 0 | 0 | 2 | 1 | 1 | | 0 | |
| 47 | 49.9 | 50以下 | | 0 | 0 | 0 | 0 | 0 | | 0 | |

图 4—25　统计区域的公式计算结果

### 4.4.3　知识拓展

1. 公式的形式

在单元格中输入公式时，先输入一个等号，再输入公式的表达式。

2. 运算符

常用运算如表 4—2 所示。

表 4—2　常用运算符

| 运算符 | | 功能 | 示例 |
|---|---|---|---|
| 算术 | － | 负号 | －65.4，－a |
| | ＋，－ | 加、减 | A＋23，38－B |
| | *，/ | 乘、除 | 24*56，74/52 |
| | ^ | 乘方 | 5^3（即 $5^3$） |
| | ％ | 百分数 | 23％（即 0.23） |
| 字符串连接 | & | 字符串连接 | “Excel”＋“2010”的结果为“Excel2010” |
| 关系 | ＝，＜＞ | 等于，不等于 | 9＝6 的值为 FALSE，9＜＞6 的值为 TRUE |
| | ＞，＞＝ | 大于，大于等于 | 9＞6 的值为 TRUE，9＞＝6 的值为 TRUE |
| | ＜，＜＝ | 小于，小于等于 | 9＜5 的值为 FALSE，9＜＝5 的值为 FALSE |

运算的优先次序为，先括号内，后括号外；先算术运算、字符串连接，再关系运算。

3. 单元格的引用

大多数情况下，在公式或函数中都包含单元格或单元格区域的引用。单元格引用是对工作表的一个或一组单元格进行标识，它告诉 Excel 公式使用哪些单元格的值。这样的话，当单元格中数值改变后，公式或函数的结果也会自动随之改变。另外，使用了单元格或单元格区域引用的公式或函数才能够进行序列的填充，以免同样算法的公式或函数在不同单元格中重复输入。

在公式或函数中使用的单元格或单元格引用有三种类型：相对引用、绝对引用和混合引用。

（1）相对引用。相对引用指向相对于公式所在单元格相应位置的单元格。相对引用使用的是相对地址。相对引用在公式或函数中出现的格式为“列标行号”，例如，A2 表示引用的是 A2 单元格中的内容。在“期中考试成绩统计表”中的 I4 单元格中函数为“＝SUM（D4：H4)”，使用了相对引用，因此将其复制到 I5、I6 等单元格中，求和函数的引用区域自动变化。

（2）绝对引用。绝对引用指向工作表中固定的单元格，它是位置与包含公式的单元格位置无关。绝对引用使用的是绝对地址。绝对引用的格式为“＄列标＄行号”，例如，＄A＄2 就是绝对引用。在“期中考试成绩统计表”中的 K4 单元格中函数为“＝RANK（J4：＄J＄4：＄J＄33)”，其中＄J＄4：＄J＄33 是绝对引用，因此将其复制到 K5、K6 等单元格，RANK 函数的相对引用 J4 随行发生变化，而绝对引用＄J＄4：＄J＄33 不会发生变化。

（3）混合引用。混合引用既包含相对引用又包含绝对引用。当含有公式的单元格因插入、复制等原因引起行、列引用的变化，公式中相对引用部分随公式位置的变化而变化。混合引用格式为行号和列标中一个相对引用、一个绝对引用。例如＄K5 就是混合引用的写法。

**提示：**以上三种引用方式可以相互转换，方法是在公式中选定引用单元格部分，按 F4 键就可进行转换。

4. 公式记忆式键入

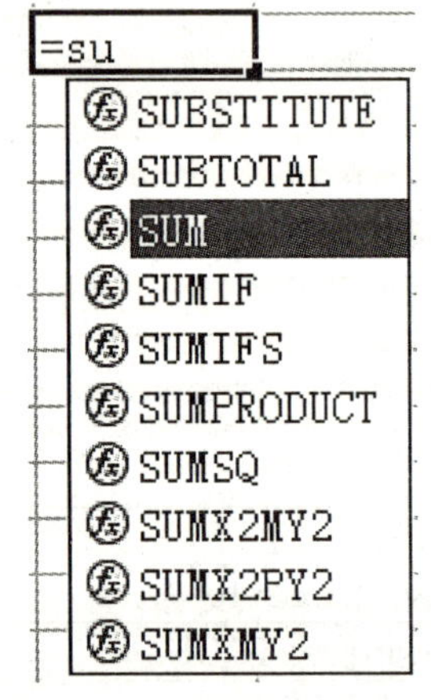

**图 4—26　公式记忆式键入**

若要更轻松地创建和编辑公式，可使用“公式记忆式键入”。当键入 ＝（等号）和首字母或显示触发器后，Microsoft Excel 在单元格的下方显示一个动态下拉列表，其中包含与这些字母或显示触发器匹配的有效函数、名称和文本字符串。然后，可以使用 Insert 触发器，将下拉列表中的项目插入公式中。

例如，在“期中考试成绩统计表”的 I4 单元格依次输入“＝”、“S”、“U”，显示以 SU 开始的函数，如图 4—26 所示。双击图 4—26 中的“SUM”，单元格显示为“＝SUM（”；输入“D4:H4”或选择单元格区域“D4：H4”作为 SUM 函数的参数，再输入“)”，单元格 I4 中的公式就成为“＝SUM（D4：H4)”，回车确认输入。

5. 更改常见的公式错误

如果在单元格中输入一个公式，显示的是以“#”开头的信息，表明公式有错误，需要修改更正。常见错误值如表4—3所示。

表4—3 常见错误值表

| 错误值 | 说明 |
| --- | --- |
| #DIV/0! | 将数字除以零（0）或除以不含数值的单元格 |
| #N/A | 此错误表明值对函数或公式不可用 |
| #NAME? | 无法识别公式中的文本 |
| #NUM! | 公式或函数中含有无效的数值 |
| #REF! | 当单元格引用无效时，会出现此错误 |
| #VALUE! | 公式所包含的单元格具有不同的数据类型 |

6. 使用数组公式

可以使用FREQUENCY函数来统计各课程各分数段的人数。要统计语文各分数段人数，选择区域C41:C47，输入公式：=FREQUENCY（D4:D33,A41:A47），然后按Ctrl+Shift+Enter组合键确认。不同于一般的输入完毕按回车键确认，像这样先选择区域，再行输入，输入完毕后按Ctrl+Shift+Enter组合键确认的方法是在单元格区域使用数组公式。

## 4.5 格式化工作表

单元格是工作表的基本元素，数值、文本、公式等都保存在单元格内。工作表是由许多单元格组成的。

### 4.5.1 单元格格式

选定单元格的目的是要将单元格设置为当前单元格。可以给当前单元格中输入数据，也可对当前单元格进行设置和修改。

当前正在操作的单元格称活动单元格，活动单元格的四周有黑色的框线。

1. 字体设置

（1）在“成绩统计”表中，单击A1单元格（一个单元格选定），拖动鼠标到K1单元格（多个单元格选定）。

（2）在“字体”组中，单击“字体”下拉列表框，选择“黑体”。

（3）单击“字号”下拉列表框，选择“20磅”。

（4）选择单元格区域A3：K3，按照上述步骤进行操作。将标题设置为“宋体”、“12磅”、“加粗”。

2. 合并居中

选择单元格区域A1：K1，单击“开始”选项卡，在“对齐方式”组中，单击“合并与居中”按钮，将A1：K1单元格进行合并。

使用光标移动键，可改变当前单元格。

3. 对齐设置

（1）选择A4单元格，对角线拖动鼠标到K47单元格，完成A4：K47区域的选定。

（2）在“对齐方式”组中，单击右下角的辅助按钮“”，出现“设置单元格格式”对话框。

（3）在对话框中，单击“对齐”选项卡，在“水平对齐”中，选择“居中”，在“垂直对齐”中，选择“居中”，完成数据的水平和垂直居中，如图 4—27 所示。

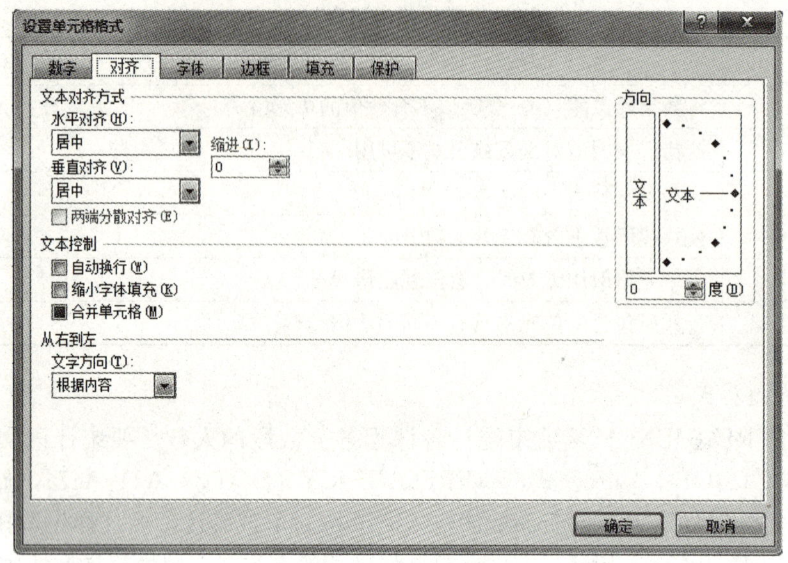


**图 4—27　“对齐”选项卡**

**提示：**要选取连续的单元格，先选一个单元格，再按左键拖动到最后一个单元格。若要选不连续的单元格或单元格区域，先选一个单元格或单元格区域，再按 Ctrl 键选择另一个单元格或单元格区域。若要选取整行或整列，单击行号或列号。若要选取当前工作表的所有单元格，单击全选框按钮“　”。若要取消选取的单元格，单击选区外的任意位置。

4. 设置数字格式

（1）选择 D4：I33 单元格区域。

（2）在“设置单元格格式”对话框中，单击“数字”选项卡，在分类中选择“数值”，在小数位数中，选择 0。

（3）将单元格区域 K4：K33、D35：I37、D41：J47 的“分类”选择为“数值”，“小数位数”设置为“0”。

（4）将单元格区域 J4：J33、J35：J37 的“分类”选择为“数值”，“小数位数”设置为“1”。

（5）将单元格区域 D38：H39、J38：J39 的“分类”选择“百分比”，“小数位数”设置为“1”。

### 4.5.2　设置边框线

（1）选择单元格区域 A3：K33，单击“开始”选项卡，在“对齐方式”组中，单击右下角的“辅助”按钮，出现“设置单元格格式”对话框。

（2）在“设置单元格格式”对话框中，单击“边框”选项卡，在线条样式中，选择粗实线“———”。

(3) 在“边框”预览区，用鼠标单击四个边框线，完成外框线是粗线，内框线为细线的操作（默认的内框线为细线），如图4—28所示。

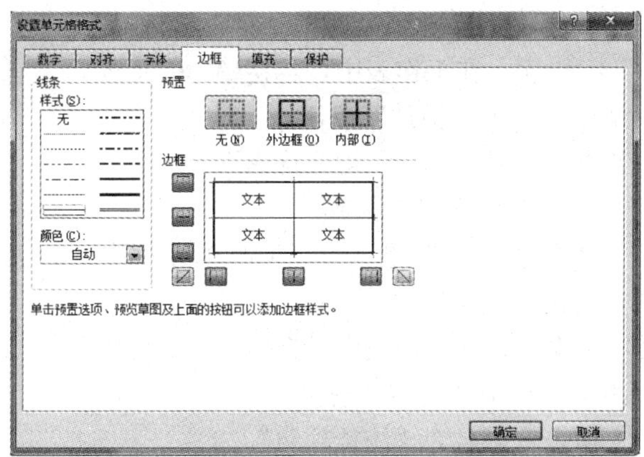


**图4—28　设置边框线**

**提示：**如果去掉边框线，在“边框”预览区，用鼠标单击边框线即可。

### 4.5.3　改变单元格颜色

在“单元格格式”对话框中的“填充”选项卡，可以设置单元格的填充颜色和填充图案。

(1) 选中单元格区域“A3：K3”，在“设置单元格格式”对话框中，单击“填充”选项卡，如图4—29所示，选择“背景色”为黄褐色。

(2) 选中单元格区域“A34：K34”，选择“背景色”为浅绿色。

(3) 选中单元格区域“D40：K40”，选择“背景色”为浅绿色。

(4) 选中单元格区域“A35：A39”，选择“背景色”为黄褐色。

(5) 选中单元格区域“A40：A47”，选择“背景色”为黄色。

(6) 选中单元格区域“B40：B47”，选择“背景色”为浅蓝色。

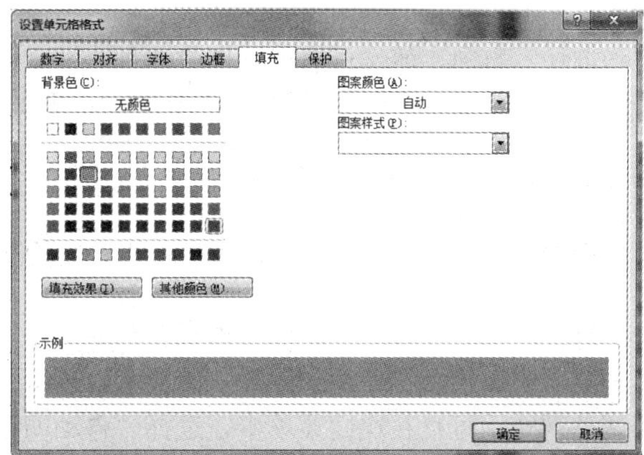


**图4—29　“填充”选项卡**

### 4.5.4 复制单元格的数据

1. 复制“成绩统计”表原始数据

(1) 在“成绩统计”工作表中，选定 A3：K33 单元格中的数据，单击“开始”选项卡，在“剪贴板”组中，单击“复制”按钮。

(2) 单击“Sheet2”工作表，在工作表中，选定 A1 单元格。

(3) 在“剪贴板”组中，单击“粘贴”按钮。

(4) 将“Sheet2”工作表重命名为“平均分优秀”。

2. 复制“成绩统计”中“统计项目”数据

(1) 在“成绩统计”工作表中，选定 A34：K39 单元格中的数据，单击“开始”选项卡，在“剪贴板”组中，单击“复制”按钮。

(2) 单击“Sheet3”工作表，在工作表中，选定 A1 单元格。

(3) 在“剪贴板”组中，单击“粘贴”按钮。

(4) 将“Sheet3”工作表重命名为“统计项目”。

3. 复制“成绩统计”中“频率分布”数据

(1) 单击“Sheet3”工作表，单击鼠标右键，在快捷菜单中，选择“插入”命令，插入一个新的工作表“Sheet4”。

(2) 在“成绩统计”工作表中，选定 A40：K47 单元格中的数据，单击“开始”选项卡，在“剪贴板”组中，单击“复制”按钮。

(3) 单击“Sheet4”工作表，在工作表中，选定 A1 单元格。

(4) 在“剪贴板”组中，单击“粘贴”按钮。

(5) 将“Sheet4”工作表重命名为“频率分布”。

**想一想：**用什么快捷键可以实现复制和粘贴？

### 4.5.5 调整行高和列宽

为了单元格中能够容纳下所有输入的数据，这时，就要对单元格的行高和列宽进行调整。

1. 调整行高

(1) 在“成绩统计”工作表中，选择单元格区域 A3：K47。

(2) 单击“开始”选项卡，在“单元格”组中，单击“格式”按钮下方的向下箭头，出现下拉菜单。

(3) 在快捷菜单中，选择“行高”命令，出现“行高”对话框。

(4) 在对话框的“行高”中，输入“20”，如图 4—30 所示，单击“确定”按钮。

2. 调整列宽

(1) 选择 A～K 列的单元格。

(2) 单击“开始”选项卡，在“单元格”组中，单击“格式”按钮下方的向下箭头，出现下拉菜单。

(3) 在快捷菜单中，选择“列宽”命令，出现“列宽”对话框。

(4) 在对话框的“列宽”中，输入“8”，如图 4—31 所示，单击“确定”按钮。

如果要求每列自动调整列宽，可以在快捷菜单中，选择“自动调整列宽”命令。

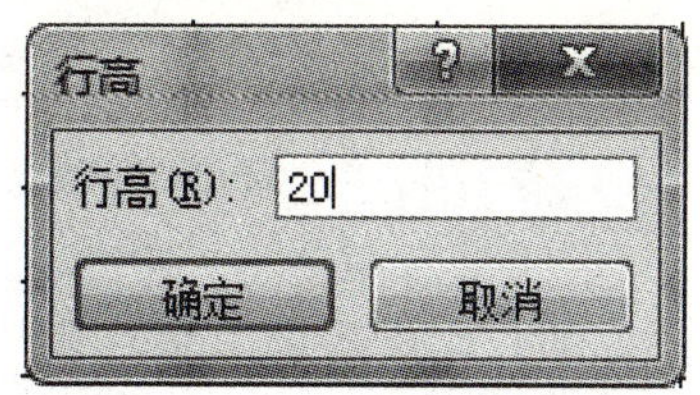


图 4—30 “行高”对话框

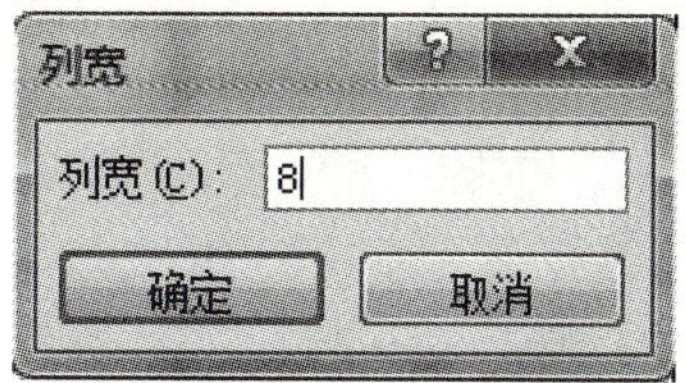


图 4—31 “列宽”对话框

> **提示：** 将鼠标置于要改变行高的行号的下边框线上或要改变列宽的右边框线上，鼠标指针变为双向箭头，双击鼠标左键即可实现“自动调整列宽”。

### 4.5.6 单元格保护

为了使“原始数据”工作表得数据不被破坏，可以用单元格保护的方法将它保护起来。

(1) 打开“期中考试成绩统计表”工作簿，选定“原始数据”工作表。

(2) 选中单元格区域 A3：K47。

(3) 在“单元格”组中，单击“格式”按钮下方的向下箭头，出现快捷菜单。

(4) 在快捷菜单中，选择“设置单元格格式”命令，出现“设置单元格格式”对话框。

(5) 在对话框中，单击“保护”选项卡，选定“锁定”复选框，如图 4—32 所示。

(6) 在“单元格”组中，单击“格式”按钮下方的向下箭头，在快捷菜单中，选择“保护工作表”命令，出现“保护工作表”对话框，如图 4—33 所示。

(7) 在对话框中，选定“保护工作表及锁定单元格内容”、“选定锁定单元格”、“选定未锁定的单元格”、“设置单元格格式”等复选框，单击“确定”按钮。

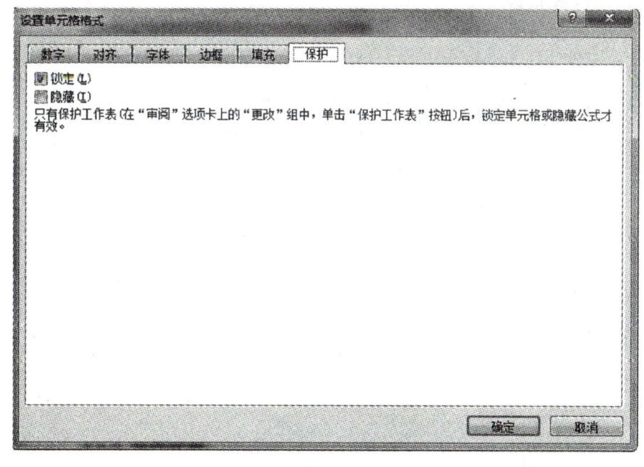


图 4—32 “单元格格式”对话框的“保护”选项卡

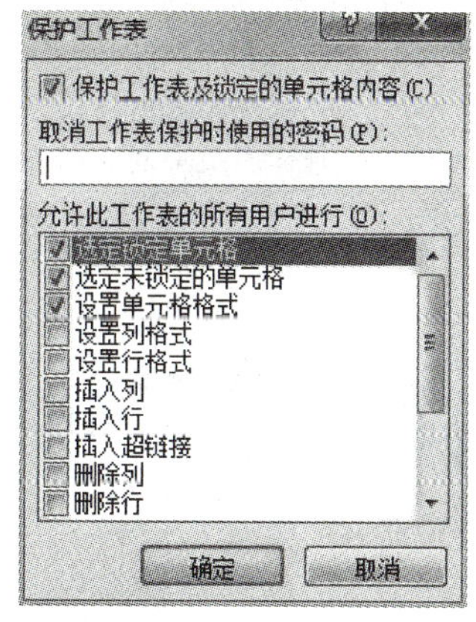


图 4—33 “保护工作表”对话框

经过以上操作，单元格被保护起来，如果要修改单元格中数据，系统会弹出如图 4—34 所示的警告窗口，禁止修改。

图 4—34 禁止修改警告

**注意：**只有保存工作表后，对单元格的保护设置才会有效。

### 4.5.7 知识拓展

1. 单元格数据的清除

(1) 选定要清除数据的单元格，单击“开始”选项卡，在“单元格”组中，单击“清除”按钮右侧的下拉箭头，出现下拉菜单。

(2) 根据需要，在下拉菜单中，选择“清除格式”、“清除内容”、“清除批注”、“清除超链接”、“全部清除”。

2. 选择特殊类型的单元格

(1) 单击“开始”选项卡，在“编辑”组中，单击“查找和选择”按钮下方的下拉箭头，出现下拉菜单，如图 4—35 所示。

(2) 在下拉菜单中，选择“定位条件”命令，打开如图 4—36 所示的“定位条件”对话框。

(3) 在“定位条件”对话框中，按需要选择定位条件，从而选择限定的区域。

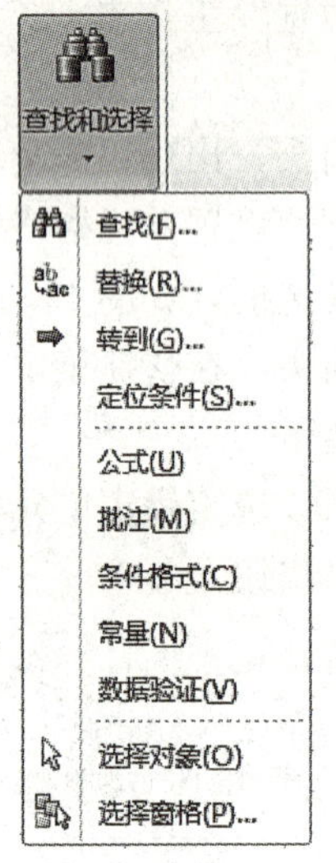


图 4—35 “查找和选择”下拉菜单

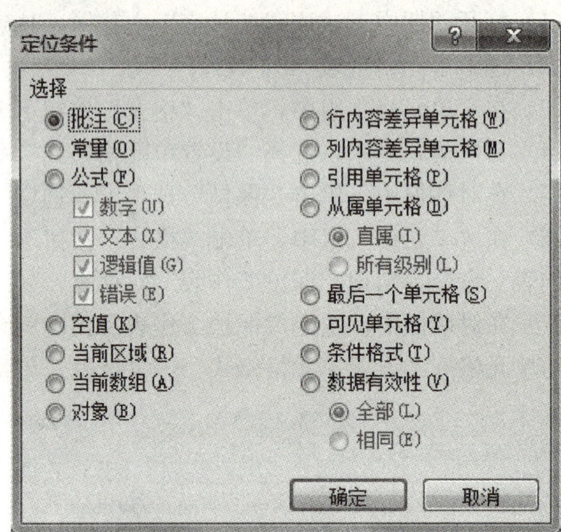


图 4—36 “定位条件”对话框

3. 通过搜索选择单元格

(1) 在如图 4—35 所示的下拉菜单中，选择“查找”命令，出现“查找和替换”对话框，如图 4—37 所示。

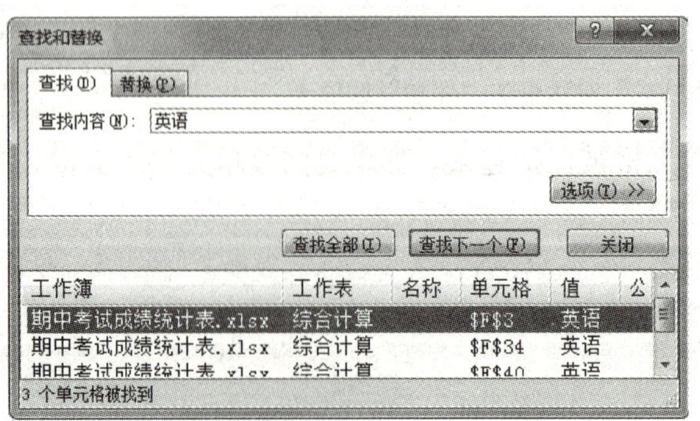


图 4—37 “查找和替换”对话框

（2）在对话框中，单击“查找”选项卡，在“查找内容”右侧输入查找的内容（如英语），单击“查找全部”按钮，对话框显示所有满足搜索条件的对话框。

## 4.6　分析和管理数据

在 Excel 2010 中，不仅可以在单元格中输入数据，而且可以对数据进行排序、数据筛选、数据汇总等操作。

### 4.6.1　数据排序

重新安排工作表中行的顺序称为排序。下面将“期中考试成绩统计表”的工作表“原始成绩”复制，形成的新工作表标签改为“名次排序”，按“名次”列进行降序排列。

（1）在“原始数据”工作表中，选定 A1：K33 单元格中的数据。

（2）单击“开始”选项卡，在“剪贴板”组中，单击“复制”按钮。

（3）单击“名次排序”工作表，在工作表中，选定 A1 单元格。

（4）在“剪贴板”组中，单击“粘贴”按钮。

（5）选中工作表“名次排序”单元格区域 A3：K33，在“编辑”组中，单击“排序和筛选”按钮下方的下拉箭头，出现下拉菜单，如图 4—38 所示。

（6）在下拉菜单中，选择“自定义排序”命令，出现“排序”对话框，如图 4—39 所示。

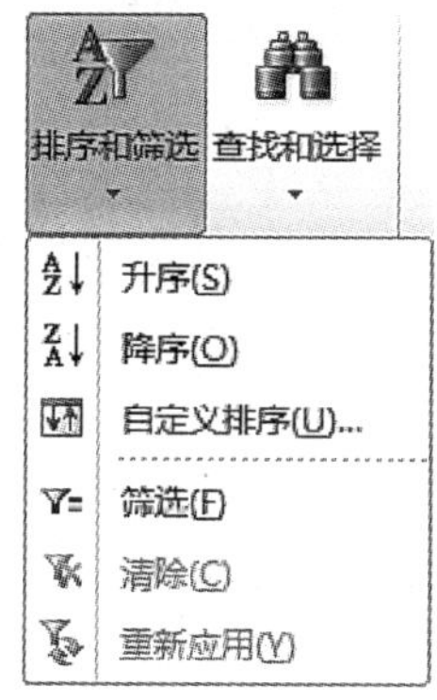


**图 4—38　“排序和筛选”下拉菜单**

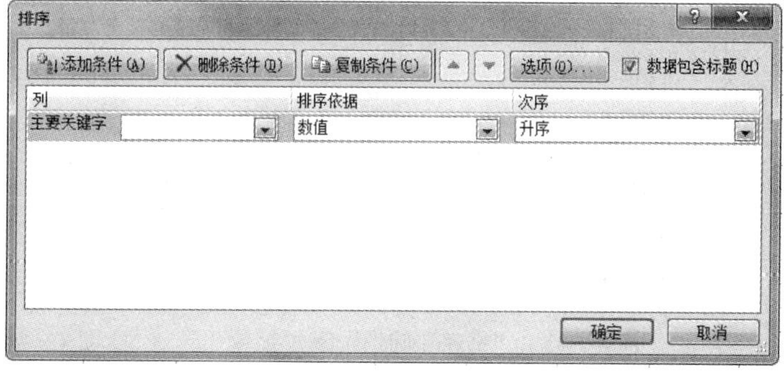


**图 4—39　“排序”对话框**

（7）在“排序”对话框中，将“主要关键字”设为“名次”，“排序依据”设为“数值”，“次序”设为“升序”，单击“确定”按钮。

**提示：** 在“排序”对话框中单击“添加条件”按钮，可以根据需要增加第二关键字、第三关键字等。当“主要关键字”值相同时，“次要关键字”才发挥作用。同理，“主要关键字”和“次要关键字”都相同，“第三关键字”才发挥作用。

在排序时，排序依据根据某列单元格的“值”，也可以是“单元格颜色”、“字体颜色”或“单元格图标”等。

### 4.6.2　数据筛选

数据筛选是一个隐藏所有除了符合用户指定条件之外行的过程。下面筛选出“平均分”

大于或等于 90 的行。

(1) 复制“成绩统计”表中 A1：K33 区域的数据到“平均分优秀”表中。

(2) 选中“平均分优秀”工作表中的单元格区域 A3：K33，单击“排序和筛选”按钮的下拉菜单，选择“筛选”命令，A3：K3 各单元格右侧出现了下拉箭头，如图 4—40 所示。

| 学号 | 姓名 | 系别 | 语文 | 数学 | 英语 | 物理 | 化学 | 总分 | 平均分 | 名次 |
|---|---|---|---|---|---|---|---|---|---|---|

图 4—40　筛选箭头

(3) 单击“平均分”右侧的下拉箭头，在打开的下拉菜单中选择“数字筛选 | 大于或等于”命令，如图 4—41 所示。在出现的“自定义自动筛选方式”对话框中，按图 4—42 所示进行设置，单击“确定”按钮完成筛选。

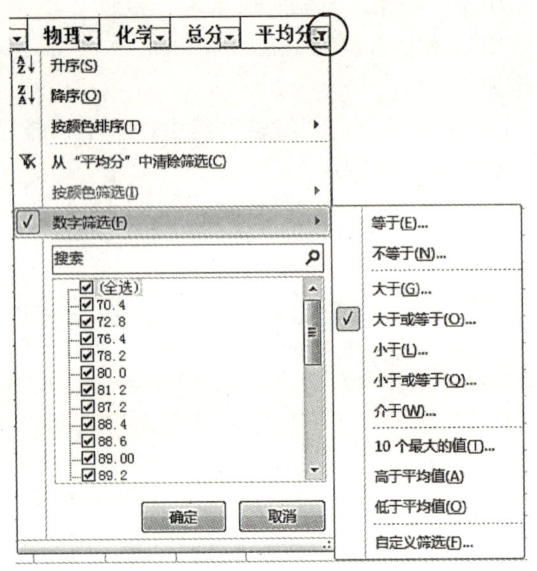

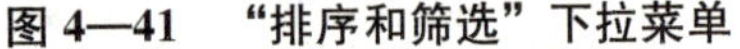

图 4—41　“排序和筛选”下拉菜单

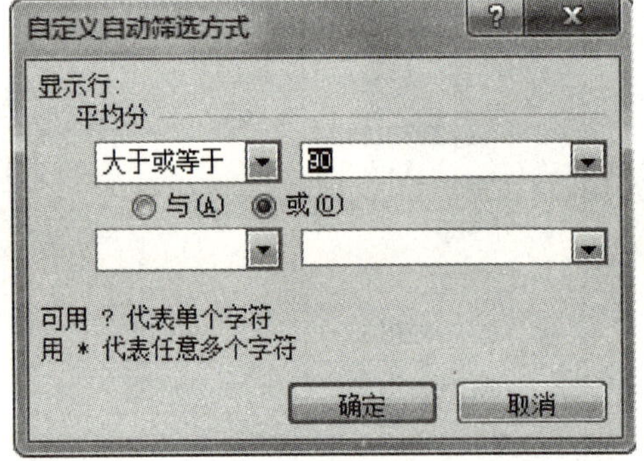


图 4—42　“自定义自动筛选方式”对话框

**提示**：另外一种操作方法是，先选中 J3：J33 单元格区域，在选中区域中单击右键，在弹出的快捷菜单中选择“筛选 | 按所选单元格的值筛选”命令，在“平均分”右侧出现下拉箭头，以下操作与上面介绍的相同。

### 4.6.3　分类汇总

分类汇总就是根据工作表中某列的值进行分类，然后再进行汇总。下面使用分类汇总，统计出土木、电力、动力各系的人数。

(1) 插入一个新的工作表，并命名为“分类汇总”。

(2) 将工作表“成绩统计”中 A1：K47 区域的数据复制到“分类汇总”工作表中。

(3) 在“分类汇总”工作表中，选定表头中任意一个单元格。

(4) 单击“开始”选项卡，在“编辑”组中，单击“排序和筛选”按钮下方的向下箭头，在下拉菜单中，选择“自定义排序”命令，将分类汇总“”工作表按“系别”进行排序。

(5) 选定“分类汇总”工作表中 A3：K33 单元格区域的数据，单击“数据”选项卡，在“分级显示”组中，单击分类汇总按钮“ ”，出现“分类汇总”对话框，如图 4—43 所示。

(6) 将“分类字段”设为“系别”，“汇总方式”设为“计数”，在“选定汇总项”中，选择“系别”，选定“替换当前分类汇总”与“汇总结果显示在数据下方”复选框，单击“确定”按钮，完成分类汇总，结果如图 4—44 所示。

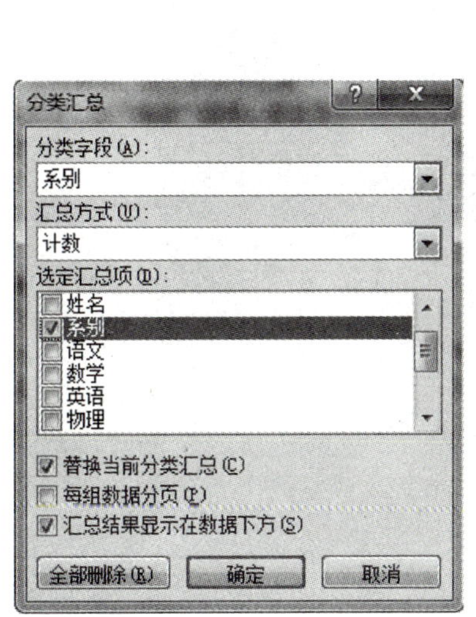


图 4—43 “分类汇总”对话框图

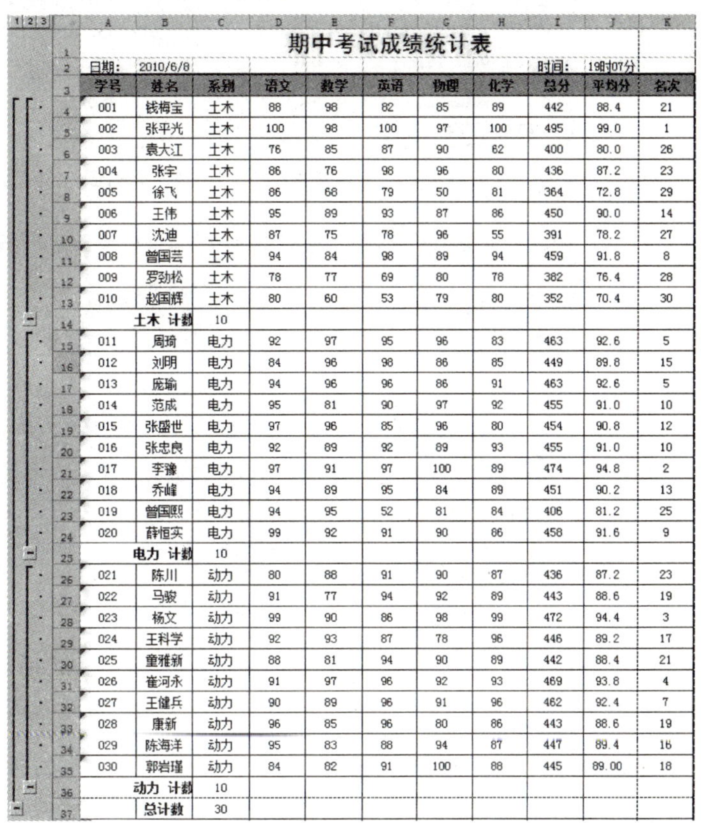

期中考试成绩统计表

日期：2010/6/8　　时间：19时07分

| 学号 | 姓名 | 系别 | 语文 | 数学 | 英语 | 物理 | 化学 | 总分 | 平均分 | 名次 |
|---|---|---|---|---|---|---|---|---|---|---|
| 001 | 钱梅宝 | 土木 | 88 | 98 | 82 | 85 | 89 | 442 | 88.4 | 21 |
| 002 | 张平光 | 土木 | 100 | 98 | 100 | 97 | 100 | 495 | 99.0 | 1 |
| 003 | 袁大江 | 土木 | 76 | 85 | 87 | 90 | 62 | 400 | 80.0 | 26 |
| 004 | 张宇 | 土木 | 86 | 76 | 98 | 96 | 80 | 436 | 87.2 | 23 |
| 005 | 徐飞 | 土木 | 86 | 68 | 79 | 50 | 81 | 364 | 72.8 | 29 |
| 006 | 王伟 | 土木 | 95 | 89 | 93 | 87 | 86 | 450 | 90.0 | 14 |
| 007 | 沈迪 | 土木 | 87 | 75 | 78 | 96 | 55 | 391 | 78.2 | 27 |
| 008 | 曾国芸 | 土木 | 94 | 84 | 98 | 89 | 94 | 459 | 91.8 | 8 |
| 009 | 罗劲松 | 土木 | 78 | 77 | 69 | 80 | 78 | 382 | 76.4 | 28 |
| 010 | 赵国辉 | 土木 | 80 | 60 | 53 | 79 | 80 | 352 | 70.4 | 30 |
| | 土木 计数 | 10 | | | | | | | | |
| 011 | 周琦 | 电力 | 92 | 97 | 95 | 96 | 83 | 463 | 92.6 | 5 |
| 012 | 刘明 | 电力 | 84 | 96 | 98 | 86 | 85 | 449 | 89.8 | 15 |
| 013 | 庞瑜 | 电力 | 94 | 96 | 96 | 86 | 91 | 463 | 92.6 | 5 |
| 014 | 范成 | 电力 | 95 | 81 | 90 | 97 | 92 | 455 | 91.0 | 10 |
| 015 | 张盛世 | 电力 | 97 | 96 | 85 | 96 | 80 | 454 | 90.8 | 12 |
| 016 | 张忠良 | 电力 | 92 | 89 | 92 | 89 | 93 | 455 | 91.0 | 10 |
| 017 | 李豫 | 电力 | 97 | 91 | 97 | 100 | 89 | 474 | 94.8 | 2 |
| 018 | 乔峰 | 电力 | 94 | 89 | 95 | 84 | 89 | 451 | 90.2 | 13 |
| 019 | 曾国熙 | 电力 | 94 | 95 | 52 | 81 | 84 | 406 | 81.2 | 25 |
| 020 | 薛恒实 | 电力 | 99 | 92 | 91 | 90 | 86 | 458 | 91.6 | 9 |
| | 电力 计数 | 10 | | | | | | | | |
| 021 | 陈川 | 动力 | 80 | 88 | 91 | 90 | 87 | 436 | 87.2 | 23 |
| 022 | 马骏 | 动力 | 91 | 77 | 94 | 92 | 89 | 443 | 88.6 | 19 |
| 023 | 杨文 | 动力 | 99 | 90 | 86 | 98 | 99 | 472 | 94.4 | 3 |
| 024 | 王科学 | 动力 | 92 | 93 | 87 | 78 | 96 | 446 | 89.2 | 17 |
| 025 | 童雅新 | 动力 | 88 | 81 | 94 | 90 | 89 | 442 | 88.4 | 21 |
| 026 | 崔河永 | 动力 | 91 | 97 | 96 | 92 | 93 | 469 | 93.8 | 4 |
| 027 | 王健兵 | 动力 | 90 | 89 | 96 | 91 | 96 | 462 | 92.4 | 7 |
| 028 | 康新 | 动力 | 96 | 85 | 96 | 80 | 86 | 443 | 88.6 | 19 |
| 029 | 陈海洋 | 动力 | 95 | 83 | 88 | 94 | 87 | 447 | 89.4 | 16 |
| 030 | 郭岩瑾 | 动力 | 84 | 82 | 91 | 100 | 88 | 445 | 89.00 | 18 |
| | 动力 计数 | 10 | | | | | | | | |
| | 总计数 | 30 | | | | | | | | |

图 4—44 分类汇总结果

**提示：**分类汇总结果窗口左侧的“—”用来进行折叠，若为“+”，表示可以展开。若要取消分类汇总，则单击“分类汇总”对话框中的“全部删除”按钮。

### 4.6.4 知识拓展

1. 高级筛选——删除重复的记录

高级筛选是比较有用的功能，特别是针对复杂条件的筛选。在 Excel 中录入数据后，难免会出现一些重复的记录，采用高级筛选功能就可以很容易地实现删除重复的记录的目的。

(1) 选定其中的任一个单元格，如果只是针对其中部分字段和记录进行筛选，可先选中这部分区域，如图 4—45、图 4—46 所示。

**注意：**只对连续选中的矩形区域有效。

(2) 单击“数据”选项卡，在“数据工具”组中，单击“删除重复项”按钮。

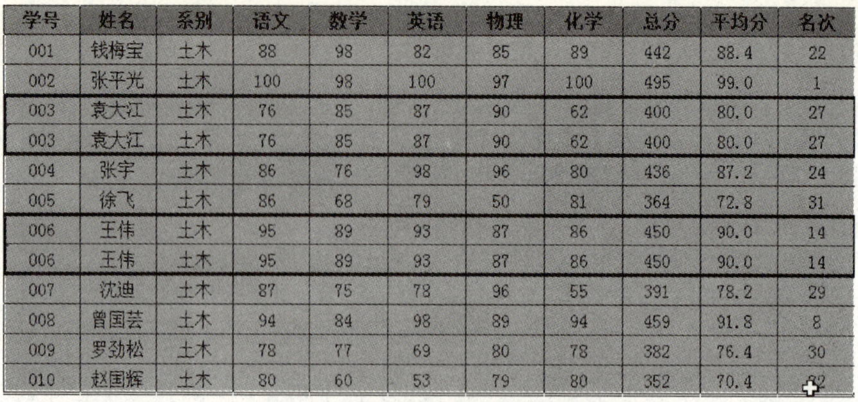

| 学号 | 姓名 | 系别 | 语文 | 数学 | 英语 | 物理 | 化学 | 总分 | 平均分 | 名次 |
|---|---|---|---|---|---|---|---|---|---|---|
| 001 | 钱梅宝 | 土木 | 88 | 98 | 82 | 85 | 89 | 442 | 88.4 | 22 |
| 002 | 张平光 | 土木 | 100 | 98 | 100 | 97 | 100 | 495 | 99.0 | 1 |
| 003 | 袁大江 | 土木 | 76 | 85 | 87 | 90 | 62 | 400 | 80.0 | 27 |
| 003 | 袁大江 | 土木 | 76 | 85 | 87 | 90 | 62 | 400 | 80.0 | 27 |
| 004 | 张宇 | 土木 | 86 | 76 | 98 | 96 | 80 | 436 | 87.2 | 24 |
| 005 | 徐飞 | 土木 | 86 | 68 | 79 | 50 | 81 | 364 | 72.8 | 31 |
| 006 | 王伟 | 土木 | 95 | 89 | 93 | 87 | 86 | 450 | 90.0 | 14 |
| 006 | 王伟 | 土木 | 95 | 89 | 93 | 87 | 86 | 450 | 90.0 | 14 |
| 007 | 沈迪 | 土木 | 87 | 75 | 78 | 96 | 55 | 391 | 78.2 | 29 |
| 008 | 曾国芸 | 土木 | 94 | 84 | 98 | 89 | 94 | 459 | 91.8 | 8 |
| 009 | 罗劲松 | 土木 | 78 | 77 | 69 | 80 | 78 | 382 | 76.4 | 30 |
| 010 | 赵国辉 | 土木 | 80 | 60 | 53 | 79 | 80 | 352 | 70.4 | 32 |

**图 4—45　选中其中的任一个单元格**

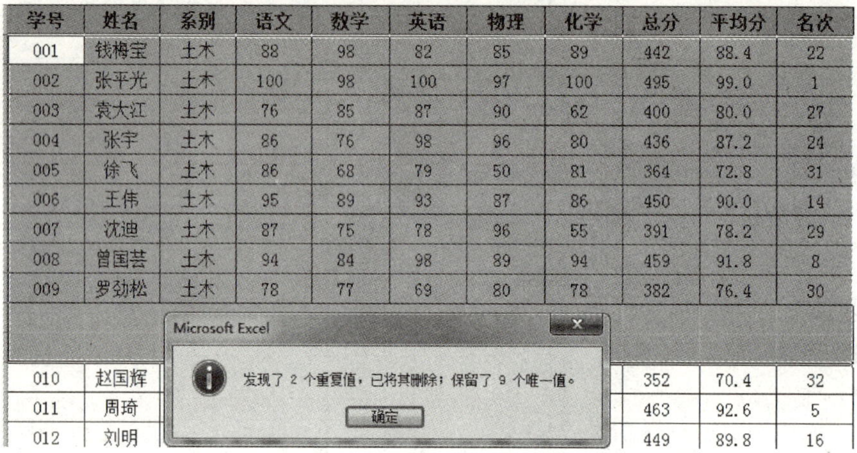

| 学号 | 姓名 | 系别 | 语文 | 数学 | 英语 | 物理 | 化学 | 总分 | 平均分 | 名次 |
|---|---|---|---|---|---|---|---|---|---|---|
| 001 | 钱梅宝 | 土木 | 88 | 98 | 82 | 85 | 89 | 442 | 88.4 | 22 |
| 002 | 张平光 | 土木 | 100 | 98 | 100 | 97 | 100 | 495 | 99.0 | 1 |
| 003 | 袁大江 | 土木 | 76 | 85 | 87 | 90 | 62 | 400 | 80.0 | 27 |
| 004 | 张宇 | 土木 | 86 | 76 | 98 | 96 | 80 | 436 | 87.2 | 24 |
| 005 | 徐飞 | 土木 | 86 | 68 | 79 | 50 | 81 | 364 | 72.8 | 31 |
| 006 | 王伟 | 土木 | 95 | 89 | 93 | 87 | 86 | 450 | 90.0 | 14 |
| 007 | 沈迪 | 土木 | 87 | 75 | 78 | 96 | 55 | 391 | 78.2 | 29 |
| 008 | 曾国芸 | 土木 | 94 | 84 | 98 | 89 | 94 | 459 | 91.8 | 8 |
| 009 | 罗劲松 | 土木 | 78 | 77 | 69 | 80 | 78 | 382 | 76.4 | 30 |
| | | | | | | | | | | |
| 010 | 赵国辉 | | | | | | | 352 | 70.4 | 32 |
| 011 | 周琦 | | | | | | | 463 | 92.6 | 5 |
| 012 | 刘明 | | | | | | | 449 | 89.8 | 16 |

Microsoft Excel

发现了 2 个重复值，已将其删除；保留了 9 个唯一值。

确定

**图 4—46　删除重复的记录**

2. 高级筛选——多字段多条件同时满足

如果要查找的结果满足多个条件，如：查找系别为“土木”、数学成绩大于 70，物理成绩大于等于 80 的学生记录，也可以运用高级筛选功能。

(1) 在数据区域外的任一单元格区域（如 D23：F23）中输入被筛选的字段名称“系别”、“数学”和“物理”。

(2) 在紧靠其下方的 D24：F24 单元格区域中分别输入筛选条件“土木”、“＞70”和“＞＝80”，如图 4—47 所示。

(3) 单击“数据”选项卡，在“排序和筛选”组中，单击“高级”按钮，打开“高级筛选”对话框。

(4) 在对话框中，选择筛选方式中的“将筛选结果复制到其他位置”单选按钮。将“列表区域”设置为“＄A＄1:＄J＄21”，“条件区域”设置为“＄D＄23:＄F＄24”，“复制到”设置为“＄P＄1”，单击“确定”按钮，如图 4—48 所示。

(5) 系统会自动将符合条件的记录筛选出来并复制到指定的从 P1 开始的单元格区域中。

3. 高级筛选——筛选空白数据

在高级筛选中，还有许多其他的功能，如查找一些空记录。如查找没有“数学”成绩的记录，可按下面的步骤进行：

|  | A | B | C | D | E | F | G | H | I | J |
|---|---|---|---|---|---|---|---|---|---|---|
| 1 | 学号 | 姓名 | 系别 | 语文 | 数学 | 英语 | 物理 | 化学 | 总分 | 平均分 |
| 2 | 001 | 钱梅宝 | 土木 | 88 | 98 | 82 | 85 | 89 | 442 | 88.4 |
| 3 | 002 | 张平光 | 土木 | 100 | 98 | 100 | 97 | 100 | 495 | 99.0 |
| 4 | 003 | 袁大江 | 土木 | 76 | 85 | 87 | 90 | 62 | 400 | 80.0 |
| 5 | 004 | 张宇 | 土木 | 86 | 76 | 98 | 96 | 80 | 436 | 87.2 |
| 6 | 005 | 徐飞 | 土木 | 86 | 68 | 79 | 50 | 81 | 364 | 72.8 |
| 7 | 006 | 王伟 | 土木 | 95 | 89 | 93 | 87 | 86 | 450 | 90.0 |
| 8 | 007 | 沈迪 | 土木 | 87 | 75 | 78 | 96 | 55 | 391 | 78.2 |
| 9 | 008 | 曾国芸 | 土木 | 94 | 84 | 98 | 89 | 94 | 459 | 91.8 |
| 10 | 009 | 罗劲松 | 土木 | 78 | 77 | 69 | 80 | 78 | 382 | 76.4 |
| 11 | 010 | 赵国辉 | 土木 | 80 | 60 | 53 | 79 | 80 | 352 | 70.4 |
| 12 | 011 | 周琦 | 电力 | 92 | 97 | 95 | 96 | 83 | 463 | 92.6 |
| 13 | 012 | 刘明 | 电力 | 84 | 96 | 98 | 86 | 85 | 449 | 89.8 |
| 14 | 013 | 庞瑜 | 电力 | 94 | 96 | 96 | 86 | 91 | 463 | 92.6 |
| 15 | 014 | 范成 | 电力 | 95 | 81 | 90 | 97 | 92 | 455 | 91.0 |
| 16 | 015 | 张盛世 | 电力 | 97 | 96 | 85 | 96 | 80 | 454 | 90.8 |
| 17 | 016 | 张忠良 | 电力 | 92 | 89 | 92 | 89 | 93 | 455 | 91.0 |
| 18 | 017 | 李豫 | 电力 | 97 | 91 | 97 | 100 | 89 | 474 | 94.8 |
| 19 | 018 | 乔峰 | 电力 | 94 | 89 | 95 | 84 | 89 | 451 | 90.2 |
| 20 | 019 | 曾国熙 | 电力 | 94 | 95 | 52 | 81 | 84 | 406 | 81.2 |
| 21 | 020 | 薛恒实 | 电力 | 99 | 92 | 91 | 90 | 86 | 458 | 91.6 |
| 22 |  |  |  |  |  |  |  |  |  |  |
| 23 |  |  |  | 系别 | 数学 | 物理 |  |  |  |  |
| 24 |  |  |  | 土木 | >70 | >=80 |  |  |  |  |

图 4—47　输入筛选条件

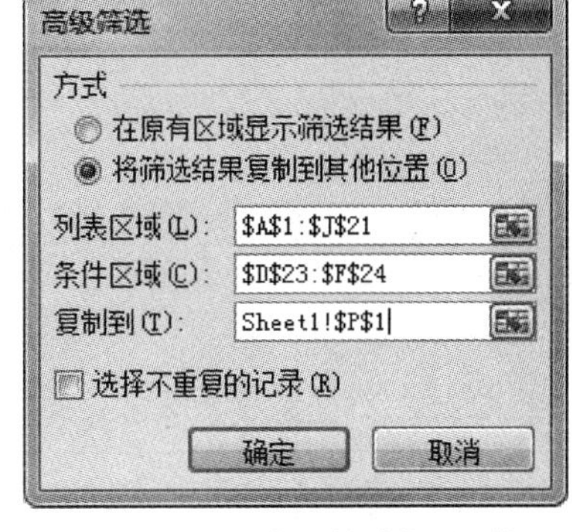


图 4—48　“高级筛选”对话框

(1) 在数据区域外的任一单元格（如 E23）中输入被筛选的字段名称“数学”，在紧靠其下方的 E24 单元格中输入筛选条件“=”。

(2) 单击“数据”选项卡，在“排序和筛选”组中，单击“高级”按钮，打开“高级筛选”对话框。

(3) 在对话框中，选择筛选方式中的“将筛选结果复制到其他位置”单选按钮。将“列表区域”设置为“＄A＄1：＄J＄21”，“条件区域”设置为“＄E＄23：＄E＄24”，“复制到”设置为“＄P＄1”，单击“确定”按钮。

## 4.7　图表操作

图表是 Excel 最常用的对象之一，它是依据选定的工作表单元格区域内的数据按照一定的数据系列而生成的，是工作表数据的图形表示方法。与工作表相比，图表能形象地反映出数据的对比关系及趋势，利用图表可以将抽象的数据形象化，当数据源发生变化时，图表中对应的数据也自动更新，使得数据更加直观，用户一目了然。

### 4.7.1　创建图表

图表都与创建它们的工作表数据相链接，当修改工作表数据时，图表会随之更新。下面以“期中考试成绩统计表”中的工作表“成绩统计”为数据源，使用“姓名”和“平均分”两列数据，创建一个簇状柱形图。

(1) 选中“成绩统计”工作表中“姓名”(B3：B33) 和“平均分”(J3：J33) 两列。

(2) 单击“插入”选项卡，在“图表”组中，单击柱形图按钮“”下方的下拉箭头，打开下拉菜单，单击“二维柱形图”中的簇状柱形图按钮“”，如图 4—49 所示，这时，图表插入到当前工作表中，如图 4—50 所示。

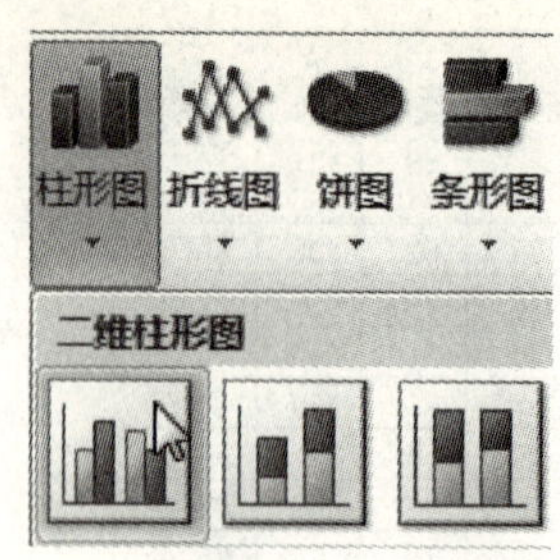


**图 4—49　选择“二维柱形图”**

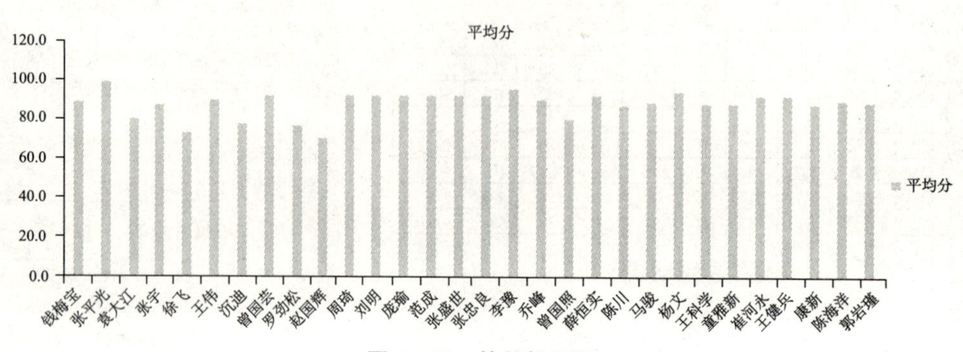


**图 4—50　簇状柱形图**

### 4.7.2　编辑图表

图表制作完成，可以对图表进行编辑操作，如将图表移动到另外的工作表中、可以对图表加“数据标签”、修改“图表样式”、修改“图表布局”等。

1. 修改图表位置

（1）选中图表。

（2）单击“图表工具设计”选项卡，在“位置”组中，单击移动图表按钮“ ”，出现“移动图表”对话框，如图 4—51 所示。

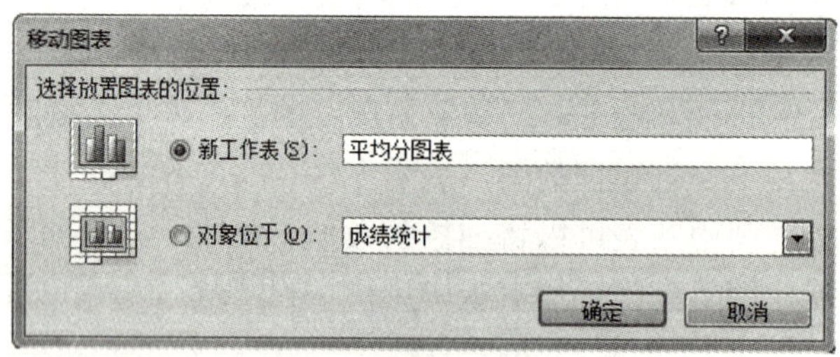


**图 4—51　“移动图表”对话框**

（3）选定“新工作表”单选框，输入新工作表名“平均分图表”，单击“确定”按钮，将图表移到新工作表“平均分图表”中。

2. 修改图表样式

（1）在“平均分图表”工作表中，选定图表。

（2）单击“图表工具设计”选项卡，在“图表样式”组中，从“图表样式”区域中选择“样式 11”。

3. 修改图表布局

单击“图表工具设计”选项卡，在“图表布局”组中，选择“布局 5”，如图 4—52 所示。

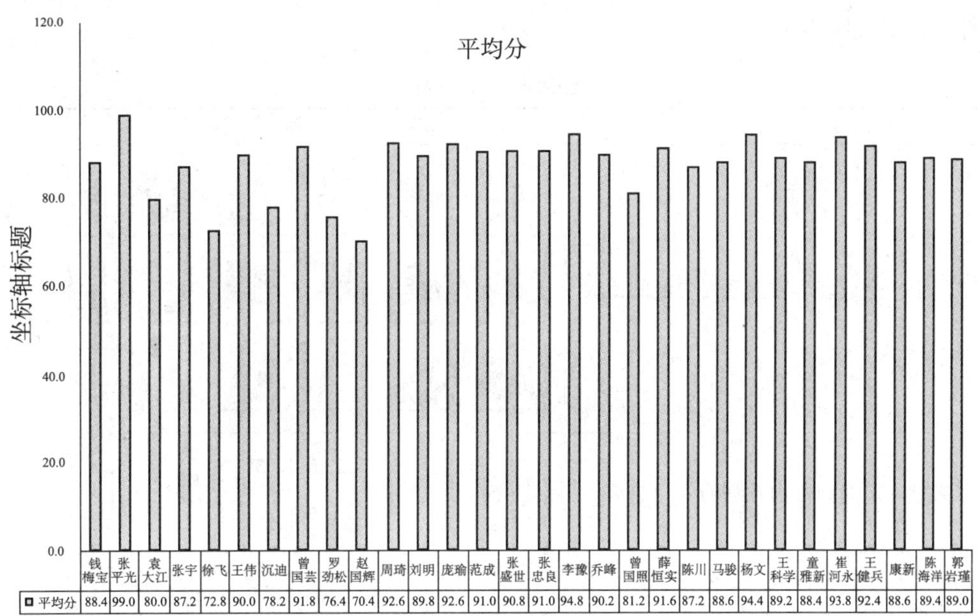


**图 4—52　修改后的图表**

4. 添加数据标签

(1) 在“平均分图表”工作表中，选定图表。

(2) 单击“图表工具布局”选项卡，在“标签”组中，单击“数据标签”下方的向下箭头，出现下列菜单。

(3) 在下列菜单中，选择“数据标签”命令，这时，在图表的上方出现对应的数据，如图 4—53 所示。

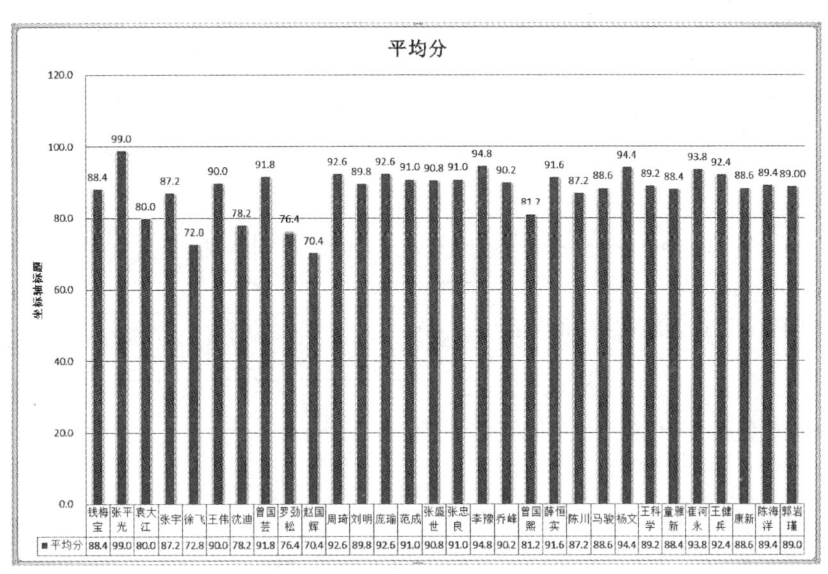


**图 4—53　添加“数据标签”**

### 4.7.3 知识拓展

1. 图表类型

图表类型说明表见表 4—4。

表 4—4 图表类型说明表

| 说明 | | 图例 |
|---|---|---|
| 柱形图 | 用于一个或多个数据系列中值的比较 |  |
| 折线图 | 表达一定时间段内数据的变化趋势 |  |
| 饼图 | 显示整个部分以及每部分在整体中所占的比例。一个饼图只能显示一组数据 | 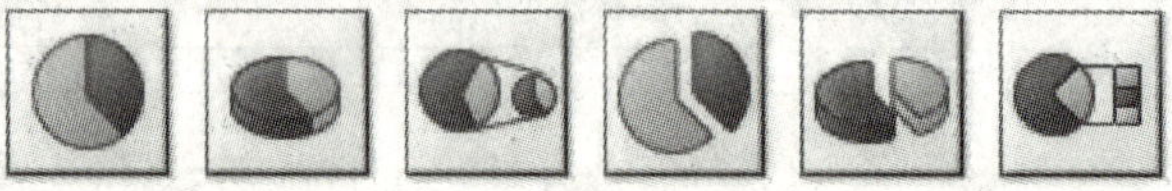 |
| 条形图 | 比较各个种类 |  |
| 面积图 | 表示精确的趋势变化，该趋势并不一定要沿着相互交叉的折线方向，面积图主要显示部分和整体的关系 | 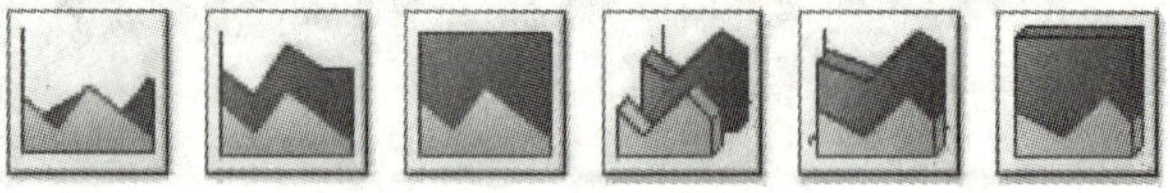 |
| XY散点图 | 表示两组数值之间的关系，一个在 X 轴上，一个在 Y 轴上 |  |
| 股价图 | 标示股票的价格走势，有股票成交量、开盘、盘高、盘低以及收盘等信息 | 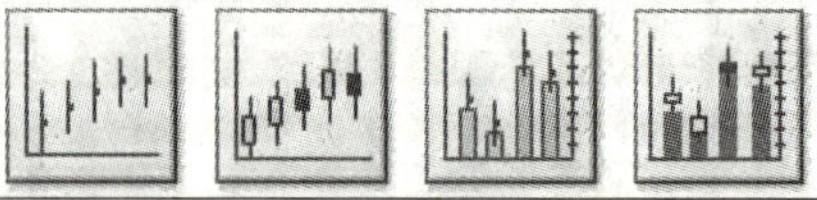 |
| 曲面图 | 显示三轴和三组独立数据之间的相互关系 | 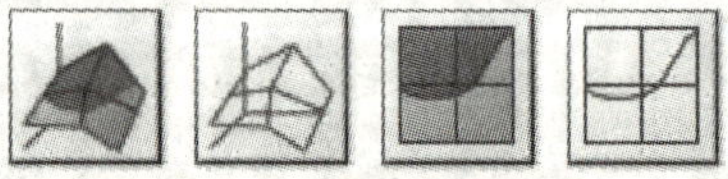 |
| 雷达图 | 表示每个数据从中心位置向外延伸的多少，并与其他数据比较 |  |
| 圆环图 | 显示每个数据组中部分与整体的关系，就像一组饼图一样，圆环图允许有多个分开的圆环，每个在另一个的内侧，分别表示不同的数据 | 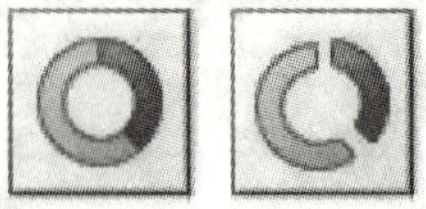 |

续前表

| 说　明 | | 图　例 |
|---|---|---|
| 气泡图 | 强调图表数据类型的相对重要性，是一种特殊的 XY 散点图，数据标记的大小标示出数据组中第三个变量的值。除了有 X 和 Y 坐标轴外，还有一个气泡大小的参数 | 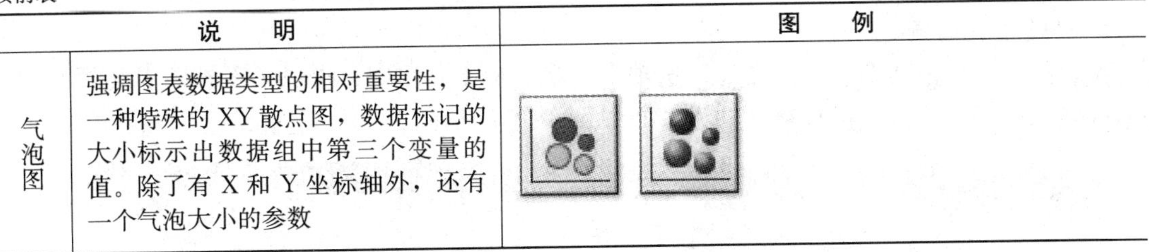 |

2. 修改图表类型

(1) 在图表上单击鼠标右键，打开快捷菜单，如图 4—54 所示。

(2) 选择“更改图表类型”命令，打开“更改图表类型”对话框，如图 4—55 所示，在其中选择新的图表类型，单击“确定”按钮即可。

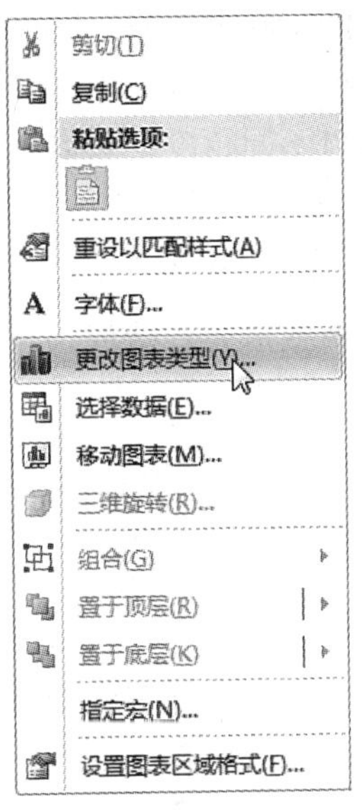


图 4—54　图表快捷菜单

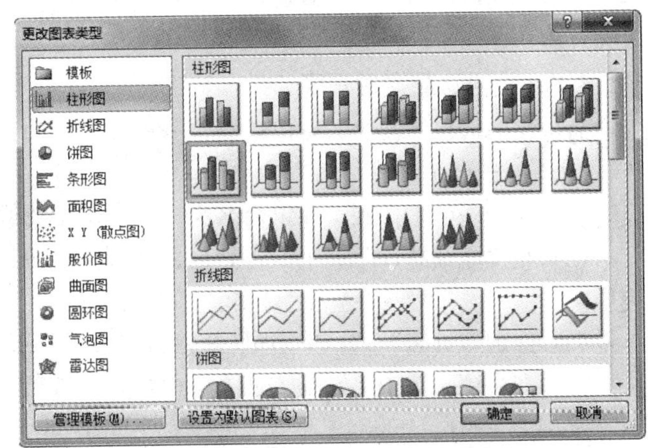


图 4—55　“更改图表类型”对话框

3. 更改数据源

(1) 选定图表，单击“图表工具设计”选项卡，在“数据”组中，单击选择数据按钮“”，打开“选择数据源”对话框，如图 4—56 所示。

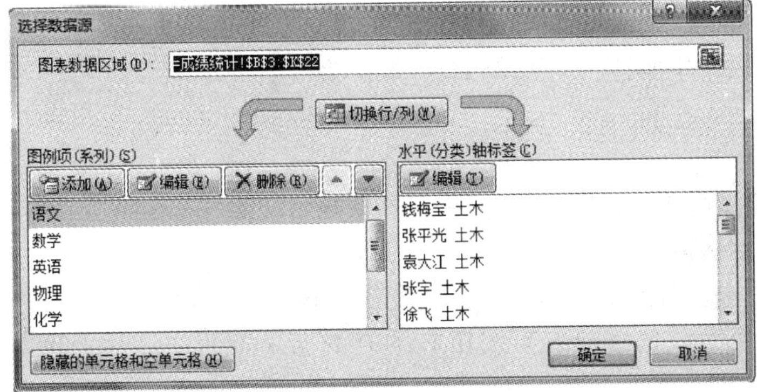


图 4—56　“选择数据源”对话框

（2）单击“图表数据区域”右侧的按钮“![]”，选择数据源区域。

4. 修改图表选项

选定图表，单击“图表工具布局”选项卡，在“标签”组中，提供了多种图表标签，选择不同的功能按钮对图表进行修改和设置，如图 4—57 所示。

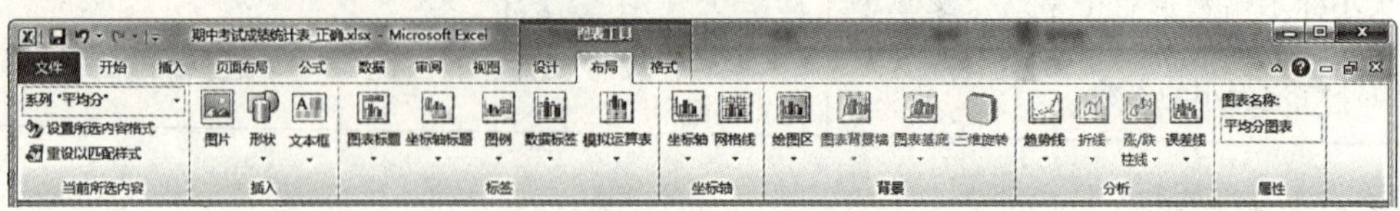


图 4—57 “布局”功能面板

## 4.8 制作数据透视表

数据透视表是一种可以对大量数据快速汇总和建立交叉列表的交互式表格。它能够转换行和列以查看源数据的不同汇总结果，并显示不同页面以筛选数据，还可以根据需要显示区域中的明细数据。数据透视表是一种动态工作表，它提供了一种以不同角度观看数据清单的简便方法。

### 4.8.1 创建数据透视表

通过使用数据透视表，可以汇总、分析、浏览和提供工作表数据或外部数据。

1. 修改数据表

（1）插入新的工作表，并重命名为“各班学生总成绩表”。

（2）在“成绩统计”表中，将姓名、系别、总分三列数据复制到“各班学生总成绩表”表中。

（3）选定“姓名”列，单击鼠标右键，打开快捷菜单。

（4）在快捷菜单中，选择“插入”命令，在姓名列的左侧插入一列，并输入如下数据：

学号、0001、0002、0003、0004、0005、0006、0007、0008、0009、0010、1001、1002、1003、1004、1005、1006、1007、1008、1009、1010、2001、2002、2003、2004、2005、2006、2007、2008、2009、2010。

（5）同理，在“总成绩”一列左侧也插入一列，并输入如下数据，如图 4—58 所示。

班级、土木 3807、土木 3807、土木 3807、土木 3807、土木 3807、土木 3807、土木 3807、土木 3807、土木 3807、土木 3807、电气 3806、电气 3806、电气 3806、电气 3806、电气 3806、电气 3806、电气 3806、电气 3806、电气 3806、电气 3806、动力 3811、动力 3811、动力 3811、动力 3811、动力 3811、动力 3811、动力 3811、动力 3811、动力 3811、动力 3811。

2. 创建透视表

以“系别”为“报表筛选”，以“班级”和“姓名”为“行标签”，以“成绩”为“求平均值项”，建立数据透视表。

（1）选择工作表“各班学生总成绩表”数据区中某一单元格，单击“插入”选项卡，在“表格”组中，单击“数据透视表”按钮右下方的向下箭头，打开下拉菜单，如图 4—59 所示。

| | A | B | C | D | E |
|---|---|---|---|---|---|
| 1 | 学号 | 姓名 | 系别 | 班级 | 总分 |
| 2 | 0001 | 钱梅宝 | 土木 | 土木3807 | 442 |
| 3 | 0002 | 张平光 | 土木 | 土木3807 | 495 |
| 4 | 0003 | 袁大江 | 土木 | 土木3807 | 400 |
| 5 | 0004 | 张宇 | 土木 | 土木3807 | 436 |
| 6 | 0005 | 徐飞 | 土木 | 土木3807 | 364 |
| 7 | 0006 | 王伟 | 土木 | 土木3807 | 450 |
| 8 | 0007 | 沈迪 | 土木 | 土木3807 | 391 |
| 9 | 0008 | 曾国芸 | 土木 | 土木3807 | 459 |
| 10 | 0009 | 罗劲松 | 土木 | 土木3807 | 382 |
| 11 | 0010 | 赵国辉 | 土木 | 土木3807 | 352 |
| 12 | 1001 | 周琦 | 电力 | 电气3806 | 463 |
| 13 | 1002 | 刘明 | 电力 | 电气3806 | 449 |
| 14 | 1003 | 庞瑜 | 电力 | 电气3806 | 463 |
| 15 | 1004 | 范成 | 电力 | 电气3806 | 455 |
| 16 | 1005 | 张盛世 | 电力 | 电气3806 | 454 |
| 17 | 1006 | 张忠良 | 电力 | 电气3806 | 455 |
| 18 | 1007 | 李豫 | 电力 | 电气3806 | 474 |
| 19 | 1008 | 乔峰 | 电力 | 电气3806 | 451 |
| 20 | 1009 | 曾国熙 | 电力 | 电气3806 | 406 |
| 21 | 1010 | 薛恒实 | 电力 | 电气3806 | 458 |
| 22 | 2001 | 陈川 | 动力 | 动力3811 | 436 |
| 23 | 2002 | 马骏 | 动力 | 动力3811 | 443 |
| 24 | 2003 | 杨文 | 动力 | 动力3811 | 472 |
| 25 | 2004 | 王科学 | 动力 | 动力3811 | 446 |
| 26 | 2005 | 童雅新 | 动力 | 动力3811 | 442 |
| 27 | 2006 | 崔河永 | 动力 | 动力3811 | 469 |
| 28 | 2007 | 王健兵 | 动力 | 动力3811 | 462 |
| 29 | 2008 | 康新 | 动力 | 动力3811 | 443 |
| 30 | 2009 | 陈海洋 | 动力 | 动力3811 | 447 |
| 31 | 2010 | 郭岩瑾 | 动力 | 动力3811 | 445 |

**图 4—58　“各班学生总成绩表”数据**

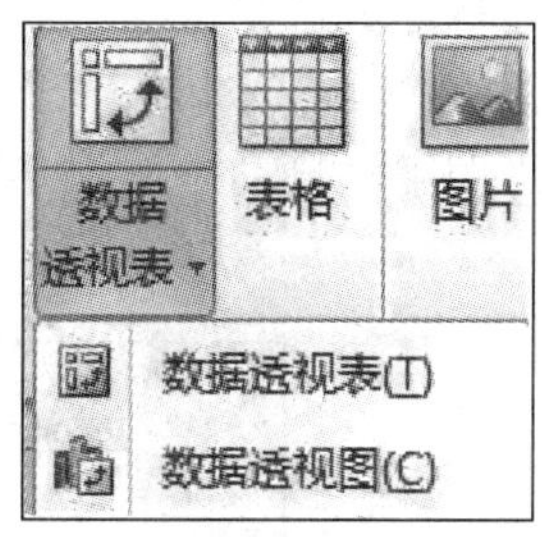


**图 4—59　“数据透视表”按钮下拉菜单**

（2）单击下拉菜单中的“数据透视表”命令，打开“创建数据透视表”对话框，如图 4—60 所示。

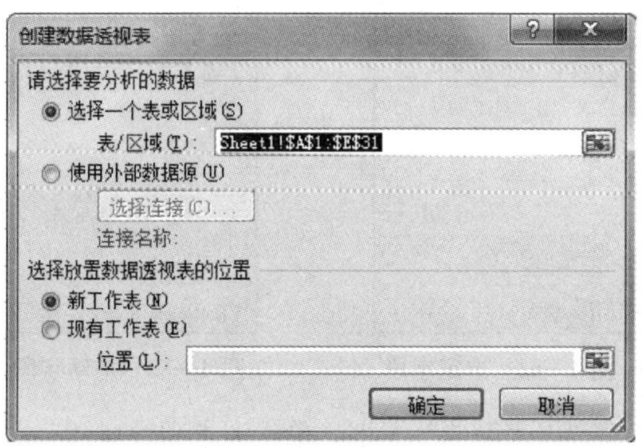


**图 4—60　“创建数据透视表”对话框**

（3）在“创建数据透视表”对话框中，“表/区域”显示的是“各班学生总成绩表”中的数据区。选择“新工作表”单选框，单击“确定”按钮，创建了一个空的数据透视表，并显示“数据透视表字段列表”对话框，如图 4—61 所示。

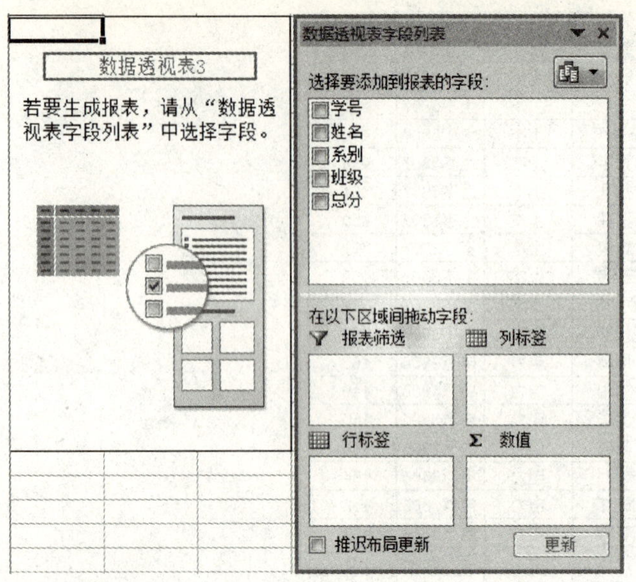


图 4—61　“数据透视表字段列表”对话框

(4) 在“数据透视表字段列表”对话框中，在“选择要添加到报表的字段”下，选定除“学号”外的其余字段，如图 4—62 所示。

(5) 字符型字段自动添加到“行标签”下方，数值型字段“成绩”添加到“Σ 数值”下方，如图 4—63 所示。

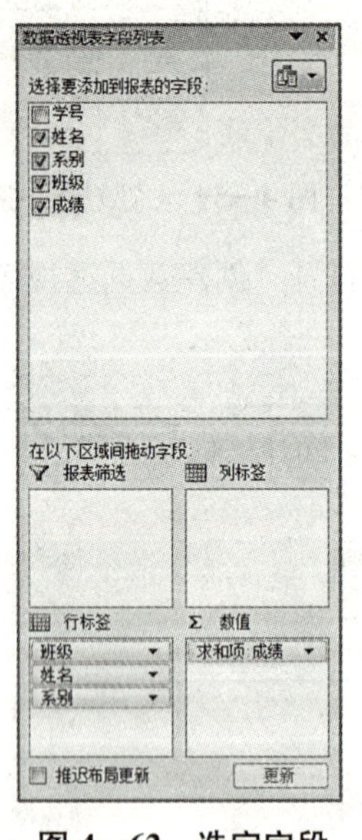


图 4—62　选定字段

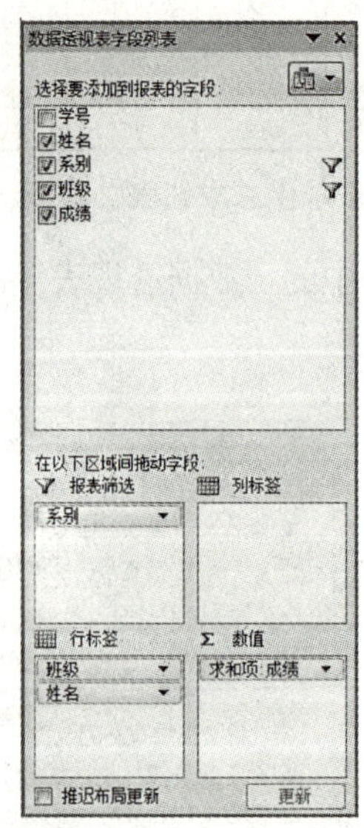


图 4—63　拖动字段

(6) 将“系别”拖至“报表筛选”下方，单击“求和项成绩”右侧的下拉箭头，出现下拉菜单，如图 4—64 所示。

(7) 在菜单中选择“值字段设置”命令，打开“值字段设置”对话框，如图 4—65 所示。

(8) 在对话框中，将“计算类型”设为“平均值”，单击“确定”按钮。

(9) 将数据透视表的新工作表重命名为“各班学生总成绩数据透视表”。

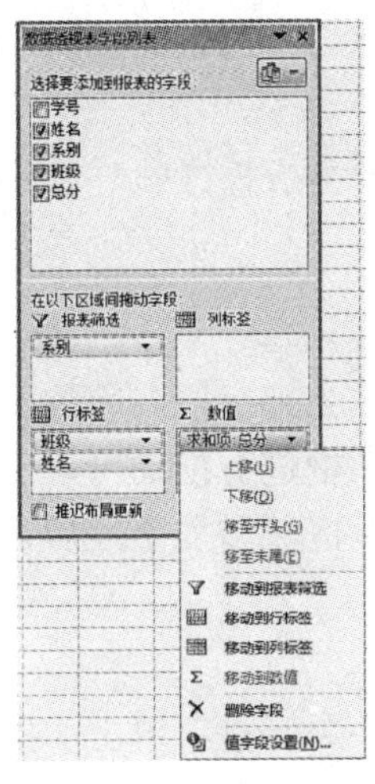

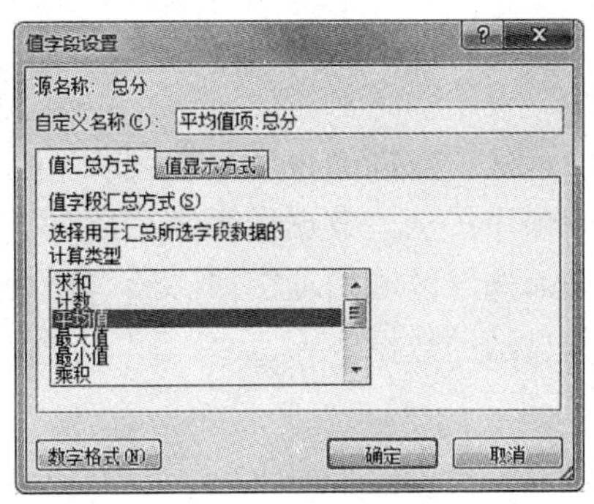


图 4—64　下拉菜单　　　　图 4—65　“值字段设置”对话框

**提示：**数据透视表一般由以下几个部分组成：

（1）报表筛选。在数据透视表中指定为页方向的字段。“报表筛选”是分页字段。

（2）行标签。行标签是数据透视表中指定为行方向的字段。使用时根据行标签的值进行筛选显示。

（3）列标签。列标签是数据透视表中指定为列方向的字段。根据列字段进行求和、求平均值的统计。

（4）数据区域。数据区域是数据透视表中含有汇总数据的区域。数据区域中的单元格用来显示行和列字段中数据项的汇总数据，数据区域每个单元格中的数值代表源记录或行的一个汇总。

### 4.8.2　使用数据透视表

（1）在生成的数据透视表中（见图 4—66），单击“全部”右侧的下拉箭头，在对话框中，选择要显示的系别“电力系”。

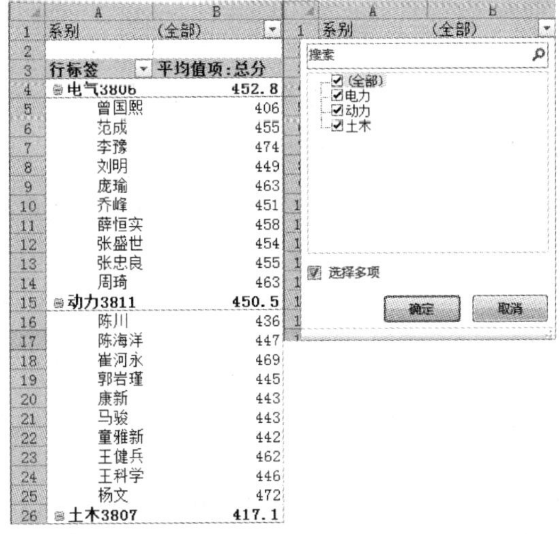


图 4—66　数据透视表

（2）单击“行标签”右侧的下拉箭头，打开“选择字段”对话框，从中选择要显示的字段，如：姓名。

在显示的各班级名称的左侧都有个折叠符号“⊞”，单击折叠符号，变为展开符号“⊟”。

### 4.8.3 知识拓展

1. 修改透视表

（1）删除字段：从“数据透视表字段列表”对话框中去掉字段名前的复选框。

（2）改变字段顺序：从“数据透视表字段列表”对话框进行拖动可改变字段顺序。

（3）给“报表筛选”区域增加字段：给“报表筛选”区域增加字段后，用户可以通过一个或多个选项筛选显示的数据。

2. 数据透视图

（1）选择工作表“各班学生总成绩表”数据区中某一单元格，单击“插入”选项卡，在“表格”组中，单击“数据透视表”按钮右下方的下拉箭头，打开下拉菜单。

（2）在下拉菜单中，选择“数据透视图”命令，根据创建透视表的步骤，创建出数据透视图，如图 4—67 所示。

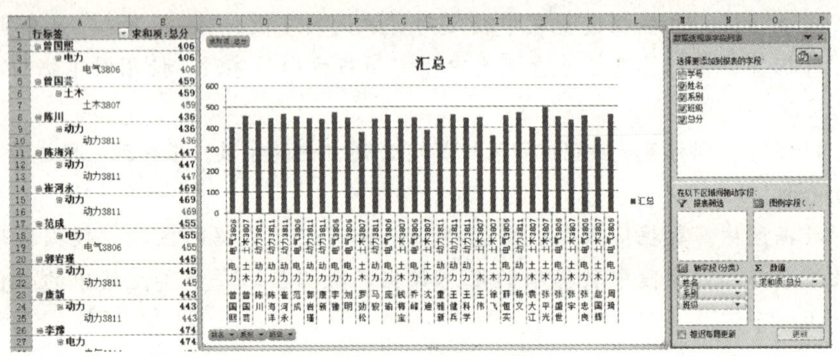


图 4—67 数据透视图

与数据透视表相比，数据透视图增加了一个以数据透视表为数据源的图表。

## 4.9 页面设置与打印

在制作完一张工作表后，根据需要可将它打印出来，在打印之前，首先要设置页面区域和做好分页的工作。下面在“期中考试成绩统计表”的工作表“成绩统计”中进行操作。

### 4.9.1 纸张大小

单击“页面布局”选项卡，在“页面设置”组中，单击“纸张大小”按钮，打开下拉菜单，在菜单中，选择“A4”，工作表中出现分页线（竖虚线）。

### 4.9.2 纸张方向

单击“页面布局”选项卡，在“页面设置”组中，单击“纸张方向”按钮，打开下拉菜单，在菜单中，选择“纵向”。

### 4.9.3 纸张页边距

单击“页面布局”选项卡，在“页面设置”组中，单击“页边距”按钮，打开下拉菜单，在菜单中，选择“窄”。

**说明**：在“页面设置”组中，单击右下角的辅助按钮“◲”，打开“页面设置”对话框，如图 4—68 所示。在该对话框的“页边距”选项卡下设置页边距与居中方式。

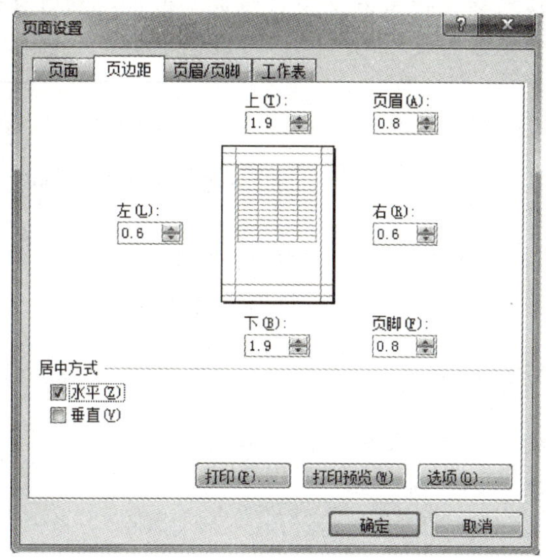


图 4—68 设置“页边距”

### 4.9.4 打印区域

（1）单击“页面布局”选项卡，在“工作表标签”组中，单击右下角的辅助按钮“◲”，出现“页面设置”对话框。

（2）单击“工作表”选项卡，在“打印区域”右侧，单击“▣”按钮，进行打印区域的选择，在工作表“成绩统计”中，选定 A1:K47 数据区。

### 4.9.5 打印标题

表格的标题及列标题通常在每一页都要打印出来。在“工作表”选项卡中，单击“顶端标题行”右侧的选择区域按钮“▣”，进行顶端标题行区域“$1:$3”的选择，如图4—69所示。

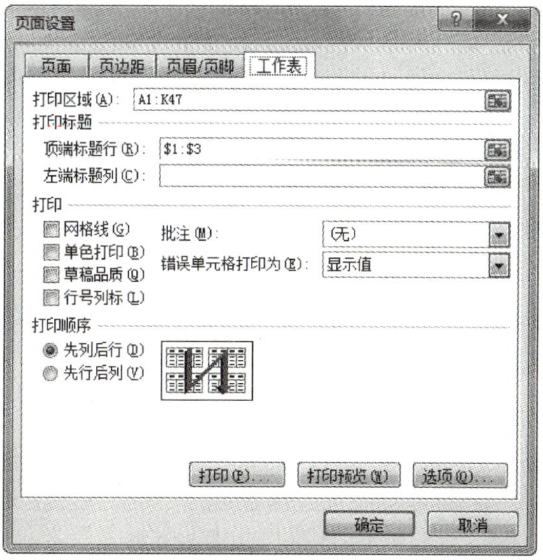

图 4—69 设置打印区域

**提示：**所选中的顶端标题行由若干整行组成，通过拖动行号进行选择操作，而不仅是顶端标题所包含的数据区域。

### 4.9.6 定义页眉和页脚

如果要打印的表格有多页，通常在页眉或页脚区设置每页要显示的信息，比如工作簿名、工作表名、页码、日期、时间等。

(1) 在“页面设置”对话框中，单击“页眉/页脚”选项卡。

(2) 单击“自定义页眉”按钮，打开“页眉”对话框，如图 4—70 所示。

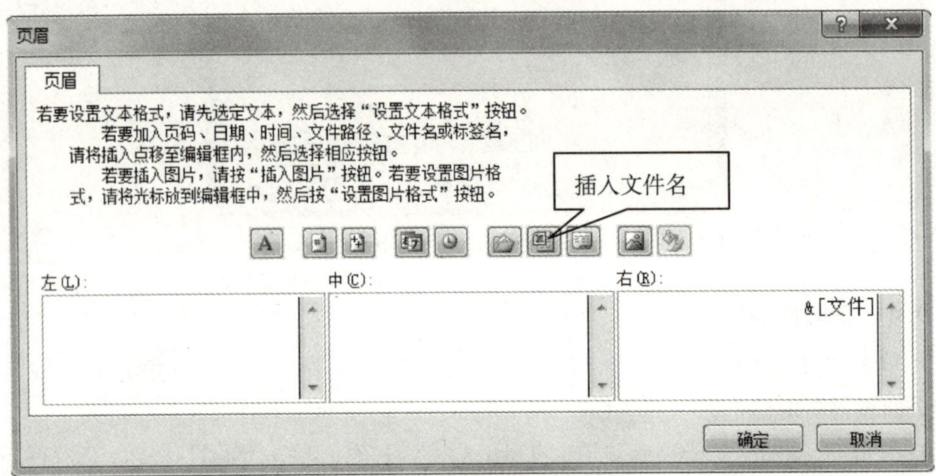


图 4—70 “页眉”对话框

(3) 将光标定位在“右”区域内，单击插入文件名按钮“”，打印预览时，则页眉会显示为工作簿名称“期中考试成绩统计表”。

(4) 单击“自定义页脚”按钮，打开“页脚”对话框，如图 4—71 所示。

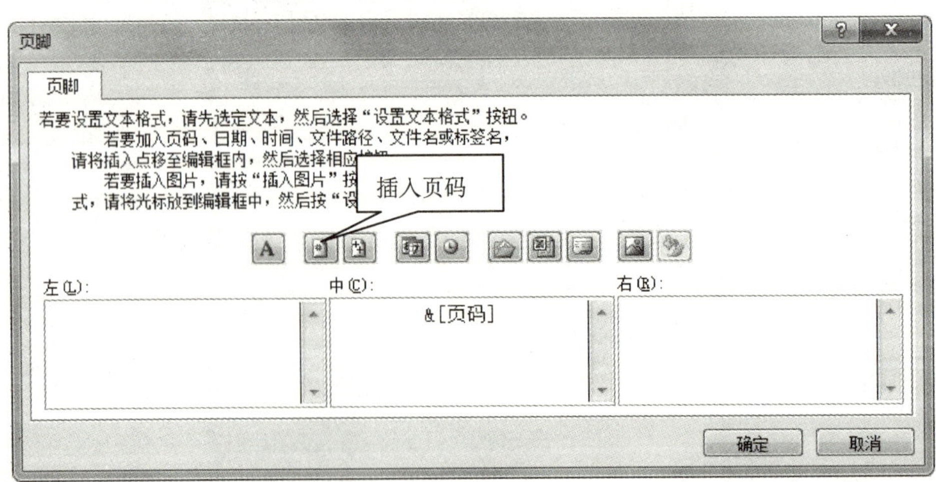


图 4—71 “页脚”对话框

(5) 将光标定位在“中”区域内，单击插入页码按钮“”，打印预览时，则页脚会显示页码。

通过以上设置，打印时每页右上方显示工作簿名称，底部居中位置显示页码。

### 4.9.7 文档预览

在页面设置和打印设置完成后，在“页面设置”对话框中，单击“打印预览”按钮，屏幕显示打印预览结果，如图 4—72 所示。

单击“文件 | 打印”命令，也可进行打印预览。

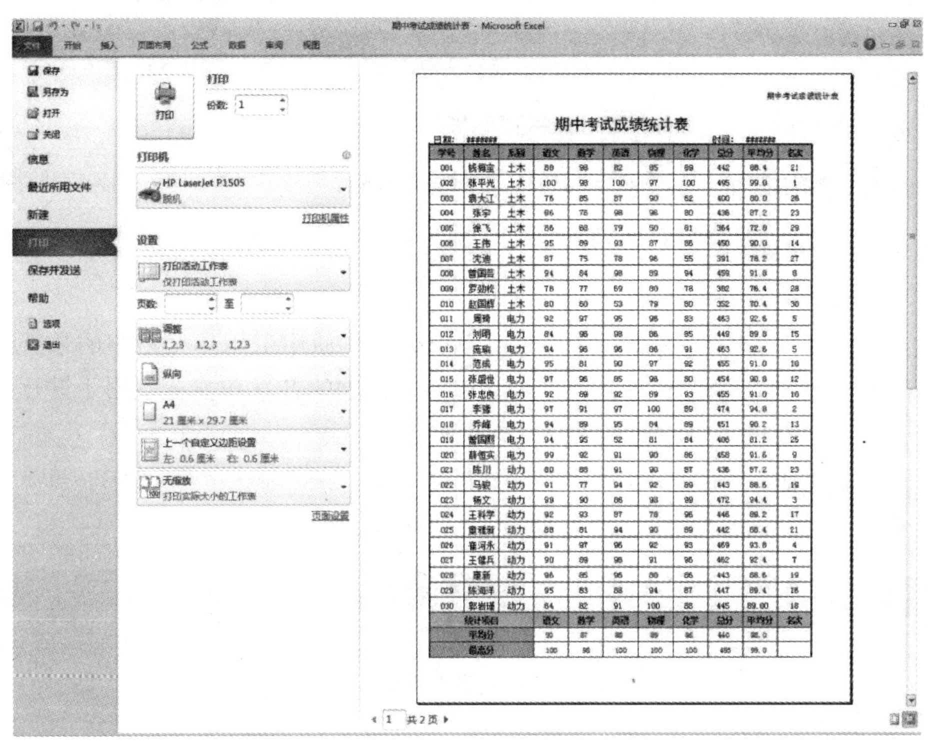


图 4—72 打印预览

### 4.9.8 文档打印

打印预览完后，当设置符合用户要求时，就可以开始打印。

打印前需要做如下选择或设置。

1. 选择打印机

(1) 单击“文件 | 打印”命令，单击“打印机”右侧的向下箭头，出现下拉菜单。

(2) 在菜单中，选择与计算机连接的打印机名称，如选择“HP LaserJet P1505”命令，如图 7—73 所示。

2. 选择打印对象

(1) 单击“设置”右侧的向下箭头，出现下拉菜单。

(2) 在菜单中，选择打印对象列表，如选择“打印活动工作表”命令，如图 4—74 所示。

3. 指定打印页面范围

在页数计数器“页数: 1 至 2”中，设置打印页面范围。

4. 打印缩放设置

(1) 单击“无缩放”右侧的向下箭头，出现下拉菜单。

(2) 在菜单中，选择所需要进行的缩放设置，如“无缩放”，如图 7—75 所示。

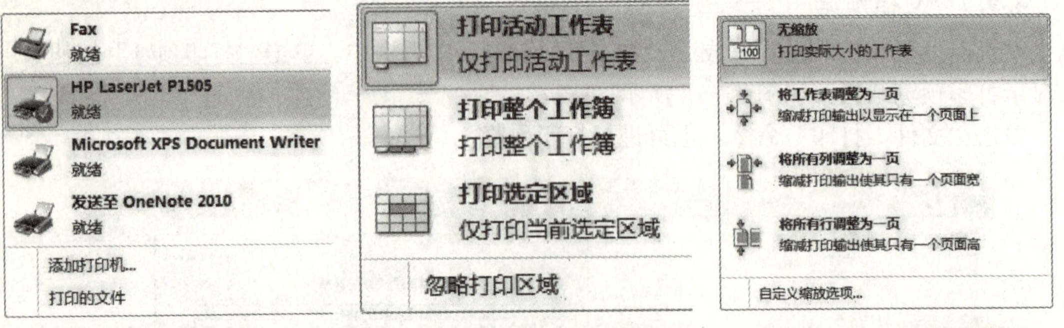


图 4—73 选择打印机　　图 4—74 选择打印对象　　图 4—75 打印缩放设置

### 4.9.9 知识拓展

1. 公式审核——追踪引用单元格

从 Excel 2010 中，公式或函数通常要引用单元格，使用引用单元格中的数据进行计算。单击“公式”选项卡，在“公式审核”组中，提供的各种功能标签用于进行公式的审核。

选择“成绩统计”工作表中一个使用公式的单元格，在“公式审核”组中，单击“追踪引用单元格”按钮，显示引用单元格，如图 4—76 所示。

| 3 | 姓名 | 系别 | 语文 | 数学 | 英语 | 物理 | 化学 | 总分 | 平均分 | 名次 |
|---|---|---|---|---|---|---|---|---|---|---|
| 4 | 钱梅宝 | 土木 | 88 | 98 | 82 | 85 | 89 | 442 | 88.4 | 21 |

图 4—76 追踪引用单元格

2. 公式审核——显示公式

在“公式审核”组中，单击“显示公式”按钮，所有使用公式的单元格中都显示出公式。

3. 公式审核——错误检查

在“公式审核”组中，单击“错误检查”按钮，可对公式进行检查，公式正确与否都会出现信息提示对话框。

4. 共享工作簿

共享工作簿是为了使多个用户在网络中，同时在一个工作簿中工作，加快表格中数据的输入速度。在保存更改记录时，对产生的冲突立即做出适当的处理。

(1) 单击“审阅”选项卡，在“更改”组中，单击“共享工作簿”按钮，打开“共享工作簿”对话框，如图 4—77 所示。

(2) 在“编辑”选项卡中，选定“允许多用户同时编辑”复选框，在“高级”选项卡中，对“修订”、“更新”、“用户间的修订冲突”等进行设置，如图 4—78 所示。

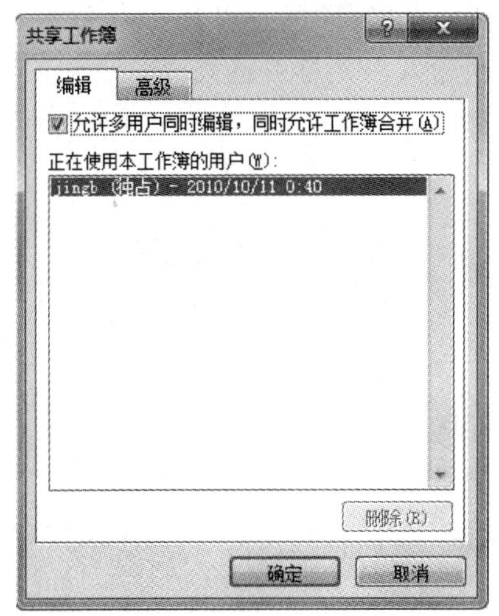


图 4—77 “共享工作簿”对话框

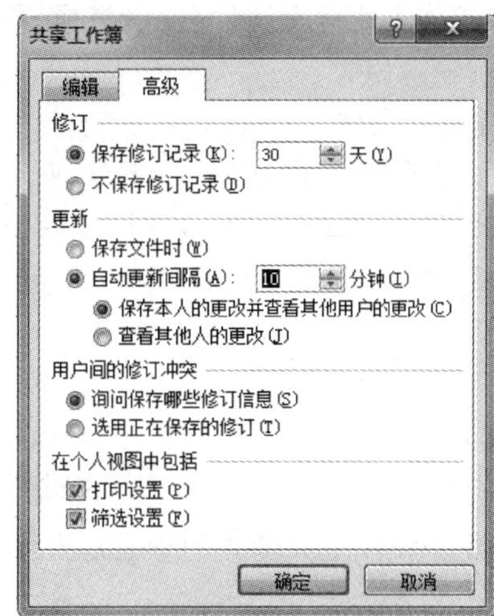


图 4—78 “高级”选项卡

## 本章小结

本章案例介绍了工作簿、工作表和单元格的概念以及它们之间的关系。在案例中，详细介绍了数据的输入方法、常用的公式和函数。学会利用公式和函数对表格中的数据进行统计和计算。同时，也学会利用分类汇总功能和筛选功能对表格中的数据进行排序、汇总、筛选、创建数据图表和透视图。

## 习 题 4

1. 简答题

(1) 什么是单元格、工作表、工作簿？简述它们之间的关系。

(2) 简述在工作表中输入数据的几种方法。

(3) 删除单元格和清除单元格之间的区别是什么？

(4) 相对引用和绝对引用有何区别？

(5) 如何调整行高列宽？有几种方法？

2. 选择题

(1) 若要在D3存放“职业技术学院”，C4存放“电力”，则D2表达式“=C4&D3”应该表示为（　　）。

A. “电力”连接到“职业技术学院”　　B. “电力职业技术学院”

C. “职业技术学院”连接到“电力”　　D. “电力”和“职业技术学院”

(2) 单元格D1中有公式=A1+＄C1，将D1中的公式复制到E4格中，E4格中的公式为（　　）。

A. =A4+＄C4　　B. =B4+＄D4　　C. =B4+＄C4　　D. =A4+C4

(3) Excel 2010中，在单元格中输入00/3/10，则结果为（　　）。

A. 2000-3-10　　B. 3-10-2000　　C. 00-3-10　　D. 2000年3月10日

(4) 用Del键来删除选定单元格数据时，它删除了单元格的（　　）。

A. 内容　　B. 格式　　C. 附注　　D. 全部

(5) 在工作表的编辑过程中，“格式刷”按钮的功能是（　　）。

A. 复制输入的文字　　B. 复制输入单元格的格式

C. 重复打开文件　　D. 删除

(6) =SUM（D3,F5,C2:G2,E3）表达式的数学意义是（　　）。

A. =D3+F5+C2+D2+E2+F2+G2+E3

B. =D3+F5+C2+G2+E3

C. =D3+F5+C2+E3

D. =D3+F5+G2+E3

(7) 在Excel窗口的不同位置，（　　）可以引出不同的快捷菜单。

A. 单击鼠标右键　B. 单击鼠标左键　C. 双击鼠标右键　D. 双击鼠标左键

(8) Excel 2010中录入任何数据，只要在数据前“'”（单引号），则单元格中表示的数据类型是（　　）。

A. 字符类　B. 数值　C. 日期　D. 时间

(9) 要A1单元格中输入字符串时，其长度超过A1单元格的显示长度，若B1单元格为空的，则字符串的超出部分将（　　）。

A. 被删除　　B. 作为另一个字符串存入B1中

C. 显示#####　　D. 连续超格显示

(10) 在选定单元格中操作中先选定A2，按Shift键，然后单击C5，这时选定的单元格区域是（　　）。

A. A2：C5　B. A1：C5　C. B1：C5　D. B2：C5

(11) Excel总共为用户提供了（　　）种图表类型。

A. 9　B. 6　C. 102　D. 12

(12) 在Excel工作表中，如果没有预先设定整个工作表的对齐方式，系统默认的对齐方式为：数值（　　）。

A. 左对齐　B. 中间对齐　C. 右对齐　D. 视具体情况而定

(13) 执行一次排序时，最多能设（　　）个关键字段。

A. 1　B. 2　C. 3　D. 任意多个

(14) Excel中，如果要预置小数位数，方法是输入数据时，当设定小数是“2”时，输入56789表示（　　）。

A. 567.89　B. 0056789　C. 56789.00　D. 56789

(15) 在Excel中，公式的定义必须以（　　）符号开头。

A. =　B. "　C. :　D. *

(16) 在Excel中，若要将光标移到工作表A1单元格，可按（　　）键。

A. Ctrl+End　B. Ctrl+Home　C. End　D. Home

(17) Excel工作簿的默认名是（　　）。

A. Sheet1　B. Excel1　C. X1start　D. Book1

(18) 在Excel中，下列引用地址为绝对引用地址的是（　　）。

A. $D5　B. E$6　C. F8　D. $G$9

(19) 在Excel中各运算符的优先级由高到低顺序为（　　）。

A. 数学运算符、比较运算符、连接运算符

B. 数学运算符、连接运算符、比较运算符

C. 比较运算符、连接串运算符、数学运算符

D. 连接运算符、数学运算符、比较运算符

(20) 下面（　　）不属于 Excel 2010 的视图方式。

A. 分页预览　　B. 普通　　C. 页面　　D. 全屏显示

3. 填空题

(1) Excel 2010 中，在降序排列中，序列中空白的单元格行被放置在排序数据清单的________。

(2) 在 Excel 默认格式下，数值数据会________对齐；字符数据会________对齐。

(3) Excel 2010 中提供了两种筛选命令，是________和________。

(4) 在 Excel 中，数据库包括________、________和________三个要素。

(5) 在 Excel 中默认的工作表的名称为：________、________和________。

(6) Excel 中，工作表行列交叉的位置称为________。

(7) 在 Excel 工作表中，行标号以记录表示，列标号以________表示。

(8) 在 Excel 中，要输入相同数据，在选定的单元格中输入数据，然后按________键来完成的。

(9) 部分选定单元格只要按住________键同时选择各单元格。

(10) 在 Excel 中被选中的单元格称为________。

(11) 工作簿窗口默认有________张独立的工作表，最多不能超过________张工作表。

(12) Excel 中输入数据后，要将光标定位到下一行应按________键，向右移动一列应按________键。

(13) 公式由操作数与运算符组成。操作数可以是________、________、________和________等或其他公式。

(14) 在单元格中输入公式或函数后，单元格显示的是________或________的计算结果，而在编辑栏中显示是的________。

(15) 在 Excel 中，假定存在一个数据库工作表，内含姓名、专业、奖学金、成绩等项目，现要求对相同专业的学生按奖学金从高到低进行排序，则要进行多个关键字段的排序，并且主关键字段是________。

# 第 5 章　中文 PowerPoint 2010 操作与应用

## 本章重点

- 启动 PowerPoint 2010
- PowerPoint 的界面组成
- 创建演示文稿
- 设计幻灯片的动画效果
- 幻灯片放映
- 打印演示文稿

## 教学目标

通过本章案例的学习，使学生了解 PowerPoint 2010 的基本概念和功能，学会 PowerPoint 2010 的一般操作。学会用母版来创建模板，用自己设计的模板来制作精美的设计幻灯片，并设置幻灯片的动画效果。

**案例：**“太原电力高等专科学校招生宣传片”的界面，如图 5—1 所示。

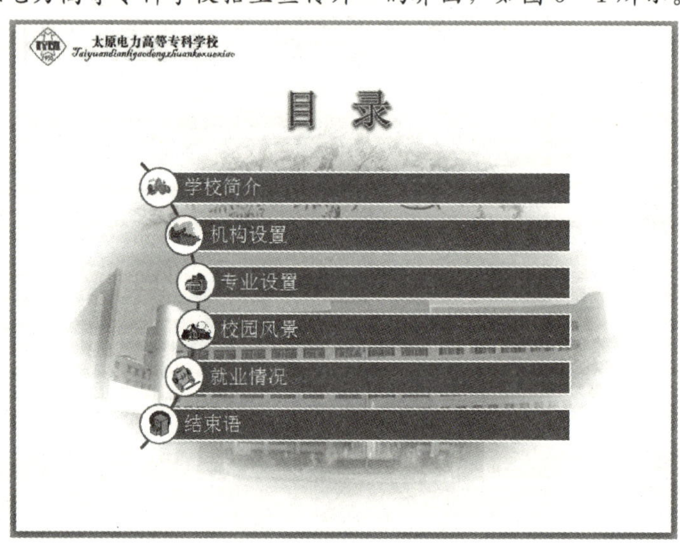


**图 5—1　宣传片的界面**

## 5.1 基本操作

PowerPoint 是微软公司推出的 Microsoft Office 办公套件中的一个组件，专门用于制作演示文稿（俗称幻灯片）。广泛运用于各种会议、产品演示、学校教学。无论是教师授课还是企事业单位培训员工，都要事先做一个 PowerPoint 演示文稿，把阐述的过程变得简明而清晰，吸引学生和员工的注意力，从而更有效地与学生和员工进行沟通。

### 5.1.1 建立 PowerPoint 2010 新文档

（1）单击“开始｜所有程序｜Microsoft Office｜Microsoft PowerPoint 2010”命令，打开 PowerPoint 2010 窗口。

（2）单击“文件｜新建｜空白文档｜创建”命令，出现如图 5—2 所示的界面。PowerPoint 2010 窗口界面包括：快速访问工具栏、功能选项卡、功能区、组、标题栏、幻灯片编辑窗口、大纲和幻灯片的方式切换、状态栏、显示比例滑杆、帮助按钮、最大化、最小化、关闭按钮等组成。

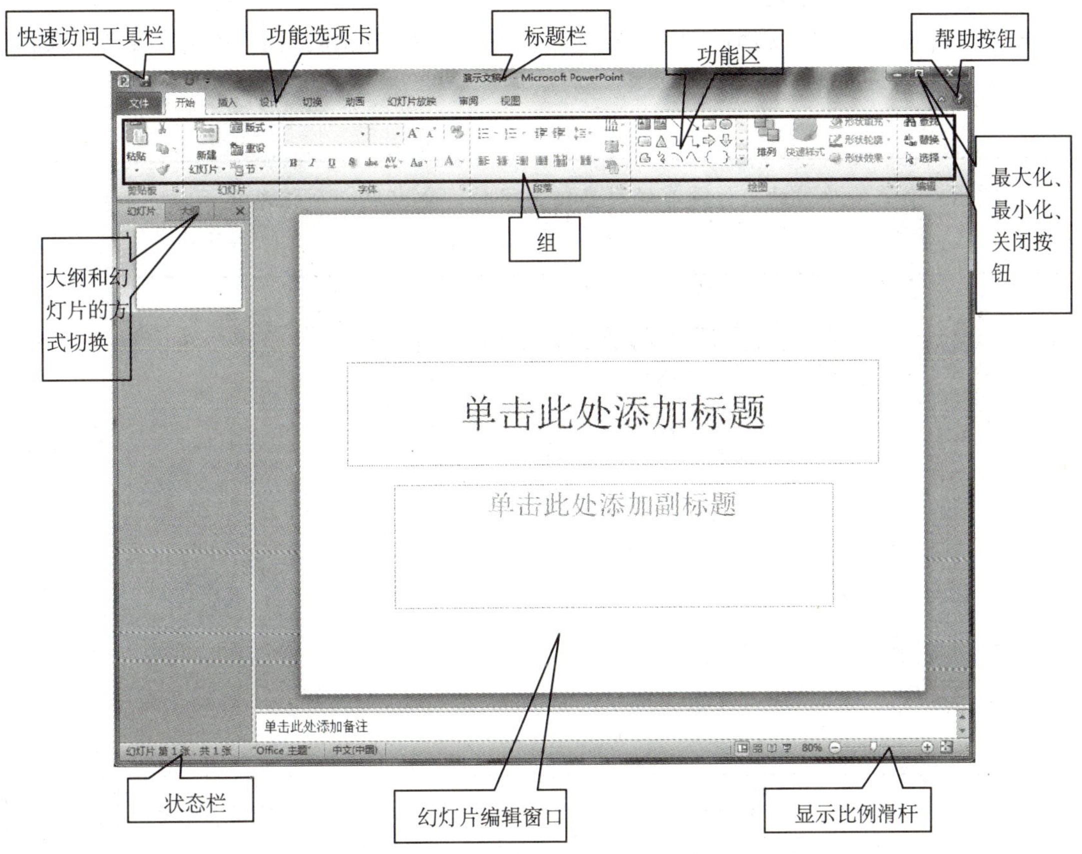


**图 5—2 PowerPoint 2010 界面组成**

### 5.1.2 PowerPoint 2010 文档的保存和关闭

文档建好后，都要对文档进行保存，常用的保存方法如下。

1. 文档的保存

（1）快速访问工具栏。

①单击“快速访问工具栏”上的“保存”按钮，打开“另存为”对话框。

②在对话框的“保存类型”中，选择“PowerPoint 演示文稿（*.potx)”选项。

③在“文件名”右边的文本框中输入文件名，单击“保存”按钮。

(2) 文件选项卡。

①单击“文件|保存”命令，出现“另存为”对话框。

②在对话框的“保存类型”中，选择“PowerPoint 演示文稿（*.potx)”选项。

③在“文件名”右边的文本框中输入文件名，单击“保存”按钮。

**提示**：为了防止意外断电等事件，最好设置文档的自动保存，步骤是：单击“文件|选项”命令，在“选项”对话框中，右侧选择“保存”，左侧选择“保存自动恢复信息时间间隔”复选框，并选择时间。

2. 文档的关闭

常用的关闭方法如下：

(1) 文件选项卡。当文档进行过保存后，就可以关闭目前的文档。单击“文件|关闭”命令，关闭文档。

**提示**：如果修改过的文件没有保存直接关闭时，会出现一个信息提示框，如图 5—3 所示。

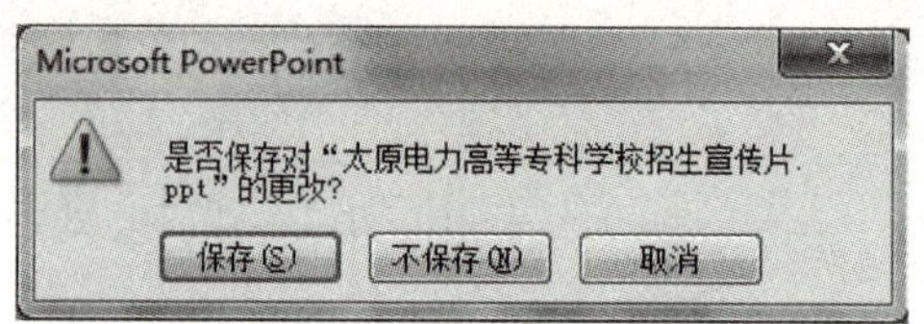


图 5—3 保存信息提示框

(2) 关闭按钮。单击标题栏中右侧的关闭按钮“×”，关闭文档。

### 5.1.3 打开文档

创建的文档保存后，为了做进一步的修改与编辑，可以打开保存过的文件。

单击“文件|最近所用的文件”命令，在右侧找到需要的文件并用鼠标左键单击。

**提示**：单击“文件|打开”命令，出现“打开”对话框。在对话框中找到要打开的文件即可。不过对于刚刚保存过的文件做这样的操作过于烦琐。

### 5.1.4 知识拓展

1. “保存”和“另存为”的区别

在“文件”选项卡中，有“保存”和“另存为”两个命令，区别在于：

新建的文档保存时，“保存”和“另存为”是一样的。当保存过的文件打开经过修改，再单击“保存”命令时，不会出现“另存为”对话框，它会按照原来的保存位置、文件名称和保存类型去保存文档。而如果文档要保存到另外的位置、改变文件的名称或改变文件的类型，就要单击“另存为”命令。

2. “关闭”和“退出”的区别

在“文件”选项卡中，有“关闭”和“退出”两个命令，区别在于：

“关闭”是指关闭目前正打开的文档，PowerPoint 程序还存在。“退出”是指即关闭打开的文件，同时退出 PowerPoint 程序，回到桌面。

3. 用模板创建文档

如果没有特殊要求，可以使用 PowerPoint 自带的丰富多彩模板去创建文档。

单击“文件｜新建”命令，在“主页”中，选择“样本模板”。或者在“Office. com 模板”区，选择一种模板，如“演示文稿”，从网站在线下载，下载完成，单击“创建”按钮即可。

## 5.2 模板的设计

在 PowerPoint 2010 的幻灯片设计中，有很多模板供我们使用，而且使用简单易行，只需用鼠标轻轻一点即可。尽管 PowerPoint 2010 中已经有许多丰富多彩、功能齐全的模板供我们使用，但还是有一些不尽如人意的地方。当微软提供的模板不能满足我们的要求时，我们必须亲自来设计自己模板，如案例广告宣传片。

### 5.2.1 母版的设计

在 PowerPoint 2010 演示文稿设计中，除了每张幻灯片的制作外，最核心、最重要的就是母版的设计，因为它决定了演示文稿的统一风格，甚至还是创建演示文稿模板和自定义主题的前提。针对案例的特殊要求，要对母版进行设计。设计母版的操作步骤如下。

（1）打开创建的空白文档。

（2）准备好一张要做母版的图片，如图 5—4 所示。单击“视图”选项卡，在“母版视图”组中，单击“幻灯片母版”按钮，进入母版编辑状态。

**图 5—4　正文母版图片**

**思考：**图片效果如果不用专用图像处理软件，用什么方法可以处理成这样的效果？

（3）在“演示文稿视图”区，单击“1 幻灯片母版”幻灯片。

**说明**：在这份 PowerPoint 中共有十几张母版，将鼠标悬停在第一张母版上，可以看到，多页的幻灯片都在使用这张母版。而在第一张幻灯片的下面是更具体的母版，则分别用于不同的页码。

(4) 单击“插入”选项卡，在“图像”组中，单击“图片”按钮，选中要作为正文模板的图片“主楼.jpg”。

(5) 选定图片（在图片上单击），单击鼠标右键，在快捷菜单中，单击“置于底层｜置于底层”命令，使图片不影响母版排版的编辑。

**提示**：在母版视图中，对于母版的编辑与正文类似，各种元素的编辑及工具都可以使用，如：可以修改图片的艺术效果、图片颜色、背景等，用各种绚丽的母版装点 PowerPoint。

(6) 单击“插入”选项卡，在“图像”组中，单击“图片”按钮，插入图片“校徽.jpg”，将图片拖到幻灯片的左上角，并调整图片大小。

(7) 单击“插入”选项卡，在“图像”组中，单击“图片”按钮，插入图片“单位名称.jpg”，将图片拖到校徽图片的右侧，如图 5—5 所示。

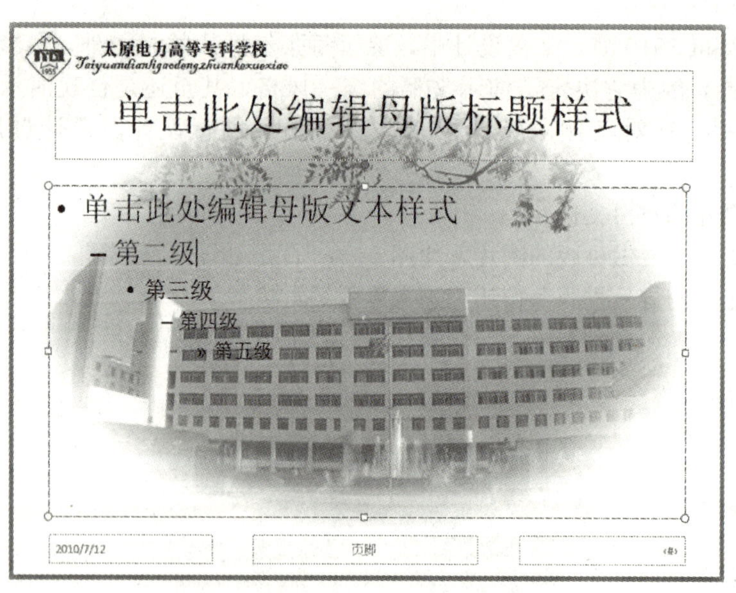


图 5—5 在“幻灯片母版”中插入图片

(8) 将鼠标定位到文本区“单击此处编辑母版文本样式”的前面，在“段落”组中，单击“项目符号”右侧的向下箭头，出现项目符号的样式，单击“项目符号和编号”，出现“项目符号和编号”对话框。

(9) 在对话框中，单击“自定义”按钮，出现“符号”对话框。

(10) 在“符号”对话框中，将“字体”列表框中的字体选择为“Wingdings 2”，项目符号选择“◈”，如图 5—6 所示。单击“确定｜确定”按钮。若要修改其他项目符号，照此步骤修改。修改完成后的项目符号如图 5—7 所示。

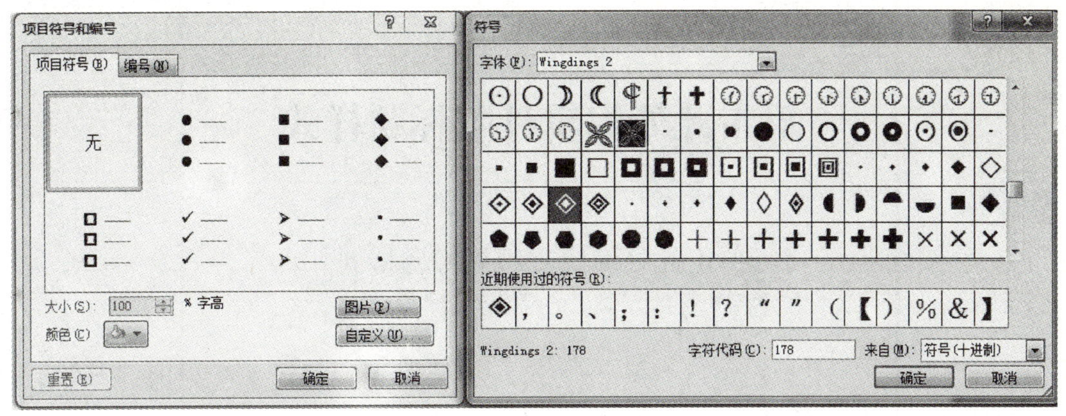


图 5—6　设置项目符号

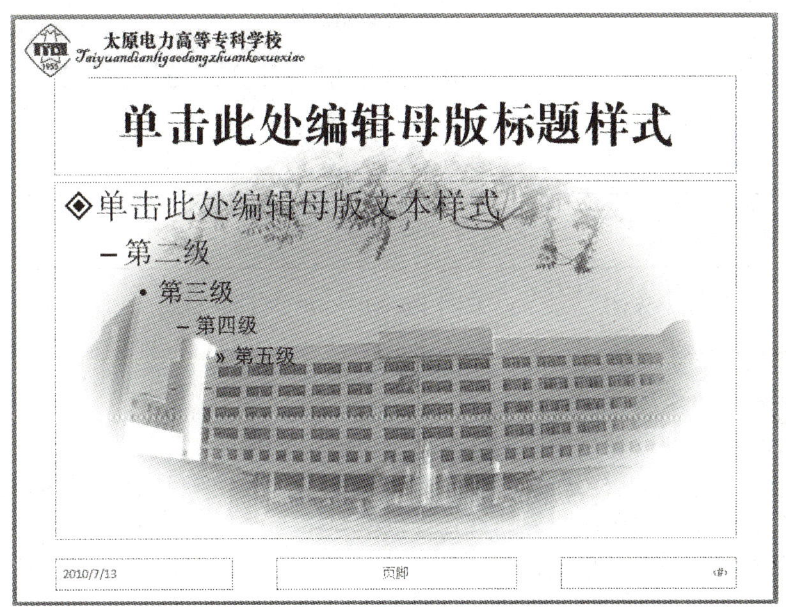


图 5—7　修改完成后的项目符号

(11) 为使“标题幻灯片”区别于其他幻灯片，可以重新插入另外一张图片。选择第 2 张幻灯片“标题幻灯片”，修改“主标题”和“副标题”的字体、字号、颜色等。将主标题字体修改为“方正大标宋简体”，字号不变。将副标题字体修改为“华文隶书”，字体颜色为“黑色”。

(12) 单击“幻灯片母版”选项卡，在“背景”组中，单击“隐藏背景图片”复选框，刚才插入的图片消失。

(13) 单击“插入”选项卡，在“图像”组中，单击“图片”按钮，插入准备好的第二张图片“综合楼.jpg”，如图 5—8 所示。

(14) 单击“幻灯片母版”选项卡，在“关闭”组中，单击“关闭母版视图”按钮，退出母版视图。

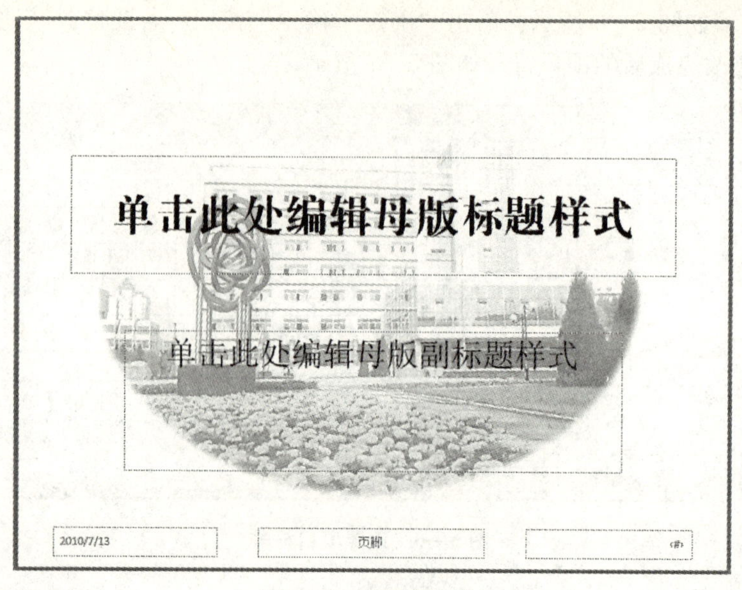


图 5—8　标题幻灯片

(15) 单击“文件 | 保存”命令，打开“另存为”对话框，在“保存类型”中选择“演示文稿模版（*.pptx)”，文件名为“招生广告.pptx”，供以后作为模板使用。

**说明：** 此时程序将打开默认的文件保存位置，不必更改。

(16) 单击“文件 | 关闭”命令，关闭 PowerPoint 文档。

### 5.2.2　知识拓展

1. 母版的种类和作用

在 PowerPoint 中有 3 种母版：幻灯片母版、讲义母版、备注母版。

幻灯片母版：包含标题样式和文本样式，有统一的背景颜色或图案。幻灯片母版为除“标题幻灯片”以外的一组中或全部幻灯片提供下列样式：

“自动版式标题”的默认样式；

“自动版式文本对象”的默认样式；

“页脚”的默认样式，包括：“日期时间区”、“页脚文字区”和“页码数字区”等。

讲义母版：格式化讲义，可以向讲义母版中添加图形和文字，可以将幻灯片的内容提供在一张打印纸上，同时以 1、2、3、4、6、9 张幻灯片的方式打印成听众的讲义，而不需要自行将幻灯片缩小再合起来打印。

备注母版：用于格式化演讲者的备注页面的演示文稿，可以向备注母版中添加图形和文字，还允许重新调整幻灯片区域的大小。

也就是说，你需要什么统一格式，只需编辑母版，该文件中的所有幻灯片都会统一应用其格式，当然你还可以每一张幻灯片再进一步修改成你所需要的效果。

2. 母版和模板的区别

母版是一类特殊幻灯片，它能控制基于它的所有幻灯片，对母版的任何修改会体现在很多幻灯片上，所以每张幻灯片的相同内容我们往往用母版来做，提高效率。

模板是演示文稿中的特殊一类，是由母版设计而成的，扩展名为 . potx。模板用于提供样式文稿的格式、配色方案、母版样式及产生特效的字体样式等，应用设计模板可快速生成风格统一的演示文稿。

3. 占位符

在幻灯片中为一个虚框，虚框内部往往有“单击此处添加标题”之类的提示语，一旦鼠标单击之后，提示语会自动消失。当我们要创建自己的模板时，占位符就显得非常重要，它能起到规划幻灯片结构的作用。

4. 主题

一组中统一的设计元素，使用颜色、字体和图形设置文档的外观。使用主题可以简化专业设计师水准的演示文稿的创建过程。不仅可以在 PowerPoint 中使用主题颜色、字体和效果，而且还可以在 Excel、Word 和 Outlook 中使用它们，这样您的演示文稿、文档、工作表和电子邮件就可以具有统一的风格。

在母版的设计中可以使用主题，可以美化修饰页面。

5. 主题和模板的区别

PowerPoint 2010 创建的每个文档都有一个主题在里面，即使是空白的新文档也是如此。默认主题是 Office 主题，它具有白色背景，同时显示各种细微差别的深色。在应用新主题时，Office 主题将替换为新的外观，更改主题会自动更改内容的外观。

在使用主题元素创建模板和示例幻灯片时，更改演示文稿的主题不仅会改变幻灯片的背景颜色，同时还会改变演示文稿中关系图、表格、图表、形状和文本的颜色、样式及字体。

主题放置在“主题”库中，它的扩展名是“. thmx”，用 PowerPoint 2010 创建的每一个演示文稿（. pptx）或模板（. potx）都应用了一个主题。主题不仅包含单张幻灯片中的文本或图形，还包含主题颜色、字体、效果、背景、幻灯片母版和幻灯片版式。主题适用于演示文稿中的所有部件，包括文本和数据。

6. 改变现有模板的背景图形

如果对现有模板的背景不理想，可以进入到母版设计进行修改。

（1）用模板创建幻灯片文档。

（2）单击“视图”选项卡，在“母版视图”组中，单击“幻灯片母版”按钮，按照上面所讲的方法删除现有的背景图片，插入新的图片，改变主题等。

## 5.3 “招生广告”幻灯片的设计

创建演示文稿有多种方法：利用“样本模板”创建、“我的模板”创建、“根据现有内容新建”创建、“Office. com”网上下载模板创建。现利用 5. 2 节创建的模板介绍幻灯片的创建。

### 5.3.1 创建幻灯片

1. 创建首页幻灯片

（1）单击“开始 | 所有程序 | Microsoft Office | Microsoft PowerPoint 2010”命令，打开 PowerPoint 2010 窗口。

（2）单击“文件 | 新建”命令，在主页区单击“我的模板”，出现“新建演示文稿”对话框，如图 5—9 所示。

（3）在对话框中，选定“招生广告”模板，单击“确定”按钮，进入幻灯片设计界面，出现一张“标题幻灯片”，如图 5—10 所示。

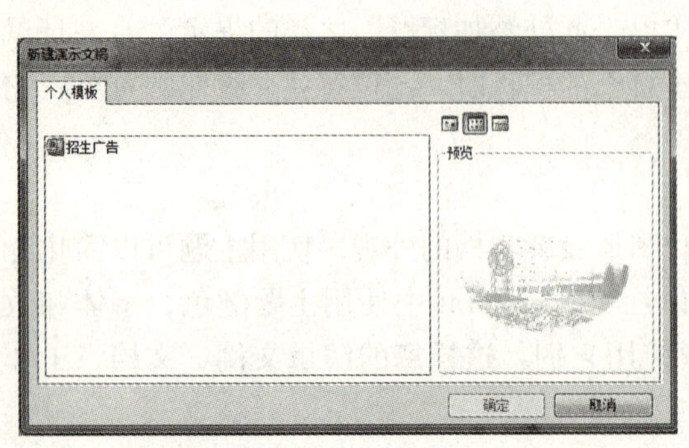

**图 5—9　“新建演示文稿”对话框**

**图 5—10　标题幻灯片**

（4）在主标题中输入“太原电力高等专科学校”，在副标题中输入“欢迎您”。并将副标题的“字号”修改为“66”。

2. 创建“目录”幻灯片

（1）单击“开始”选项卡，在“幻灯片”组中，单击“新建幻灯片”按钮，出现 11 个幻灯片的版式。

（2）选择“只有标题”版式幻灯片。在标题中输入“目录”。将“字体”设置为“宋体”，“字号”设置为“44”。

（3）单击“绘图工具格式”选项卡，在“艺术字样式”组中，在标题艺术字样式中，选择“填充 - 红色，强调文字颜色 2，粗糙棱台”样式。

（4）单击“插入”选项卡，在“插图”组中，单击“SmartArt”按钮，在“选择 SmartArt”对话框中，单击“垂直曲形列表”，在图中输入以下文字。

学校简介、机构设置、专业设置、校园风光、就业情况、结束语

（5）在每个小圈中插入一个剪贴画（自选）。

（6）按住 Shift 键，用鼠标选定每个剪贴画和 SmartArt 图形，单击鼠标右键，在快捷菜单中，单击“组合 | 组合”命令，将所有的图组合在一起，如图 5—11 所示。

3. 创建“学校简介”幻灯片

（1）单击“开始”选项卡，在“幻灯片”组中，单击“新建幻灯片”按钮，选择“只有标题”版式幻灯片。

（2）在标题中输入“学校简介”，字体为“宋体”，字号为“44”。

（3）单击“绘图工具格式”选项卡，在“形状样式”组中，选定“中等效果 - 橄榄色，强调颜色 3”样式。

（4）单击“插入”选项卡，在“文本”组中，单击“文本框”按钮，在幻灯片中插入一个文本框，在文本框中输入以下文字，如图 5—12 所示。

太原电力高等专科学校是公办全日制省属高等院校，始建于 1955 年，1978 年开始通过高考招收专科层次的学生。1981 至 1991 年曾改建为太原工学院（现太原理工大学）电力分院，举办过 11 年本科教育。1997 年由原国家教委确定为全国示范性高等工程专科重点建设

学校。2000 年太原电力高等专科学校的管理体制由原隶属电力部管理，划归山西省人民政府管理，实行中央与地方共建，并经山西省人民政府批准与山西大学实施联合办学，成立山西大学工程学院。

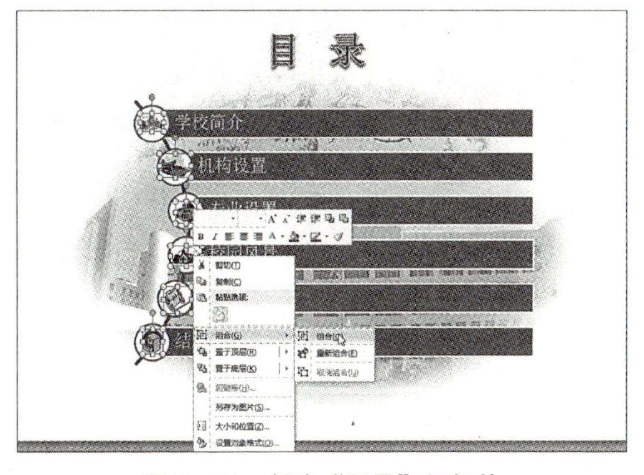


图 5—11 创建“目录”幻灯片

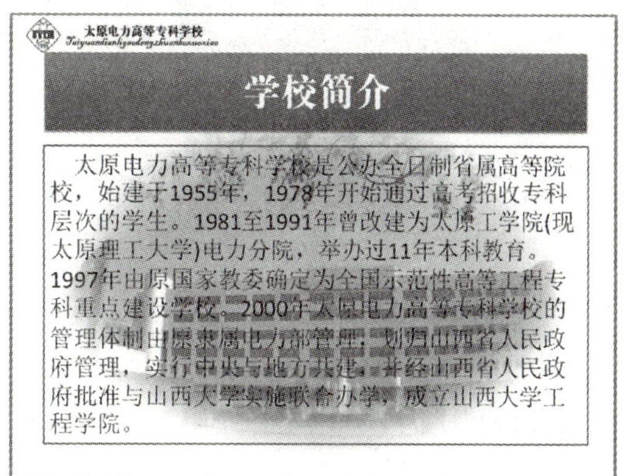


图 5—12 创建“学校简介”幻灯片

4. 创建“组织结构图”幻灯片

(1) 新建一张空白幻灯片。

(2) 单击“插入”选项卡，在“插图”组中，单击“形状”按钮，在“基本形状”中选择“椭圆”，按住 Shift 键，在屏幕上绘制出一个圆。

(3) 圆的“高度”和“宽度”为“7.6 厘米”，在圆中输入文字“组中织结构”，并设置字体为“方正大标宋简体”，字号为“48”。

(4) 在“形状样式”组中，选定“强烈效果 - 橙色，强调颜色 6”样式，对圆的样式进行设定。

**思考：**如何设置圆的形状样式？

(5) 在大圆的里面的不同位置画出四个小圆，并设置不同的形状效果。

(6) 在大圆的外面画出 4 个圆，圆的“高度”和“宽度”为“2.8 厘米”，每个圆设置不同的形状样式，而且每个圆和大圆要紧密接触。

(7) 在 4 个圆中，分别输入“党群组织结构”、“行政组织结构”、“教学科研机构”和“科技产业”，如图 5—13 所示。

5. 创建“党群组织结构”幻灯片

(1) 单击“开始”选项卡，在“幻灯片”组中，单击“新建幻灯片”按钮，选择“两栏内容”版式幻灯片，如图 5—14 所示。在标题中输入“党群组织结构”，在“艺术字样式”组中，单击“文本效果 | 发光”命令，在效果样式中选定“红色，11 pt 发光，强调文字颜色 2”样式。

(2) 在内容栏中输入如下文字：

党委办公室、组织人事处、宣传部、统战部、纪律检查委员会、工会、团委、机关党总支、教科党总支、科技发展公司党总支、体育部党支部、基础部党总支、图书网络党总支、电力工程系党总支、动力工程系党总支、建筑与管理工程系党总支、信息工程系党总支、研究生直属党支部、离退休管理处党总支、后勤管理处党总支、思政部党总支。

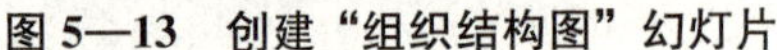
图 5—13　创建“组织结构图”幻灯片

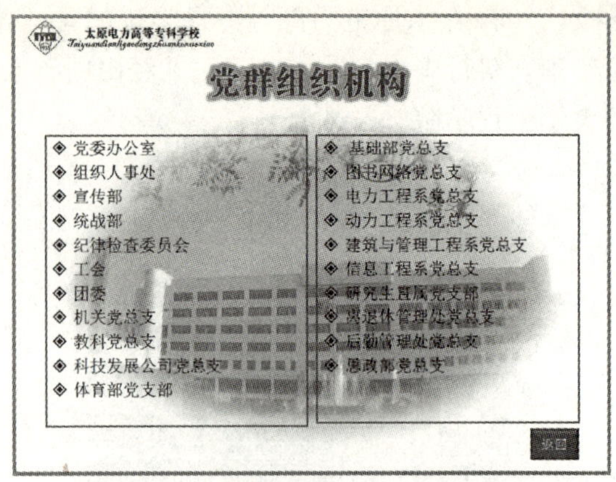


图 5—14　创建“党群组织结构”幻灯片

6. 创建“行政组织结构”幻灯片

(1) 单击“开始”选项卡，在“幻灯片”组中，单击“新建幻灯片”按钮，选择“两栏内容”版式幻灯片。在标题中输入“行政组中织结构”，在“艺术字样式”组中，在样式中选定“填充-蓝色，强调文字颜色1，金属棱台，映像”样式。

(2) 在内容栏中输入如下文字，如图 5—15 所示。

校长办公室、计划财务处、监察审计处、综合管理处、后勤管理处、学生处、就业指导中心、离退休管理处、卫生所、保卫科。

7. 创建“教学科研机构”幻灯片

(1) 单击“开始”选项卡，在“幻灯片”组中，单击“新建幻灯片”按钮，选择“两栏内容”幻灯片。在标题中输入“教学科研机构”，在“艺术字样式”组中，单击“文本效果｜发光”命令，在效果样式中选定“蓝色，18 pt 发光，强调文字颜色 1”样式，在艺术字样式中选定“填充-橙色，强调文字颜色 6，轮廓-强调文字颜色 6，发光-强调文字颜色 6”样式。

(2) 在内容栏中输入如下文字，如图 5—16 所示。

教务处、科学技术处、成人教育处、电力工程系、动力工程系、建筑管理工程系、信息工程系、基础部、思政部、体育部、图书馆、计算机中心、网络电教中心、学刊编辑部、实习厂。

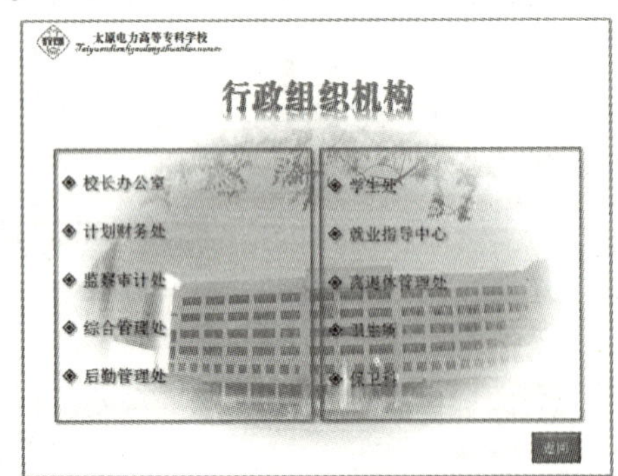


图 5—15　创建“行政组织结构”幻灯片

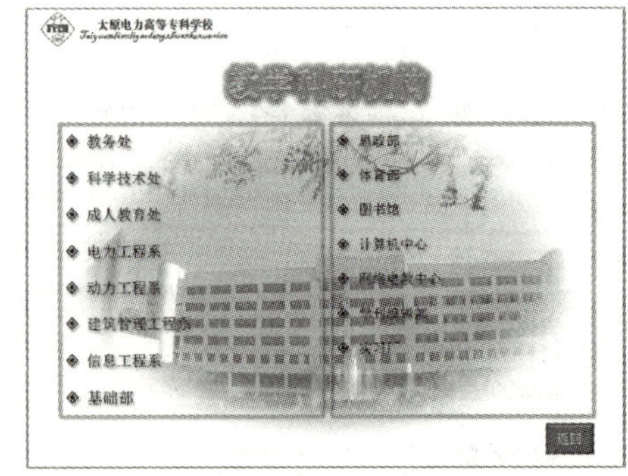


图 5—16　创建“教学科研机构”幻灯片

8. 创建“科技产业”幻灯片

(1) 单击“开始”选项卡，在“幻灯片”组中，单击“新建幻灯片”按钮，选择“标题和内容”幻灯片。在标题中输入“科技产业”，在“艺术字样式”组中，在样式中选定

“填充 - 红色，强调文字颜色 2，粗糙棱台”样式。

（2）在内容栏中输入如下文字，如图 5—17 所示。

太原电专科技发展有限公司

9. 创建“专业设置”幻灯片

（1）单击“开始”选项卡，在“幻灯片”组中，单击“新建幻灯片”按钮，选择“只有标题”幻灯片，在标题中输入“专业设置”，在“形状样式”组中，在样式中选定“细微效果 - 水绿色，强调颜色 5”样式。在“艺术字样式”组中，选定“渐变填充 - 蓝色，强调文字颜色 1，轮廓 - 白色，发光 - 强调文字颜色 2”样式。

**说明：**以上标题栏中的字体、字号、文本框样式和艺术字样式可以自己随意设置，美观漂亮为宜。

（2）插入文本框，在“形状样式”组中选定“细微效果 - 蓝色，强调颜色 1”样式，在文本框中输入“发电厂及电力系统”，“字体”为“华文行楷”，“字号”为“28”号，艺术字的样式选定“填充 - 红色，强调文字颜色 2，粗糙棱台”。

（3）选定“发电厂及电力系统”文本框，按“Ctrl+C”组合键，连续按 13 次“Ctrl+V”组合键。将复制的文本框进行排列，并依次修改文本框中的内容，如图 5—18 所示。

图 5—17　创建“科技产业”幻灯片

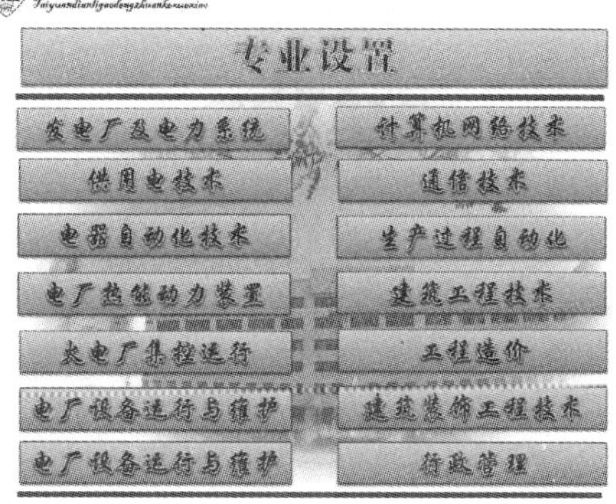


图 5—18　创建“专业设置”幻灯片

**思考：**“Ctrl+C”组合键和“Ctrl+V”组合键的作用是什么？为什么“Ctrl+C”组合键执行一次，而“Ctrl+V”组合键执行 13 次？

10. 创建“校园风景”幻灯片

（1）单击“插入”选项卡，在“插图”组中，单击“形状”按钮，在形状样式中选定“矩形”，在屏幕上绘制出一条与幻灯片一样宽的矩形框，“高度”为“0.6 厘米”，“宽度”为“25.4 厘米”。填充颜色为“黑色”，轮廓线为“黑色”。

（2）在黑色的矩形框中，再划出一个小矩形，填充颜色为“白色”，轮廓线为“白色”。对白色的矩形框做复制与粘贴，并加以排列，做出多个胶片的孔。

（3）选定所有的图形，单击鼠标右键，在快捷菜单中，单击“组合｜组合”命令，组合成一个图形，如图 5—19 所示。

图 5—19　电影胶片孔

(4) 选定电影胶片孔图，复制出另外一个胶片孔图。

(5) 准备多张图片，将图片按“锁定纵横比”的缩放比例，将“高度”修改为“3.5厘米”，并排列在一起，排列图片的宽度大约等于两个幻灯片的宽度（图片不够可以重复）。

(6) 将电影胶片孔图拖到图片的上方和下方，如长度不够，可以做复制粘贴。

(7) 选定所有的图片，单击鼠标右键，在快捷菜单中，单击“组合 | 组合”命令，将所有的图片组合在一起，成为一个电影胶片，如图 5—20 所示，

(8) 将电影胶片安排在幻灯片中的底部。再准备多张风景图片，适当缩小，并拖到幻灯片的外围，如图 5—21 所示。

**图 5—20　电影胶片**

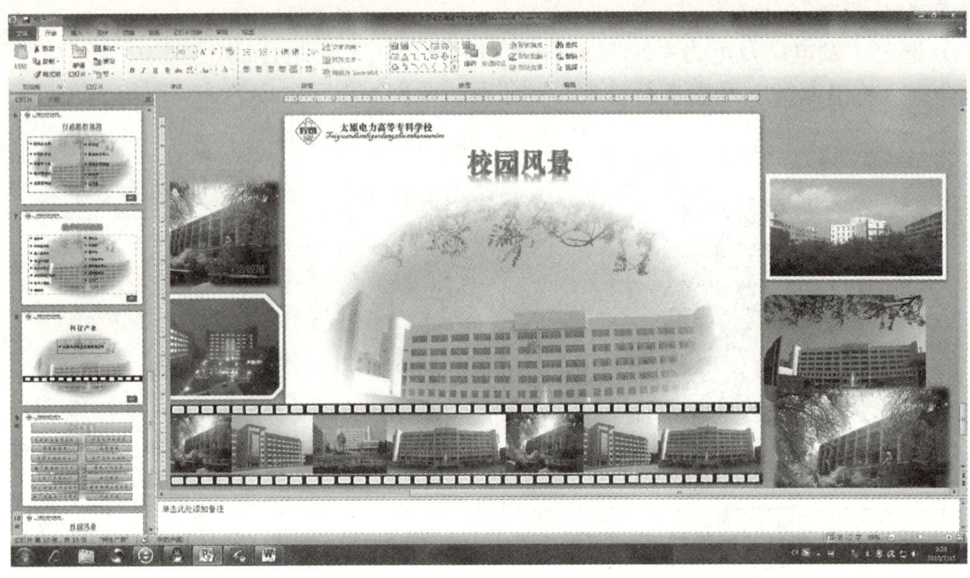


**图 5—21　电影胶片和图片在幻灯片中的位置**

11. 创建“就业情况”幻灯片

(1) 单击“开始”选项卡，在“幻灯片”组中，单击“新建幻灯片”按钮，选择“只有标题”幻灯片。

(2) 在标题中输入“就业情况”，“字体”为“方正大标宋简体”，“字号”为“44”。

(3) 单击“绘图工具格式”选项卡，在“形状样式”组中，选定“中等效果 - 红色，强调颜色 2”样式。

(4) 单击“插入”选项卡，在“插图”组中，单击“图表”按钮，打开 Excel 电子表格。图表类型选三维饼图，并按照下面的数据修改电子表格中的数据，如图 5—22 所示。

(5) 数据修改完毕，关闭 Excel 表格。

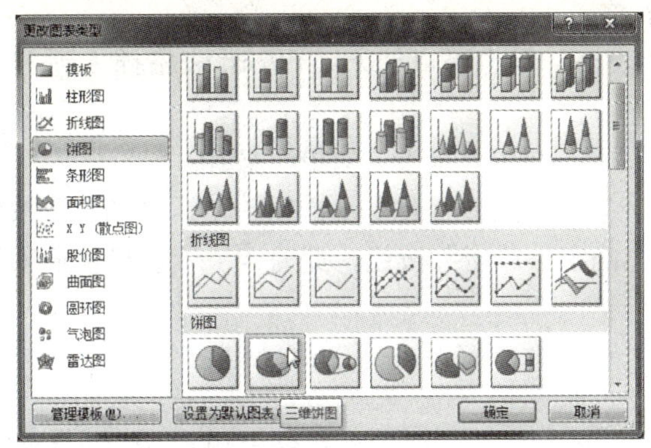


| 年度 | 销售额 |
| --- | --- |
| 2005 年 | 90.90% |
| 2006 年 | 92.30% |
| 2007 年 | 88.40% |
| 2008 年 | 89.60% |
| 2009 年 | 89.20% |

**图 5—22　三维饼图与表中的数据**

(6) 在饼图上单击鼠标右键，在快捷菜单中，单击“设置数据选项卡格式”命令，在饼图上出现百分数数据，如图 5—23 所示。

12. 创建“结束语”幻灯片

(1) 单击“开始”选项卡，在“幻灯片”组中，单击“新建幻灯片”按钮，选择“只有标题”版式幻灯片，在标题中输入“谢谢观看，欢迎你的到来!”，在“艺术字样式”组中，选定“填充-红色，强调文字颜色 2，粗糙棱台”样式。

(2) 在“艺术字样式”组中，单击“文本效果 | 转换”命令，在效果图中，选定“圆形”，将艺术字变成圆。调整圆的大小，将“高度”和“宽度”值修改为“15 厘米”。

(3) 单击“插入”选项卡，在“图像”组中，单击“图片”按钮，插入图片“校徽 2”。

(4) 在“图片”样式组中，选定“金属框架”样式，将“校徽 2”图片样式加以改变，如图 5—24 所示。

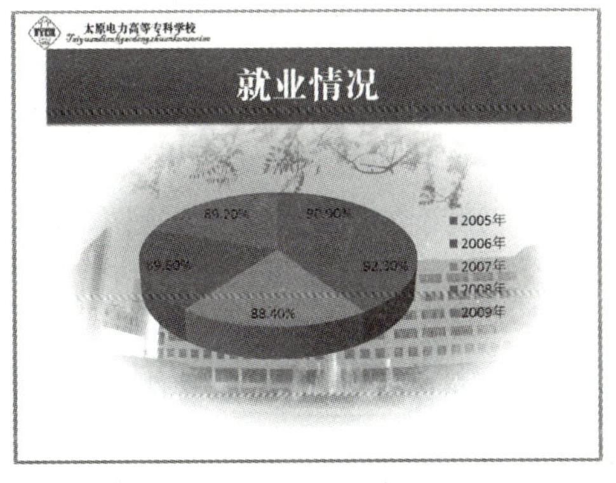


**图 5—23　给饼图加数据选项卡**

**图 5—24　“结束语”幻灯片**

### 5.3.2　知识拓展

1. 修改现有的模板

(1) 单击“文件 | 新建”命令，在“模板”区选择一种模板，单击“创建”按钮。

(2) 单击“视图”选项卡，在“母版视图”组中，单击“幻灯片模板”，按钮，对现有的模板进行修改设计。

(3) 设计完毕，关闭母版，单击“文件 | 另存为”命令，在“保存类型”中选择“PowerPoint 模板”即可。

2. 在 PowerPoint 中插入 Word 表格

在 PowerPoint 中可以插入 Excel 表格，但也可以插入将 Word 表格插入到 PowerPoint 演示文稿中。

（1）单击“插入”选项卡，在“文本”组中，单击“对象”按钮。

（2）在“插入”对象对话框中，选择“由文件创建”单选钮，单击“浏览”按钮，找到并选中包含表格的 Word 文档，单击“确定｜确定”按钮，此时 Word 表格被插入到当前演示文稿中。

**提示**：如果要在 PowerPoint 中编辑表格，则双击该表格会调用 Word 中的功能对表格进行编辑。编辑完毕，在表格外的任何位置单击，可恢复到演示文稿编辑状态。如果要移动表格的位置，则可以直接拖动表格。

3. 隐藏的幻灯片

在播放幻灯片时，有时根据需要，不将所有幻灯片播放出来，可将某几张幻灯片隐藏起来，而不必将这些幻灯片删除。被隐藏的幻灯片在放映时不播放，但在幻灯片的编号上加了“\”标记，如：13。隐藏幻灯片步骤如下：

（1）单击“视图”选项卡，在“演示文稿视图”组中，单击“普通视图”按钮，选择要隐藏的幻灯片，单击鼠标右键，在快捷菜单中，单击“隐藏幻灯片”命令。

**提示**：也可以单击“幻灯片放映”选项卡，在“设置”组中，单击“隐藏幻灯片”按钮。

（2）如果要取消隐藏，选择被隐藏的幻灯片，单击鼠标右键，在快捷菜单中，再单击“隐藏幻灯片”命令即可取消隐藏。

4. PowerPoint 的视图方式

PowerPoint 2010 一共有六种视图：普通视图、幻灯片浏览视图、备注页视图、幻灯片放映视图、阅读视图、母版视图（幻灯片母版、讲义母版和备注母版）。

（1）普通视图。

普通视图是主要的编辑视图，可用于撰写和设计演示文稿，如图 5—25 所示。普通视图有四个工作区域：

大纲选项卡：在这里能移动幻灯片和文本。“大纲”选项卡以大纲形式显示幻灯片文本。

幻灯片选项卡：在编辑时以缩略图大小的图像在演示文稿中观看幻灯片。使用缩略图能方便地演示文稿，并观看任何设计更改的效果。在这里还可以轻松地重新排列、添加或删除幻灯片。

幻灯片窗格：在 PowerPoint 窗口的右上方，“幻灯片”窗格显示当前幻灯片的大视图。在此视图中显示当前幻灯片时，可以添加文本，插入图片、表格、SmartArt 图形、图表、图形对象、文本框、电影、声音、超链接和动画。

备注窗格：在“幻灯片”窗格下的“备注”窗格中，可以键入要应用于当前幻灯片的备注。以后，可以将备注打印出来并在放映演示文稿时进行参考。还可以将打印好的备注分发给观众或发布在网页上的演示文稿中。

**提示：** 若要查看普通视图中的标尺或网格线，请在“视图”选项卡上的“放映”组中选中“标尺”或“网格线”复选框。

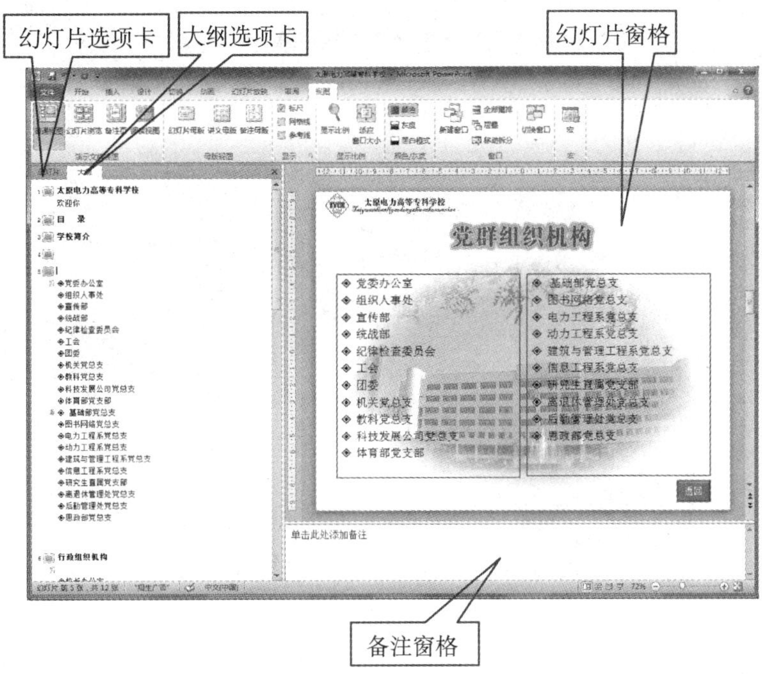

图 5—25　普通视图

（2）幻灯片浏览视图。

幻灯片浏览视图可查看缩略图形式的幻灯片。通过此视图，在创建演示文稿以及准备打印演示文稿时，可以轻松地对演示文稿的顺序进行排列和组织，如图 5—26 所示。

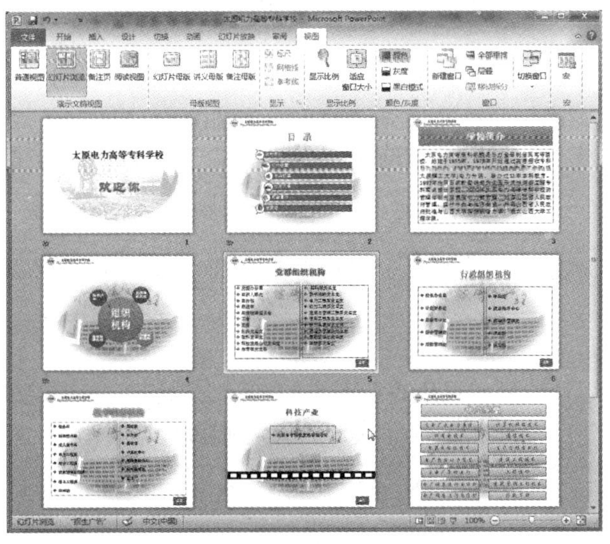
图 5—26　幻灯片浏览视图

（3）备注页视图。

“备注”窗格位于“幻灯片”窗格下，可以键入要应用于当前幻灯片的备注。以后，可以将备注打印出来并在放映演示文稿时进行参考。还可以将打印好的备注分发或者将备注发布在网页上的演示文稿中。

如果要以整页格式查看和使用备注，请在“视图”选项卡上的“演示文稿视图”组中，单击“备注页”按钮，如图 5—27 所示。

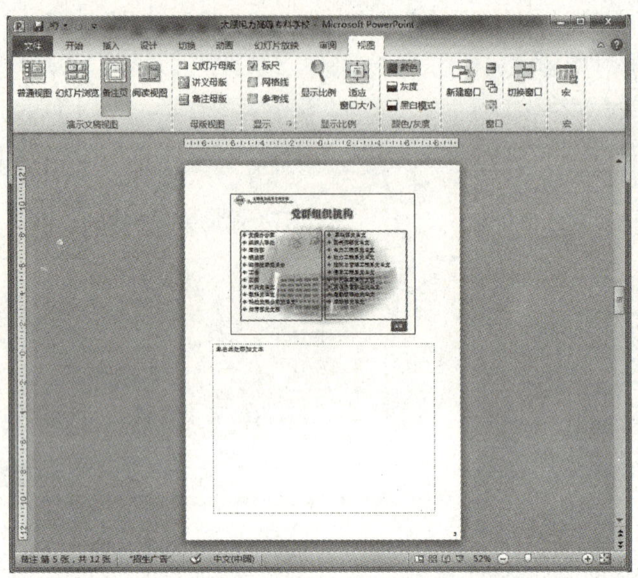


**图 5—27　备注页视图**

（4）母版视图。

母版视图包括幻灯片母版视图、讲义母版视图和备注母版视图。它们是存储有关演示文稿的信息的主要幻灯片，其中包括背景、颜色、字体、效果、占位符大小和位置。使用母版视图的一个主要优点在于，在幻灯片母版、备注母版或讲义母版上，可以对与演示文稿关联的每个幻灯片、备注页或讲义的样式进行全局更改。

（5）幻灯片放映视图。

幻灯片放映视图可用于向观众放映演示文稿。幻灯片放映视图会占据整个计算机屏幕，这与观众观看演示文稿时在大屏幕上显示的演示文稿完全一样。可以看到图形、计时、电影、动画效果和切换效果在实际演示中的具体效果。

**提示：**若要退出幻灯片放映视图，请按 Esc。

（6）阅读视图。

阅读视图用于向用自己的计算机查看本人的演示文稿的人员（例如：通过大屏幕）放映演示文稿。如果不想使用全屏的幻灯片放映视图，则也可以在自己的计算机上使用阅读视图。如果要更改演示文稿，可随时从阅读视图切换至其他视图。

5. 幻灯片的复制

如果希望创建两个或多个内容和布局都类似的幻灯片，可以用复制来实现。

(1) 在普通视图中，单击“幻灯片”选项卡，右键单击要复制的幻灯片，在快捷菜单中，单击“复制”命令。

(2) 在“幻灯片”选项卡上，右键单击要添加幻灯片的新副本的位置，单击“粘贴”命令。

还可以使用复制和粘贴命令，将幻灯片副本从一个演示文稿插入另一个演示文稿中。

6. 幻灯片的移动

在普通视图中，单击“幻灯片”选项卡，选定要移动的幻灯片，将其拖动到所需的位置。

**提示：** 要移动多个幻灯片，请按 Ctrl 键部分选定，如果是连续的选定，请按 Shift 键。

7. 删除幻灯片

在普通视图中，单击“幻灯片”选项卡，右键单击要删除的幻灯片，然后单击“删除幻灯片”命令。

## 5.4 幻灯片的超链接

超链接一般用于网页制作，所谓的超链接是指从一个网页指向一个目标的连接关系，这个目标可以是另一个网页，也可以是相同网页上的不同位置，还可以是一个图片，一个电子邮件地址，一个文件，甚至是一个应用程序。在 PowerPoint 中，同样可以使用超链接的方法，链接到某一个对象，这个对象可以是某一张幻灯片、某一个网站、某一张图片或视频文件等。

### 5.4.1 “目录”的超链接

在播放第 2 张目录幻灯片时，希望单击某一个目录而打开与此对应的幻灯片，这时就要采用超链接的方法，超链接步骤如下：

(1) 在第 2 张幻灯片中，选定“学校简介”文本框，单击鼠标右键，在快捷菜单中，单击“超链接”命令，出现“插入超链接”对话框。

(2) 在对话框中，单击“书签”按钮，出现“在文档中选择位置”对话框。

(3) 在对话框中，选定“3. 学校简介”，连接到第 3 张幻灯片，单击“确定 | 确定”按钮。

(4) 用同样的方法，将“机构设置”超链接到第 4 张幻灯片；将“专业设置”超链接到第 9 张幻灯片；将“校园风景”超链接到第 10 张幻灯片；将“就业情况”超链接到第 11 张幻灯片；将“结束语”超链接到第 12 张幻灯片。

(5) 单击最后一张幻灯片，选择“学校网址 http：//www. sxuec. edu. cn 文本框”，单击鼠标右键，在快捷菜单中，单击“超链接”命令，出现“插入超链接”对话框。在对话框的地址栏中输入“http：//www. sxuec. edu. cn”，单击“确定”按钮，完成网站的链接。

### 5.4.2 按钮的超链接

由于“目标”做了超链接，幻灯片播放完毕需要返回到“目录”幻灯片，这时需要做一个按钮完成此项工作。

(1) 选定第 3 张幻灯片，单击“插入”选项卡，在“插图”组中，单击“形状”按钮，在“动作按钮”中，选定“上一张□”，在第 3 张幻灯片的右下角划出动作按钮，图 5—28 所示，这时出现“动作设置”对话框。

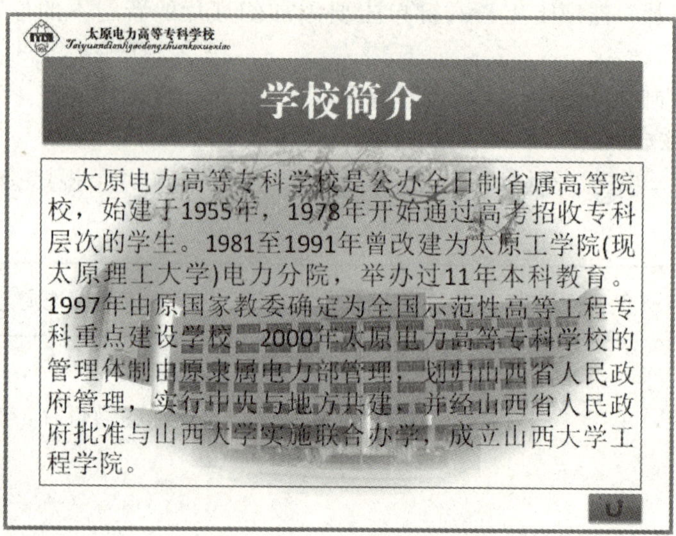


图 5—28　插入“上一张”动作按钮

（2）在对话框中，选择“超链接到”单选按钮，在下拉列表框中选择“幻灯片”，打开“超链接到幻灯片”对话框。

（3）在对话框中，选择“2. 目录”，如图 5—29 所示，单击“确定｜确定”按钮，出现第 2 张幻灯片如图 5—29 所示。

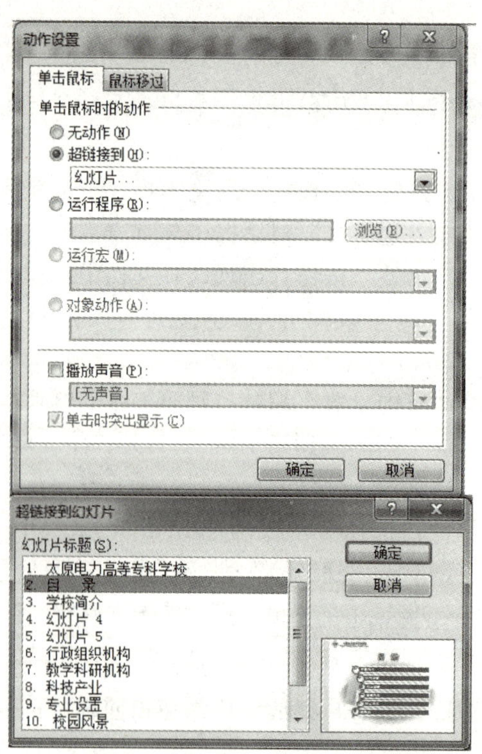


图 5—29　“超链接到幻灯片”对话框

(4) 用鼠标右键单击动作按钮，在快捷菜单中，单击“复制”命令。

(5) 打开第 4 张幻灯片，在幻灯片上单击鼠标右键，在快捷菜单中，单击“粘贴”命令，将动作按钮复制到第 4 张幻灯片的右下角。

(6) 用同样的方法，在第 9～12 张幻灯片上复制“上一张”动作按钮。

(7) 打开第 4 张幻灯片，选定“党群组织结构”，单击鼠标右键，在快捷菜单中，单击“超链接”命令，出现“插入超链接”对话框。

(8) 在对话框中，单击“书签”按钮，出现“在文档中选择位置”对话框。在对话框中，选择“5. 幻灯片 5”，单击“确定 | 确定”按钮，如图 5—30 所示。

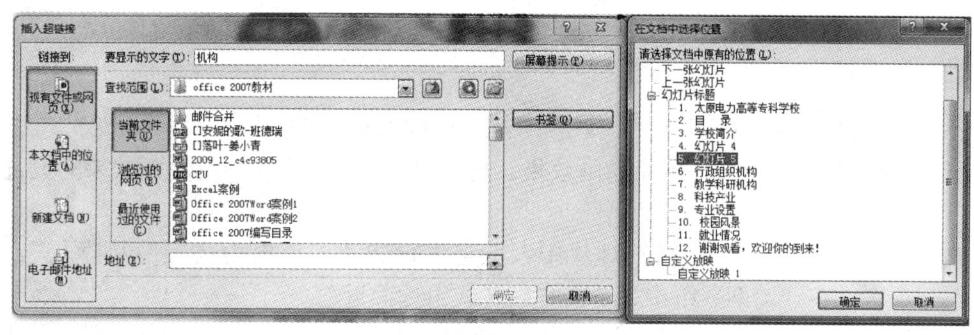


**图 5—30　链接到第 5 张幻灯片**

(9) 用同样的方法，选定“行政组织结构”超链接到第 6 张幻灯片；选定“教学科研机构”超链接到第 7 张幻灯片；选定“科技产业”超链接到第 8 张幻灯片。

(10) 选定第 5 张幻灯片，单击“插入”选项卡，在“插图”组中，单击“形状”按钮，在“动作按钮”中，选定“自定义□”，在第 5 张幻灯片的右下角划出动作按钮，出现“动作设置”对话框。

(11) 在对话框中，选定“超链接到”单选按钮，在下拉列表框中选择“幻灯片”，打开“超链接到幻灯片”对话框。

(12) 在对话框中，选定“4. 幻灯片 4”，单击“确定 | 确定”按钮。

(13) 在“自定义”动作按钮上输入文字“返回”。用鼠标右键单击动作按钮，在快捷菜单中，单击“复制”命令。

(14) 打开第 6 张幻灯片，在幻灯片上单击鼠标右键，在快捷菜单中，单击“粘贴”命令，将动作按钮复制到第 6 张幻灯片的右下角。

(15) 用同样的方法，在第 7 张、第 8 张幻灯片上复制“自定义”动作按钮。

### 5.4.3　知识拓展

1. 创建超链接的要点

创建超链接时，起点可以是任何对象，如文本、图形等，如果图形中有文本，可以为图形和文本分别设置超链接。激活超链接的方式可以是单击或鼠标移过，通常采用单击的方式，鼠标移过的方式用于提示。值得注意的是只有在演示文稿放映时，超链接才能激活。

2. 编辑超链接

创建超链接后，用户可以根据需要随时编辑或更改超链接的目标。首先选中代表超链接的文本或对象，单击鼠标右键，在快捷菜单中，单击“编辑超链接”命令，在“动作设置”

对话框中，选择所需选项。

3. 删除超链接

如果需要删除超链接，可先选中代表超链接的文本或对象，单击鼠标右键，在快捷菜单中，单击“取消超链接”命令。

## 5.5 设置幻灯片的动画效果

在制作完幻灯片后，可以为幻灯片添加一些动画效果，以使幻灯片在放映时更加生动。如果对动画效果不满意，还可以自己重新进行设置。

幻灯片的动画效果包括各幻灯片之间的切换、动画方案的设置以及给幻灯片中的每个对象设置动画效果等。

### 5.5.1 “首页”、“目录”和“学校简介”幻灯片的动画

幻灯片建好后，关键的任务是动画效果。现按照幻灯片的顺序介绍动画效果的设置。

1. “首页”的动画

(1) 选定第1张幻灯片，在幻灯片中，选定主标题“太原电力高等专科学校”，单击“动画”选项卡，在“动画”组中，单击“翻转式由远而近”。

(2) 在“动画窗格”中（屏幕的右侧），单击“标题1：太……”（0 标题 1: 太...）右侧的向下箭头，从中单击“效果选项”命令，打开“翻转式由远而近”对话框。

(3) 在对话框中，单击“计时”选项卡，在“开始”栏中选择“与上一动画同时”项。在“期间”栏中选择“中速2秒”项。

(4) 选定副标题“欢迎您”，单击“动画”选项卡，在“动画”组中，单击“补色”。

(5) 在“动画窗格”中，单击“欢迎您”右侧的向下箭头，从中单击“效果选项”命令，打开“补色”对话框。

(6) 在对话框中，单击“计时”选项卡，在“开始”栏中选择“上一动画之后”项。在“期间”栏中选择“中速2秒”项。

(7) 单击“插入”选项卡，在“媒体”组中，单击“音频”按钮下的向下箭头，在出现的菜单中，单击“文件中的音频”命令，打开“插入音频”对话框。

(8) 在对话框中，找到音频文件“安妮的歌——班德瑞”，单击“插入”按钮。

(9) 选定插入的喇叭，单击“音频工具播放”选项卡，在“音频选项”组中，选定“放映时隐藏”复选框，在“开始”项中选定“自动”，勾选“循环播放，直到停止”、“播完返回开头”，如图5—31所示。

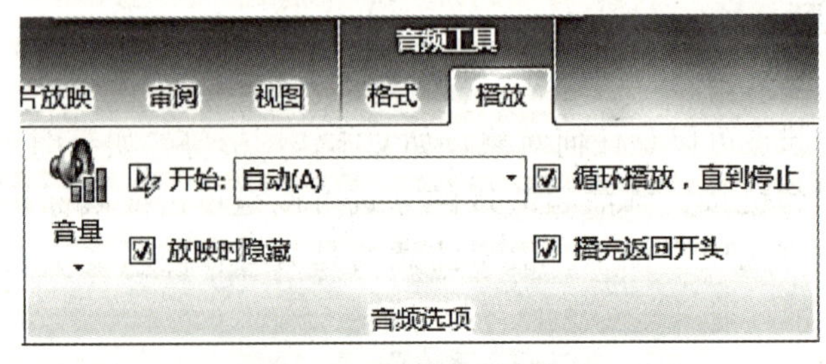


图5—31 “音频选项”组

(10) 在“动画窗格”，单击“安妮的歌……”右侧的向下箭头，从中单击“效果选项”

命令，打开“播放音频”对话框。

(11) 在对话框中，单击“效果”选项卡，在“开始播放”中选择“从头开始”单选框，在“停止播放”中，选择在“15 张幻灯片后”。

(12) 在对话框中，单击“计时”选项卡，在“开始”栏中选择“上一动画同时”项。

2. “目录”幻灯片的动画

(1) 选定第 2 张幻灯片，在幻灯片中，选定“SmartArt”图形，单击“动画”选项卡，在“动画”组中，单击“缩放”。

(2) 在“动画窗格”中（屏幕的右侧），单击“组合……”右侧的向下箭头，从中单击“效果选项”命令，打开“缩放”对话框。

(3) 在对话框中，单击“计时”选项卡，在“开始”栏中选择“上一动画之后”项。在“期间”栏中选择“中速 2 秒”项。

3. “学校简介”幻灯片的动画

(1) 选定第 3 张幻灯片，在幻灯片中，选定“学校简介”标题，单击“动画”选项卡，在“动画”组中，单击“擦除”。

(2) 在“动画窗格”中，单击“标题 1：学……”右侧的向下箭头，从中单击“效果选项”命令，打开“擦除”对话框。

(3) 在对话框中，单击“计时”选项卡，在“开始”栏中选择“上一动画之后”项。在“期间”栏中选择“中速 2 秒”项。

(4) 选定内容框，单击“动画”选项卡，在“动画”组中，单击“画笔颜色”。

(5) 在“动画窗格”中，单击“太原电力高……”右侧的向下箭头，从中单击“效果选项”命令，打开“画笔颜色”对话框，如图 5—32 所示。

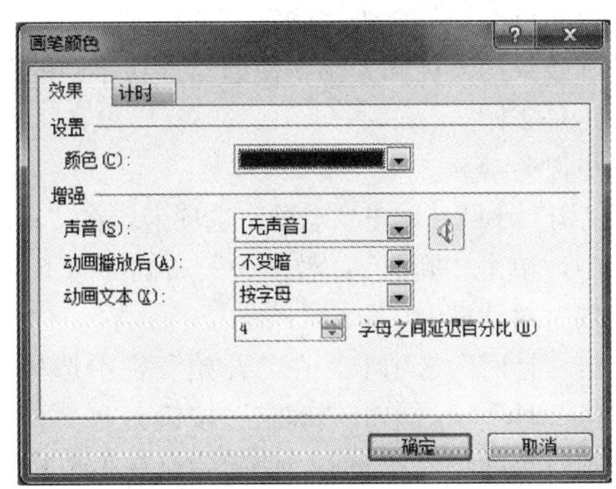


**图 5—32 “画笔颜色”对话框**

(6) 在对话框中，单击“计时”选项卡，在“开始”栏中选择“上一动画之后”项。在“期间”栏中选择“慢速 3 秒”项。

(7) 在对话框中，单击“效果”选项卡，“颜色”选择“蓝色”，“动画文本”选择“按字母”。

### 5.5.2 “组织机构”幻灯片的动画

在这个幻灯片文档中，最难设计的就是组织机构幻灯片的设置。

1.“组织机构”大圆的动画

(1) 在第 4 张幻灯片中选定“组织机构”大圆，单击“动画”选项卡，在“动画”组中，单击“陀螺旋”。

(2) 在“动画窗格”中，单击“组合 20……”右侧的向下箭头，从中单击“效果选项”命令，打开“陀螺旋”对话框。

(3) 在对话框中，单击“计时”选项卡，在“开始”栏中选择“上一动画之后”项。在“期间”栏中选择“慢速 3 秒”项。单击“效果”选项卡，在“数量”中选择“360°逆时针”，单击“确定”按钮。

2.“党群组织机构”小圆的动画

(1) 选定“党群组织机构”小圆，单击“动画”选项卡，在“动画”组中，单击“形状”。

(2) 在“动画窗格”中，单击“椭圆 3：党……”右侧的向下箭头，从中单击“效果选项”命令，打开“圆形扩展”对话框。

(3) 在对话框中，单击“计时”选项卡，在“开始”栏中选择“与上一动画同时”项。在“期间”栏中选择“中速 2 秒”项，单击“确定”按钮。

(4) 调整动画圆的路径和大小，使起始点在小圆的中部，小圆的半径＝大圆半径＋小圆半径，而且一定是正圆，这需要耐心慢慢调整。

3.“行政组织机构”小圆的动画

(1) 选定“行政组织机构”小圆，单击“动画”选项卡，在“动画”组中，单击“形状”。

(2) 在“动画窗格”中，单击“椭圆 6：行……”右侧的向下箭头，从中单击“效果选项”命令，打开“圆形扩展”对话框。

(3) 在对话框中，单击“计时”选项卡，在“开始”栏中选择“与上一动画同时”项。在“期间”栏中选择“中速 2 秒”项，单击“确定”按钮。

(4) 耐心调整圆的动画效果的路径和大小，使起始点在小圆的中部，小圆的半径＝大圆半径＋小圆半径，而且一定是正圆。

4.“教学科研机构”小圆的动画

(1) 选定“教学科研机构”小圆，单击“动画”选项卡，在“动画”组中，单击“形状”。

(2) 在“动画窗格”中，单击“椭圆 8：教……”右侧的向下箭头，从中单击“效果选项”命令，打开“圆形扩展”对话框。

(3) 在对话框中，单击“计时”选项卡，在“开始”栏中选择“与上一动画同时”项。在“期间”栏中选择“中速 2 秒”项，单击“确定”按钮。

(4) 耐心调整圆的动画效果的路径和大小，使起始点在小圆的中部，小圆的半径＝大圆半径＋小圆半径，而且一定是正圆。

5.“科技产业”小圆的动画

(1) 选定“科技产业”小圆，单击“动画”选项卡，在“动画”组中，单击“形状”。

(2) 在“动画窗格”中，单击“椭圆 9：科……”右侧的向下箭头，从中单击“效果选项”命令，打开“圆形扩展”对话框。

(3) 在对话框中，单击“计时”选项卡，在“开始”栏中选择“与上一动画同时”项。在“期间”栏中选择“中速 2 秒”项，单击“确定”按钮。

(4) 耐心调整圆的动画效果的路径和大小，使起始点在小圆的中部，小圆的半径＝大圆半径＋小圆半径，而且一定是正圆。

所有圆的动画轨迹如图 5—33 所示。

图 5—33　“组织机构”动画轨迹

### 5.5.3　“党群组织机构”幻灯片的动画

1. 标题的动画

(1) 选定第 5 张幻灯片，在幻灯片中，选定“党群组织机构”标题，将标题移到幻灯片的顶部。单击“动画”选项卡，在“动画”组中，单击“直线”，将直线终止点移到标题栏出现的位置。

(2) 在“动画窗格”中，单击“党群组织机构……”右侧的向下箭头，从中单击“效果选项”命令，打开“直线”对话框。

(3) 在对话框中，单击“计时”选项卡，在“开始”栏中选择“上一动画之后”项。在“期间”栏中选择“中速 2 秒”项。

2. 两个内容框的动画

(1) 选定第 1 个内容框，单击“动画”选项卡，在“动画”组中，单击“擦除”。

(2) 在“动画窗格”中，选定“内容占位符……”右侧的向下箭头，从中单击“效果选项”命令，打开“擦除”对话框。

(3) 在对话框中，单击“计时”选项卡，在“开始”栏中选择“上一动画之后”项。在“期间”栏中选择“中速 2 秒”项。单击“效果”选项卡，选择“设置方向”为“自底部”。

(4) 选定第 2 个内容框，单击“动画”选项卡，在“动画”组中，单击“擦除”。

(5) 在“动画窗格”中，单击“内容占位符……”右侧的向下箭头，从中单击“效果选项”命令，打开“擦除”对话框。

(6) 在对话框中，单击“计时”选项卡，在“开始”栏中选择“与上一动画同时”项。在“期间”栏中选择“中速 2 秒”项。

### 5.5.4　“行政组织机构”幻灯片的动画

1. 标题的动画

(1) 选定第 6 张幻灯片，在幻灯片中，选定“行政组织机构”标题，将标题移到幻灯片的底部。单击“动画”选项卡，在“动画”组中，单击“直线”，将直线终止点移到标题栏出现的位置。

(2) 在“动画窗格”中，单击“行政组织机构……”右侧的向下箭头，从中单击“效果选项”命令，打开“直线”对话框。

(3) 在对话框中，单击“计时”选项卡，在“开始”栏中选择“上一动画之后”项。在“期间”栏中选择“中速 2 秒”项。

2. 两个内容框的动画

(1) 选定第 1 个内容框，单击“动画”选项卡，在“动画”组中，单击“擦除”。

(2) 在“动画窗格”中，单击“内容占位符……”右侧的向下箭头，从中单击“效果选项”命令，打开“擦除”对话框。

(3) 在对话框中，单击“计时”选项卡，在“开始”栏中选择“上一动画之后”项。在“期间”栏中选择“中速 2 秒”项。单击“效果”选项卡，选择“设置方向”为“自底部”。单击“正文文本动画”选项卡，在“正文文本”中选择“作为一个对象”选项。

(4) 选定第 2 个内容框，单击“动画”选项卡，在“动画”组中，单击“擦除”。

(5) 在“动画窗格”中，单击“内容占位符……”右侧的向下箭头，从中单击“效果选项”命令，打开“擦除”对话框。

(6) 在对话框中，单击“计时”选项卡，在“开始”栏中选择“与上一动画同时”项。在“期间”栏中选择“中速 2 秒”项。单击“效果”选项卡，选择“设置方向”为“自底部”。单击“正文文本动画”选项卡，在“正文文本”中选择“作为一个对象”选项。

### 5.5.5 “教学科研机构”幻灯片的动画

“教学科研机构”的动画设置与“党群组织机构”的动画设置完全相同，按照 5.5.3 的步骤进行设置。

### 5.5.6 “科技产业”幻灯片的动画

“科技产业”的动画设置与“行政组织机构”的动画设置完全相同，按照 5.5.4 的步骤进行设置。

### 5.5.7 “专业设置”幻灯片的动画

1. 标题的动画

(1) 选定第 9 张幻灯片，在幻灯片中，选定“专业设置”标题，单击“动画”选项卡，在“动画”组中，单击“形状”。

(2) 在“动画窗格”中，选单击“标题 1：形……”右侧的向下箭头，从中单击“效果选项”命令，打开“形状”对话框。

(3) 在对话框中，单击“计时”选项卡，在“开始”栏中选择“上一动画之后”项。在“期间”栏中选择“中速 2 秒”项。

2. 文本框的动画

以一个文本框为例，其他文本框与此相同。

(1) 选定第 1 个文本框，单击“动画”选项卡，在“动画”组中，单击“劈裂”。

(2) 在“动画窗格”中，单击“TextBox2……”右侧的向下箭头，从中单击“效果选项”命令，打开“劈裂”对话框。

（3）在对话框中，单击“计时”选项卡，在“开始”栏中选择“上一动画之后”项。在“期间”栏中选择“非常快 0.5 秒”项。单击“效果”选项卡，选择“设置方向”为“左右向中间收缩”。单击“正文文本动画”选项卡，在“正文文本”中选择“作为一个对象”选项。

（4）选定第 2～17 个文本框，按照第一个文本框进行设置。

### 5.5.8 “校园风景”幻灯片的动画

1. 标题的动画

（1）选定第 10 张幻灯片，在幻灯片中，选定“校园风景”标题，单击“动画”选项卡，在“动画”组中，单击“飞入”。

（2）在“动画窗格”中，单击“标题 2：校……”右侧的向下箭头，从中单击“效果选项”命令，打开“飞入”对话框。

（3）在对话框中，单击“计时”选项卡，在“开始”栏中选择“上一动画之后”项。在“期间”栏中选择“中速 2 秒”项。单击“效果”选项卡，选择“设置方向”为“自底部”。

2. 胶片图的动画

（1）选定胶片，单击“动画”选项卡，在“动画”组中，单击“直线”，修改直线的方向，从左到右，直线的宽度和幻灯片宽度相同。

（2）在“动画窗格”中，单击“组合……”右侧的向下箭头，从中单击“效果选项”命令，打开“向右”对话框。

（3）在对话框中，单击“计时”选项卡，在“开始”栏中选择“与上一动画同时”项。在“期间”栏中选择“非常慢 5 秒”项，在“重复”项栏中选择“直到幻灯片末尾”。单击“效果”选项卡，将“平滑开始”、“平滑结束”、“弹跳结束”的值修改为“0 秒”。

3. 风景图片的动画

（1）分别选定四张图片，分别单击“动画”选项卡，在“动画”组中，单击“直线”，两张图片的方向从左到右，另外两张图片从右到左，直线的起始点在图片的中心，终止点在幻灯片的 1/4 处，如图 5—34 所示。

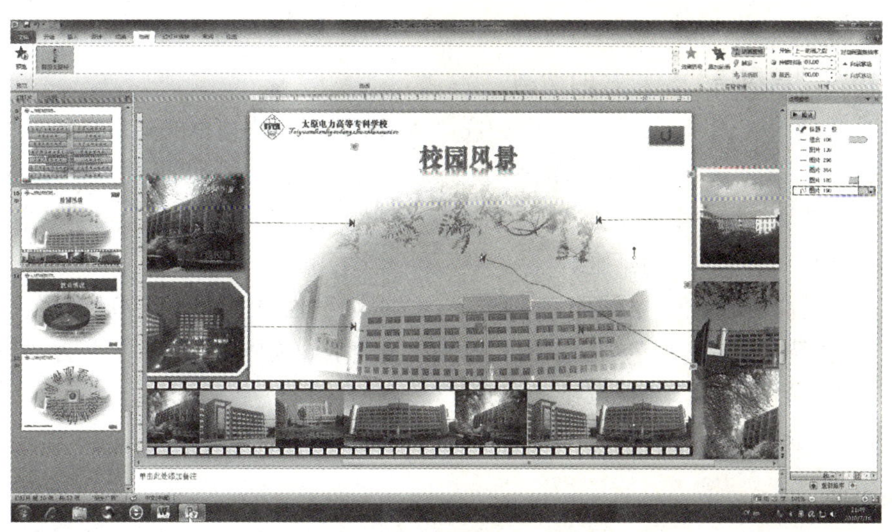


**图 5—34 风景幻灯片动画轨迹**

(2) 在“动画窗格”中，分别单击“图片……”右侧的向下箭头，从中单击“效果选项”命令，打开“向右（或向左）”对话框。

(3) 在对话框中，单击“计时”选项卡，在“开始”栏中选择“与上一动画同时”项，在“期间”栏中选择“慢速 3 秒”项。

(4) 选定右下角的图片，单击“动画”选项卡，在“动画”组中，单击“自定义路径”，从图片的中心画一条直线到幻灯片的中心（终止点）。

(5) 在“动画窗格”中，单击“图片 190……”右侧的向下箭头，从中单击“效果选项”命令，打开“自定义路径”对话框。

(6) 在对话框中，单击“计时”选项卡，在“开始”栏中选择“上一动画之后”项，在“期间”栏中选择“慢速 3 秒”项。

### 5.5.9 “就业情况”幻灯片的动画

1. 标题的动画

(1) 选定第 11 张幻灯片，在幻灯片中，选定“就业情况”标题，单击“动画”选项卡，在“动画”组中，单击“轮子”。

(2) 在“动画窗格”中，单击“标题 1：就……”右侧的向下箭头，从中单击“效果选项”命令，打开“轮子”对话框。

(3) 在对话框中，单击“计时”选项卡，在“开始”栏中选择“上一动画之后”项。在“期间”栏中选择“中速 2 秒”项。

2. 饼图的动画

(1) 选定饼图，单击“动画”选项卡，在“动画”组中，单击“出现”。

(2) 在“动画窗格”中，单击“图表 2：背景……”右侧的向下箭头，从中单击“效果选项”命令，打开“出现”对话框。

(3) 在对话框中，单击“计时”选项卡，在“开始”栏中选择“上一动画之后”项。在“延迟”栏中选择“0.5 秒”项。单击“图表动画”选项卡，“组合图表”选择“按分类”。

### 5.5.10 “结束语”幻灯片的动画

(1) 选定 12 张幻灯片，在幻灯片中，选定“谢谢观看，欢迎你的到来!”艺术字，单击“动画”选项卡，在“动画”组中，单击“陀螺旋”。

(2) 在“动画窗格”中，单击“标题 1：谢……”右侧的向下箭头，从中单击“效果选项”命令，打开“陀螺旋”对话框。

(3) 在对话框中，单击“计时”选项卡，在“开始”栏中选择“上一动画之后”项。在“期间”栏中选择“中速 2 秒”项。单击“效果”选项卡，选择“设置数量”为“360°”。

至此，所有的幻灯片动画效果设置完毕。

### 5.5.11 知识拓展

1. 动画刷

在 PowerPoint 2003 中，如果在某一页面制作了动画效果，那么，这个动画效果是无法通过复制到其他页面中去的，在 PowerPoint 2010 中，新增了名为动画刷的工具，该工具允许用户把现成的动画效果复制到其他 PowerPoint 页面中，以节省制作 PowerPoint 的时间。

在 PowerPoint 2010 中，选择一个带有动画效果的 PowerPoint 2010 幻灯片元素，单击“动画”选项卡，在“高级动画”组中，单击“动画刷”按钮，或直接使用动画刷的快捷键：“Alt+Shift+C”组合键，这时，鼠标指针会变成带有小刷子的样式“ ”，找到需要复制动画效果的页面，在其中的元素上单击鼠标，则复制了动画效果。在案例的“专业设置”动画中，就可以使用动画刷的功能。

2. 视频编辑

在 PowerPoint 2010 中，可以对插入 PowerPoint 中的视频进行简单的编辑，以实现以前版本 PowerPoint 中不能实现的功能。

PowerPoint 2010 不单可以对视频进行编辑，而且以往的 PowerPoint 插入的视频只能在放映的时候才能看到效果，而在 PowerPoint 2010 中，只要把鼠标停放在插入的视频上，视频下方就出现一个播放控制条，通过这个控制条就可以预览视频查看效果，这样可以简化 PowerPoint 的制作，节省制作 PowerPoint 的时间，如图 5—35 所示。

3. 插入 Flash 动画

在 PowerPoint 中，既可以插入电影格式的文件，也可以插入 Flash 文件。

(1) 单击“插入”选项卡，在“媒体”组中，单击“视频 | 文件中的视频”命令，在“插入视频文件”对话框中，找到 Flash 文件，单击“插入”按钮，如图 5—36 所示。

(2) 调整 Flash 播放的窗口大小，单击“视频工具播放”选项卡，在“视频选项”组中，在“开始”中选择“自动”，选择“编完返回开头”复选框。

图 5—35　插入视频

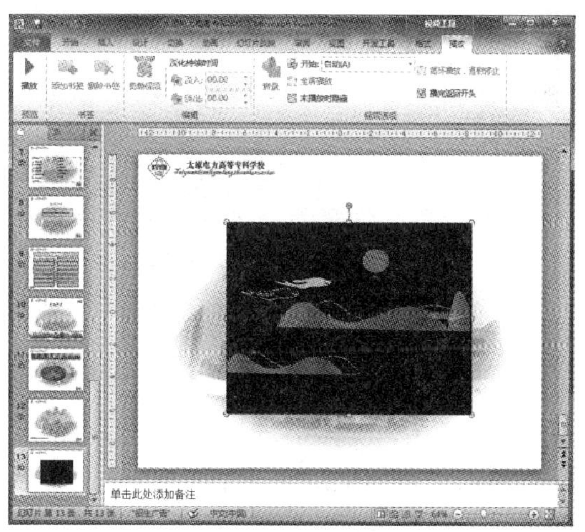


图 5—36　插入 Flash

## 5.6　幻灯片放映

幻灯片动画设置完毕，就可以利用幻灯片的放映功能整体看看动画效果。幻灯片放映包括：从头开始、从当前幻灯片开始、广播幻灯片和自定义幻灯片放映。

### 5.6.1 从头开始

1. 播放

单击“幻灯片放映”选项卡，在“开始放映幻灯片”组中，单击“从头开始”按钮，幻灯片从第一张播放到最后一张。

2. 发现问题

在幻灯片播放到最后一张时，发现幻灯片无法退出，单击右下角的“■”按钮，又回到第2张“目录表”幻灯片，出现死循环的现象，这时候就要进修修改。

在幻灯片上单击鼠标右键，在快捷菜单中，单击“结束放映”命令，退出幻灯片播放。

3. 修改问题

(1) 单击“插入”选项卡，在“插图”组中，单击“形状”按钮，在“动作按钮”中，选择“结束”按钮，在幻灯片右下角绘制出按钮，这时出现“动作设置”对话框。

(2) 在对话框中，单击“单击鼠标”选项卡，在“超链接到”中选择“结束放映”，单击“确定”按钮，如图5—37和图5—38所示。

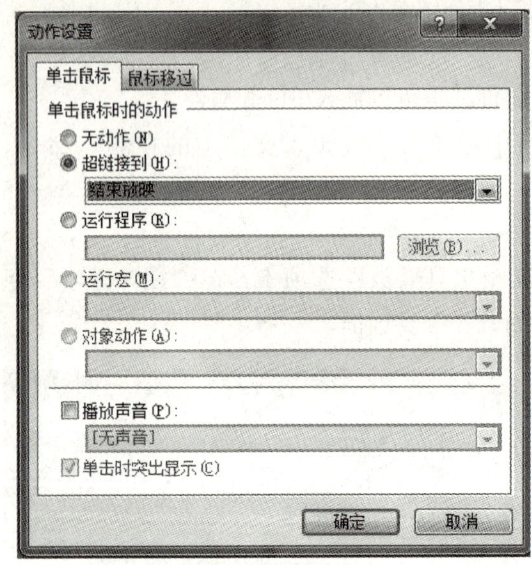


图5—37 修改超链接

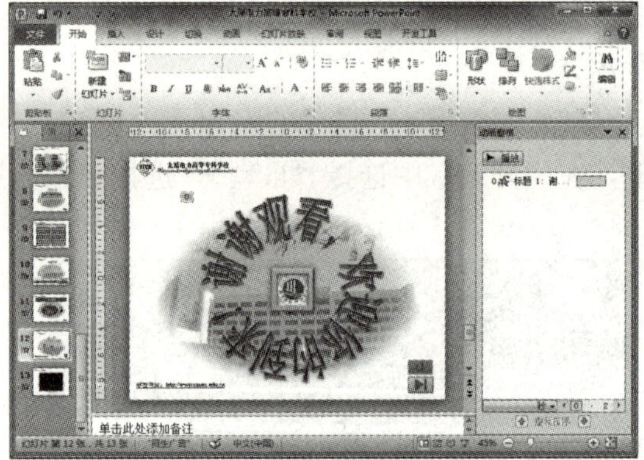


图5—38 设计好的动作按钮

### 5.6.2 从当前幻灯片开始

幻灯片的错误经过修改后，可以重新放映演示修改后的结果，为了节约更多的时间，没有必要从头开始播放，直接从当前修改的幻灯片开始播放。

单击“幻灯片放映”选项卡，在“开始放映幻灯片”组中，单击“从当前幻灯片开始”按钮，演示修改后的幻灯片。

### 5.6.3 知识拓展

1. 自定义放映

通过在PowerPoint 2010中创建自定义放映，可以使一个演示文稿适合不同观众的要求。使用自定义可以展示演示文稿中一组独立幻灯片，或创建指向演示文稿中的一组幻灯片的超链接。如老师在上课时，每次都要从讲义的幻灯片中选择到指定的一页，如果幻灯片很多，找起来既浪费时间又麻烦，为了解决这个问题，可以使用 PowerPoint 2010 的自定义幻灯片放映功能，创建自定义放映的步骤如下：

（1）单击“幻灯片放映”选项卡，在“开始幻灯片放映”组中，单击“自定义幻灯片放映”按钮旁边的箭头，在快捷菜单中，单击“自定义放映”命令，出现“自定义放映”对话框，如图 5—39 所示。

（2）在“自定义放映”对话框中，单击“新建”按钮，出现“定义自定义放映”对话框。

（3）在“在演示文稿中的幻灯片”下，单击“添加”按钮，将左侧包括在自定义放映中的幻灯片从移动到右侧，如图 5—40 所示。

**提示：**要选择多个连续的幻灯片，请单击第一个幻灯片，然后在按 Shift 键的同时单击要选择的最后一个幻灯片。要选择多个不连续的幻灯片，请按 Ctrl 键的同时单击每个要选择的幻灯片。

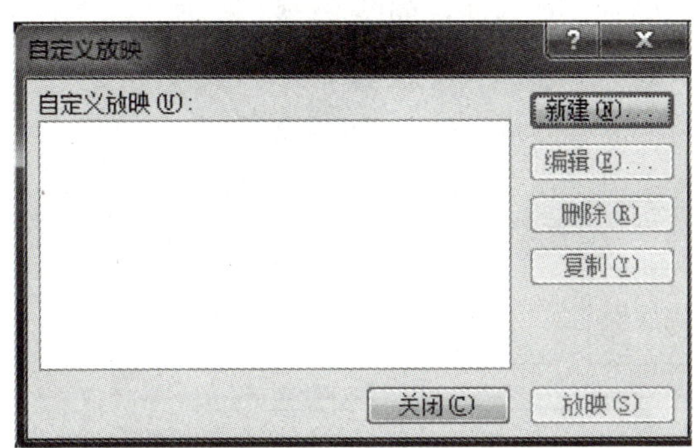


图 5—39　“自定义放映”对话框

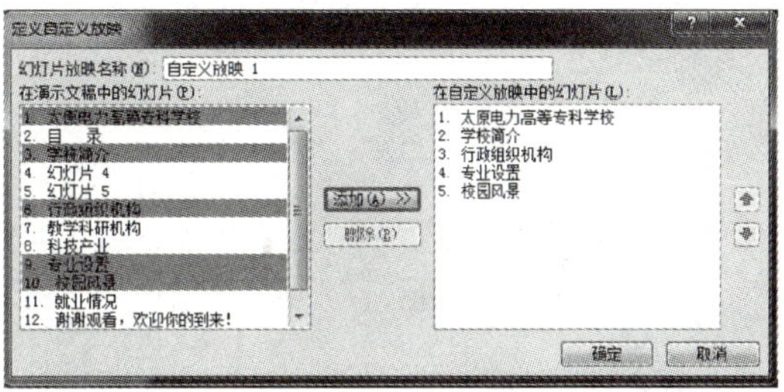


图 5—40　“自定义放映”对话框

（4）要更改幻灯片出现的顺序，在“在自定义放映中的幻灯片”下，单击某张幻灯片，然后单击箭头之一，在列表中上下移动该幻灯片。

（5）在“幻灯片放映名称”框中键入一个名称，然后单击“确定”按钮。

**提示：**要预览自定义放映，请在“自定义放映”对话框中单击放映的名称，然后单击“放映”按钮。

从图中可以看出，我们能够选择添加自定义放映，然后从现有的幻灯片中进行选择，同时还能够调整不同的播放顺序，设置完后便能够进行播放。这样老师在上课之前，可以事先安排好当天播放的幻灯片序列、对不同章节进行设置，在播放时选择相应的章节就可以了。

2. 启动自定义放映

（1）单击“幻灯片放映”选项卡，在“设置”组中，单击“设置幻灯片放映”按钮。

（2）在“设置放映方式”对话框中的“放映幻灯片”下，选择“自定义放映”单选框，然后单击所需的自定义放映，单击“确定”按钮。

（3）打开要以自定义幻灯片放映方式查看的演示文稿。

（4）单击“幻灯片放映”选项卡，在“开始放映幻灯片”组中，单击“自定义幻灯片放映”右侧的箭头，单击“自定义放映 1”（自定义放映的名称）命令。

## 5.7 幻灯片打印和打包

当我们参加一个培训班或者是听课时，在讲课之前一般都要拿到一份资料，这份资料就是将演讲者的 PowerPoint 讲课内容采用演示文稿的方式打印出来，发给学员的。为了把放映的演示文稿发给学生，就要对演示文稿进行“打包”，这样更便于学生在未安装 PowerPoint 2010 的计算机上放映操作。

### 5.7.1 演示文稿的打印

演示文稿的打印步骤如下：

（1）打开要打印其讲义的演示文稿。

（2）单击“文件｜打印”命令，单击“整页幻灯片”命令右侧的向下箭头，在打开的打印方式中选择一种方式，如 2 张幻灯片。

（3）选择“幻灯片加框”和“根据纸张调整大小”复选框，如图 5—41 所示。

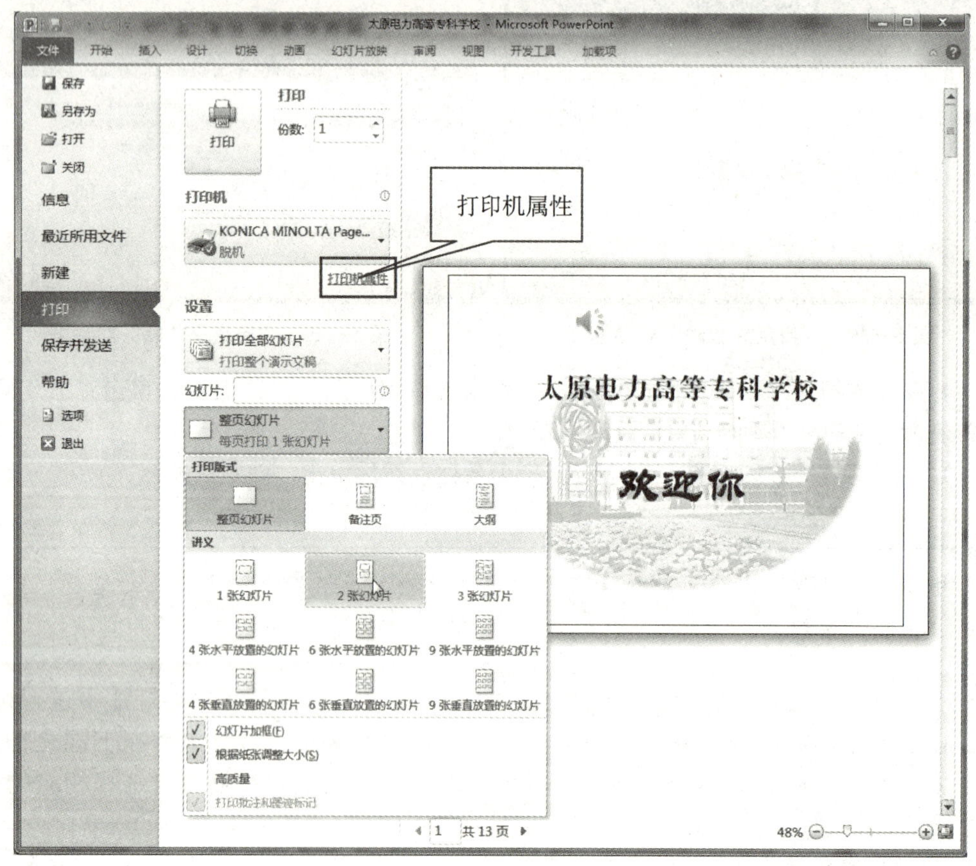


图 5—41 选择打印方式

（4）在“打印机”下方单击“打印机属性”，在属性对话框中，单击“纸张”选项卡，如图 5—42 所示，在“输出纸张大小”下选择“适合纸张”复选框，在方向中选择“纵向”单选框，单击“确定”按钮。

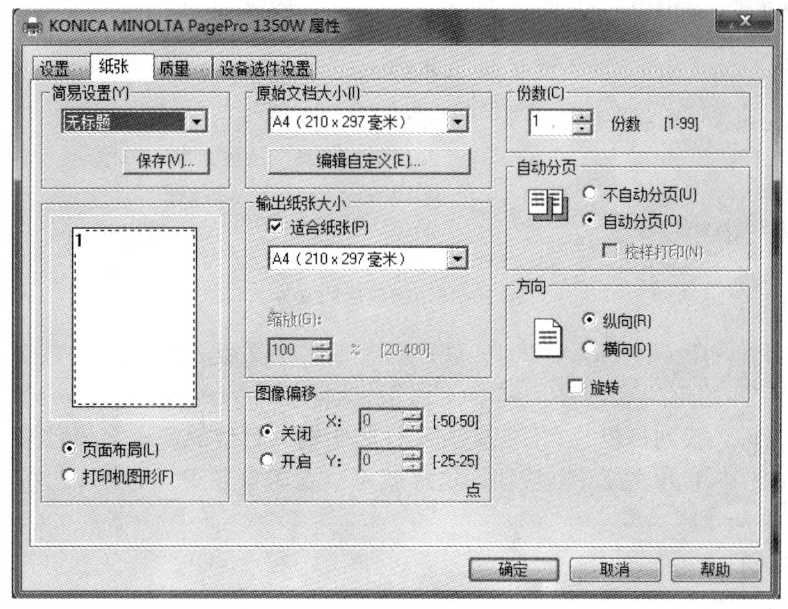


图 5—42　设置打印机属性

（5）单击“打印”按钮，开始按每页打印两张的方式进行打印。

### 5.7.2　演示文稿的打包

演示文稿的打包步骤如下：

1. 打包到文件夹

（1）打开要打包的演示文稿。

（2）单击“文件｜保存并发送｜将演示文稿打包成 CD”命令，单击“打包成 CD”按钮，出现“打包成 CD”对话框，如图 5—43 所示。

（3）在“打包成 CD”对话框中，单击“复制到文件夹”按钮，出现“复制到文件夹”对话框。

（4）在“复制到文件夹”对话框中，单击“浏览”按钮，选择保存演示文稿的位置，在文件夹名称中输入演示文稿的名称，如图 5—44 所示。

（5）单击“确定”按钮，开始打包。

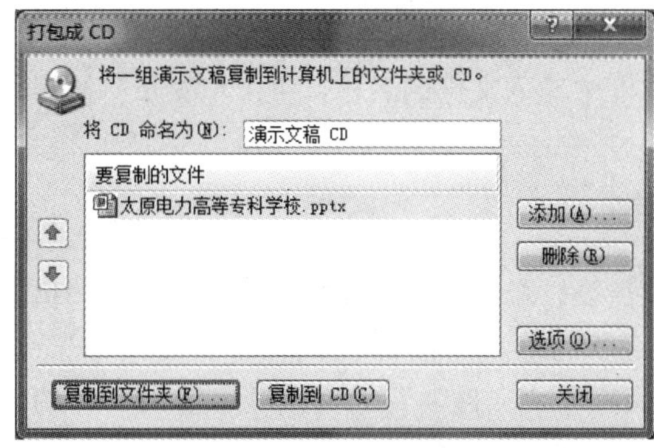


图 5—43　“打包成 CD”对话框

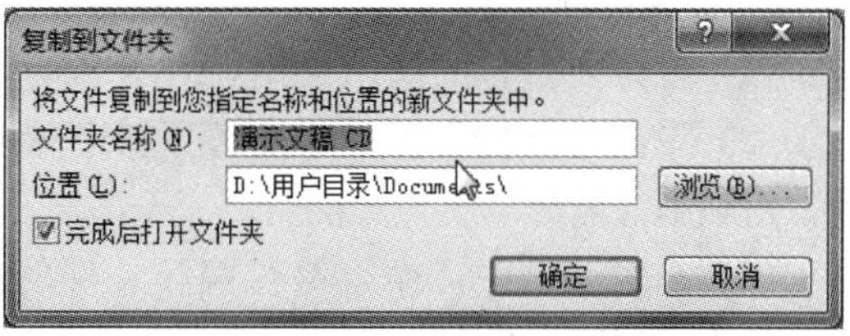


图 5—44　复制到文件夹

（6）打包完成，打开保存打包文件的文件夹（如：D:\用户目录\Documents），可以看到打包后的文件，如图 5—45 所示。

| 名称 | 修改日期 | 类型 | 大小 |
| --- | --- | --- | --- |
| PresentationPackage | 2010/7/22 10:54 | 文件夹 | |
| 39 | 2010/7/17 9:26 | 媒体文件 (.swf) | 687 KB |
| AUTORUN | 2010/7/22 10:54 | 安装信息 | 1 KB |
| 太原电力高等专科学校 | 2010/7/22 10:54 | Microsoft Power... | 4,804 KB |

图 5—45 打包后的文件

（7）下载 PowerPoint Viewer 2010（PPTV）简体中文版 . exe 文件，并安装。

（8）单击“开始｜所有程序｜Microsoft PowerPoint Viewer”命令，运行 PowerPoint Viewer 2010 文件，找到打包的文件夹，在文件名中输入打包的演示文稿名称（如：太原电力高等专科学校），单击“打开”按钮，这样就可以在未安装 PowerPoint 2010 的计算机上进行播放演示文稿了。

2. 打包成 CD 盘

（1）打开要打包的演示文稿。

（2）单击“文件｜保存并发送｜将演示文稿打包成 CD”命令，单击“打包成 CD”按钮，出现“打包成 CD”对话框，如图 5—43 所示。

（3）在“打包成 CD”对话框中，单击“复制到 CD”按钮，出现信息框，如图 5—46 所示。

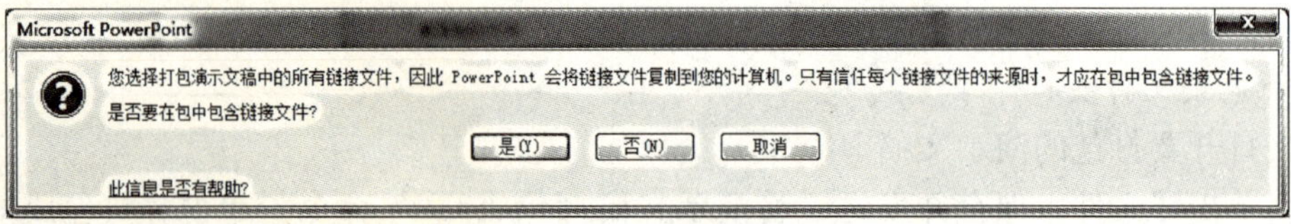


图 5—46 信息对话框

（4）单击“是”按钮，将刻录光盘插入到光驱中，开始将演示文稿刻录到光盘中。

### 5.7.3 知识拓展

1. 将演示文稿转换成 PDF 文件

（1）打开要打包的演示文稿。

（2）单击“文件｜保存并发送｜创建 PDF/XPS 文档”命令，单击“创建 PDF/XPS”按钮，出现“发布为 PDF 或 XPS”对话框，如图 5—47 所示。

（3）输入发布的位置，在“文件名”的文本框中输入文件的名称，单击“发布”按钮。

（4）用 PDF 阅读器打开即可以观看。

2. 创建视频

（1）打开要打包的演示文稿。

（2）单击“文件｜保存并发送｜创建视频”命令，单击“创建视频”按钮，出现“另存为”对话框。

（3）在对话框中，输入保存视频文件的位置，在“文件名”的文本框中输入文件的名称，单击“保存”按钮。

（4）创建后的视频文件，可以使用暴风影音等媒体播放软件进行播放。

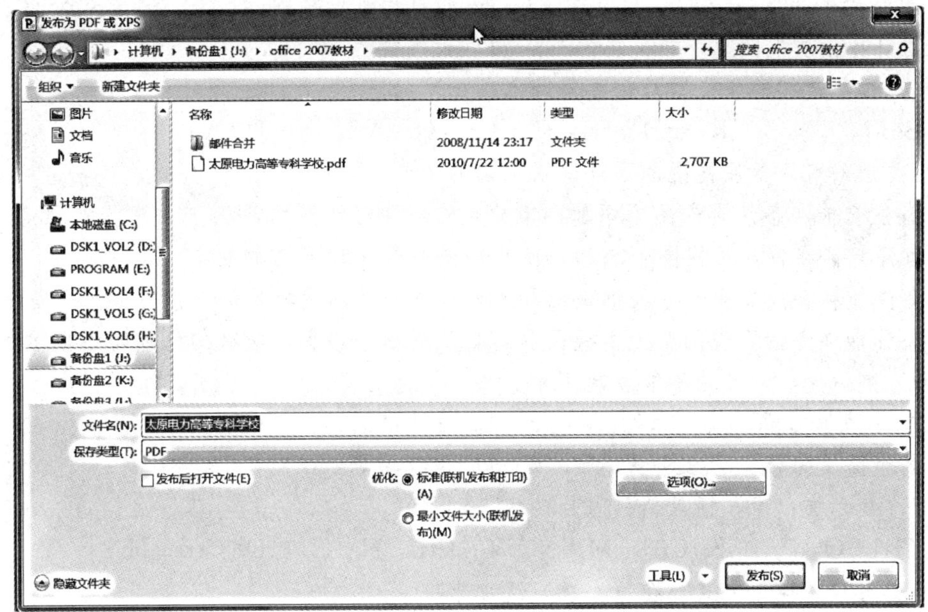


图 5—47　“发布为 PDF 或 XPS”对话框

## 本章小结

本章主要介绍使用 PowerPoint 2010 制作案例的全部过程。通过案例的制作，基本对 PowerPoint 的基本操作有了深刻的认识。掌握了创建演示文稿的方法和步骤，在幻灯片中插入图片、SmartArt、图表、音频的等，对幻灯片中的对象的动画效果进行设置和切换，按不同的需要进行幻灯片的播放以及演示文稿的打印和打包。

## 习　题　5

1. 问答题

(1) 什么是视图？幻灯片常用的 4 种视图是什么？

(2) 什么是占位符？如何设置一个红色边框的占位符及无边框占位符？

(3) 什么是模板？应用 PowerPoint 2010 提供的模板创建演示文稿有什么好处？

(4) 如何激活超链接？如何删除超链接？

(5) 通过调整状态栏上的“显示比例”，会影响幻灯片的放映效果吗？

(6) 简述幻灯片母版的作用。

(7) 在 PowerPoint 2010 中可以插入哪些种类的多媒体文件？

(8) 超链接有什么用途？如何编辑已有的超链接？

(9) 演示打包后文稿，需要安装什么软件？

(10) 如何在同一张纸上打印两张幻灯片？

2. 选择题

(1) PowerPoint 2010 窗口中，一般不包括在选项卡中的是（　　）。

A. 文件　　B. 视图　　C. 插入　　D. 格式

(2) 能对幻灯片进行移动、删除、复制，但不能编辑幻灯片中具体内容的视图是（　　）。

A. 幻灯片视图　　　　　　　　　B. 幻灯片浏览视图

C. 幻灯片放映视图　　　　　　　D. 大纲视图

(3) 选择不连续的多张幻灯片，借助（　　）键。

A. Shift　　B. Ctrl　　C. Tab　　D. Alt

(4) 关于幻灯片备注视图，下列说法正确的是（　　）。

A. 备注只能在备注页视图下添加，但放映幻灯片时能显示备注

B. 备注只能在备注页视图下添加，而且放映幻灯片时不显示备注

C. 备注能在备注页视图、大纲视图和普通视图下添加，放映幻灯片时能显示备注

D. 备注能在备注页视图、大纲视图和幻灯片视图下添加，放映幻灯片时不显示备注

(5) 下列（　　）方法不能新建演示文稿。

A. 空白演示文稿　　　　　　　　B. 设计模板

C. 内容提示向导　　　　　　　　D. 保存功能

(6) 在演示文稿中，插入新幻灯片的组合键是（　　）。

A. Ctrl+O　　B. Ctrl+M　　C. Ctrl+N　　D. Ctrl+H

(7) 幻灯片“换片方式”在（　　）选项卡中。

A. 设计　　B. 切换　　C. 动画　　D. 幻灯片放映

(8) PowerPoint 2010 制作的演示文稿的默认文件的扩展名是（　　）。

A. pptx　　B. ppsx　　C. docx　　D. html

(9) 最快捷且正确的关闭 PowerPoint 2010 的方法是（　　）。

A. 单击“文件”选项卡下的“退出”命令

B. 按 Reset 键重新启动计算机

C. 单击 PowerPoint 标题栏右侧的按钮✕

D. 单击“大纲视图”右侧的按钮✕

(10) 为了防止意外断电等事件，最好（　　）。

A. 经常单击快速存盘按钮　　　　B. 设置自动存盘功能

C. 隔段时间就关闭文件，再打开　D. 经常保存备份文件

(11) 插入一张新的幻灯片，下列（　　）操作正确。

A. 选择“插入 | 新建幻灯片”命令

B. 选择“开始 | 新建幻灯片”命令

C. 选择“文件 | 新建幻灯片”命令

D. 选择“设计 | 新建幻灯片”命令

(12) 关于演示文稿，下列说法错误的是（　　）。

A. 一个演示文稿是由多张幻灯片构成的

B. 可以调整占位符的位置

C. 所有视图下都可以编辑幻灯片的内容

D. 每张幻灯片可以有不同的版式

(13) 如果有几张幻灯片暂时不想让观众看见，最好（　　）。

A. 删除这些幻灯片

B. 隐藏这些幻灯片

C. 新建一些不含这些幻灯片的演示文稿

D. 自定义放映方式时，取消这些幻灯片

(14) 被隐藏的幻灯片在（　　）中不可见。

A. 普通视图　　B. 幻灯片浏览视图

C. 幻灯片放映视图　　D. 备注页视图

(15) 在“幻灯片浏览视图”模式下，不允许进行的操作是（　　）。

A. 幻灯片移动和复制　　B. 幻灯片切换

C. 幻灯片删除　　D. 设置动画效果

(16) 下面（　　）说法是正确的。

A. 文本框中的文本的字体、字号必须一致

B. 文本框中的文本的字体必须一致，字号可以不同

C. 文本框中的文本的字体可以不同，字号必须一致

D. 文本框中的文本的字体、字号均可不同

(17) 让作者名字出现在所有的幻灯片中，应将其加入到（　　）中。

A. 幻灯片母版　　B. 标题母版　　C. 备注母版　　D. 讲义母版

(18) 在幻灯片母版中可设置（　　）。

A. 幻灯片背景　　B. 插入图片　　C. 文字格式　　D. 以上都可以

(19) 插入一张图片的顺序过程，（　　）是正确的。

①打开幻灯片

②确定要插入的图片

③选择“插入｜图片”按钮

④调整被插入的图片的大小和位置

A. ①④②③　　B. ①③②④　　C. ③①②④　　D. ③②①④

(20) 幻灯片的打印范围可以包括（　　）。

A. 全部　　B. 选定幻灯片

C. 指定幻灯片的页数　　D. 以上答案都对

(21) PowerPoint 2010 中，执行了插入新幻灯片的操作，被插入的幻灯片将出现在（　　）。

A. 当前幻灯片之前　　B. 当前幻灯片之后

C. 最前　　D. 最后

(22) PowerPoint 2010 中没有的对齐方式是（　　）。

A. 两端对齐　　B. 上下对齐　　C. 右对齐　　D. 左对齐

(23) 下列有关幻灯片和演示文稿的说法中不正确的是（　　）。

A. 一个演示文稿文件可以不包含任何幻灯片

B. 一个演示文稿文件可以包含一张或多张幻灯片

C. 幻灯片可以单独以文件的形式存盘

D. 幻灯片是 PowerPoint 中包含文字、图形、图表、声音等多媒体信息的图片

(24) 在空白幻灯片中不可以直接插入（　　）。

A. 艺术字　　B. 公式　　C. 文字　　D. 文本框

(25) 新建一个演示文稿时第一张幻灯片的默认版式是（　　）。

A. 项目清单　　B. 两栏文本　　C. 标题幻灯片　　D. 空白

3. 填空题

（1）PowerPoint 2010 窗口界面包括：__________、__________、__________、__________、__________、__________、大纲和幻灯片的方式切换、状态栏和显示比例滑杆等组成。

（2）在 PowerPoint 中有__________、__________和__________三种母版。

（3）模板是演示文稿中的特殊一类，是由母版设计而成的，扩展名为__________。

（4）在幻灯片中为一个虚框，这个虚框称为__________。

（5）主题放置在“主题”库中，它的扩展名是__________。

（6）主题不仅包含单张幻灯片中的文本或图形，还包含主题颜色、__________、__________、__________、幻灯片母版和幻灯片版式。

（7）在 PowerPoint 中即可以插入 Excel 表格，也可以将插入__________表格插入到 PowerPoint 演示文稿中。

（8）在播放幻灯片时，有时根据需要，不将所有幻灯片播放出来，可将某几张幻灯片隐藏起来，而不必将这些幻灯片删除。被隐藏的幻灯片在放映时不播放，但在幻灯片的编号上加了__________标记。

（9）如果要取消隐藏，选择被隐藏的幻灯片，单击鼠标右键，在快捷菜单中，再单击__________命令即可取消隐藏。

（10）PowerPoint 2010 一共有__________、__________、__________、__________、__________和__________六种视图。

（11）母版视图有三种，它们是：__________、__________和__________。

（12）普通视图是主要的编辑视图，可用于撰写和设计演示文稿，普通视图有四个工作区域：__________、__________、__________和__________。

（13）要移动多个幻灯片，请按__________键部分选定，如果是连续的选定，请按__________键。

（14）__________的工具允许用户把现成的动画效果复制到其他 PowerPoint 页面中，以节省制作 PowerPoint 的时间

（15）幻灯片放映包括：__________、__________、__________和__________。

（16）在未安装 PowerPoint 2010 的计算机上要进行播放演示文稿，须从网上下载__________软件。

（17）在 PowerPoint 2010 中，只要把鼠标停放在插入的视频上，视频下方就出现一个__________，通过这个控制条就可以预览视频查看效果。

# 第 6 章　中文 Publisher 2010 操作与应用

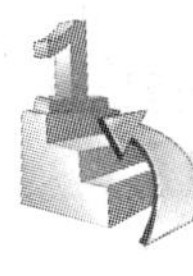

## 本章重点

- 启动 Publisher 2010
- Publisher 的界面组成
- 创建出版物
- 文本框操作
- 插入图形和对象
- 打印出版物

## 教学目标

通过本章案例的学习，使学生了解 Publisher 2010 的基本概念、功能和界面组成。学会 Publisher 2010 的一般操作，学会用 Publisher 2010 提供的模板来创建和发布高品质的出版物。

## 案例

**案例：** 电脑与生活报第 2 期的设计，如图 6—1 所示。

**图 6—1　电脑与生活报第 2 期**

## 6.1 Publisher 2010 的功能和界面

Publisher 也是 Office 办公组件中的一个，与 Word 相比，它具有更强大的图文编辑、排版功能，使用 Publisher 可以轻松地设计制作出属于自己的报刊、明信片、日历、新闻稿、小册子、海报、明信片、网站以及电子邮件等。Publisher 软件的大部分功能和 Word 相似，不同的是 Publisher 集成了很多系统默认的设计模板，而且还增加了文件发布格式。

### 6.1.1 建立 Publisher 2010 文档

建立新文档，首先要启动 Publisher，启动步骤如下：

（1）单击“开始 | 所有程序 | Microsoft Office | Microsoft Publisher 2010”命令。

（2）单击“文件 | 新建 | 空白文档 | 创建”命令，出现如图 6—2 所示的界面。Publisher 2010 窗口界面包括：快速访问工具栏、标题栏、功能选项卡、功能区和组、帮助按钮、文档编辑区和标尺、状态栏、显示比例滑杆和视图等组成。

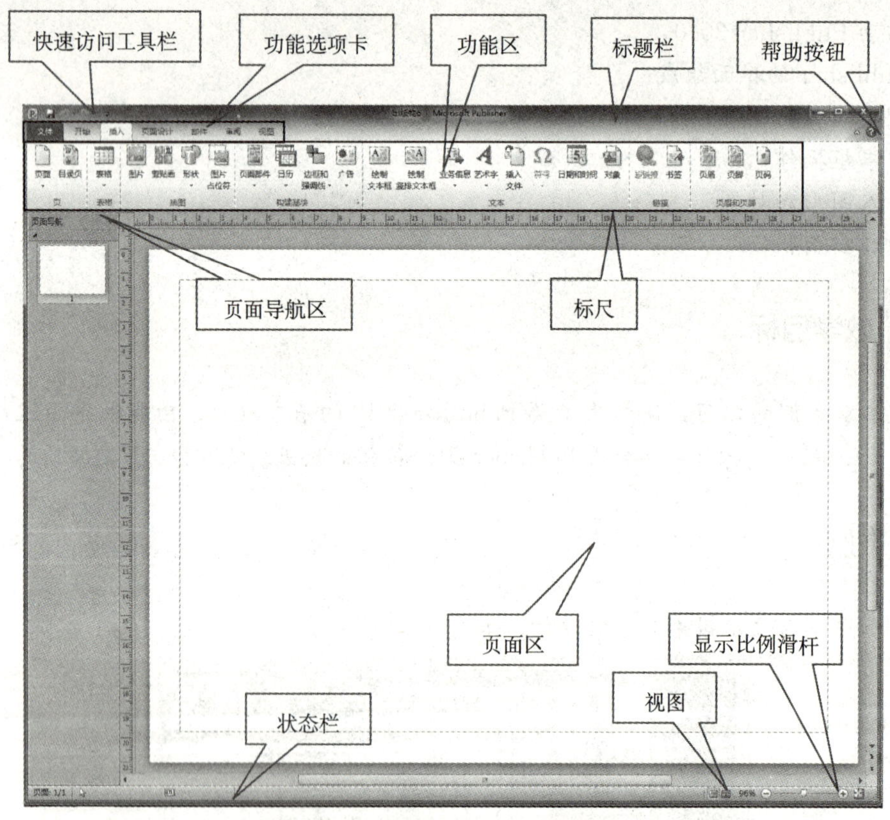


图 6—2 Publisher 2010 界面组成

### 6.1.2 页面设计

页面设计是指对文档页面布局的设置，主要包括纸张大小、纸张方向和页边距等。在创建出版物之前可以先对页面进行设置，页面设置步骤如下：

（1）单击“页面设计”选项卡。

（2）在“页面设置”功能区，单击“纸张方向 | 横向”命令，单击“确定”按钮。

（3）单击“页边距 | 自定义边距”命令，修改“上”、“下”、“左”、“右”的值，单击

“确定”按钮。

（4）单击“纸张大小 | A4（横向）”命令，单击“确定”按钮。

（5）如果要将设置的页面保存，单击“文件 | 保存”命令，出现“另存为”对话框，在“文件名”中输入文件的名称，单击“保存”按钮。

**提示：**可以单击“快速访问工具栏”中的“ ”按钮进行保存。为了以后方便使用设置好的格式，可以把它保存为模板，只要在保存时将文件的“保存类型”改为“Publisher 模板”即可。

### 6.1.3 用模板创建出版物

除了可创建空白页面模板之外，Publisher 2010 中还内置了多种出版物模板，如图 6—3 所示，如标签、贺卡、名片、明信片。日历、新闻稿等等。另外，还有更多的模板可供下载选择使用。借助这些模板，用户可以创建比较专业的 Publisher 2010 出版物。用模板创建出版物文档的步骤如下：

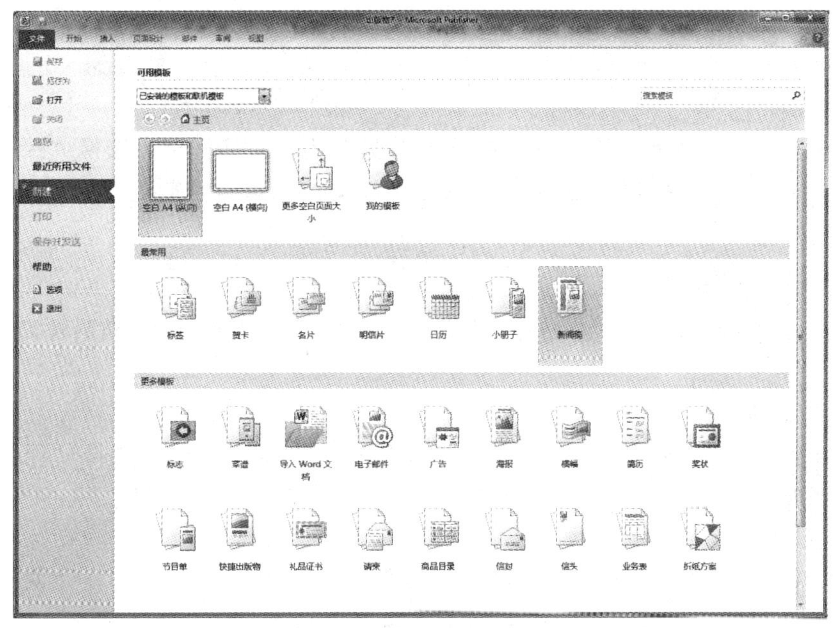


**图 6—3 Publisher 2010 模板**

（1）单击“文件 | 新建”命令，在“最常用”模板中，选择“新闻稿”模板，并打开。

（2）在 Office. com 模板中，选择“技术业务新闻稿”，单击“下载”按钮。

（3）下载完毕，自动进入“技术业务新闻稿”出版物文档，如图 6—4 所示。

（4）单击“文件 | 保存”命令，在打开的“另存为”对话框中，选择“保存类型”为“Publisher 文件”，选择保存文件的位置和文件名称，单击“保存”按钮。

### 6.1.4 创建空白模板

（1）单击“文件 | 新建”命令，在“可用”模板中，选择“空白 A4（横向）”模板，单击打开。

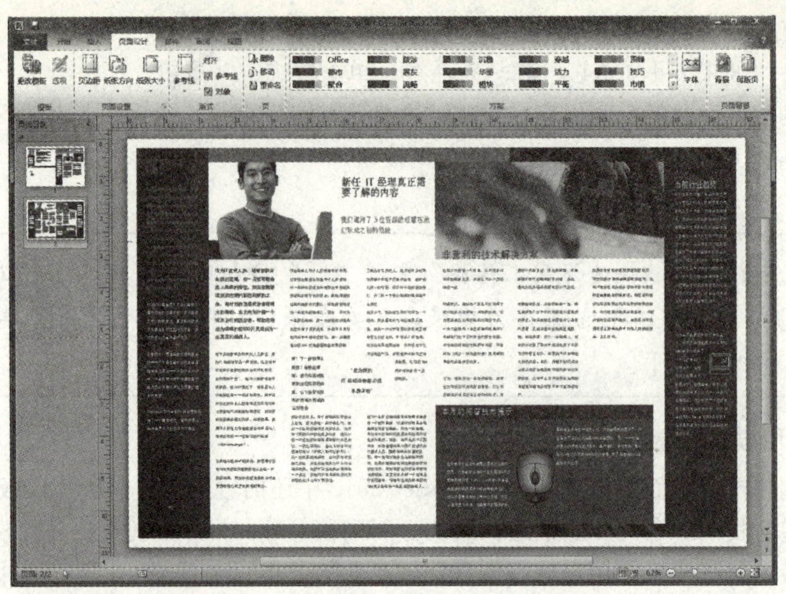

图 6—4　“技术业务新闻稿”出版物界面

（2）单击“页面设计”选项卡，在“页面设置”组中，单击“页边距｜自定义边距”命令，出现“版式参考线”对话框，将“上”、“下”、“左”、“右”修改为“1 厘米”，单击“确定”按钮。

（3）单击“文件｜保存”命令，在打开的“另存为”对话框中，选择“保存类型”为“Publisher 文件”，选择保存文件的位置，在文件名框中输入“电脑与生活报第 2 期”，单击“保存”按钮。

### 6.1.5　知识拓展

Publisher 2010 和 Word 2010 一样，除保存为 Publisher 2010 文件类型外，还可以保存为其他类型。

1. 保存为 PDF 格式

单击“文件｜另存为”命令，在打开的“另存为”对话框中，选择“保存类型”为“PDF”，选择保存文件的位置和 PDF 文件名称，然后单击“保存”按钮。

2. 保存为 Word 2010 格式

单击“文件｜另存为”命令，在打开的“另存为”对话框中，选择“保存类型”为“Word 文档”，选择保存文件的位置和文件名，单击“保存”按钮。

3. 保存为 Publisher 2000 格式

单击“文件｜信息”命令。在打开的“另存为”对话框中，选择“保存类型”为“Publisher 2000”，选择保存文件的位置和文件名，单击“保存”按钮。

## 6.2　文本框的操作

从案例中看到，“电脑与生活报第 2 期”中用到了许多“文本框”的技巧，在 Publisher 2010 中文本框的操作和 Word 2010 比较，操作更加灵活，在 Word 中无法实现的功能，在 Publisher 中可以实现。

案例中各个文本框的名称，如图 6—5 所示。

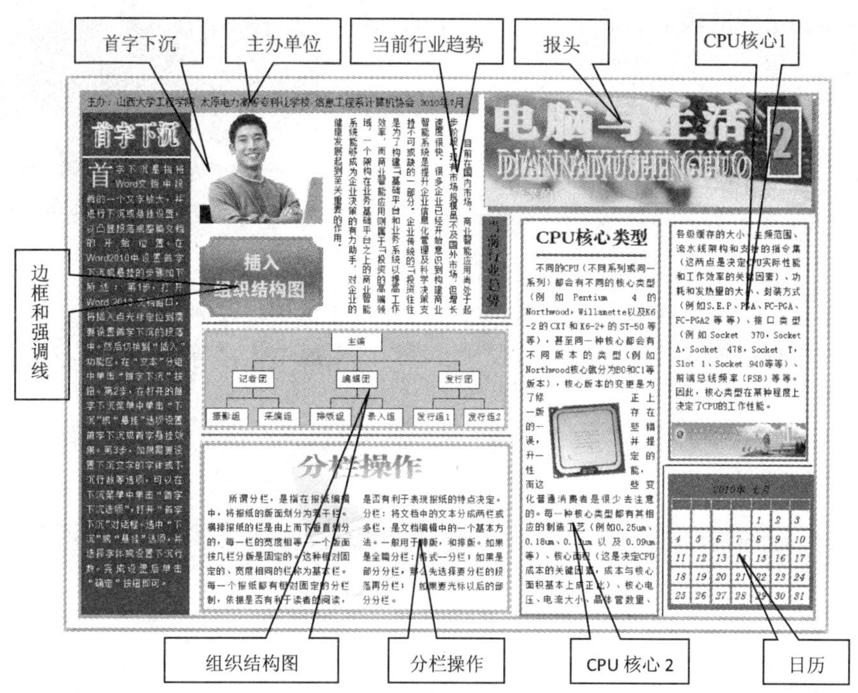


图 6—5 文本框说明

### 6.2.1 打开“电脑与生活报第 2 期”文档

单击“文件 | 最近使用的文档”命令，在右侧列表中单击“电脑与生活报第 2 期”文件名。或单击“文件 | 打开”命令，找到“电脑与生活报第 2 期”文件，单击“打开”按钮。

### 6.2.2 插入文本框

1. 插入“报头”

（1）单击“插入”选项卡，在“文本”组中，单击“绘制文本框”按钮，在版面中绘制一个文本框。

（2）在文本框中输入文字“电脑与生活”，选择“字体”为“方正大标宋简体”，选择“字号”为“72”，选择“颜色”为“黄色”。

（3）将“电脑与生活”文本框拖到报头图案中。

2. 插入“初学者的园地生活中的帮手”

（1）单击“插入”选项卡，在“文本”组中，单击“绘制文本框”按钮，在版面中绘制一个文本框，文本框的宽度等于“电脑与生活”文本框的宽度。

（2）在文本框中输入“初学者的园地，生活中的帮手”，单击“开始”选项卡，在“字体组中”，选择“字体”为“楷体”，选择“字号”为“20”，选择“颜色”为“黄色”。

（3）将“初学者的园地生活中的帮手”文本框中拖到拼音文本框的下面。

3. 插入期刊号

（1）单击“插入”选项卡，在“文本”组中，单击“绘制文本框”按钮，在版面中绘制一个文本框。

（2）在文本框中输入数字“2”，选择“字体”为“Impact”，“字号”为“60”，“颜色”为“辅色 2 (CMYK (1, 34, 98, 0))，淡色 60%”。

(3) 在“初学者的园地生活中的帮手”中插入数个空格，使文字位于文本框的两端。

(4) 单击“绘图工具格式”选项卡，在“形状样式”组中，选定“彩色填充，白色轮廓-强调文字颜色 2”形状样式，将“2”文本框拖到报头的右侧，如图 6—6 所示。

图 6—6 报头

4. 插入“主办单位”文本框

(1) 单击“插入”选项卡，在“文本”组中，单击“绘制文本框”按钮，在版面中绘制一个文本框，并移到最左侧。

(2) 在文本框中输入“主办：山西大学工程学院太原电力高等专科让学校信息工程系计算机协会 2010 年 7 月”。

(3) 单击“开始”选项卡，在“字体”组中，“字体”选择“宋体”，“字号”选择“小四号”，“颜色”选择“黑色”，如图 6—7 所示。

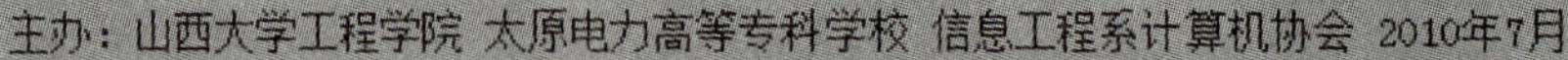


图 6—7 主办单位文本框

(4) 将“主办单位”文本框拖到左上角。

5. 插入“首字下沉”文本框

(1) 单击“插入”选项卡，在“文本”组中，单击“绘制文本框”按钮，在版面中绘制一个文本框。

(2) 选定文本框，单击鼠标右键，在快捷菜单中，单击“设置文本框格式”命令，出现“设置文本框格式”对话框。

(3) 在对话框中，单击“尺寸”选项卡，将高度修改为“19.172 厘米”，宽度修改为“4.342 厘米”，单击“确定”按钮，如图 6—8 所示。

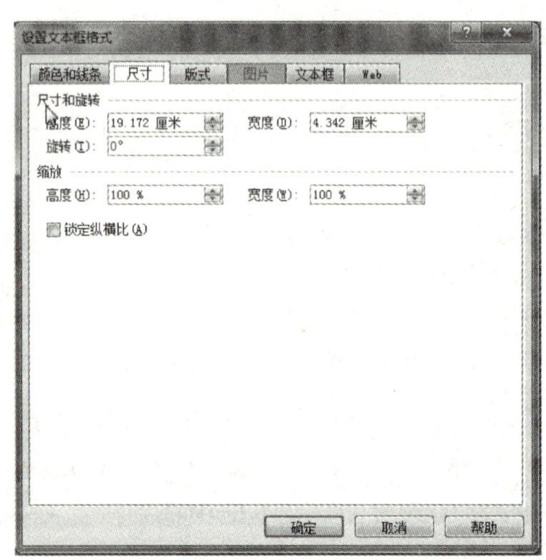


图 6—8 “设置文本框格式”对话框

(4) 在文本框中输入如下文字：

首字下沉是指将 Publisher 文档中段首的一个文字放大，并进行下沉或悬挂设置，以凸显段落或整篇文档的开始位置。在 Publisher 2010 中设置首字下沉或悬挂的步骤如下：

第 1 步，打开 Publisher 2010 文档窗口，将插入点光标定位到需要设置首字下沉的段落中。然后切换到“插入”功能区，在“文本”分组中单击“首字下沉”按钮。

第 2 步，在打开的首字下沉菜单中单击“下沉”或“悬挂”选项设置首字下沉或首字悬挂效果。

第 3 步，如果需要设置下沉文字的字体或下沉行数等选项，可以在下沉菜单中单击“首字下沉选项”，打开“首字下沉”对话框。选中“下沉”或“悬挂”选项，并选择字体或设置下沉行数。完成设置后单击“确定”按钮即可。

(5) 将字体修改为“宋体”，字号修改为“五号”，对齐方式为“两端对齐”。

6. 插入“分栏操作”文本框

(1) 单击“插入”选项卡，在“文本”组中，单击“绘制文本框”按钮，在版面中绘制一个文本框。

(2) 选定文本框，单击鼠标右键，在快捷菜单中，单击“设置文本框格式”命令，出现“设置文本框格式”对话框。

(3) 在对话框中，单击“尺寸”选项卡，将高度修改为“6.45 厘米”，宽度修改为“12 厘米”，单击“确定”按钮。

(4) 移动文本框到下部，文本框的下部要和“首字下沉”文本框的底部对齐（注意两个文本框的横线要对齐），如图 6—9 所示。

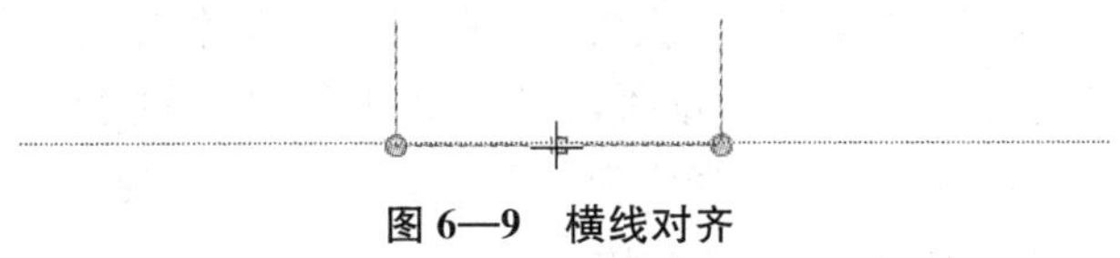

**图 6—9 横线对齐**

(5) 在文本框中输入如下文字：

所谓分栏，是指在报纸编辑中，将报纸的版面划分为若干栏。横排报纸的栏是由上而下垂直划分的，每一栏的宽度相等。一个版面按几栏分版是固定的。这种相对固定的、宽度相同的栏称为基本栏。每一个报纸都有相对固定的分栏制，依据是否有利于读者的阅读，是否有利于表现报纸的特点决定。将文档中的文本分成两栏或多栏，是文档编辑中的一个基本方法。一般用于排版。如果是全篇分栏：选定全部文档，单击“页面布局 | 分栏”按钮；如果是部分分栏，那么先选择要分栏的段落再分栏。

(6) 字体选择为“宋体”，字号选择为“五号”，对齐方式选择为“两端对齐”。

7. 插入“CPU 核心 1”文本框

(1) 单击“插入”选项卡，在“文本”组中，单击“绘制文本框”按钮，在版面中绘制一个文本框。

(2) 选定文本框，单击鼠标右键，在快捷菜单中，单击“设置文本框格式”命令，出现“设置文本框格式”对话框。

(3) 在对话框中，单击“尺寸”选项卡，将高度修改为“15.102 厘米”，宽度修改为“5.328 厘米”，单击“确定”按钮。

(4) 移动文本框，文本框的下部要和“首字下沉”文本框的底部对齐。

8. 插入“CPU 核心 2”文本框

(1) 单击“插入”选项卡，在“文本”组中，单击“绘制文本框”按钮，在版面中绘制一个文本框。

(2) 选定文本框，单击鼠标右键，在快捷菜单中，单击“设置文本框格式”命令，出现“设置文本框格式”对话框。

(3) 在对话框中，单击“尺寸”选项卡，将高度修改为“9.138 厘米”，宽度修改为“5.52 厘米”，单击“确定”按钮。

(4) 移动文本框，文本框的上部要和“CPU 核心 1”文本框的上部对齐。

9. 插入“当前行业趋势”文本框

(1) 单击“插入”选项卡，在“文本”组中，单击“绘制文本框”按钮，在版面中绘制一个文本框。

(2) 选定文本框，单击鼠标右键，在快捷菜单中，单击“设置文本框格式”命令，出现“设置文本框格式”对话框。

(3) 在对话框中，单击“尺寸”选项卡，将高度修改为“7.7 厘米”，宽度修改为“6.07 厘米”，单击“确定”按钮。

(4) 移动文本框到报头的右部。

(5) 在文本框中输入如下文字：

目前在国内市场，商业智能应用尚处于起步阶段。现有市场规模虽不及国外市场，但增长速度很快。很多企业已经开始意识到构建商业智能系统是提升企业信息化管理及科学决策支持不可或缺的一部分。企业传统的 IT 投资往往是为了构建 IT 基础平台和业务系统以提高工作效率，而商业智能应用则属于 IT 投资的高端领域，一个架构在业务基础平台之上的商业智能系统能够成为企业决策的有力助手，对企业的健康发展起到至关重要的作用。

(6) 将字体修改为“宋体”，字号修改为“五号”，对齐方式为“两端对齐”。

### 6.2.3 “CPU 核心”文本框的超链接

(1) 选定“CPU 核心 1”文本框，单击“文本框工具格式”选项卡，在“正在链接”组中，单击“创建链接”按钮。鼠标成为“🍵”，将鼠标移到“CPU 核心 2”中，鼠标成为“🍵”时单击鼠标左键，完成超链接。

**提示：**Publisher 2010 文本框的线条默认是无颜色的，而 Word 2010 文本框是要进行设置的。当单击文本框，出现如图 6—10 和图 6—11 所示的情况，说明文本框创建了超链接。

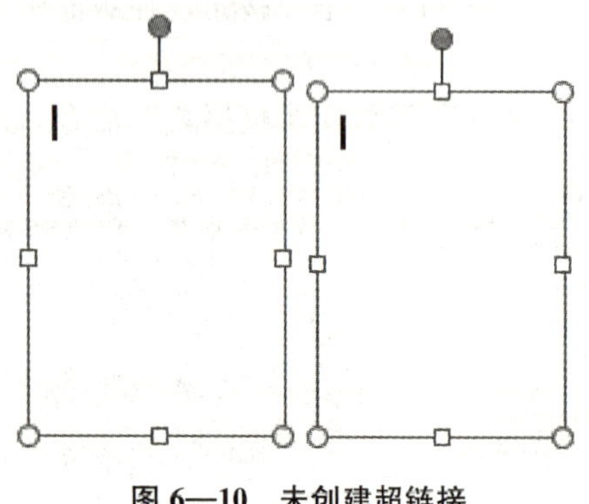

**图 6—10　未创建超链接**

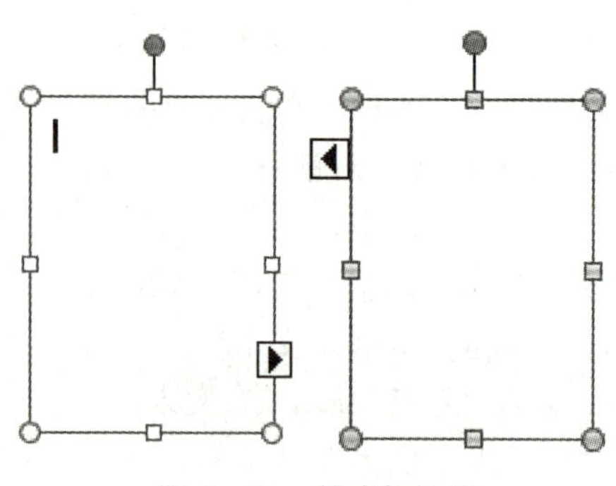

**图 6—11　创建超链接**

在 Publisher 2010 中文本框做超链接时，只要选定第一个文本框，单击“创建链接”按钮，鼠标成为“🍵”时，在文本框的外面单击鼠标，则自动产生链接后的第二个文本框，如图 6—12 和图 6—13 所示。

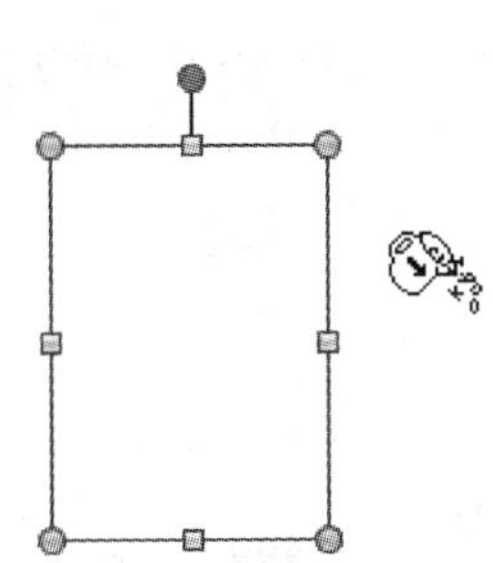

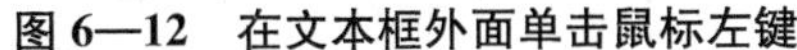

**图 6—12　在文本框外面单击鼠标左键**

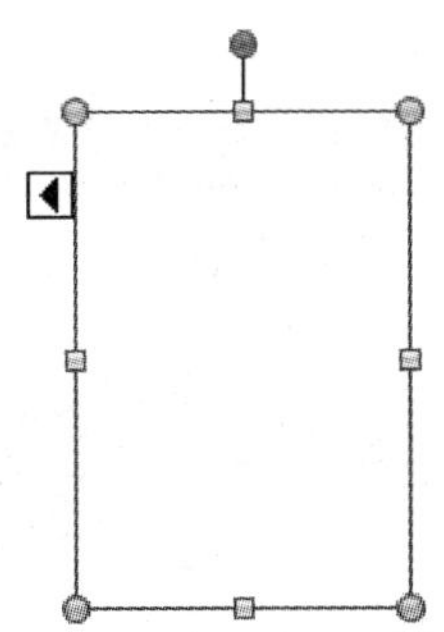

**图 6—13　自动产生链接后的第二个在文本框**

（2）选定“CPU 核心 1”文本框，输入如下文字：

CPU 核心类型

不同的 CPU（不同系列或同一系列）都会有不同的核心类型（例如 Pentium 4 的 Northwood，Willamette 以及 K6－2 的 CXT 和 K6－2＋的 ST－50 等），甚至同一种核心都会有不同版本的类型（例如 Northwood 核心就分为 B0 和 C1 等版本），核心版本的变更是为了修正上一版存在的一些错误，并提升一定的性能，而这些变化普通消费者是很少去注意的。每一种核心类型都有其相应的制造工艺（例如 0.25μm、0.18μm、0.13μm 以及 0.09μm 等）、核心面积（这是决定 CPU 成本的关键因素，成本与核心面积基本上成正比）、核心电压、电流大小、晶体管数量、各级缓存的大小、主频范围、流水线架构和支持的指令集（这两点是决定 CPU 实际性能和工作效率的关键因素）、功耗和发热量的大小、封装方式（例如 S. E. P、PGA、FC-PGA、FC-PGA2 等）、接口类型（例如 Socket 370，Socket A，Socket 478，Socket T，Slot 1、Socket 940 等）、前端总线频率（FSB）等。因此，核心类型在某种程度上决定了 CPU 的工作性能。

（3）“字体”选择为“宋体”，字号选择为“五号”，对齐方式为“两端对齐”。

### 6.2.4　改变文本框的颜色

1. 填充“首字下沉”文本框的颜色

（1）选定“首字下沉”文本框，单击鼠标右键，在快捷菜单中，单击“设置文本框格式”命令，出现“设置文本框格式”对话框。

（2）在对话框中，单击“线条和颜色”选项卡，在“填充”颜色中，选择“主色 (CMYK (0, 0, 0, 100))，淡色 50%”，如图 6—14 所示，单击“确定”按钮。

（3）选定字体，将字体的颜色修改为“白色”。

**说明：**文本框的填充颜色可以自己选择，目的是学会操作。

2. 改变“CPU 核心”文本框线条的颜色

（1）选定“CPU 核心 1”文本框，单击鼠标右键，在快捷菜单中，单击“设置文本框格式”命令，出现“设置文本框格式”对话框。

(2) 在对话框中，单击“线条和颜色”选项卡，在“线条”颜色中，选择“专色 4 的 80% 淡色”，如图 6—15 所示，单击“确定”按钮。

(3) 选定“CPU 核心 2”文本框，依照 (1) 和 (2) 的步骤，修改“CPU 核心 2”文本框线条的颜色。

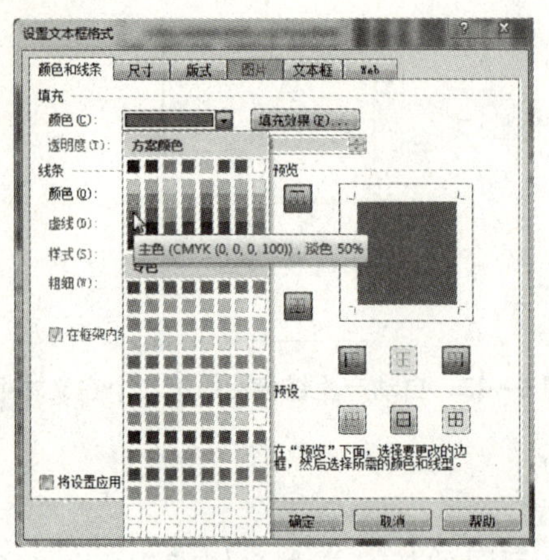


图 6—14　改变文本框的“填充”颜色

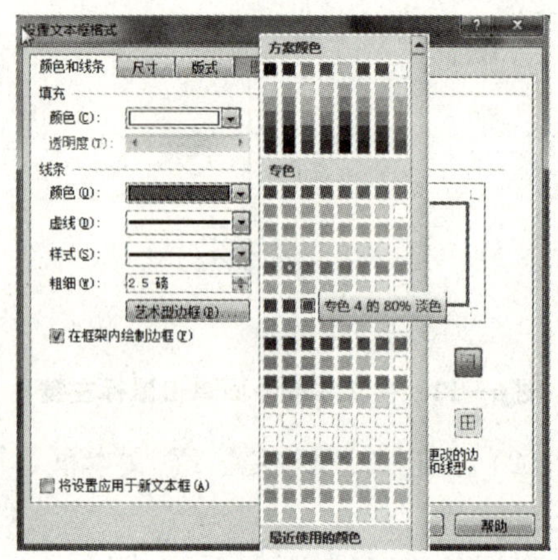


图 6—15　改变文本框的“线条”颜色

3. 改变“分栏操作”文本框线条的颜色

(1) 选定“分栏操作”文本框，单击鼠标右键，在快捷菜单中，单击“设置文本框格式”命令，出现“设置文本框格式”对话框。

(2) 在对话框中，单击“颜色和线条”选项卡，在线条区中，颜色选择“辅色 1 (CMYK (44, 69, 60, 69))”，虚线选择“实线”，样式选择“4.5 磅双实线”，如图 6—16 所示，单击“确定”按钮。

图 6—16　设置线条颜色

### 6.2.5　用文本框方式添加标题

1. “CPU 核心的类型”标题

在“CPU 核心”文本框中，选定“CPU 核心类型”标题，单击“开始”选项卡，在

“字体”组中，选择字体为“方正大标宋简体”，选择字号为“20”。

2. “当前行业趋势”标题

(1) 单击“插入”选项卡，在“文本”组中，单击“绘制竖排文本框”按钮，在版面中绘制一个文本框。

(2) 选定文本框，在文本框中输入文字“当前行业趋势”。

(3) 单击“绘图工具格式”选项卡，在“形状样式”组中，选择“彩色填充，白色轮廓 - 强调文字颜色 2”样式。

(4) 单击“开始”选项卡，在“字体”组中，选择字体为“方正大标宋简体”，选择字号为“三号”。

(5) 选定文本框，单击鼠标右键，在快捷菜单中，单击“设置文本框格式”命令，出现“设置文本框格式”对话框。

(6) 在对话框中，单击“尺寸”选项卡，将高度修改为“3.948 厘米”，宽度修改为“1.187 厘米”，单击“确定”按钮。

(7) 移动标题到“当前行业趋势”文本框的右侧。

### 6.2.6 分栏效果

(1) 选定“分栏操作”文本框中的文字，单击“文本框工具格式”选项卡，在“对齐方式”组中，单击“分栏 | 更多栏”命令，出现“分栏”对话框。

(2) 在对话框中，栏数中输入“2”，间距中选择“0.448 厘米”，如图 6—17 所示，单击“确定”按钮。

**思考：**在 Word 2010 的文本框中，能否实现分栏效果？

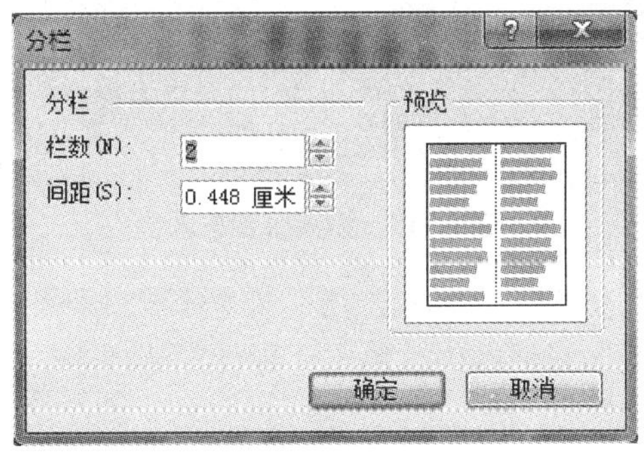


图 6—17　分栏对话框

### 6.2.7 知识拓展

1. 设置文本框内的边距

(1) 用鼠标右键单击文本框，在快捷菜单中，单击“设置文本框格式”命令。

(2) 在“设置文本框格式”对话框中，单击“文本框”选项卡。

(3) 在“文本框边距”下，键入或选择所需的“左”、“右”、“上”和“下”边距。

(4) 单击“确定”按钮。

**注意：**Publisher 的默认文本框边距在各个边上都是 0.04。如果要创建多栏的新闻稿，可将边距改为 0，以便对齐文字和对象。

2. 设置当前出版物中新文本框的默认边距

如果出版物中的现有文本框，已经具有用作默认边距的边距，可将该文本框作为要创建的新文本框的示例。否则，需要先创建一个文本框并设置所需的默认边距。

将现有文本框中的边距，作为新文本框的默认边距，设置步骤如下：

(1) 如果要使用某个文本框的边距作为默认边距，请用鼠标右键单击该文本框。

(2) 在快捷菜单上，单击“设置文本框格式”命令，再单击“颜色和线条”选项卡。

(3) 选中“将设置应用于新文本框”复选框。

(4) 单击“确定”按钮。

这时，你创建的下一个新文本框将使用此文本框中的设置。

## 6.3 插入艺术字、图形和对象

在 Publisher 文档中，除了可以输入文字外，还可以插入图片、图表、公式等对象，以使 Publisher 文档更加多姿多彩，出版物更美观，更具吸引力。

### 6.3.1 插入艺术字标题

1. 报头中“拼音”艺术字

(1) 单击“插入”选项卡，在“文本”组中，单击“艺术字”按钮，在出现的“艺术字样式”选定“A填充-淡黄色，边框-蓝色”，出现“编辑艺术字文字”对话框。

(2) 在对话框的文本编辑区，输入拼音“DIANNAOYUSHENGHUO”，选择字体为“Danupenh”，字号为“72”，颜色为“黄色”。

(3) 将拼音艺术字拖到“电脑与生活”文本框的下面，并调整大小，如图 6—18 所示。

**图 6—18 插入拼音艺术字**

(4) 单击“艺术字工具格式”选项卡，在“艺术字样式”组中，单击“形状填充 | 其他颜色填充”命令，在“颜色”对话框中，单击“标准”选项卡，将颜色选择“黄色”，单击“确定”按钮。

(5) 在“艺术字样式”组中，单击“形状轮廓 | 其他颜色填充”命令，在“颜色”对话框中，单击“标准”选项卡，将颜色选择“黄色”，单击“确定”按钮。

**思考：**在 Word 2010 中，改变艺术字的大小是否可以直接拖动？

2. “首字下沉”艺术字标题

(1) 单击“插入”选项卡，在“文本”组中，单击“艺术字”按钮，打开艺术字样式。

(2) 在样式中选定“渐变填充，黑色，边框，白色”，如图 6—19 所示，出现“编辑艺术字文字”对话框。

（3）在对话框中的“文本”区中，输入“首字下沉”，如图 6—20 所示，单击“确定”按钮。

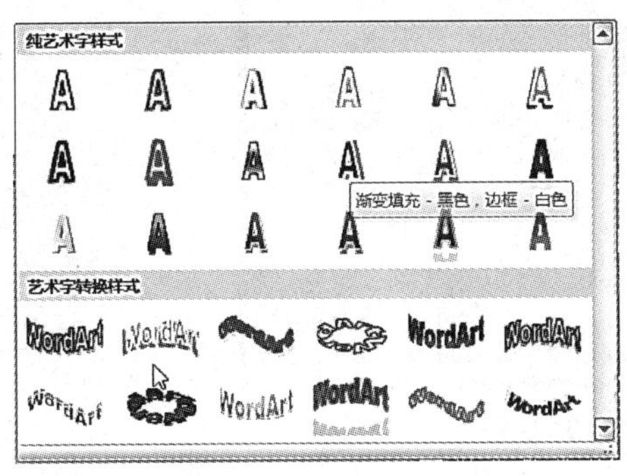


**图 6—19　艺术字样式**

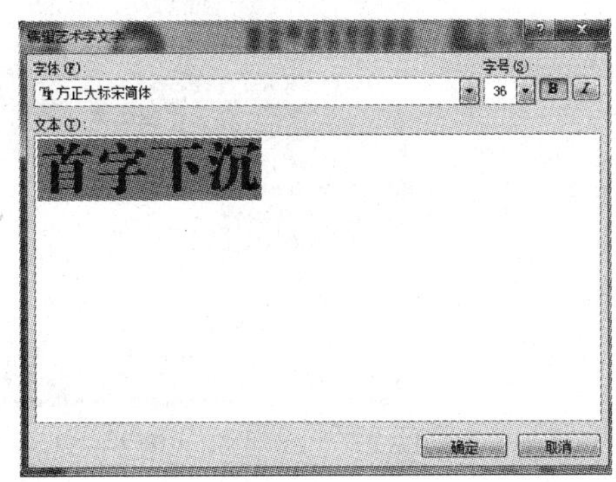


**图 6—20　“编辑艺术字文字”对话框**

（4）选定“首字下沉”标题，单击鼠标右键，在快捷菜单中，单击“设置艺术字格式”命令，打开“设置艺术字格式”对话框。

（5）在对话框中，单击“尺寸”选项卡，在“尺寸和旋转”中，将艺术字的高度和宽度分别修改为“1.025 厘米”和“3.387 厘米”。

（6）将“首字下沉”标题移到文本的上部。

**提示：**可以使用 Word 2003 的方法，直接用鼠标拖动来改变艺术字的大小。

（7）在对话框中，单击“版式”选项卡，在“环绕样式”中，选择“上下型”环绕，单击“确定”按钮。

3. “分栏操作”艺术字标题

（1）单击“插入”选项卡，在“文本”组中，单击“艺术字”按钮，打开艺术字样式。

（2）在样式中选定“渐变填充，蓝色”，出现“编辑艺术字文字”对话框。

（3）在对话框中的“文本”区中，输入“分栏操作”，单击“确定”按钮。

（4）选定“分栏操作”标题，单击鼠标右键，在快捷菜单中，单击“设置艺术字格式”命令，打开“设置艺术字格式”对话框。

（5）在对话框中，单击“尺寸”选项卡，在“尺寸和旋转”中，将艺术字的高度和宽度分别修改为“0.996 厘米”和“4.908 厘米”。

（6）在对话框中，单击“版式”选项卡，在“环绕样式”中，选择“上下型”环绕，单击“确定”按钮。

（7）将“分栏操作”标题移到文本的上部。

### 6.3.2　插入图片和形状

1. 插入“报头”图片

（1）单击“插入”选项卡，在“插图”组中，单击“图片”按钮，出现“插入图片”对话框。

（2）在对话框中，找到“报头”图片，如图 6—21 所示，单击“插入”按钮。

（3）选定图片（单击图片），单击鼠标右键，在快捷菜单中，单击“设置图片格式”命

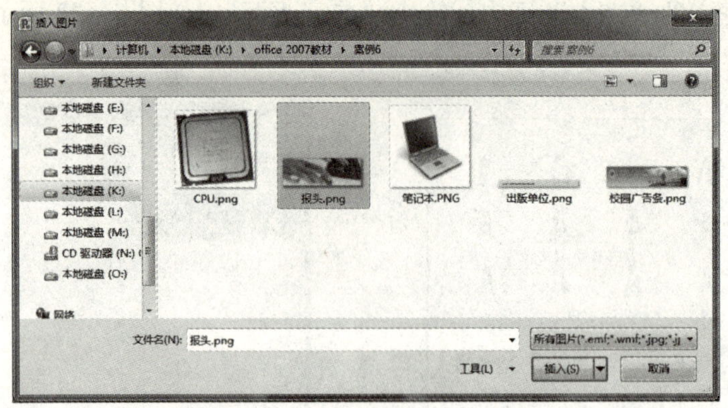


**图 6—21 “插入图片”对话框**

令，出现“设置图片格式”对话框。

(4) 单击“尺寸”选项卡，将图片的高度和宽度分别修改为“4.37 厘米”和“12.83 厘米”单击“确定”按钮。

(5) 单击“图片工具格式”选项卡，在“排列”组中，单击“下移一层 | 置于底层”命令，如图 6—22 所示。

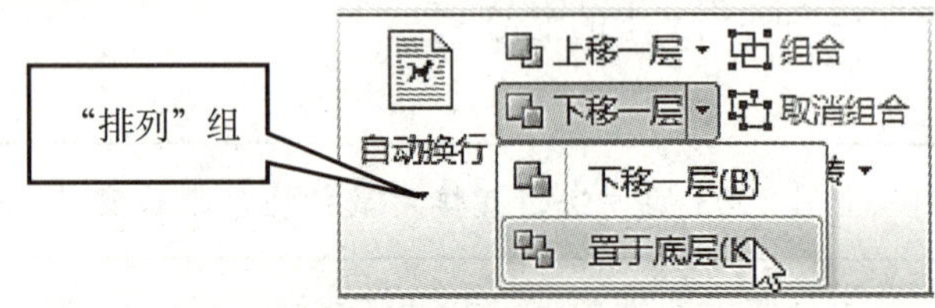


**图 6—22 置于底层**

2. 插入“CPU”图片

(1) 单击“插入”选项卡，在“插图”组中，单击“图片”按钮，出现“插入图片”对话框。

(2) 在对话框中，找到“CPU”图片，单击“插入”按钮。

(3) 选定图片（单击图片），单击鼠标右键，在快捷菜单中，单击“设置图片格式”命令，出现“设置图片格式”对话框。

(4) 单击“尺寸”选项卡，将图片的高度和宽度分别修改为“3 厘米”和“3 厘米”，单击“确定”按钮。

(5) 单击“图片工具格式”选项卡，在“排列”组中，单击“自动换行 | 四周型环绕”命令。

**思考**：还可以采用什么方法设置图片的环绕效果？

(6) 将图片移到“CPU 核心 2”文本框的适当位置。

3. 插入“校园广告条”图片

(1) 单击“插入”选项卡，在“插图”组中，单击“图片”按钮，出现“插入图片”对话框。

（2）在对话框中，找到“校园广告条”图片，单击“插入”按钮。

（3）选定图片，单击鼠标右键，在快捷菜单中，单击“设置图片格式”命令，出现“设置图片格式”对话框。

（4）在对话框中，单击“尺寸”选项卡，将图片的高度和宽度分别修改为“1.29 厘米”和“5.3 厘米”，单击“确定”按钮。

（5）将图片移到“CPU 核心 1”文本框中的底部，如图 6—23 所示。

各级缓存的大小、主频范围、流水线架构和支持的指令集（这两点是决定CPU实际性能和工作效率的关键因素）、功耗和发热量的大小、封装方式（例如S.E.P、PGA、FC-PGA、FC-PGA2 等等）、接口类型（例如 Socket 370，Socket A，Socket 478，Socket T，Slot 1、Socket 940等等）、前端总线频率（FSB）等等。因此，核心类型在某种程度上决定了CPU的工作性能。

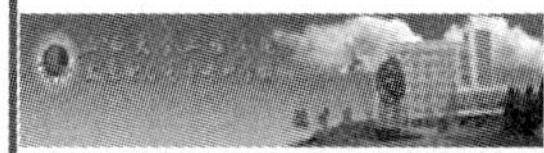

**图 6—23 插入“校园广告条”**

4. 插入分割线

（1）单击“插入”选项卡，在“插图”组中，单击“形状”按钮，出现“形状”示例图。

（2）在示例图的“线条”中，选择“直线＼”。

（3）在“组织结构图”的上下分别绘制出两条直线，并设置线条的“颜色”和“粗细”（颜色和粗细随意设置）。

**思考：**如果先绘制一条直线，采用什么方法可以产生第二条、第三条……

（4）在“日历”的上面和左面再绘制一条横线和一条竖线（颜色和粗细随意设置），它的作用是将“日历”和文本框分割开来。

### 6.3.3 插入组织结构图

（1）单击“插入”选项卡，在“文本”组中，单击“对象”按钮，出现“插入对象”对话框，如图 6—24 所示。

（2）在对话框中，找到“Microsoft Office 程序的 Organization Chart”图片，单击“确定”按钮，出现“Microsoft Office 组织结构图”对话框。

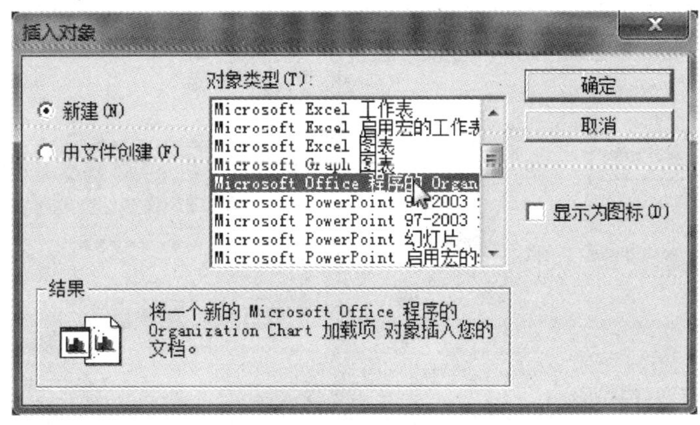


**图 6—24 “插入对象”对话框**

（3）单击“Subordinate: 占”按钮，在第二层结构的每一个矩形框上单击两次，生成第三层机构，如图 6—25 所示。

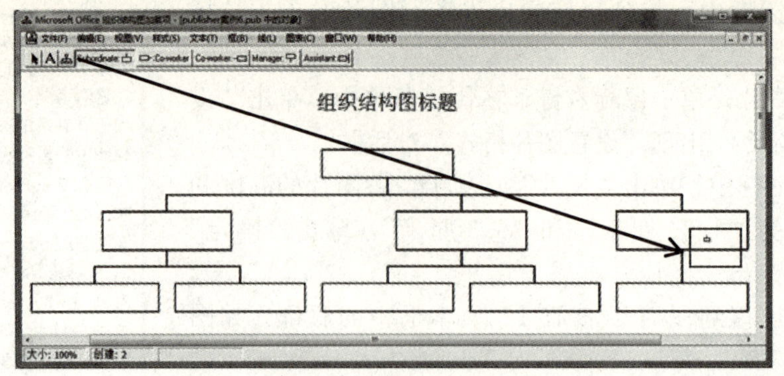


图 6—25　组织结构图

（4）在每个矩形中输入文字，如图 6—26 所示，文字输入完毕，单击“文件｜关闭并退出”返回 Publisher 页面。

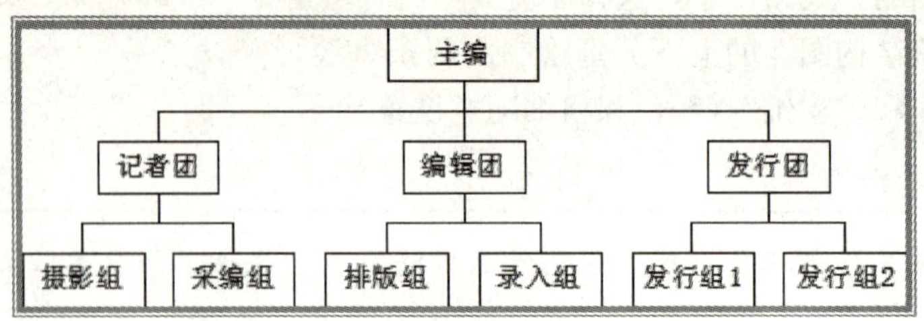


图 6—26　矩形框中的文字

（5）选定“组织结构图”，单击鼠标右键，在快捷菜单中，单击“设置对象格式”命令，出现“设置对象格式”对话框。

（6）单击“尺寸”选项卡，将图片的高度和宽度分别修改为“3.7 厘米”和“12 厘米”。

（7）单击“线条和颜色”选项卡，单击“填充效果”按钮，出现“填充效果”对话框。

（8）在对话框中，单击“渐变”选项卡，按照图 6—27 所示设置填充颜色。单击“确定”按钮，再单击“确定”按钮。

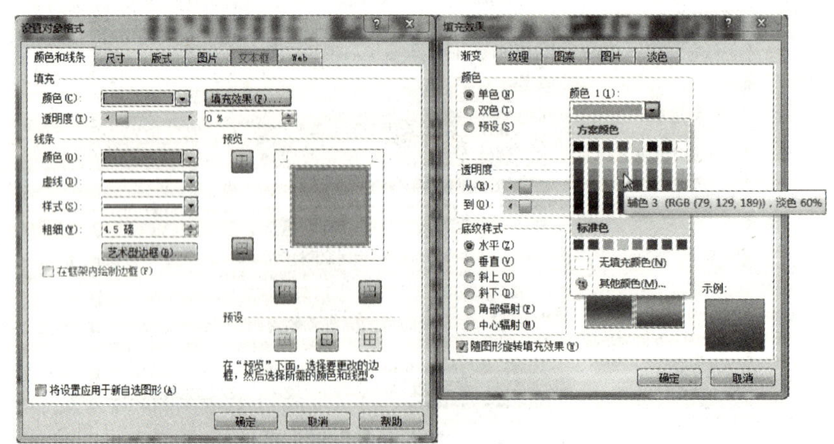

图 6—27　设置填充颜色

（9）给“组织结构图”加一个彩色的边框（颜色和粗细随意设置），如图 6—28 所示。

（10）将图片移到“分栏操作”文本框中的上部。

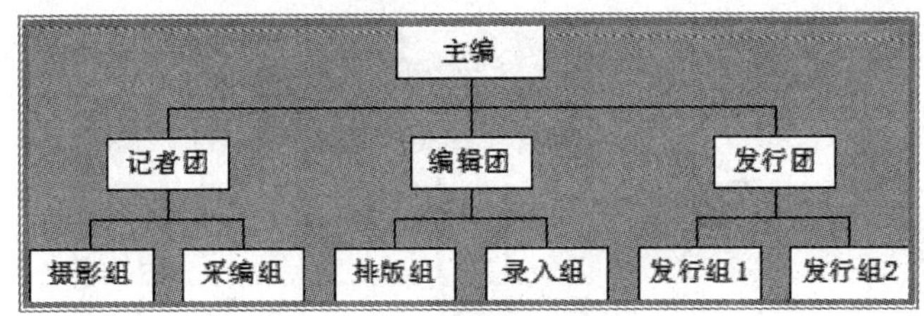


图 6—28　生成的组织结构图

### 6.3.4　插入“边框线和强调线”

在 Publisher 中，插入“边框线和强调线”后，使出版物的文档起到画龙点睛的作用，增加文档的美感。操作步骤如下：

（1）单击“插入”选项卡，在“构建基块”组中，单击“边框线和强调线”按钮，在“框架”中，选择“边框 3”。

（2）用鼠标在页面中绘制“边框 3”，并输入文字“插入组织结构图”。

（3）选定“边框 3”，单击“开始”选项卡，在“字体”组中，选择字体为“方正大黑简体”，选择字号为“20”号。

（4）单击“绘图工具格式”选项卡，在“形状样式”组中，设置“边框 3”的形状样式为“水平渐变－强调文字颜色 3”，如图 6—29 所示。

图 6—29　插入边框线

### 6.3.5　插入日历

Publisher 2010 可以将一个月的日历表插入到文档中，而且日历选项能够自己定义，使日期直观清晰。插入日历的步骤如下：

（1）单击“插入”选项卡，在“构建基块”组中，单击“日历”按钮，在日历示例中，单击“更多日历”命令，出现“构建基块库”对话框。

（2）在对话框的“日历”区，选择“边框”日历，如图 6—30 所示，单击“插入”命令。

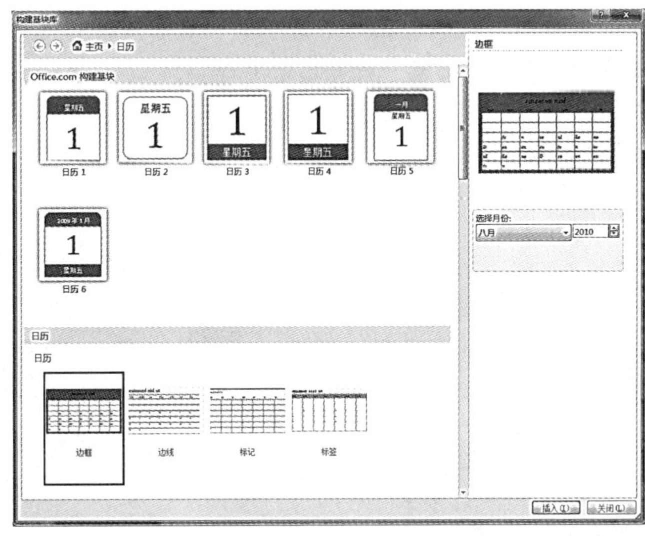


图 6—30　插入日历

（3）选定“日历”，拖动“日历”四周8个点，缩小日历图，如图6—31所示。

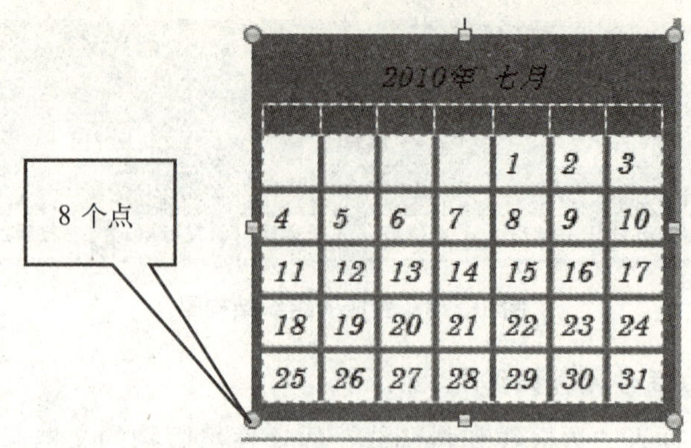


图6—31　拖动8个点改变大小

（4）选定“日历”中的所有文字，单击“开始”选项卡，在“字体”组中，将字号设置为“11”号。

（5）将日历拖到“CPU核心1”文本框的下面。

### 6.3.6　插入水印

Publisher 2010 和 Word 2010 一样，同样可以给文档添加水印，但操作和 Word 2010 有很大的不同。具体操作如下：

（1）单击“插入”选项卡，在“插图”组中，单击“图片”按钮，出现“插入图片”对话框。

（2）在对话框中，找到“笔记本”图片，单击“插入”按钮。

（3）选定图片，单击鼠标右键，在快捷菜单中，单击“设置图片格式”命令，出现“设置图片格式”对话框。

（4）单击“图片”选项卡，在“图像控制”的颜色中，选择“冲蚀”，如图6—32所示，单击“确定”按钮。

**提示：**如果要修改图片的水印颜色，单击“重新着色”按钮，出现“图片重新着色”对话框，如图6—33所示，选择一种颜色，单击“确定”按钮即可。

图6—32　选择图像控制的颜色

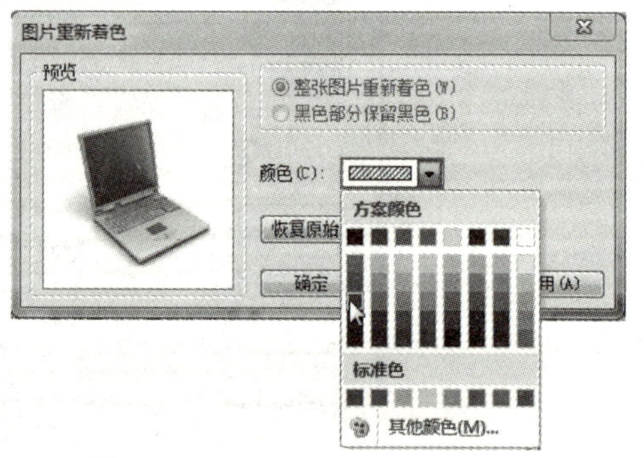


图6—33　“图片重新着色”对话框

（5）选定图片，将图片移到“分栏操作”文本框处。

（6）单击“图片工具格式”选项卡，在“排列”组中，单击“下移一层｜置于底层”命令。

### 6.3.7 插入页面边框

页面边框是指出现在页面周围的一条线、一组线或装饰性艺术品。这在标题页、传单和小册子上十分多见。插入页面边框步骤如下：

（1）选择要添加边框的页面。

（2）单击“插入”选项卡，在“插图”组中，单击“形状”按钮，在“基本形状”中选择“矩形”。

（3）在页面上绘制出矩形，矩形的大小为页面边框的大小。

（4）选定“矩形”，单击鼠标右键，在快捷菜单中，单击“设置自选图形格式”命令，出现“设置自选图形格式”对话框。

（5）单击“版式”选项卡，设置图形环绕样式为“无”。

（6）单击“颜色和线条”选项卡，线条“颜色”选择“辅色 2 (RGB (192, 80, 77)), 淡色 40%”，线条粗细选择“2.75 磅”。线条样式选择“2.25 磅 ———”，如图 6—34 所示，单击“确定”按钮，页面边框添加完毕。

**提示：** 如果要设置艺术型边框，在“设置自选图形格式”对话框中，单击“艺术型边框”按钮，选择一种边框即可，如图 6—35 所示。

图 6—34 “设置自选图形格式”对话框

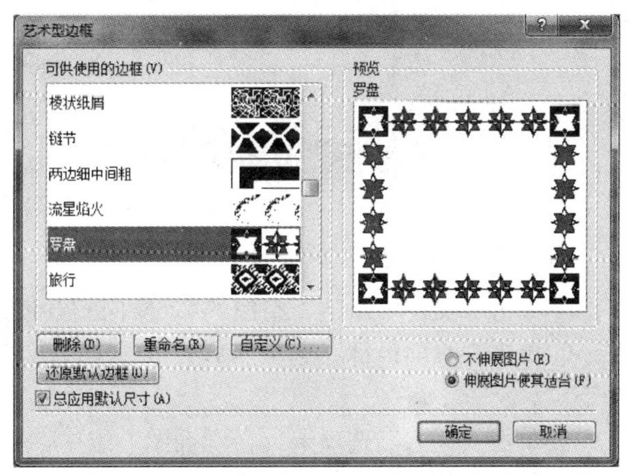


图 6—35 设置艺术型边框

### 6.3.7 知识拓展

1. 母版页

每个新出版物都是从一个母版页开始设计的。母版页可包含放在出版物页面上的任何内容，以及某些只能在母版页上设置的页面元素，如页眉、页脚、页面边框、学校校徽等。也就是说，当希望包含多个页面的出版物中有多种版式时，才必须创建新的母版页。

在包含多个页面的出版物中，您可以创建多个母版页，进行更通用的出版物设计。多个母版页可提供多种版式，可以将其应用于出版物中的任何页。

例如，如果要创建一个封面和封底图片相同的小册子，就可以使用一个母版页。但是如果希望小册子内的页面具有不同外观，则必须为里面的页另外创建一个母版页。

2. 母版页种类

可以创建新的母版页，可以将元素添加到出版物中，然后将这些元素发送至母版页。还可以复制现有的母版页。复制后母版页，只要更改一些需要更改的元素即可。

母版页的种类有：

双页母版页：将出版物设置为以跨页方式查看。

单页母版页：将出版物设置为以单页方式查看。

单页母版页可以转换为双页母版页，或者将双页母版页转换为单页母版页。

3. 创建单页母版页

在案例中，小报的报头、主办单位、校徽、学校广告是固定不变的，也就是说，每期小报都会出现这些相同的元素，这样就可以采用母版页做一个小报模板，以后使用时只要调用就可以，节省了大量的重复排版的时间，如图 6—36 所示。创建单页母版页的步骤如下：

**图 6—36　创建单页母版页**

(1) 添加“报头”。

①单击“文件｜新建｜空白 A4（横向）”，创建空白母版页。

②单击“页面设计”选项卡，在“页面背景”组中，单击“母版页 A｜编辑母版页”命令。

③单击“插入”选项卡，在“插图”组中，单击“图片”按钮，找到“报头”图片，单击“插入”按钮。

④将“报头”图片移到页面的右上角。

⑤单击“插入”选项卡，在“文本”组中，单击“绘制文本框”按钮，在版面中绘制一个文本框。

⑥在文本框中输入文字“电脑与生活”，选择字体为“方正大标宋简体”，字号为“72”，颜色为“黄色”。

⑦将“电脑与生活”文本框拖到报头图案中。

⑧单击“插入”选项卡，在“文本”组中，单击“艺术字”按钮，在出现的“艺术字样

式”选定“A 填充-淡黄色，边框-蓝色”，出现“编辑艺术字文字”对话框。

⑨在对话框的文本编辑区输入拼音“DIANNAOYUSHENGHUO”，选择字体为“Danupenh”，字号为“72”，颜色为“黄色”。

⑩将拼音艺术字拖到“电脑与生活”文本框的下面，并调整大小。

⑪单击“艺术字工具格式”选项卡，在“艺术字样式”组中，单击“形状填充｜其他颜色填充”命令，在“颜色”对话框中，单击“标准”选项卡，选择“黄色”，单击“确定”按钮。

⑫在“艺术字样式”组中，单击“形状轮廓｜其他颜色填充”命令，在“颜色”对话框中，单击“标准”选项卡，选择“黄色”，单击“确定”按钮。

⑬单击“插入”选项卡，在“文本”组中，单击“绘制文本框”按钮，在版面中绘制一个文本框，文本框的宽度等于“电脑与生活”文本框的宽度。

⑭在文本框中输入“初学者的园地，生活中的帮手”，单击“开始”选项卡，在“字体组中”，将字体修改为“楷体”，将字号修改为“20”，字体颜色为“黑色”。

⑮将“初学者的园地生活中的帮手”文本框中拖到拼音文本框的下面。

（2）添加“校徽”。

①单击“插入”选项卡，在“插图”组中，单击“图片”按钮，找到“校徽”图片，单击“插入”按钮。

②将“校徽”图片的宽度和高度调整为“1.5 厘米”，并移到页面的左上角。

（3）添加“主办单位”。

①单击“插入”选项卡，在“文本”组中，单击“绘制文本框”按钮，在版面中绘制一个文本框。

②在文本框中输入“主办单位：太原电力高等专科学校信息工程系计算机协会 2010 年月”。

③单击“开始”选项卡，在“字体”组中，选择字体为“方正准圆简体”，选择字号为“小四号”，选择颜色为“黑色”。

④在文本框的下面加一条蓝色的横线。

⑤将“主办单位”文本框拖到左上角。设置文本框的形状样式为“彩色填充，白色轮廓-强调文字颜色 4”，如图 6—37 所示。

**图 6—37 添加“主办单位”**

（4）添加“校园广告”。

①单击“插入”选项卡，在“插图”组中，单击“图片”按钮，找到“校园广告”图片，单击“插入”按钮。

②将“校徽”图片的宽度和高度调整为“1.1 厘米”和“10.3 厘米”，并移到页面的左下角。

（5）添加“笔记本”水印。

①单击“插入”选项卡，在“插图”组中，单击“图片”按钮，找到“笔记本”图片，单击“插入”按钮。

②在对话框中，找到“笔记本”图片，单击“插入”按钮。

③选定图片，单击鼠标右键，在快捷菜单中，单击“设置图片格式”命令，出现“设置图片格式”对话框。

④单击“图片”选项卡，在“图像控制”的颜色中，选择“冲蚀”，单击“确定”按钮。

⑤选定图片，将图片移到页面的中部。

⑥单击“图片工具格式”选项卡，在“排列”组中，单击“下移一层｜置于底层”命令。

(6) 添加页面边框。

①单击“插入”选项卡，在“插图”组中，单击“形状”按钮，在“基本形状”中选择“矩形”。

②在页面上拖动以绘制矩形，矩形的大小为页面边框的大小。

③选定“矩形”，单击鼠标右键，在快捷菜单中，单击“设置自选图形格式”命令，出现“设置自选图形格式”对话框。

④在“设置自选图形格式”对话框中，单击“版式”选项卡，设置图形环绕样式为“无”。

⑤单击“颜色和线条”选项卡，单击“艺术型边框”按钮，选择“Corner 三角形”边框，粗细为“15 磅”，如图 6—38 所示，单击“确定”按钮。

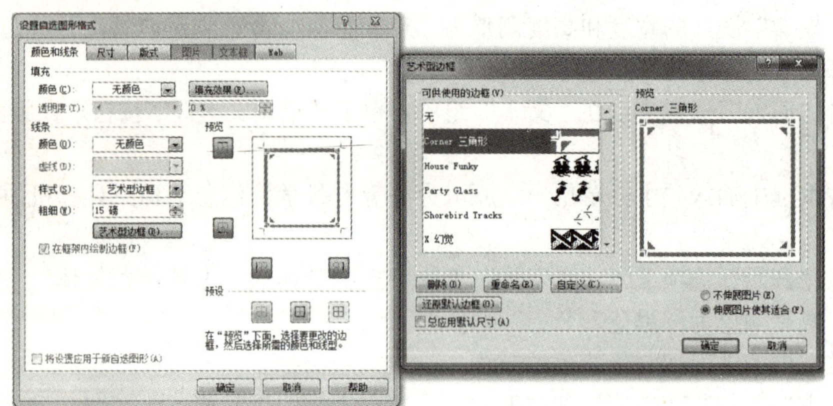


**图 6—38　选择“Corner 三角形”边框**

(7) 关闭母版页。

操作步骤如下：

①单击“母版页”选项卡，在“关闭”组中，单击“关闭母版页”按钮。

②单击“文件｜保存”命令。

③在文件名中输入“电脑与生活模板”，保存类型选择“Publisher 模板（*.pub)”，如图 6—39 所示。

当下一次使用时，直接调用模板，不必重新设计报头。

4. 模板的设计

无论 Word 还是 Publisher 文档都是以模板为基础的。模板决定文档的基本结构和文档设置。例如字符格式、段落格式、页面格式等其他样式。我们可以根据需要创建自己的模板。

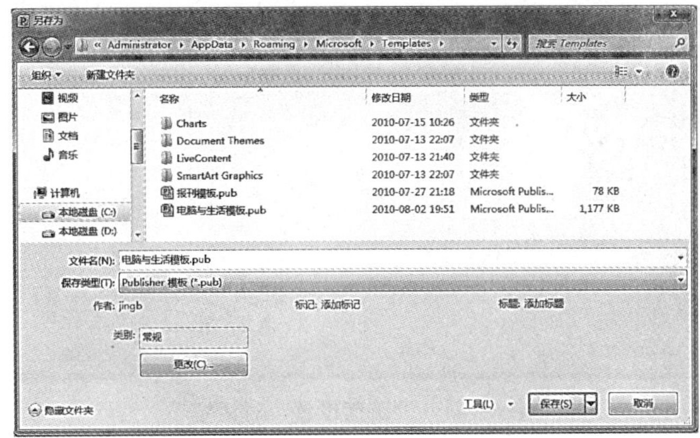


**图 6—39　保存为“电脑与生活模板”**

现以“电脑与生活”杂志为例，介绍模板的创建，如图 6—40 所示。

(a)

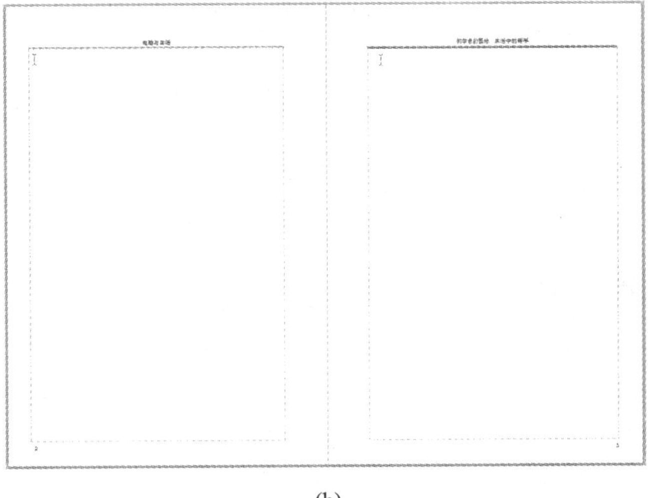

(b)

**图 6—40　电脑与生活杂志模板**

(1) 封面的设计。

①页面设计操作步骤如下：

单击“文件 | 新建 | 空白 A4（横向)”，创建空白母版页。

● 单击“页面设计”选项卡，在“页面设置”组中，单击“纸张大小 | 页面设置”命令，出现“页面设置”对话框，图 6—41 所示。

● 按照图 6—41 所示的参数进行设置，设置完毕，单击“确定”按钮。

②封面刊头设计操作步骤如下：

● 单击“插入”选项卡，在“文本”组中，单击“绘制竖排文本框”按钮，在版面中绘制一个文本框。

● 选定文本框，单击“绘图工具格式”选项卡，在“形状样式”组中，单击“形状填充”按钮，在“方案颜色”中，选择“辅色 1 (RGB (31, 73, 125))，深色 25%”。

● 在文本框中输入文字“电脑与生活”，选择字体为“方正大标宋简体”，字号为“90”，颜色为“白色”。

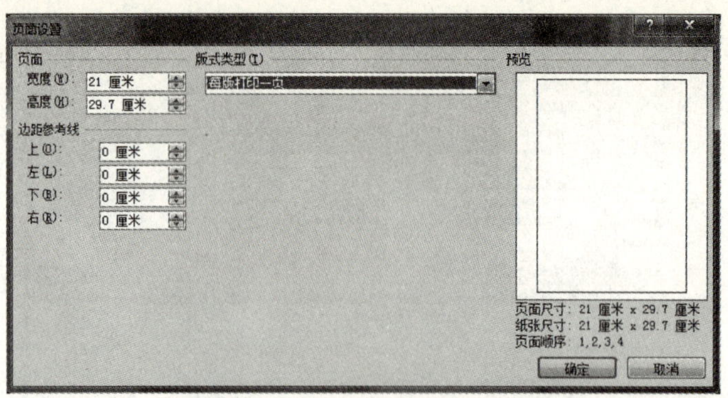


**图 6—41 “页面设置”对话框**

● 单击“插入”选项卡，在“文本”组中，单击“艺术字”按钮，在出现的“艺术字样式”中，选定“A 填充-淡黄色，边框-蓝色”，出现“编辑艺术字文字”对话框。

● 在对话框的文本编辑区输入拼音“DIANNAOYUSHENGHUO”，选择字体为“Mongolian Baiti”，字号做适当的调整。

**思考：** 艺术字如何调整大小？

● 将拼音艺术字拖到“电脑与生活”文本框的左面。

**图 6—42 刊头**

● 单击“艺术字工具格式”选项卡，在“艺术字样式”组中，单击“形状填充”命令，和在“方案颜色”中，选定“辅色 1 (RGB (31, 73, 125))，淡色 60%”填充艺术字。

● 在“艺术字样式”组中，单击“形状轮廓”命令，在“颜色”对话框的“方案颜色”中，选定“辅色 1 (RGB (31, 73, 125))，淡色 60%”来填充艺术字的轮廓。

● 单击“插入”选项卡，在“文本”组中，单击“绘制文本框”按钮，在版面中绘制一个文本框，并输入“2010”，将字体设置为“Mongolian Baiti”，字号设置为“48”号。

● 单击“插入”选项卡，在“文本”组中，单击“绘制文本框”按钮，在版面中绘制一个文本框，将字体设置为“Mongolian Baiti”，字号设置为“80”号，作为以后输入期刊的期号。

● 根据图 6—42 所示，调整位置。

③添加封面背景操作步骤如下：

● 单击“页面设计”选项卡，在“页面背景”组中，单击“绘制竖排文本框”按钮，在版面中绘制一个文本框。

● 单击“插入”选项卡，在“文本”组中，单击“背景”按钮，在“渐变背景”中，选择“辅色 1 垂直渐变”。

● 添加封面图片操作步骤如下：

● 单击“插入”选项卡，在“插图”组中，单击“图片”按钮，出现“插入图片”对话框。

● 在对话框中，找到“校徽”图片，单击“插入”按钮。

● 选定图片，单击鼠标右键，在快捷菜单中，单击“设置图片格式”命令，出现“设置图片格式”对话框。

● 单击“尺寸”选项卡，将图片的高度和宽度分别修改为“2.4 厘米”和“2.4 厘米”，单击“确定”按钮。

● 单击“插入”选项卡，在“构建基块”组中，单击“边框线和强调线 | 其他边框和强调线”命令，出现“构建基块库”对话框。

● 在对话框中，找到“风箱”图片，单击“插入”按钮。

● 选定图片，单击鼠标右键，在快捷菜单中，单击“设置图片格式”命令，出现“设置图片格式”对话框。

● 单击“尺寸”选项卡，将图片的高度和宽度分别修改为“0.71 厘米”和“10.775 厘米”，单击“确定”按钮。

● 选定“风箱”图片，按“Ctrl＋C”组合键，再按“Ctrl＋V”组合键，完成复制粘贴。

● 将复制图片的高度和宽度分别修改为“0.71 厘米”和“1.01 厘米”。

● 根据如图 6—43 所示，调整校徽和风箱图片位置。

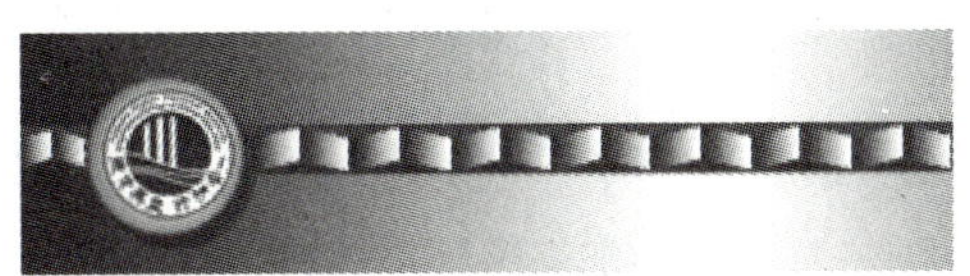

**图 6—43 “校徽”和“风箱”图片位置安排**

● 单击“插入”选项卡，在“插图”组中，单击“图片”按钮，出现“插入图片”对话框。

● 在对话框中，找到“台式计算机”图片，单击“插入”按钮。

● 选定图片，单击鼠标右键，在快捷菜单中，单击“设置图片格式”命令，出现“设置图片格式”对话框。

● 单击“尺寸”选项卡，将图片的高度和宽度分别修改为“9.54 厘米”和“9.54 厘米”单击“确定”按钮。

● 单击“插入”选项卡，在“文本”组中，单击“绘制文本框”按钮，在版面中绘制一个文本框。

● 在文本框中输入“太原电力高等专科学校信息工程系计算机协会”，选择字体为“宋体”，字号为“三号”。

● 单击“插入”选项卡，在“文本”组中，单击“绘制文本框”按钮，在版面中绘制一个文本框。

● 在文本框中输入“主办”，选择字体为“方正超粗黑简体”，字号为“小二”，按照图 6—44 所示，调整文本框的位置和字体位置，并完成组合。

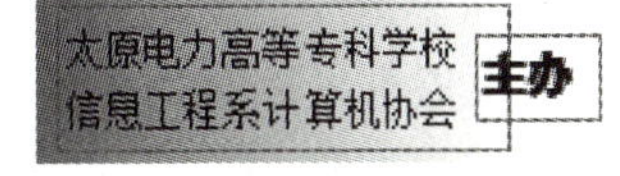


**图 6—44 组合文本框**

● 将封面所有元素进行合理安排和调整，完成如图 6—40 (a)所示的封面的样式。

(2) 文本区域的设计。

①单击“插入”选项卡，在“页”组中，单击“页面”按钮的向下箭头，单击“插入页”命令。

②在新插入的页上，单击鼠标右键，在快捷菜单中单击“插入节”命令。这时在封面和新插入的页之间出现一条“折叠内容”的分割线，如图 6—45 所示。

③选定第 2 页，单击“页面设计”选项卡，在“页面设置”组中，单击“页边距｜自定义边距”命令，出现“版式参考线”对话框。

④在对话框中，按照图 6—46 所示的参数进行设置，设置完毕，单击“确定”按钮。

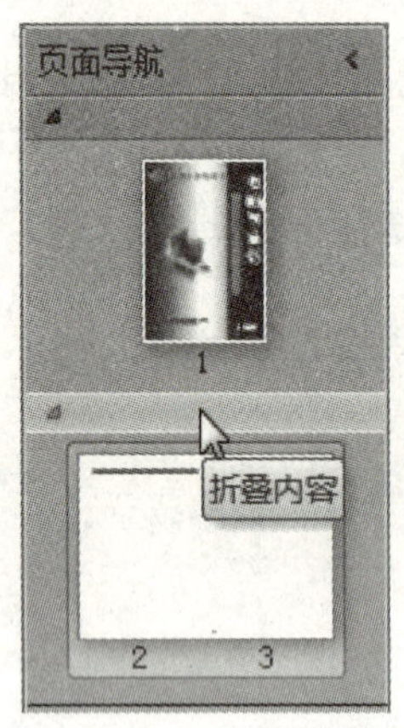


图 6—45　“折叠内容”的分割线

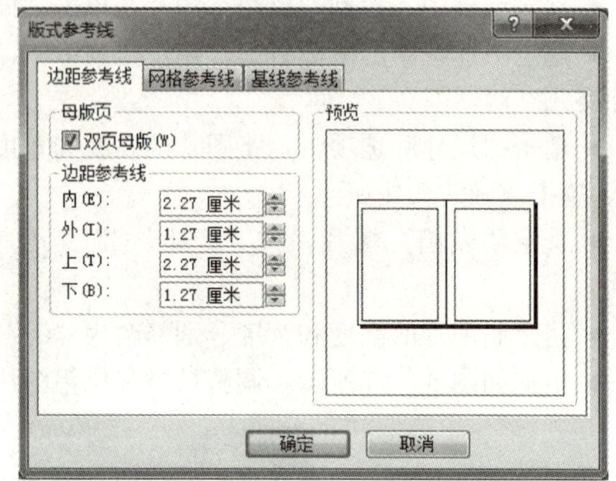


图 6—46　设置“页”的边框线

⑤单击“插入”选项卡，在“文本”组中，单击“绘制文本框”按钮，在版面中绘制一个文本框。

⑥选定文本框，在“对齐方式”组中，单击“分栏｜两列”命令，将文本框分成两栏。

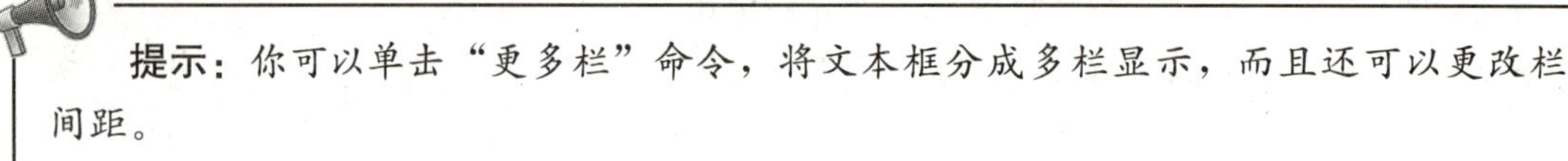

**提示**：你可以单击“更多栏”命令，将文本框分成多栏显示，而且还可以更改栏间距。

**思考**：如果不用分栏，还可以用什么方法实现分栏效果？

⑦单击“插入”选项卡，在“页”组中，单击“页面”按钮的向下箭头，单击“插入页”命令，出现“插入页面”对话框，按照如图 6—47 所示，选择“当前页”之后和“复制该页上所有的对象”单选框，单击“确定”按钮。

⑧调整文本框的大小和页面参考线相吻合。

⑨单击“插入”选项卡，在“页眉和页脚”组中，单击“页眉”命令。

⑩在左页页眉中输入“电脑与生活”，右面一页页眉中输入“初学者的园地生活中的助手”。

⑪鼠标移到左面一页页脚处，单击“母版页”选项卡，在“页眉和页脚”组中，单击“插入页码”按钮，并设置对齐方式为“左对齐”。

⑫鼠标移到右页脚处，单击“插入页码”按钮，并设置对齐方式为“右对齐”，如图 6—48 所示。

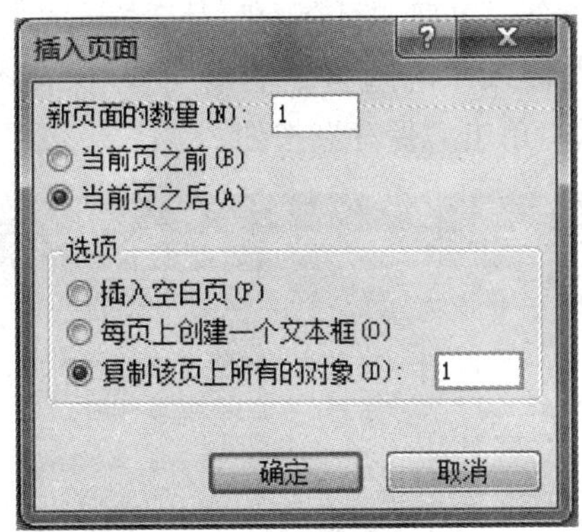


图 6—47 “插入页面”对话框

**说明：**以上操作为设置奇数页和偶数页的页眉和页脚。左面一页为“偶数页”，右面一页为“奇数页”。

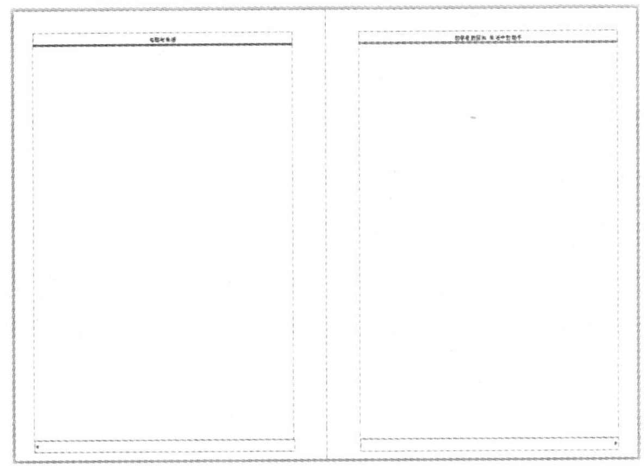

图 6—48 设置页眉和页脚

⑬在“关闭”组中，单击“关闭母版页”按钮。

⑭单击“插入”选项卡，在“页眉和页脚”组中，单击“页码 | 设置页码格式”命令，出现“页码格式”对话框。

⑮在对话框中，选择“此节起始编号”单选框，并输入起始编号“1”，如图 6—49 所示，单击“确定”按钮。

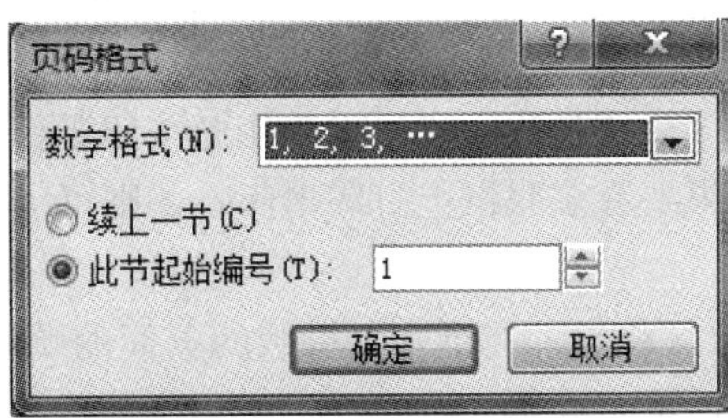


图 6—49 “页码格式”对话框

⑯单击“文件 | 保存”命令，出现“另存为”对话框。

⑰在对话框中，文件名中输入“电脑与生活报刊”，保存类型中选择“Publisher 模板（*.Pub）”，如图 6—50 所示，单击“保存”按钮。

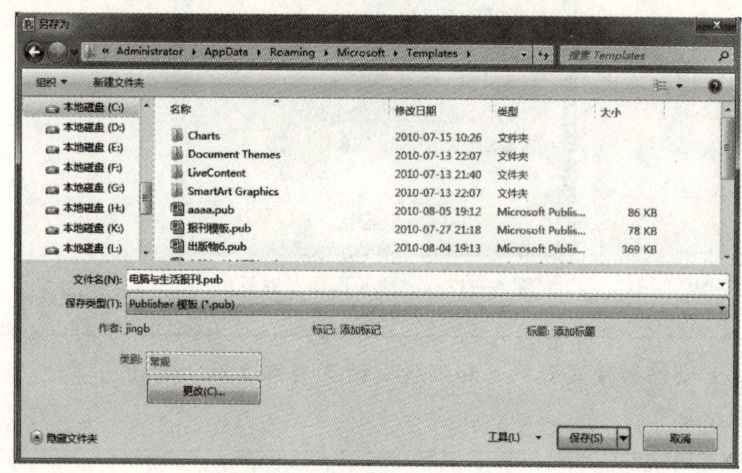


图 6—50 “另存为”对话框

## 6.4 打印预览

在 Publisher 出版物中，杂志编排完毕，稿件校验合格，就可以进行打印输出。Publisher 打印预览功能和 Word 2010 一样，操作简单，功能齐全。

在 Publisher 2010 中，单击“文件 | 打印”命令时，打印界面分为两部分，左侧是打印设置，在其中可以设置打印机型号，还可以设置打印方向、打印页数等，而右侧则是打印预览区域。

### 6.4.1 预览出版物

要完成预览，需按以下操作步骤进行。

单击“文件 | 打印”命令，在右侧直接就可以预览打印后的效果。如果要进行修改，单击“文件 | 信息”命令，在右侧单击预览的文档即可返回文档。打印预览界面的组成如图 6—51 所示：

● 纸张导航：在出版物的各个纸张间移动。

●“前面”和“后视图”按钮：当在纸张的两面打印时，可用这些按钮，单击它们可以查看纸张的正面或背面。

●“显示比例”滑块：向左滑动可缩小出版物，向右滑动可放大出版物。

● 适应表：如果要查看多张工作表，则可以使用此按钮进行缩放，以查看一张工作表。

● 查看多张工作表：如果要在多张纸上打印出版物，则可以使用此按钮，一次预览多张纸。

● 显示/隐藏页码：此滑块将显示在纸张上拼版的页面的顺序。在纸张上打印含有多页的出版物（例如贺卡）时，这特别有用。

● 显示/隐藏标尺：显示或隐藏当前所选纸张的高度和宽度标尺。如果在“设置”中更改纸张尺寸，则标尺也会相应地进行更改。

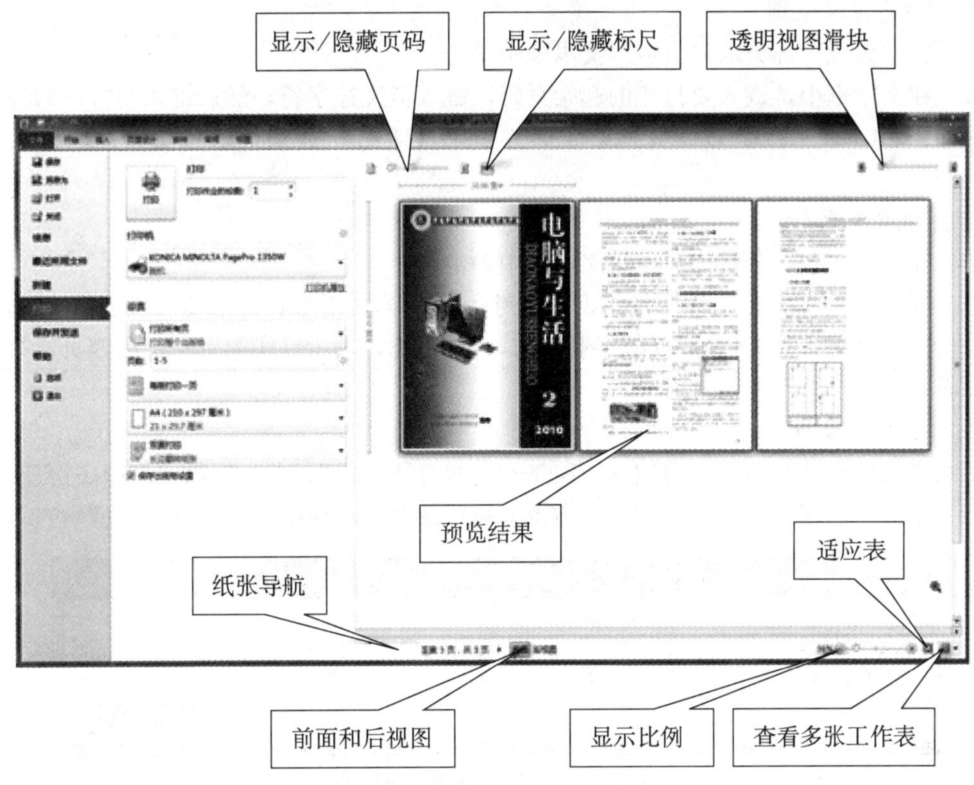


**图 6—51 打印预览窗口组成**

● 透明视图滑块：如果要在纸张的两面上打印，则可以利用此滑块来查看纸张的另一面，这使您可以确保出版物在纸张的两面上正确排列。

**说明：**无论您的出版物是否包括彩色内容，预览窗口都将以黑白模式显示，除非您选择了彩色打印机。

### 6.4.2 打印出版物

Publisher 2010 的主要用途是生成高质量的书面出版物，可在打印机上打印这些出版物，也可以将其送到复印店或出版单位进行打印。在 Publisher 2010 中，要完成打印，需做以下操作：

1. “打印机”部分

(1) 单击“文件｜打印”命令，打开打印设置页。

(2) 在“打印”部分的“打印作业的份数”中，设置要打印的份数。

(3) 在“打印机”部分，选择正确的打印机。

2. “设置”部分

(1) 确保选择了正确的一组页面或部分。

(2) 选择用于在纸张上拼版页面的格式。

(3) 设置纸张尺寸。

(4) 设置是在纸张的一面还是两面打印，并且当设置为两面打印时，还需设置是沿长边还是短边翻转纸张。

(5) 如果您的打印机能够进行彩色打印，请选择是要进行彩色打印还是灰度打印。

3. 打印自定义范围

（1）在“设置”部分的“页数”文本框中单击。

（2）在文本框中，键入要打印的起始页码，键入英文连字符，然后键入要打印的终止页码，例如：2-4，表示打印第 2 页到第 4 页。如果打印第 3 页到最后一页，打印范围定义为：3-。

4. 打印单个页面

（1）在“设置”部分的“页面”文本框中单击。

（2）在文本框中，键入要打印的页码，键入一个英文逗号，然后键入要打印的其他页码。每个页码之间用英文逗号分隔。例如：2，4，6，8，表示打印第 2 页、第四页、第 6 页和第 8 页（最后一页不要输入逗号）。

5. 每版打印多份

如果要打印标签或名片，则默认选项是“每版打印多份”，在一页纸上打印多份。

（1）单击“更多版式选项”按钮，出现“版式选项”对话框，如图 6—52 所示。

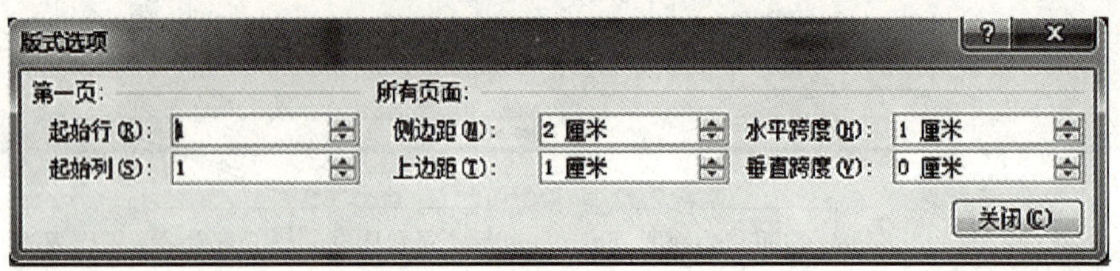


图 6—52　“版式选项”对话框

（2）在对话框中，可以调整边距参考线以增加或减少一张纸上可以容纳的出版物的份数。例如，如果名片出版物包含两页（每一页包含一种不同的名片），若选择“每版打印多份”中的 10 份，则会在两张纸上总共打印 20 份（两种不同的名片各 10 份），每一页占一张纸。

**说明：**①在“设置”部分，选择“每版打印多份”，然后选择份数，如图 6—53 所示。

②选择“每版打印一页”，则将在纸张的中心打印出版物。

③选择“每版打印多份”，则在每张纸的特定位置打印出版物的一页。单击“更多版式选项”按钮，通过调整表中选项来更改出版物在纸张上的位置。

6. 打印当前页

如果要打印当前页，可在“设置”中选择。

**注意：**当前页指的是鼠标定位的页面，不是你看到的页面。

7. 直接打印

在预览正常情况下可以直接单击“文件 | 打印”命令。左侧是打印设置，右侧是预览窗格。左侧的设置将影响打印出的出版物，而右侧的设置仅影响出版物的视图。

**注意：**当打印机是彩色打印机时，彩色控件才可用；并且仅当您选择在纸张的两面打印时，正面/背面透明度滑块才可用。

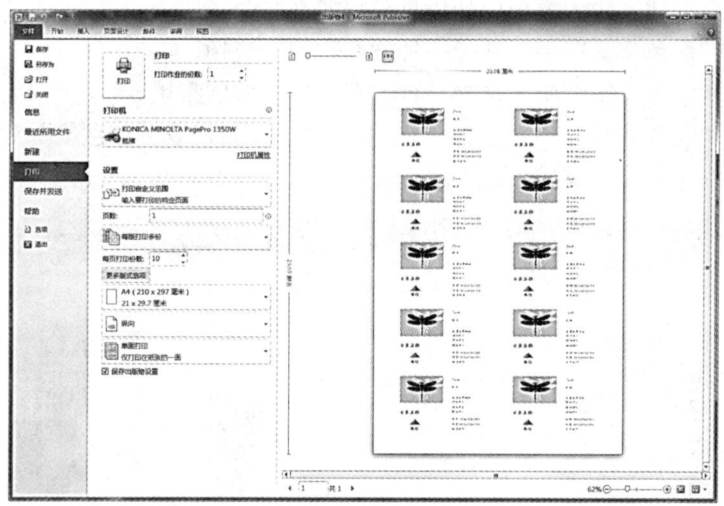

图 6—53　选择“每版打印多份”

### 6.4.3　知识拓展

1. 选择模板

Publisher 不但可以创建自己的模板，更方便的是可以利用系统内置的模板快速创建出版物，如经常用到的名片，自带的名片样式达到 50 多种。在这些名片模板中，Publisher 内置了大量的出版物布局样式，最大的好处就是不需要为出版物的输出格式、样式规格等花费太多的心思。只要把所需要的信息输入即可，大大简化了操作。制作名片步骤如下：

（1）单击“文件｜新建”命令，在最常用的面板中，单击“名片”，出现了多种名片的模板。

（2）在模板中，选择“网络”名片，如图 6—54 所示。

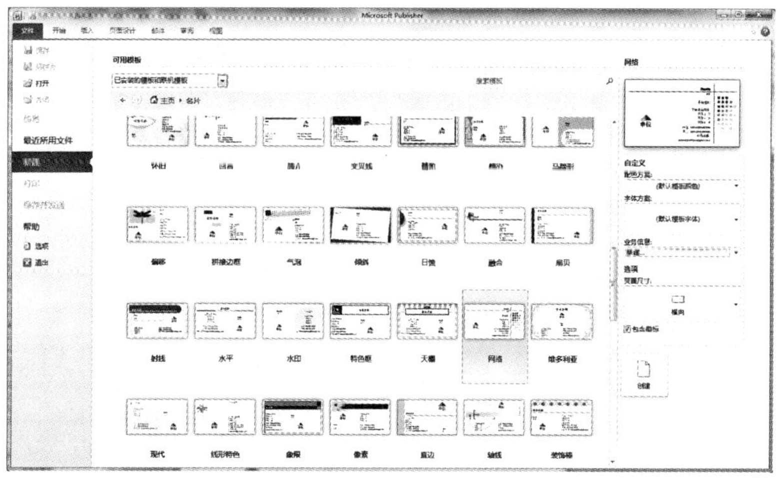

图 6—54　打开“名片”模板

2. 输入模板中的信息

可以这样理解所谓“业务信息”，这是一个有关个人或者企业信息的集合体，类似一个小数据库的概念。有了这样的一个信息集，对同一类型条目的管理就很方便了，与此有关的更改也会变得十分方便。输入模板中的信息步骤如下：

（1）在右侧“配色方案”中，选择一种方案，如：流畅。

（2）在右侧“字体方案”中，选择一种方案，如：微软雅黑。

（3）在右侧“业务信息”中，选择“新建”，出现“新建业务信息集”对话框。

（4）在对话框中填写需要的信息，并选择一个徽标，如图 6—55 所示。

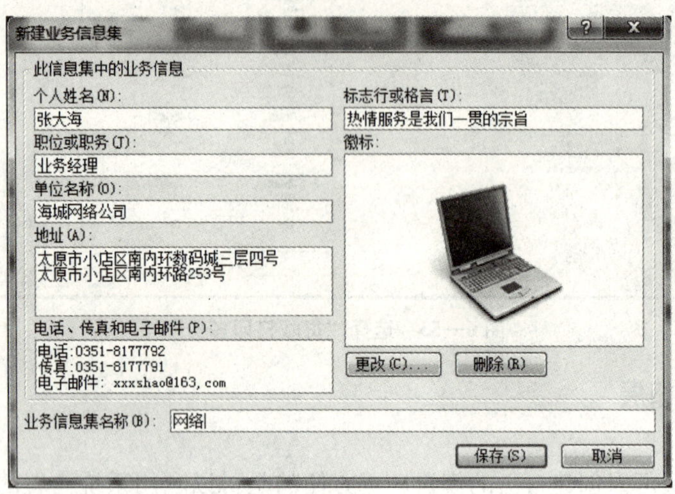


**图 6—55　填写业务信息**

（5）为业务信息起一个名字，然后在“编辑业务信息集”中填写具体的内容，如：网络，单击“保存”按钮。

（6）单击“创建”按钮，打开初步建立的名片，如图 6—56 所示。

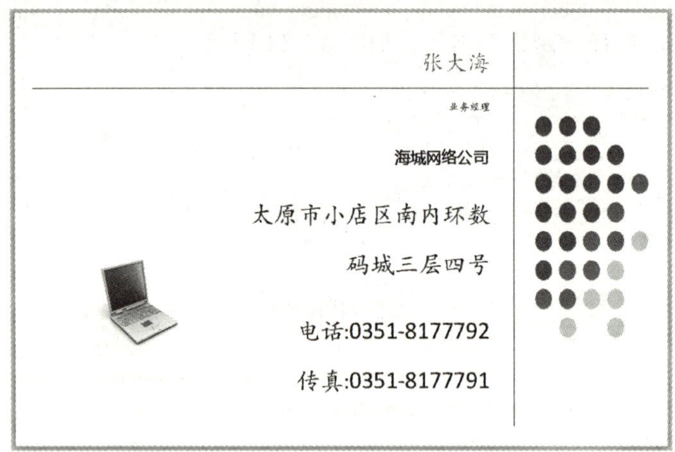


**图 6—56　创建的名片**

3. 页面设计

页面设计步骤如下：

（1）打开“页面设计”选项卡，在“页面设置”组中，单击“页面设置”组中的辅助功能按钮“◲”，打开“页面设置”对话框。

（2）在对话框中，按照图 6—57 所示，修改页面的信息，单击“确定”按钮。

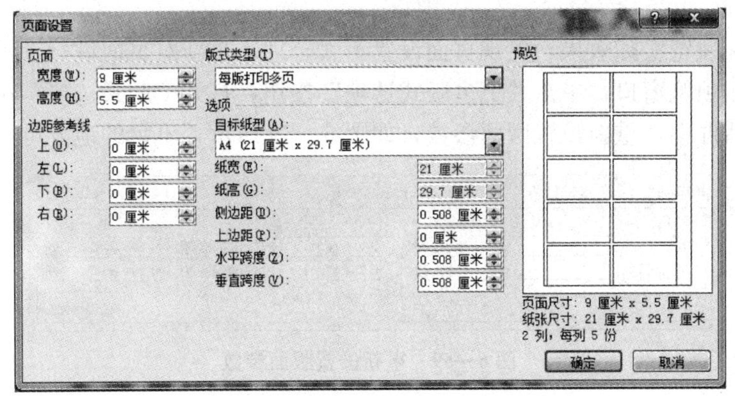


**图 6—57 “页面设置”对话框**

**说明：** 现在大部分名片的宽度都为 9 厘米，高度为 5.5 厘米。水平跨度和垂直跨度指的是两个名片之间的距离。

4. 更改模板的格式

初步的名片效果是模板自动生成的，还有很多地方不能完全满足要求，需要自定义设置，针对此名片的配色方案、字体、图片、版面安排和其他细节进行修改，操作步骤如下：

(1) 在名片中，除姓名、公司名称和职务外，其余字体的字号选择为“小五号”。姓名字号选择“10”号，字体选择“方正简体大标宋”。“业务经理”字号选择“3.7”号。

(2) 添加邮编信息、手机号码、电话号码等信息。

(3) 将“联系方式区”段落间距改为“0”，行距修改为“单倍行距”。

**思考：** 如何修改字体、字号、段落间距和行距?

(4) 将“笔记本”图片置换为“网络”图片，如图 6—58 所示。

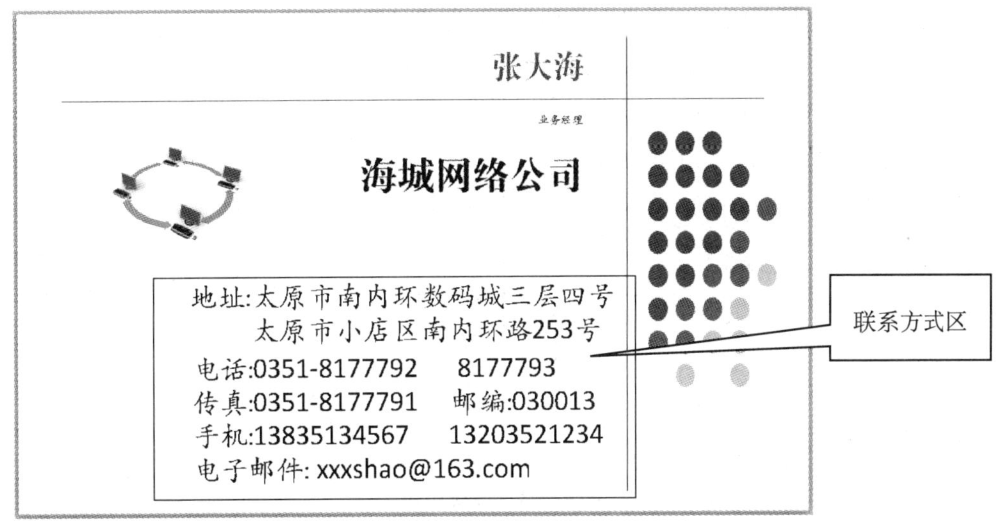


**图 6—58 更改版面格式**

5. 打印预览

设置完毕，预览实际效果，发现页面设置不太合理，重新对页面进行设置。

（1）在打印预览窗口，单击“更多版式选项”按钮，打开“版式选项”对话框。

（2）在对话框中，重新设置版面参数，如图 6—59 所示，不足的地方再一次进行修改。

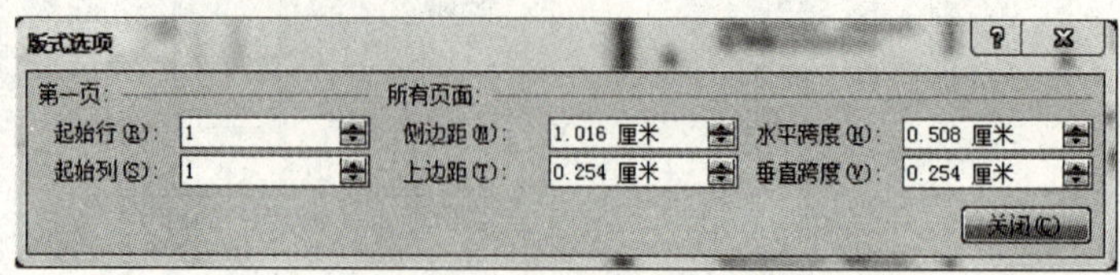


**图 6—59 重新设置版面参数**

（3）在“打印预览窗”口，单击“信息”命令，选定名片返回文档界面。

（4）为使名片能准确切割，需要为名片加切割线。单击“插入”选项卡，在“插图”组中，单击“形状”按钮，在形状样式中，选择“直线”。

（5）在名片左下角绘制出两条非常短的直线，作为分割线，如图 6—60 所示。

**图 6—60 切割线**

（6）修改完成，单击“文件｜打印”命令，重新预览打印，如图 6—61 所示。

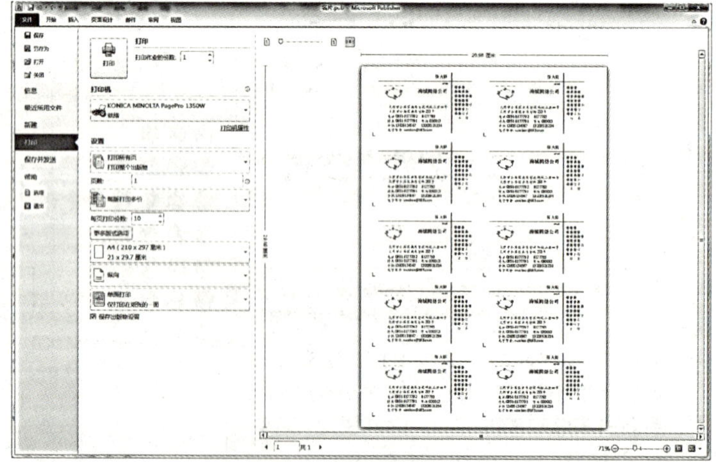

**图 6—61 最终结果**

（7）在“设置中”，选择“每版打印多份”，单击“打印”按钮进行打印。

## 本章小结

通过本章案例的学习，学会了 Publisher 2010 的基本操作，对 Publisher 有了一个基本的了解，并且能通过系统内置的模板以及自己设计的模板，创建各种丰富多彩的出版物。可以看出，Publisher 中主要是文本框的操作，它与 Word 2010 比较，除具备 Word 2010 文本框的功能外，文本框操作更加灵活，功能更强，在 Word 无法实现的功能，在这里都可以实现。

## 习 题 6

1. 问答题

（1）Publisher 2010 的工作环境由哪几部分组成？

（2）编辑出版物一般采用哪种视图方式？

（3）Publisher 2010 可以保存为几种格式？

（4）Publisher 出版物扩展名是什么？

（5）如何在出版物中输入文本？

（6）在出版物中如何插入日历？

（7）Publisher 2010 文本框的线条与 Word 文本框的线条颜色有什么不同？

（8）在 Publisher 2010 中，如何实现分栏效果？

（9）如何插入页面边框？

（10）图片编辑的格式有哪些？

（11）如何插入外部图片？

（12）如何精确地调整图片的大小？

（13）如何在 Publisher 2010 中设置制表位？

（14）什么叫页面边框？

（15）什么叫母版页？

2. 选择题

（1）创建出版物所用的视图为（　　）。

A. 正常　　B. 母版页　　C. 单一页面　　D. 跨页

（2）调整出版物页面的大小，正确的操作是（　　）。

A. 用鼠标拖动窗口的边框线

B. 单击“还原”按钮，再用鼠标拖动边框线。

C. 单击“最小化”按钮，再用鼠标拖动边框线。

D. 拖动显示比例滑竿

（3）Publisher 2010 中保存文档的命令出现在（　　）选项卡里。

A. 插入　　B. 页面布局　　C. 文件　　D. 开始

（4）在 Publisher 2010 编辑窗口中，从“文件”选项卡中，单击“关闭”命令后，系统是（　　）。

A. DOS 状态　　B. Word 编辑状态

C. Word 主菜单状态　　D. Windows 操作系统

(5) Publisher 2010（　　）。

A. 能处理文字　　B. 只能处理表格

C. 可以处理文字、图形、表格等　　D. 不能处理图片

(6) Publisher 2010 的文档以文件形式存放于磁盘中，其文件的默认扩展名为（　　）。

A. . DOC　　B. . exe　　C. . Pub　　D. . Ps

(7) 在 Publisher 2010 中，如果要调整文档中的行间距，可使用（　　）选项卡中的段落去设置。

A. 开始　　B. 视图　　C. 页面布局　　D. 格式

(8)“参考线”按钮出现在（　　）选项卡中。

A. 开始　　B. 页面设计　　C. 插入　　D. 视图

(9) 如果需要对插入的图片作精确定位，那么图片与文字的环绕方式应该选择（　　）。

A. 嵌入型　　B. 四周型

C. 紧密型　　D. 浮于文字上方

(10) 在“打印”对话框中，“设置”下的“当前页”是指（　　）。

A. 当前光标所在的页　　B. 当前窗口显示的页

C. 第一页　　D. 最后一页

(11) 下图中的图形在 Publisher 2010 中是如何实现的（　　）?

A. 插入“剪贴画”

B. 插入“艺术字”

C. 插入“图文框”

D. 单击“绘图”中的“自选图形”，再进行编辑

(12) 避免出版物被别人修改，可以（　　）。

A. 将文档隐藏　　B. 保护文档，再输入密码

C. 保护文档，不输入密码　　D. 更改文件属性

(13) 在 Publisher 的“开始”选项卡中，单击“选择 | 所有对象被选择”按钮后（　　）。

A. 整个文档被选择　　B. 插入点所在的段落被选择

C. 插入点所在的行被选择　　D. 除文字外，其他的对象被选择

(14) 在 Publisher 中，“文件”选项卡中的“保存”、“另存为”、“关闭”、“退出”命令都可以将正在编辑的某个旧文件存盘保存，但处理方法有所不同，“另存为”是指（　　）。

A. 退出编辑，但不退出 Publisher，并只能以旧文件名保存在原来位置

B. 退出编辑，退出 Publisher，并只能以旧文件名保存在原来位置

C. 不退出编辑，只能以旧文件名保存在原来位置

D. 不退出编辑，可以以旧文件名保存在原来位置，也可以改变文件名或保存在其他位置

(15) 在使用 Publisher 编辑出版物时，可以插入图片。以下方法中，（　　）是不正确的。

A. 直接利用绘图工具绘制图形

B. 打开“文件 | 打开”命令，选择某图形文件名

C. 单击“插入”选项卡，单击“图片”按钮，选择某图形文件名

D. 利用剪贴板，将其他图形复制、粘贴到所需文档中

(16) 在 Publisher 预览窗口中，由于比例关系，看不清页中的内容，利用（　　）功能，可以看清页中的细节。

A. 打印机　　B. 标尺

C. 全屏显示　　D. 显示比例

(17) 在 Publisher 文档中，每一个段落都有自己的段落标记，段落标记位于（　　）。

A. 段落的首部　　B. 段落的结尾处

C. 段落的中间位置　　D. 段落中，但用户找不到的位置

(18) 下列有关 Publisher 格式刷的叙述中，（　　）是正确的。

A. 格式刷只能复制纯文本的内容

B. 格式刷只能复制字体格式

C. 格式刷只能复制段落格式

D. 格式刷既可以复制字体格式也可以复制段落格式

(19) Publisher 出版物窗口中，若选定的文本块中包含有几种字体的汉字，则格式工具栏的字体框中显示（　　）。

A. 空白　　B. 第一个汉字的字体

C. 系统默认字体：宋体　　D. 文本块中使用最多的文字字体

(20) 为把不相邻的两段文字互换位置，至少用（　　）次“剪切+粘贴”操作的。

A. 1　　B. 2　　C. 3　　D. 4

3. 填空题

(1) Publisher 中的两个或两个以上的文本框，可以通过________建立关联，即前一文本框中装不下的内容，可以装到后面的文本框中。

(2) 在 Publisher 编辑软件中，若仅删除文本中所有出现的空格，则最简便的方法是使用________操作。

(3) Publisher 文档中的段落标记是在输入________键之后产生的。

(4) Publisher 扩展名是________。

(5) 在 Publisher 中，若要为多行已输入的汉字加上下划线，可以先选择这些文字，然后单击________选项卡，在________组中，单击________按钮。

(6) 启动 Publisher 后，出现一个页面，需要在页面上插入________才能输入文字。

(7) 对保存过的出版物进行修改后，如果要改变保存的位置，应使用“文件”选项卡下的________命令。

(8) Publisher 2010 启动后，将自动打开一个名为________的文档。

(9) 在 Publisher 2010 中，常用的视图是________和________。

(10) 在 Publisher 2010 中，用户可以利用________很方便、直观地改变段落缩进方式和调整左右边界。

(11) 如果两个文本框建立关系，需做超链接，超链接的按钮在________选项卡下。

(12) 在出版物中插入组织结构图，应单击________选项卡，然后单击________按钮。

(13) 在 Publisher 2010 中，选定的两个图形要进行组合，那么图形组合功能可以通过________选项卡中的“组合”命令来实现。

(14) 要打印第3～8页以及第10页的Publisher 2010出版物的内容，在“打印预览”的“设置页数”中输入________。

(15) 在打印预览窗口，要返回到编辑出版物的页面，在“文件”选项卡中单击________命令。

# 第 7 章　网络应用

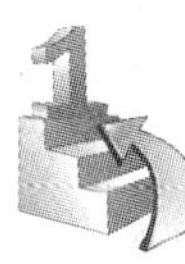

## 本章重点

- 计算机网络的概念
- 互联网的接入方式
- ADSL 连接 Internet 网络
- 收发邮件

## 教学目标

如今，互联网已经融入了我们的生活，通过本章的学习，使学生能够掌握计算机网络的基本概念、新名词、术语及共享 Internet 的方法与步骤，ADSL 的安装、配置和使用。学会电子邮件的接收、撰写和发送。

## 教学案例

**案例：**ADSL 连接 Internet 网络如图 7—1 所示。

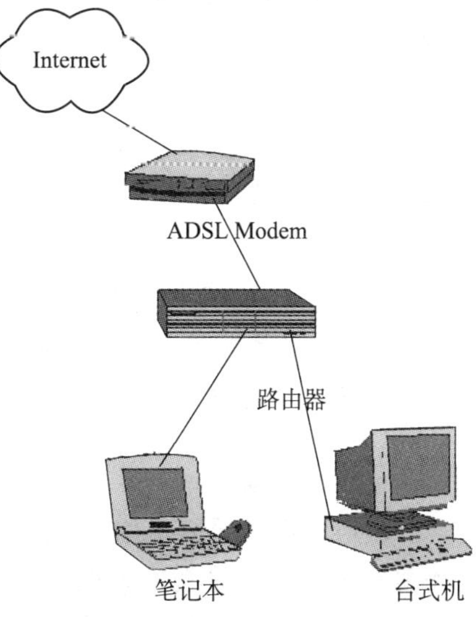


**图 7—1　ADSL 连接 Internet 网络**

## 7.1 网络基础

网络的范围比较广，可以是电话网络、电线网络、人际关系网络等。但是由于网络的广泛使用是随着计算机网络进入我们的生活中而开始的，所以现在人们提到网络就是指计算机网络。网络已成为计算机网络的代名词。下面我们先对计算机网络基础知识做些简单介绍。

所谓计算机网络就是将不同地理位置且具有独立功能的计算机、终端及其他设备用通信线路连接起来，在网络软件支持下实现相互通信及资源共享的系统。

### 7.1.1 网络的基本概念

1. IP 地址

IP 地址是人们在 Internet 上，为了区分数以亿计的主机而给每台主机分配的一个专门的 32 地址，在 Internet 上它是唯一的，只要通过 IP 地址就可以访问到每一台主机。例如，在电话通信中，电话用户是靠电话号码来识别的。同样，在网络中为了区别不同的计算机，也需要给计算机指定一个号码，这个号码就是“IP 地址”。

2. 域名

域名即 IP 地址的符号表示。由于 IP 地址是数字标识，使用时难以记忆和书写，因此在实际中又发展出一种符号化的地址方案，来代替数字型的 IP 地址。每一个符号化的地址都与特定的 IP 地址对应，这样网络上的资源访问起来就容易得多了。

3. DNS 服务器

人们习惯记忆域名，但计算机之间只认 IP 地址，域名与 IP 地址之间是一一对应的，它们之间的转换工作称为域名解析，域名解析需要由专门的域名解析服务器来完成，这个专门的服务器即我们所说的 DNS 服务器。

4. 路由器

为信息流或数据分组选择路由的设备、是互联网的主要节点设备。数据从一个子网传输到另一个子网时，可通过路由器来完成。因此，路由器具有判断网络地址和选择路径的功能，它能在多网络互联环境中，建立灵活的连接，可用完全不同的数据分组和介质访问方法连接各种子网，路由器只接受源站或其他路由器的信息。它的处理速度是网络通信的主要瓶颈之一，它的可靠性则直接影响着网络互连的质量。

5. 交换机

交换机是一种用于电信号转发的网络设备。它可以为接入交换机的任意两个网络节点（主要是计算机）提供独享的电信号通路。最常见的交换机是以太网交换机。其他常见的还有电话语音交换机、光纤交换机等。

6. 集线器

集线器的英文为“Hub”，它的主要功能是对接收到的信号进行再生整形放大，以扩大网络的传输距离，同时把所有节点集中在以它为中心的节点上。

7. Internet

中文译名为因特网，我们也把它叫做国际互联网。最初是美国科学家基金会组建 NSFNet 网络，其后美国的许多大学、政府资助的研究机构甚至一些私营的研究机构纷纷把自己的局域网并入 NSFNet 中，使得其迅速扩大，这就成为现在国际互联网的基础，之后，世界各地的局域网、计算机都开始接入这个网络，于是就出现了现在的 Internet。

8. Internet 的接入方式

互联网的接入技术很多，从用户的角度出发，大致有：普通电话拨号上网、ADSL 上网、ISDN 上网、DDN 上网、局域网共享上网、有线电视电缆上网、光纤上网、无线接入等几种接入方式。

9. Internet 服务

电子邮箱（E-mail）功能、远程登录（Telnet）功能、文件传输（FTP）功能、电子公告板（BBS）功能、信息浏览（Gopher）服务、WWW 超文本链接、文件查找（Archic）服务、广域网信息服务。

10. WWW

WWW 全称为 World Wide Web，含义是“环球网”，俗称“万维网”或 3W 或 Web。它提供友好的信息查询接口，用户仅需要提出查询要求，而到什么地方查询及如何查询则由 WWW 自动完成。

11. ISP

ISP 是 Internet Server Provider 的英文缩写，即“互联网接入服务商”。

### 7.1.2 网络的分类

网络的分类按照不同的标准有不同的分类方法。

1. 按覆盖范围

局域网 LAN（作用范围一般为几米到几十千米）、城域网 MAN（界于 WAN 与 LAN 之间）、广域网 WAN（作用范围一般为几十到几千千米）。

2. 按拓扑结构分类

总线型、环型、星型、网状。

3. 按传输介质分类

有线网、无线网、光纤网。

### 7.1.3 计算机网络的主要功能

计算机网络的主要功能有四个方面，最基本的是资源共享和数据通信。

1. 资源共享

资源共享是人们建立计算机网络的主要目的之一。计算机资源包括有硬件资源、软件资源和数据资源。硬件资源的共享可以提高设备的利用率，避免设备的重复投资。软件资源和数据资源的共享可以充分利用已有的信息资源，减少软件开发过程中的劳动，避免大型数据库的重复设置。

2. 数据通信

数据通信是指利用计算机网络实现不同地理位置的计算机之间的数据传送。如人们通过电子邮件（E-Mail）发送和接收信息，使用 IP 电话进行相互交谈等。

目前，各行各业每时每刻都要产生大量的信息需要及时的处理，而计算机网络在其中起着十分重要的作用。

### 7.1.4 知识拓展

为计算机网络中进行数据交换而建立的规则、标准或约定的集合。Internet 使用的网络通信协议是 TCP/IP 协议。

通俗地讲，网络协议好比是实际生活中两个人交流的语言，要么使用汉语、要么使用英语、要么使用法语等，计算机相互交流的语言我们称为网络协议，网络协议在互联网中也有很多种 TCP/IP、IPX/SPX、http、ftp 等。

## 7.2 连接 Internet（IE）

现在接入互联网的方式主要有局域网接入和使用 ADSL 接入。下面我们主要介绍 ADSL 的上网接入方式。

### 7.2.1 ADSL 接入 Internet

要连接 Internet 主要完成两件事：硬件连接和软件设置。

1. 硬件连接

硬件主要包括：10/100M 自适应网卡、一个 ADSL 调制解调器、一个信号分离器、两根两端做好 RJ11 头的电话线和一根两端做好 RJ45 头的五类双绞网络线（由当地电信部门提供）。

（1）网卡的安装和设置。断开电源，打开计算机机箱，将网卡插入主板的相应插槽中，确认安装无误后，盖好机箱挡板重新启动计算机。

**提示：** 购买网卡时最好选购 Realtek 8139 或 530TX 芯片的网卡，这两种芯片的网卡不仅兼容性强，而且大多数操作系统下都能很好地识别出来。

（2）分离器的安装。信号分离器是用来将电话线路中的高频数字信号和低频语音信号分离的。低频语音信号由分离器接电话机用来传输普通语音信息；高频数字信号则接入 ADSL Modem，用来传输网络数据。这样，你在使用电话时，就不会因为高频信号的干扰而影响通话质量，也不会在上网时，因为打电话而影响上网的速度。

分离器从左到右的连线顺序是：电话入户线，分离器，分离器的电话信号输出线连接电话，分离器的数据信号输出线连接 ADSL Modem，ADSL Modem 与计算机的网卡之间用一条交叉网线连通。

**提示：** 安装完毕后打开计算机和 ADSL Modem 的电源，如果两边连接网线的插孔所对应的指示灯都亮，那么说明硬件连接已经成功。

2. 软件设置

软件设置主要是网卡 IP 地址的设置和 RasPPPoE 软件的安装和设置。

（1）设置网卡 IP 地址。

①单击桌面中的“我的电脑｜控制面板｜网络和拨号连接”命令，在随后打开的窗口中，右击“本地连接”，在快捷菜单中单击“属性”命令，出现“属性”对话框。

②在对话框中，在“本地连接属性”窗口中，双击“Internet 协议（TCP/IP）”，在出现的窗口中，勾选“自动获得 IP 地址”，确认无误后，单击“确定”按钮，完成网卡的设置。

**提示：** 在网卡的安装协议中一定要有 TCP/IP，一般使用 TCP/IP 的默认配置，除非特殊情况否则不要随意更改网卡的 IP 地址。

(2) RasPPPoE 软件的安装和设置。ADSL 使用软件 RasPPPoE 来拨号上网，所以我们要掌握 RasPPPoE 的安装，如果计算机用的操作系统是 Windows 9x/Me/2000，则需要下载一个 RasPPPoE 软件，当然 ADSL Modem 的驱动光盘里也有。如果计算机用的操作系统是 Windows XP/2003，在 Windows XP/2003 系统中已经集成了的 PPPoE 拨号程序，直接设置就可以了。操作方法如下：

①单击“开始｜控制面板”，双击“网络连接”图标，在随后弹出的“网络连接”窗口中，单击左侧的“创建一个新的连接”,如图 7—2 所示。出现“新建连接向导”窗口，如图 7—3 所示。

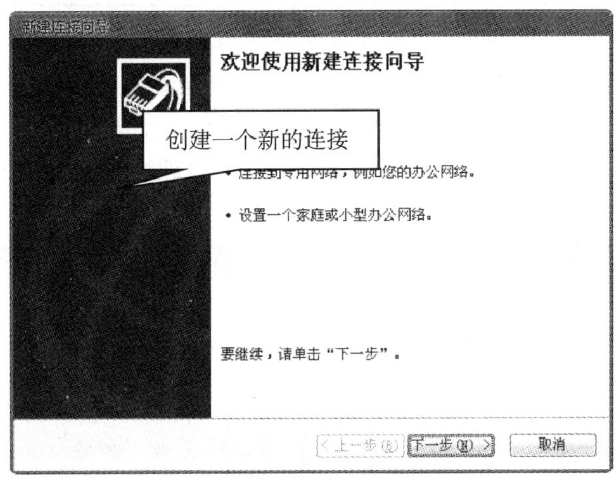


图 7—2 创建一个新的连接

②在“新建连接向导”窗口中，单击“下一步”按钮，出现“网络连接类型”窗口，如图 7—4 所示。

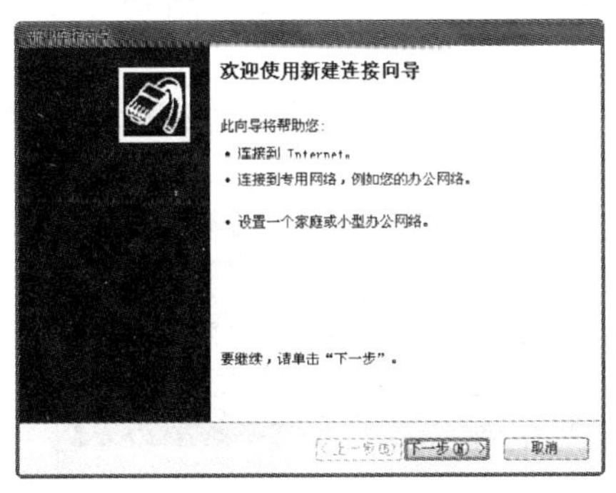


图 7—3 新建连接向导

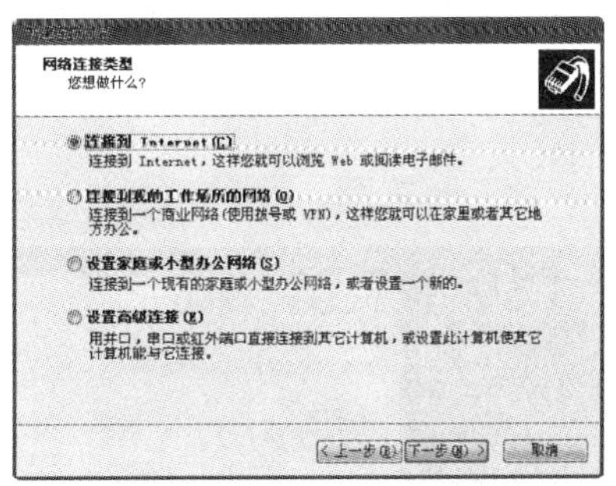


图 7—4 网络连接类型

③在“网络连接类型”窗口中，选择“连接到 Internet”单选框，单击“下一步”按钮，如图 7—5 所示。

④选择“手动设置我的连接”单选框，单击“下一步”按钮，对话框中出现“Internet 连接”方式选择，如图 7—6 所示。

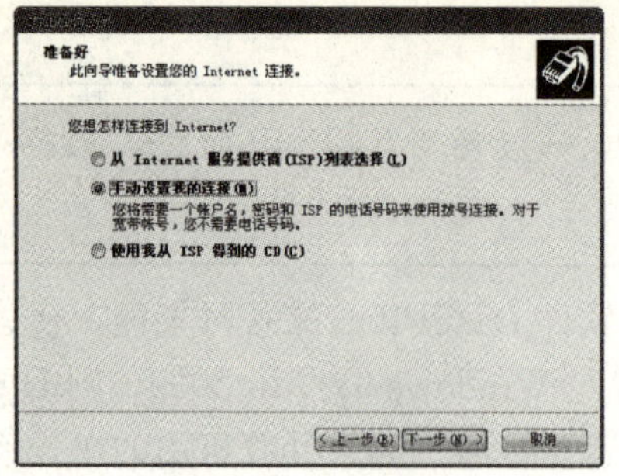


图 7—5 准备好

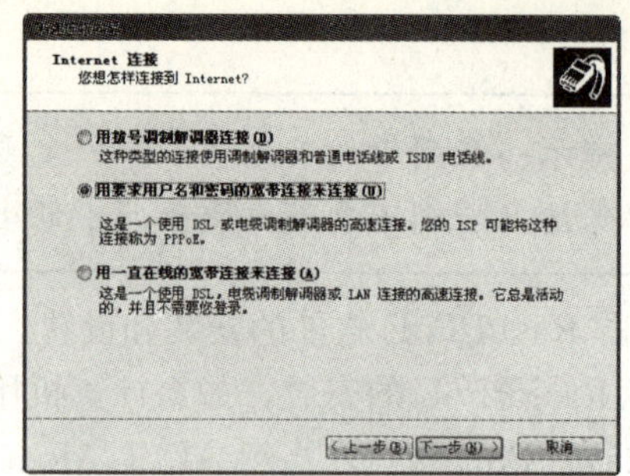


图 7—6 Internet 连接

⑤选择“用要求用户名和密码的宽带连接来连接”单选框，确认无误后，单击“下一步”按钮，对话框中出现“连接名”输入窗口，如图 7—7 所示。

**提示：** 例如输入“练习连接”，则在设置好连接以后出现相应的连接名称，如果不输这个名称，则在设置好连接以后出现的连接名称为系统默认的“宽带连接”名称。

⑥在对话框中的“ISP 名称（A）”下面输入一个名称，单击“下一步”按钮，对话框中出现 Internet 账户信息，如图 7—8 所示。

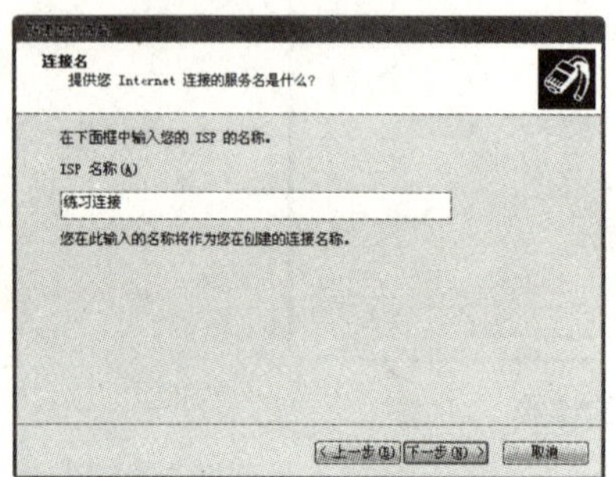


图 7—7 连接名

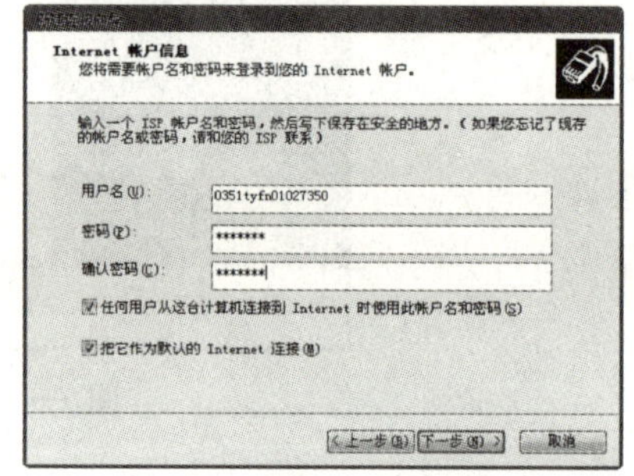


图 7—8 Internet 账户信息

⑦输入由电信部门提供的用户名和密码，输入完成后单击“下一步”按钮，基本完成新建连接向导，如图 7—9 所示。

⑧所有的设置已经完成，单击“完成”按钮，这时出现“连接练习连接”对话框，如图 7—10 所示。

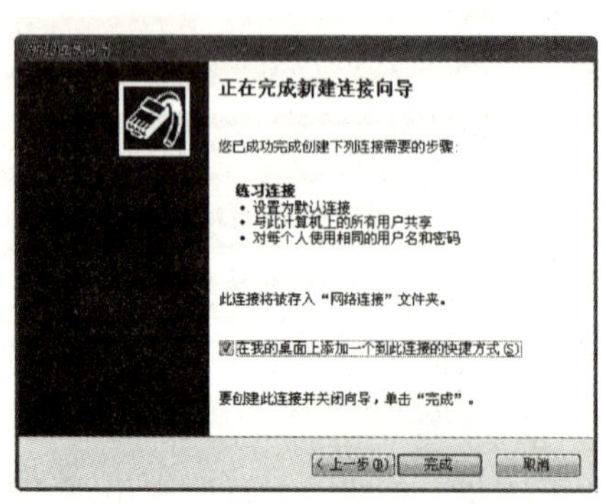


图 7—9 正在完成新建连接向导

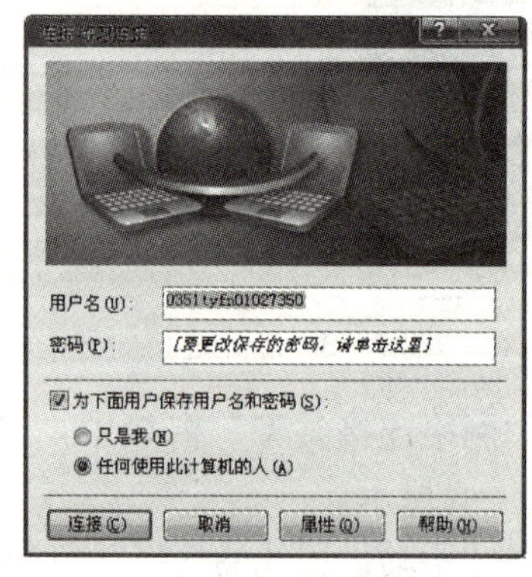


图 7—10 “连接 练习连接”对话框

⑨在“连接 练习连接”对话框中，单击“连接”按钮，现在就可以用计算机访问 Internet 了。

**说明：**以后要使用 ADSL 拨号上网，只要选择“开始 | 控制面板 | 网络连接”，然后双击建立好的连接，可打开如图 7—10 所示窗口，输入用户名和密码连接 Internet。

**提示：**为了方便我们拨号，可以用鼠标右键单击“网络连接”建立桌面快捷方式，这样，开机后直接双击桌面快捷方式就可以建立网络连接；也可以用鼠标拖动“网络连接”到开始菜单中的启动菜单中，将网络连接设置为开机启动第一个任务，这样计算机启动后马上打开网络连接的对话框，使我们建立网络连接更方便。

### 7.2.2 局域网连接 Internet

现在很多办公室和家庭都配置了两台以上的计算机，为了使办公室工作人员能够同时上网，就需要组建一个小型的局域网，然后连接 Internet。局域网连接 Internet 的方法较多，现介绍两种常用的连接方式。

1. Internet 共享连接

（1）首先使服务器端用一块网卡连通 Internet，假定与此网卡对应的连接名称为“连接一”。

（2）使服务器端另一块网卡连接局域网，假定与此网卡对应的连接名称为“连接二”。

（3）在服务器端，鼠标右击“网上邻居”，在出现的快捷菜单中选择“属性”命令，出现“网络连接”对话框。

（4）在“网络连接”对话框中，鼠标右击“连接一”，在出现的快捷菜单中选择“属性”命令，出现的“属性”对话框。

（5）在“属性”对话框中选择“高级”选项卡，在“Internet 连接共享”分类下，选中“允许其他网络用户通过此计算机的 Internet 连接来连接（N）”，单击“确定”按钮，服务器端设置完成。

（6）在 Internet 客户端只需一块网卡，如果有两块网卡，则禁用一块未连接本地局域网的网卡。

（7）在客户端上启动浏览器 IE，单击“工具 | Internet 选项”命令，在“Internct 属性”对话框中，单击“连接”选项卡。再单击“局域网（LAN）设置”按钮，所有复选框都不被选中。这样，不需要任何设置，就可以使各工作站通过“lnternet 连接共享”连接到 Internet。

2. 路由共享方式连接 Internet

采用上述方法尽管可以共享 Internet，但会降低上网速度，网络的稳定性较差，造成资源的浪费。因此，目前广泛采用主流的路由共享方式。

路由共享方式的实现比较简单，先进行路由器和局域网的连接，然后进行路由器的设置，如图 7—11 所示。

（1）路由器和局域网的连接。路由器从左到右的连线顺序是：电话入户线连接到路由器上专门的连接口，路由器上其他的端口使用五类双绞网络线连接个人计算机/交换机/集线器。

路由器连接好以后，插上路由器电源，路由器上对应的指示灯会亮，表示连接正常。

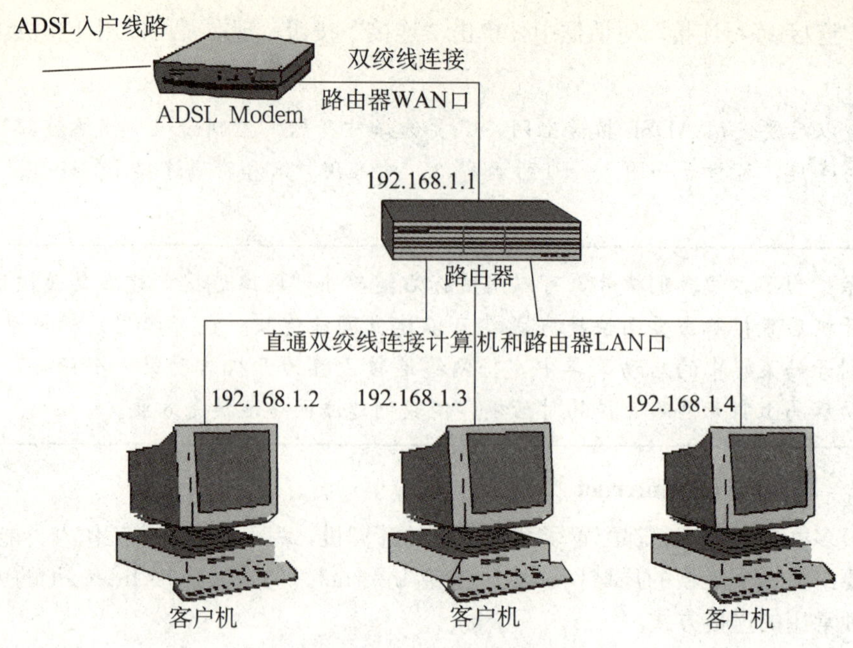


**图 7—11　路由器共享连接**

**提示：**路由器上的连接口一般都有不同的颜色作为标记，单独一个颜色不一样的是连接 Internet 入户线的，其他的颜色一样的用来和个人计算机/交换机/集线器连接；当局域网中计算机数量超过路由器上的最大可连接数时我们才使用交换机/集线器。

（2）路由器的设置。路由器的设置在购买时说明书上都有详细的介绍，现以 D-Link 路由器为例，简要介绍它的设置，操作步骤如下：

①打开浏览器，在地址栏输入：192.168.0.1（说明书提供的路由器 IP 地址），这时会显示一个登录认证界面，如图 7—12 所示。

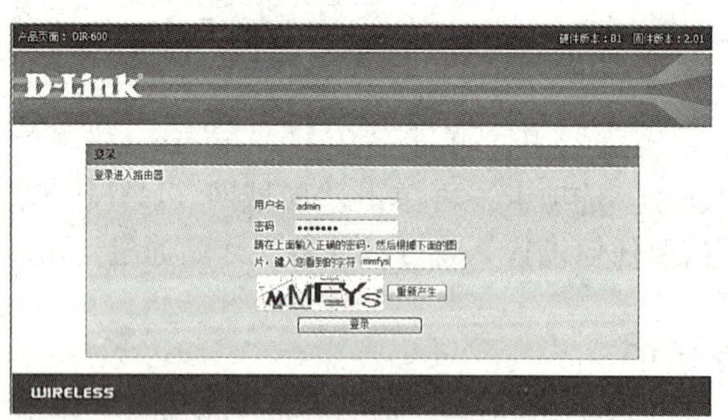


**图 7—12　登录认证界面**

②在用户名和密码的位置输入正确的用户名和密码（用户名和密码在说明书上可以找到），单击“确定”按钮，进入路由器设置界面，如图 7—13 所示。

③单击“安装”选项卡，在左侧选择“因特网安装”命令。

④在“向导”区域，单击“Internet 连接设置向导”按钮，根据向导提示一步一步设置路由器。

⑤路由器设置完成，所有计算机都可以共享 Internet。

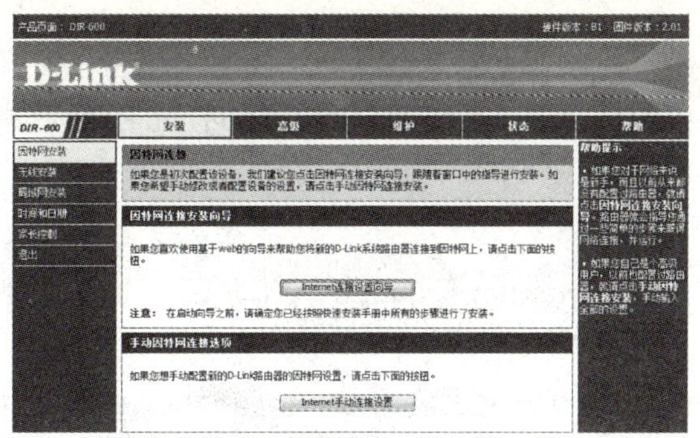


图 7—13　路由器设置向导

**提示**：不同的路由器设置界面不一样，但是主要设置的是上网的方式及其相关内容。例如：我们选择上网方式为虚拟拨号，这要求输入拨号上网的账号和口令；如果我们选择的是局域网有固定的 IP 地址，则要求我们输入 ISP 供应商提供的 IP 地址等相关内容。

### 7.2.3　知识拓展

1. 域名系统或者域名服务

域名系统为 Internet 上的主机分配域名地址和 IP 地址。用户使用域名地址，该系统就会自动把域名地址转为 IP 地址。域名服务是运行域名系统的 Internet 工具，执行域名服务的服务器称之为 DNS 服务器，通过 DNS 服务器来应答域名服务的查询。

2. IP 地址和域名的管理

目前国际上对 IP 地址和域名的管理有专门的机构负责，任何计算机上网都必须经过该机构的认可方能接入 Internet。它采用分级管理的方式，总部设在美国，地球上每个地区设一个分支管理机构，各地区的分支管理机构再在每个国家设下一级分支管理机构，例如亚太地区设有一个地区级管理机构，其下又在中国、日本等国家设有国家级管理机构。

3. 集线器和交换机的区别

交换机可以实现每个端口间以相同的速度进行数据收发，而集线器发送数据时都是没有针对性的，它是采用广播方式发送。也就是说当它要向某节点发送数据时，不是直接把数据发送到目的节点，而是把数据包发送到与集线器相连的所有节点，这样会降低数据的传送速率。集线器产品已在技术上向交换机技术进行了过渡，具备了一定的智能性和数据交换能力。此类集线器被称为交换式集线器。

## 7.3　浏览器的使用

浏览器是让用户可以看到网页服务器的内容和与网页服务器互动的一种软件。简单地说浏览器是用来浏览网页、图片、视频等的程序。

### 7.3.1　认识浏览器

个人计算机上常见的网页浏览器包括微软的 Internet Explorer、Mozilla 的 Firefox、傲游浏览器、Apple 的 Safari、Opera、HotBrowser、Google 的 Chrome、Avant 浏览器、360 安全浏览器、世界之窗、腾讯 TT、搜狗浏览器、Orca 浏览器等。

这么多的浏览器，它们的主要功能都是用来显示在万维网或局域网内的文字、影像以及其他信息。

由于我们的计算机上已经默认安装了微软的 Internet Explorer 浏览器，标志为天蓝色小写英文字母 e 用一个倾斜的环包围，所以我们就以 Internet Explorer 8.0（常常叫做 IE 8.0）浏览器为例介绍浏览器的使用。

### 7.3.2 界面组成

单击“开始｜所有程序｜Internet Explorer”启动 IE 8.0 浏览器，出现如图 7—14 所示的界面。

**图 7—14 IE 8.0 浏览器界面组成**

标题栏：用于显示网页标题、调整该窗口位置、页面最大/最小/关闭切换操作。

地址栏：通过指定的 IP 地址或者域名浏览网页。

**提示：**当我们在网页中通过超链接打开一个网页时，地址栏会显示该网页的 URL。

菜单栏：浏览器中可操作的所有命令分类列出。

标签栏：当我们打开多个网页，又不想关闭其他页面时，标签栏罗列出所有页面并显示其标题，只要我们用鼠标单击就可以打开相应的网页，方便我们的操作。

状态栏：用于显示当前浏览器的工作状态。

### 7.3.3 设置浏览器主页

主页是指网页集合的初始网页。一般来说，主页是一个网站中最重要的网页，也是访问最频繁的网页。

在浏览器中设置主页，是指定浏览器启动时默认打开的网站页面。当启动浏览器后，就会自动打开主页，而不必输入主页的网址。设置主页的步骤如下：

(1) 单击“工具 | Internet 选项”命令，出现“Internet 选项”对话框。

(2) 在对话框中，单击“常规”选项卡，在“主页”框中，输入想设为主页的网址，如图 7—15 所示。

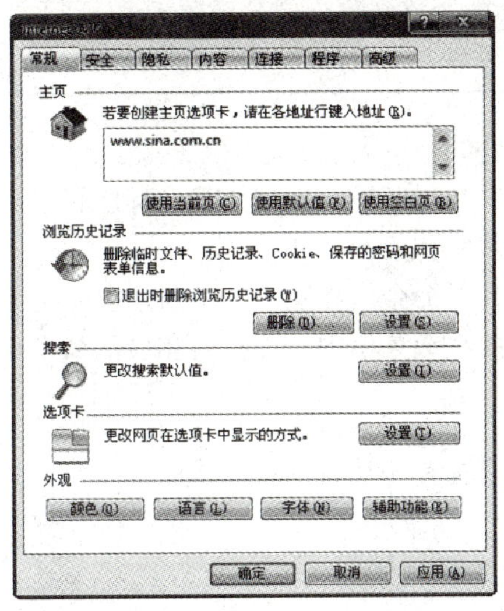


**图 7—15　设置浏览器主页**

### 7.3.4　输入网址

网址是网页地址的简称，即 URL（统一资源定位符，英语 Uniform / Universal Resource Locator 的缩写），用于完整地描述 Internet 上网页和其他资源的地址的一种标识方法。

URL 由三部分组成：协议类型，主机名和路径及文件名。

URL 的一般格式为（带方括号 [] 的为可选项）：协议：//域名或者 IP 地址 [：端口号] /路径/文件名。

为了能够准确的找到我们需要的资源，我们必须在地址栏正确输入 URL。启动 IE，在地址栏输入 URL，如图 7—16 所示。

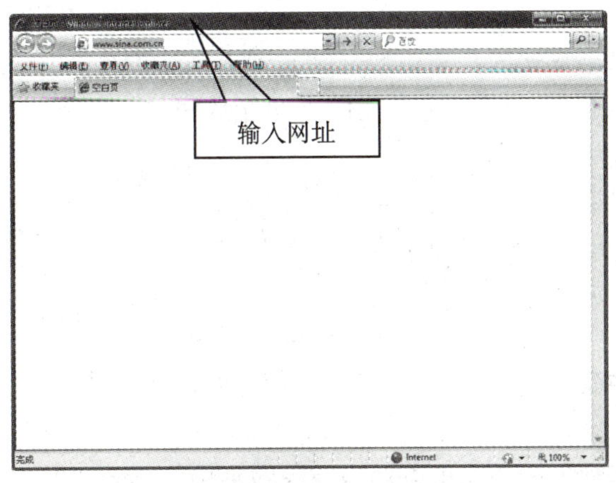


**图 7—16　输入网址**

**提示**：输入的一定是完整的URL，在地址栏中的主机名我们除了可以输入域名也可以输入主机的IP地址；输入的网址使用的协议如果是http协议，我们在输入时可以省略，浏览器会自动补充；主页的文件名如果是index. htm或者default. htm或者default. asp时我们在输入时也可以省略，浏览器会自动选择主页打开；主页如果位于网站根目录下时我们在输入时也可以省略，浏览器会自动在根目录下寻找主页。

### 7.3.5　使用工具栏

工具栏是用于摆放各种工具的区域，也就是我们标题栏下方的区域。工具栏既可以显示也可以隐藏。显示工具栏的步骤如下：

（1）单击“查看｜工具栏”命令，如图7—17所示。

（2）在“工具栏”命令的次级菜单中，选择对相应的命令组进行显示、隐藏等操作，如图7—18所示。

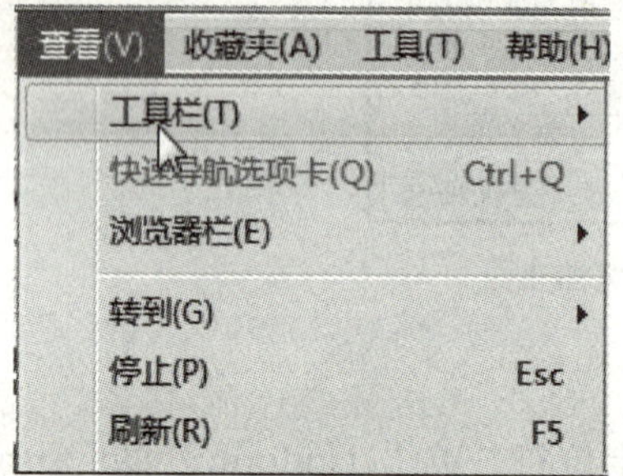


图7—17　工具栏命令

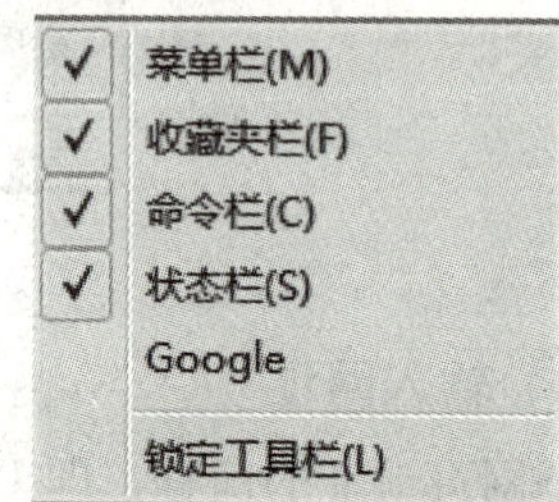


图7—18　工具栏

**提示**：当不想让工具栏在窗口中自由调整时，可以选择“锁定工具栏”命令；当希望在浏览网页时，可以自由调整工具栏窗口的位置时，可以不选择“锁定工具栏”命令。

### 7.3.6　知识拓展

上网的时候，把自己喜欢的、常用的网站放到一个文件夹里，想用的时候可以打开找到，这个文件夹叫做收藏夹。它位于浏览器界面的菜单栏。

1. 收藏夹命令

单击“收藏夹”按钮，出现一个下拉菜单，从中选择相应的命令即可。“收藏夹”菜单命令共分三部分，如图7—19所示。

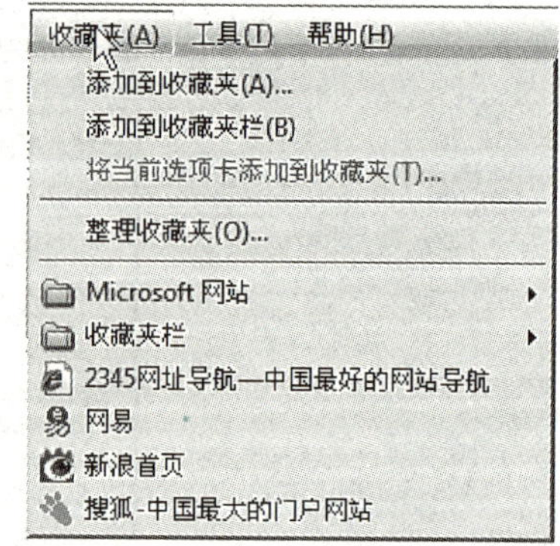


图7—19　收藏夹

（1）最上面是页面收藏命令。我们在浏览网页时遇到喜欢的页面只要使用这些命令就可以把喜欢的页面添加到收藏夹中。

（2）中间是收藏夹管理命令。可以对当前收藏夹中的内容进行整理，做到收藏的页面分类有序存放，方便操作。

（3）最下面是收藏夹中所收藏的内容。当我们要打开收藏夹中的网页时，单击相应的标题即可打开我们收藏的网页。

2. 添加网页到收藏夹中

（1）在地址栏中输入网址，按回车键进入主页。

（2）单击 IE 浏览器中的“收藏夹｜添加到收藏夹”命令。

（3）出现收藏设置提示窗口，设置收藏网页的名称。

（4）单击“创建到”按钮，设置书签所在的分类目录。

（5）单击“确定”完成。这时我们再单击收藏夹命令时添加的页面信息就会在最下面的区域显示。

3. 整理收藏夹

（1）创建分类目录。

①单击浏览器中的“收藏夹｜整理收藏夹”命令，出现“整理收藏夹”对话框，如图 7—20 所示。

②单击“新建文件夹”按钮，默认文件夹名称是“新建文件夹”，并处于文件名修改状态，输入新名称，单击“确定”按钮。

**提示：**如果由于不小心鼠标在其他位置单击，则新文件夹不处于文件名修改状态，我们可以用鼠标右键单击选中文件夹，单击“重命名”按钮，然后进行文件名称的修改；收藏夹的位置在系统文件夹里面，如果计算机系统是 Windows，则收藏夹的存储路径是 C：\windows\favorites。

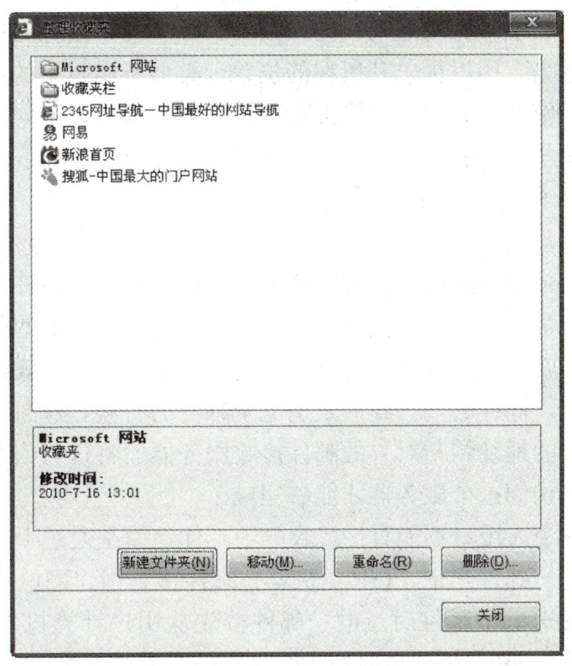


图 7—20　“整理收藏夹”对话框

（2）移动。选定操作目标，按下鼠标左键不松开，并上下移动鼠标到适当位置，松开鼠标即可。(或用鼠标选定操作目标，单击“移至文件夹”按钮，再选择目标位置，单击“确定”按钮。)

(3) 删除。鼠标选定操作目标，单击“删除”按钮。

(4) 导出。可以很方便地将收藏夹导出到计算机上的其他应用程序或文件中，存入一个安全目录。

①整理完收藏夹后，单击“文件 | 导入和导出”命令，出现“导入和导出设置”对话框。

②在对话框中，选择“导出到文件”单选框，单击“下一步”按钮。

③在出现的对话框中，选择“收藏夹”复选框，单击“下一步”按钮。

④在导出收藏夹源文件夹中选择一个目录导出，单击“下一步”按钮。

⑤输入导出的文件夹和文件名，默认的导出文件名为“bookmark. htm”，单击“导出”按钮。

⑥导出完毕，单击“确定”按钮。

## 7.4 收发电子邮件

电子邮件是一种通过网络实现传送和接收信息的现代化通信方式。英文名称 electronic mail，简称 E-mail，昵称为“伊妹儿”。

电子邮件是现代人相互联系的一种主要手段，因此必须掌握电子邮件的使用。

(1) 电子邮件的格式。

电子邮件地址的格式是：user@域名。

第一部分“user”代表用户信箱的账号，类似于实际中的人名，对于同一个邮件接收服务器来说，这个账号（名字）必须是唯一的；第二部分“@”是分隔符；第三部分是用户信箱的邮件接收服务器域名，用以标志其所在的位置，类似于实际中的地址。

为了能够使用电子邮件，必须在网络上有自己的电子邮箱，即向提供电子邮件服务的服务器（ISP 主机）申请自己的账号。这个账号就是申请人在互联网上的名字；这个服务器（ISP 主机）就是申请人的电子邮局。

(2) 电子邮件的原理。

电子邮件在 Internet 上发送和接收的原理可以很形象地用我们日常生活中邮寄包裹来形容：当我们要寄一个包裹的时候，我们首先要找到一个有这项业务的邮局，在填写完收件人姓名、地址等之后包裹就寄出了。到了收件人所在地的邮局，那么收件人取包裹的时候就必须去这个邮局才能取出。同样的，当我们发送电子邮件的时候，这封邮件是由邮件发送服务器发出，并根据收信人的地址判断对方的邮件接收服务器而将这封信发送到该服务器上，收信人要收取邮件也只能访问这个服务器才能够完成。

通常 Internet 上的个人用户不能直接接收电子邮件，而是通过 ISP 主机负责电子邮件的接收。一旦有用户的电子邮件到来，ISP 主机就将邮件移到用户的电子信箱内，并通知用户有新邮件。因此，当发送电子邮件时，电子邮件首先从用户计算机发送到 ISP 主机，再到 Internet，再到收件人的 ISP 主机，最后到达收件人的个人计算机。

### 7.4.1 申请免费 163 邮箱

(1) 启动 IE，在地址栏输入“www. 163. com”并按回车键，这时看到“网易”的首页，如图 7—21 所示。

图 7—21　“网易”的首页

（2）单击工具栏下方的“注册免费邮箱”按钮，出现“注册新用户”窗口，如图 7—22 所示。

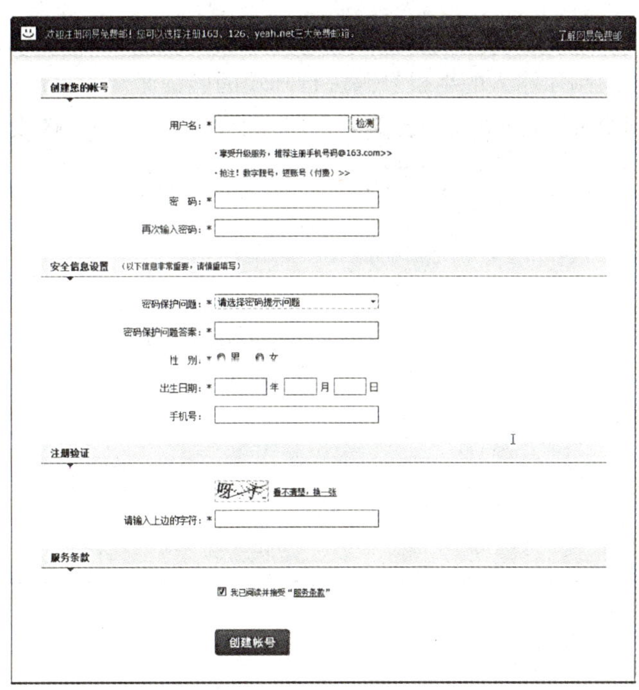


图 7—22　注册新用户

（3）在相应的位置输入个人信息，确认无误后单击“创建账号”按钮，进入注册成功的页面，如图 7—23 所示。

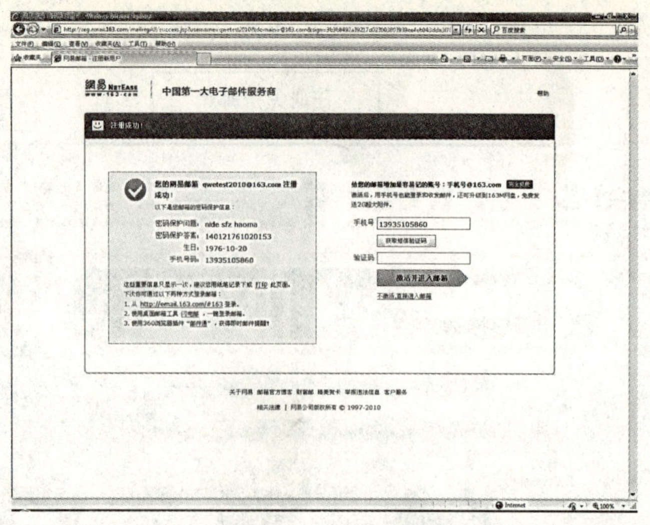


图 7—23　注册成功

**提示：**有些内容前面有一个红色的“*”，表示该项内容为必填项，如果不填写，系统不受理新账号注册。由于现阶段网络欺骗事件屡屡发生，所以在网络中的一些个人重要信息应尽量保密。系统同时在 163、126 等几个系统中进行个人账号唯一性的检测，如果有重名，系统会提示重新选择，直到个人账号在某一个系统中是唯一的才能检测通过。

（4）这时可以使用刚才输入的手机号码进行邮箱的验证激活，也可以直接选择“不激活直接进入邮箱”，这时我们看到欢迎信息如图 7—24 所示，邮箱便申请成功。

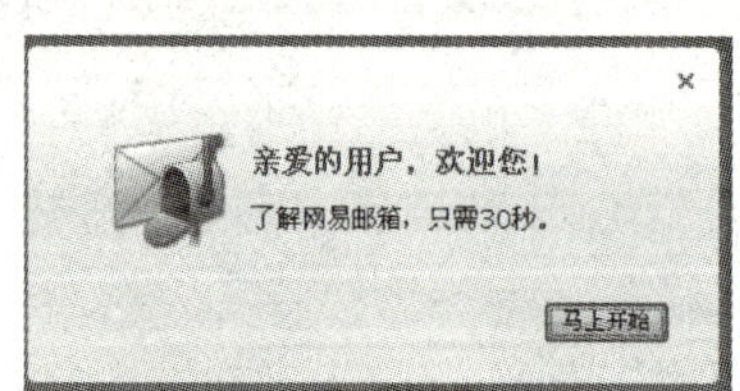


图 7—24　欢迎信息

**提示：**163 邮箱在初次申请以后会进入邮箱特色功能介绍环节，只要了解了每一项特色功能以后单击“下一步”就可以了。

### 7.4.2　进入 163 邮箱

进入 163 免费邮箱有多种方法：

（1）打开浏览器，在地址栏输入“http：//mail.163.com”。

（2）在导航主页的顶部都有进入邮件的导航区，输入邮件的地址和密码后，单击“登录”按钮即可，如图 7—25 所示。

（3）在 163 主页，进入 163 邮箱。操作步骤如下：

①启动 IE，在地址栏输入“www.163.com”并按回车键，这时看到网易的首页。

图 7—25　邮件导航区

②在页面最上方，工具栏的下方“账号”和“密码”的位置输入邮箱账号和密码，单击“登录”按钮直接进入邮箱，如图 7—26 所示。

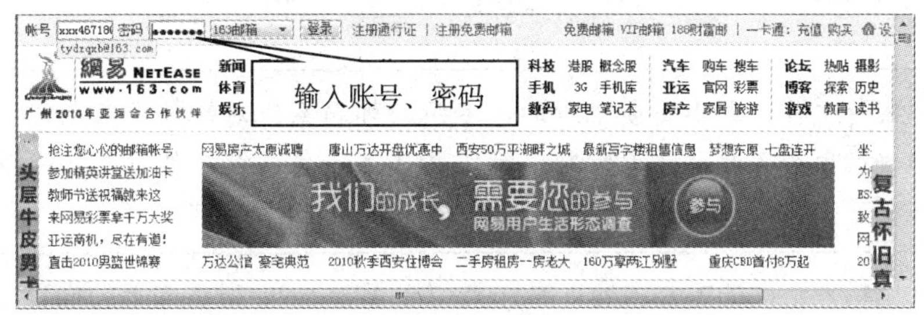


图 7—26　输入邮箱账号和密码

### 7.4.3　邮箱界面的组成

登录邮箱后，看到如图 7—27 所示的界面。

图 7—27　邮箱界面

最上方是邮箱的设置等按钮以及打开其他页面的链接。

左侧是邮件管理按钮区域。我们要进行某个操作，只要单击相应的按钮即可。

右侧是邮箱操作区域。在选择了某个操作以后，这里会显示详细的操作内容。

### 7.4.4　撰写邮件

进入电子免费邮箱后就可撰写邮件。在编辑区域，可以像在 Word 中一样输入文字，而且可对信件进行编辑，设置字体、字号、对齐、数字列表、插入图片、插入超链接以及改变信纸的样式等。

收件人：在收件人的位置输入收件人的邮箱地址（注意不是账号而是完整的邮箱名称）。

主题：在主题位置输入邮件的主题。主题是邮件主要内容的体现，方便收件人对邮件有个大致了解。

**提示：**主题往往使用自己的名字和邮件的主要内容作为主题出现；现在网络中有很多病毒会通过邮件的形式进行传播，不认识的人的邮件尽量不要打开阅读，直接删除，以免带来危险。

添加附件：除了信件之外还要给收件人发送其他类型的文件可以使用"添加附件"。

**提示：**附件文件的大小是受限制的，不同的邮箱系统对附件的限制不一样，我们必须保证附件的大小不超过最大限制；附件也往往使用压缩工具打包压缩以后整体进行发送，这样可以减小附件的大小也方便收件人对附件进行处理。

内容：这里输入信件的主要内容，操作类似于 Windows 记事本上的操作。上方是一些可以对邮件内容进行简单设置的按钮，可以根据自己的需要进行必要的设置。

黑色的按钮：是邮件的操作按钮，包括发送、预览等。

右侧是通讯录和信纸选项：通讯录中可以保存邮箱，写信时可以直接使用，免去了输入邮箱的过程；信纸中可以选择一种自己喜欢的信纸样式，增加邮件的艺术效果。

1. 改变信纸样式

单击"信纸"按钮，在右侧出现信纸样式，选择其中一种样式（例如，生日快乐），这时，编辑区样式发生改变，如图 7—28 所示。

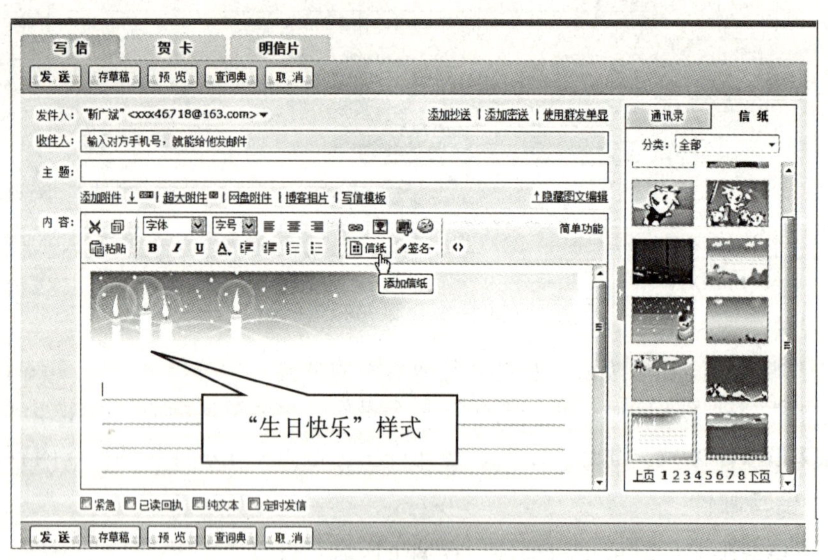


图 7—28　改变信纸样式

2. 插入超链接

(1) 写邮件时，选中要做超链接的文字，单击超链接按钮"🔗"，如图 7—29 所示，出现"超链接"对话框。

(2) 在对话框中输入完整网址，如图 7—30 所示。

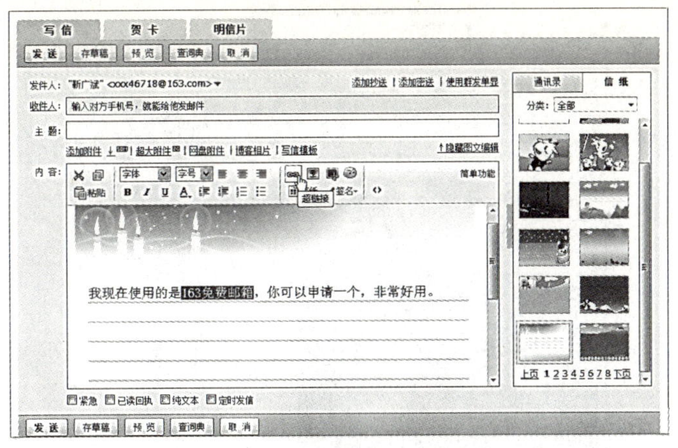


图 7—29　选定文字做超链接

3. 插入图片

163 免费邮箱是一种图文混排的邮箱，也可以在邮箱中插入图片，操作步骤如下：

(1) 单击添加图片按钮“ ”，打开“添加图片”对话框。

(2) 在对话框中，如果是本地图片，选择“我的电脑”单选框，否则选择“网址(URL)”。这里选择“我的电脑”单选框。

(3) 单击“浏览”按钮，找到要插入的图片。

**注意**：插入图片，需要安装“邮箱插件”。如果未安装，会出现“邮箱插件提示”对话框，如图 7—31 所示。单击“安装”按钮，按安装提示进行安装。

(4) 单击“打开”按钮，回到“添加图片”对话框。

(5) 在对话框中，单击“确定”按钮，图片插入到编辑区，如图 7—32 所示。

图 7—30　输入网址

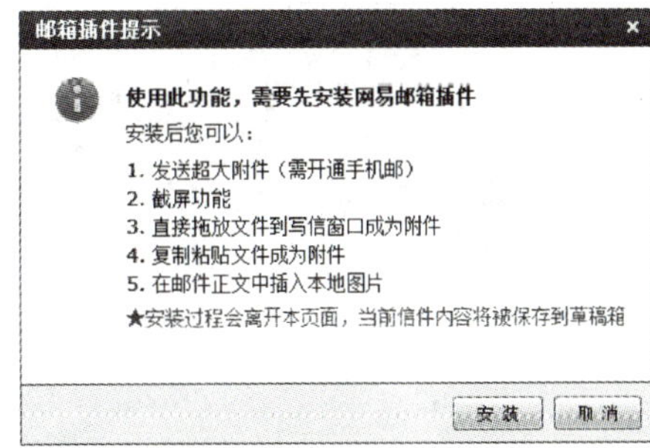


图 7—31　“邮箱插件提示”对话框

### 7.4.5　发送邮件

邮件撰写完毕，就可以发送邮件。操作步骤如下：

(1) 在“收件人”一栏中填入收信人的 E-mail 地址，如果是多个地址，在地址间请用“,”隔开，或者单击右边“通讯录”中一位或多位联系人，选中的联系人地址将会自动填写在“收件人”一栏中。

(2) 若想抄送信件，请单击“添加抄送”，将会出现抄送地址栏。抄送就是将信同时也发给收信人以外的人。如果填写抄送人的 E-mail 地址是多个地址，在地址间请用“,”隔开，也可多次单击右边的“通讯录”选择多个收件人。抄送时，收件人知道所发送的这封信

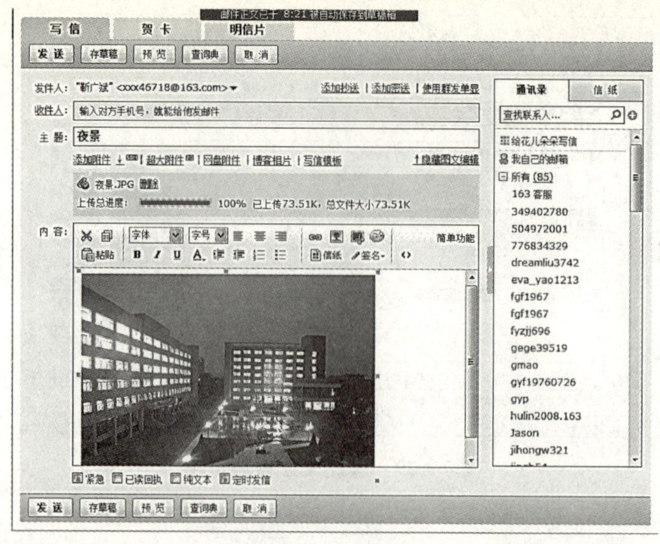

图 7—32　插入图片

抄送给其他人。

(3)“主题”一栏中填入邮件的主题。

(4) 如果需要随信附上文件或者图片，请单击“添加附件”，出现“选择要上载的文件”对话框。在出现的对话框中，选择你要添加的附件，单击“打开”按钮。也可单击“删除”按钮，删掉不要的附件。若要添加多个附件，请重复单击“添加附件”进行添加，如图7—33所示。

(5) 单击“发送”按钮，开始发送。如果选择了附件，在发送的同时，上传的附件也跟随信件正文一起发送。

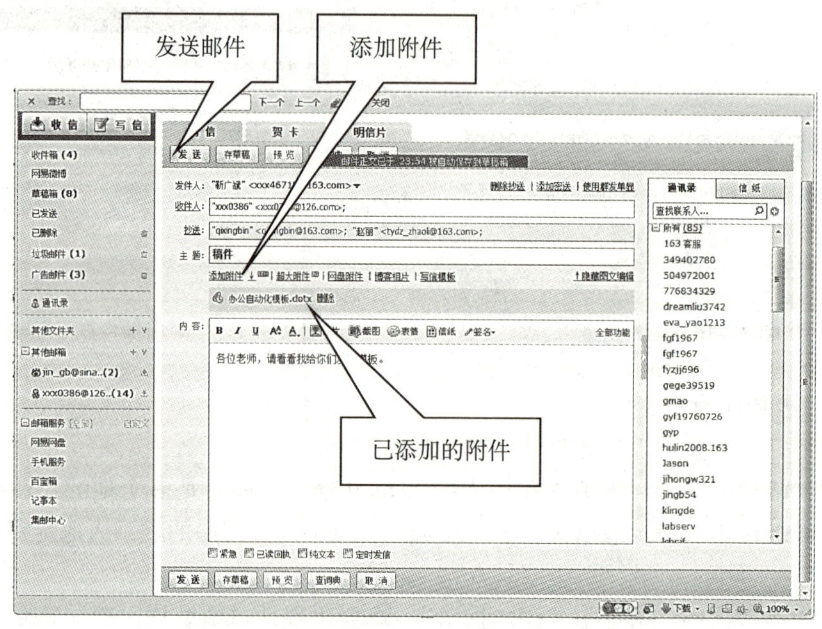


图 7—33　发送邮件

### 7.4.6 接收邮件

1. 接收本地邮箱中的邮件

进入“163 电子免费邮箱”，即可接收邮件。操作步骤如下：

(1) 单击“收信”按钮，即可看到收到信件。新邮件是深黑色的，已看过的邮件是浅黑色的，如图 7—34 所示。

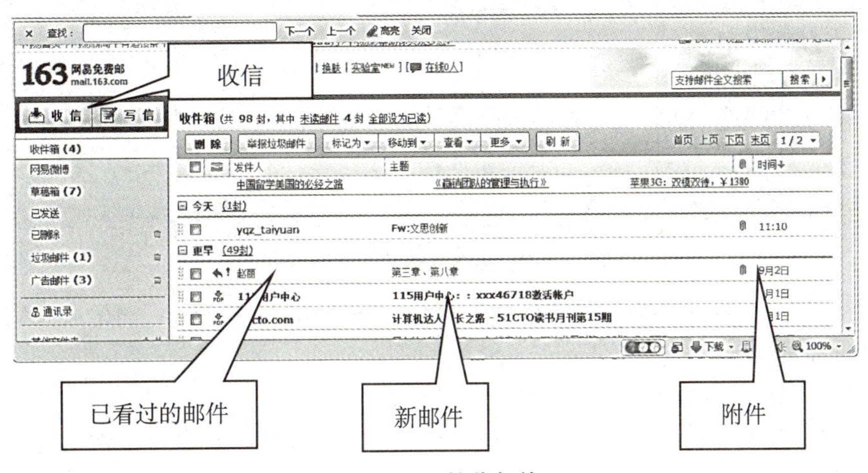


**图 7—34 接收邮件**

(2) 如果有附件，单击“曲别针 (附件)”，附件出现在打开邮件的底部。

(3) 选定附件，单击鼠标右键，在快捷菜单中，选择“目标另存为”命令，如图 7—35 所示。这时，出现“目标另存为”对话框。

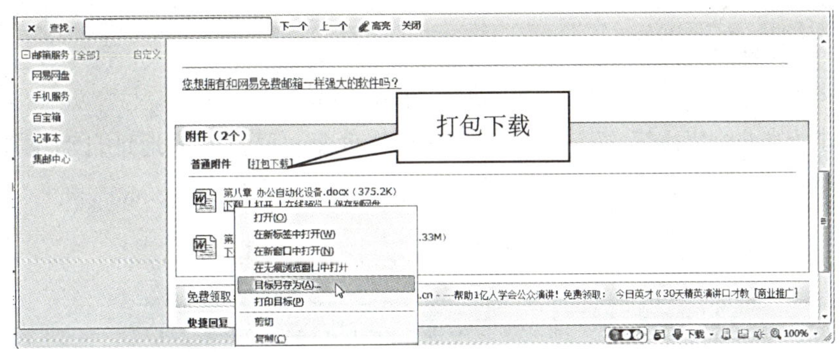


**图 7—35 下载附件**

(4) 在对话框中，确定保存附件的位置和文件名，单击“保存”按钮。

**提示：** 如果要下载全部附件，可以直接单击“打包下载”。

实际使用邮箱的时候，往往会单击“写信”下方的“收件箱”，直接查看邮箱中收到的邮件，只有需要查看登录邮箱以后的几分钟内有没有收到新邮件时，才使用邮箱的收信功能。

2. 接收其他邮箱中的邮件

163 免费邮箱，不但可以接收本地邮箱中的邮件，而且还可以接收其他邮箱中的邮件，操作步骤如下：

（1）单击左侧“其他邮箱”的“+”，打开“新建搬家邮箱”窗口，如图 7—36 所示。

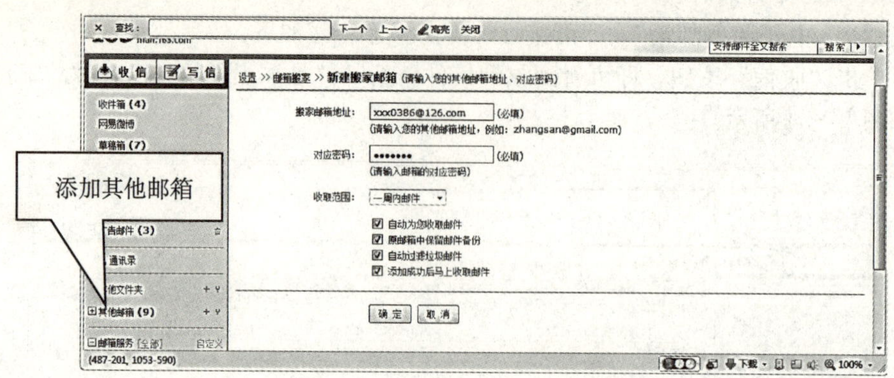


图 7—36　接收其他邮箱中的邮件

（2）在窗口中，输入“搬家邮箱地址”，如：xxx0386@126.com，再输入邮箱密码。

（3）选择邮箱的收取范围。

（4）单击“确定”按钮，出现“邮箱添加成功”信息。

（5）单击“其他邮箱”下的“xxx0386@126.com”邮箱，现在可以像本地邮箱一样接收和发送邮件了。

3. 删除其他邮箱

（1）单击右侧“其他邮箱”的“∨”，打开“邮箱搬家”窗口。

（2）在窗口中，单击要删除邮箱右侧的“删除”操作，即可以将邮箱删除。

**注意：**要删除的邮箱在接收邮件时，是不能删除的。

### 7.4.7　回复邮件

看完信件后，如果想马上回信，可按如下步骤进行：

（1）单击上方的“回复”按钮，打开回复邮件页面，原发件人地址自动添加到收件人，如图 7—37 所示。

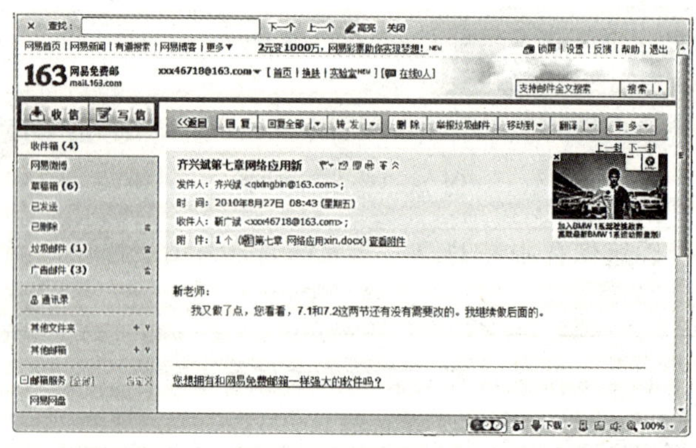


图 7—37　回复邮件

（2）编辑信的内容，如果有附件，单击“添加附件”按钮。

（3）单击“发送”按钮，如图 7—38 所示，即可完成回复。

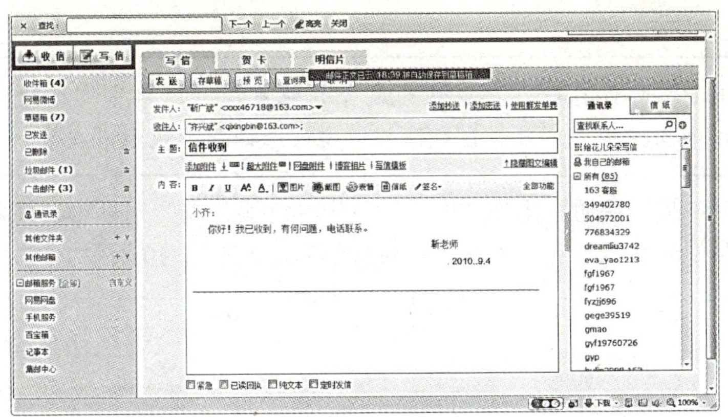


图 7—38　发送邮件

**提示：**如果在回信中要说的事情与来信内容无关则建议删去这部分文字，主题当然也需要修改。

### 7.4.8　知识拓展

Foxmail 是一个中文版电子邮件客户端软件，支持全部的 Internet 电子邮件功能。使用客户端软件收发邮件，登录时不用进入网站页面，速度更快。使用客户端软件收到的和曾经发送过的邮件都保存在自己的计算机中，不用上网就可以对旧邮件进行阅读和管理。由于 Foxmail 有很多优点，它已经成为了人们工作和生活上进行交流必不可少的工具。

1. Foxmail 软件的配置

（1）下载并安装 Foxmail 软件。

（2）在桌面上双击“Foxmail”图标，启动 Foxmail 程序，出现“向导—建立新的用户账号”对话框。

（3）输入“电子邮件地址”和“密码”，在“账户名称”输入栏中，输入用户姓名或代号信息，用于区别同一台机器上的 Foxmail 的其他信箱账户。“邮件中采用的名称”是发给别人邮件的落款名字。“邮箱路径”是用来设置修改账户邮件的存储路径，一般选择默认路径。这样该账户的邮件将会存储在 Foxmail 所在目录的 mail 文件夹下，以用户名命名的文件夹中，如图 7—39 所示。

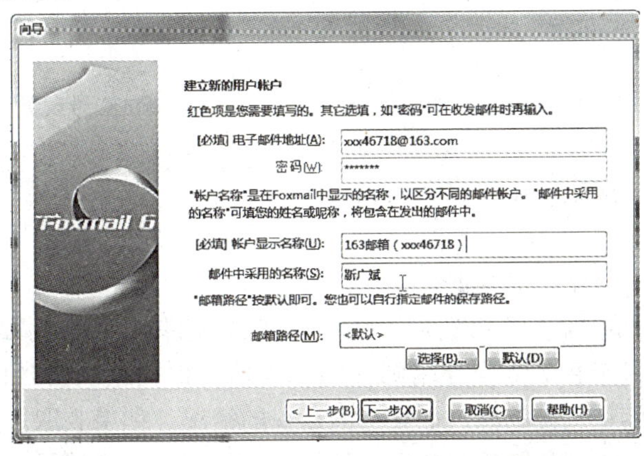


图 7—39　“向导”对话框—建立新的用户账号

**提示：** 如果要将邮件存储在自己认为适合的位置，可以单击“选择”按钮，在出现的目录树窗口中选择某个目录。在对话框中建议选择非系统盘来安装。

(4) 单击“下一步”按钮，出现“向导—指定邮件服务器”对话框。在对话框中，系统自动添加“接收邮件服务器”和“发送邮件服务器”，如图 7—40 所示。

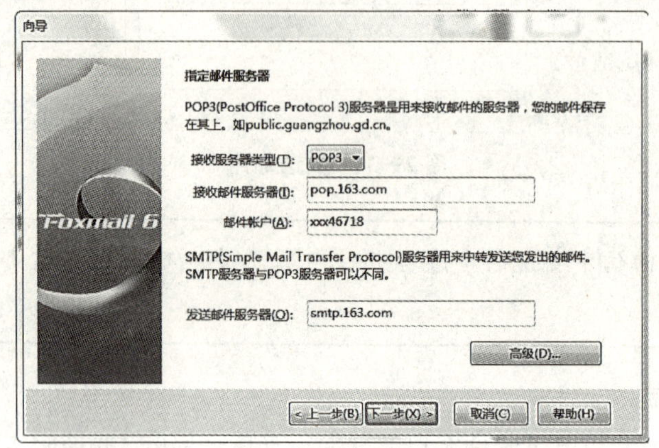


**图 7—40 “向导”对话框—指定邮件服务器**

**注意：** 如果使用校园网信箱，需要自己填写学校的 POP3 服务器地址和 smtp 服务器的地址。

(5) 单击“下一步”按钮，出现“向导—账号建立完成”对话框，单击“测试账户设置”按钮，对账户进行测试，测试成功，单击“关闭”按钮，回到对话框，如图 7—41 所示。

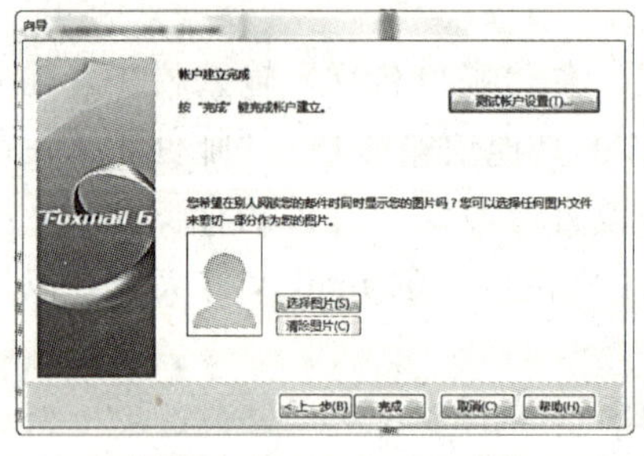

(a)“向导”对话框—账户建立完成 (b)“测试账号设置”对话框

**图 7—41**

(6) 单击“完成”按钮，账户建立完成。

2. 接收邮件

(1) 启动 Foxmail 程序，出现 Foxmail 界面。

(2) 单击工具栏上的“收取”按钮，将弹出一个收取邮件对话框，收取当前邮箱账户的邮件。

(3) 收取完毕，程序右下方会浮出邮件的接收信息框，默认会告诉您收到了多少个邮件，以及其中正常邮件和垃圾邮件（如果有的话）的情况。如果收取失败，将提示收信失败的原因。默认情况下，收到的邮件将放在收件箱中，如图 7—42 所示。

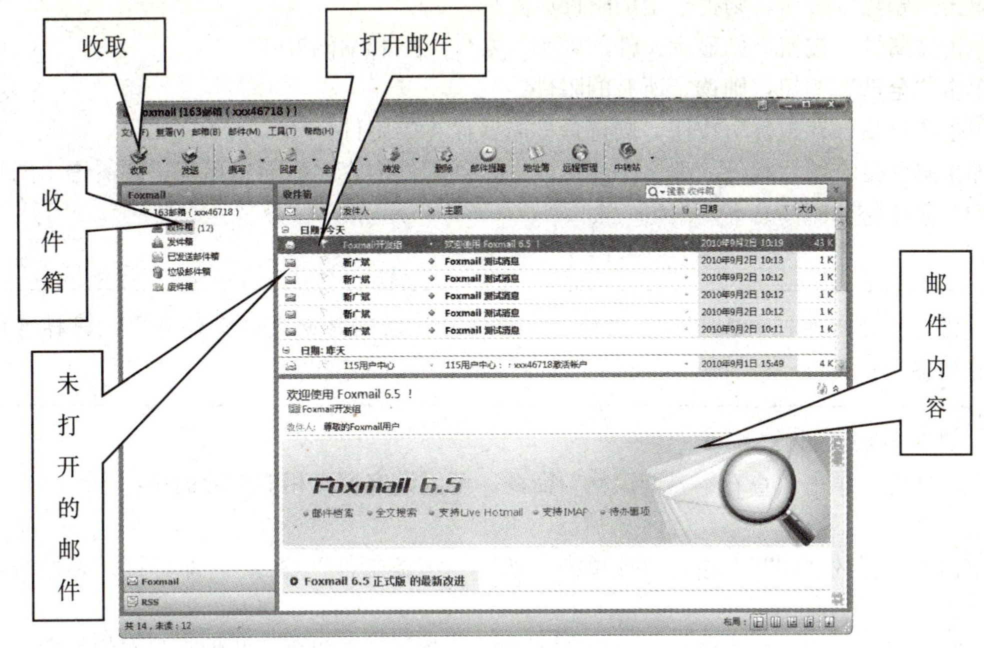


图 7—42　收取邮件

3. 阅读邮件

（1）普通邮件。邮件收取结束后，单击账户下的“收件箱”即可看到邮件。还未阅读的邮件前有一个未拆开的信封标识的图标。单击一个邮件，邮件的内容即显示在“邮件预览框”。双击邮件，将打开新的邮件阅读窗口，便于阅读内容较多的邮件。

（2）带附件的邮件。如果邮件包含了附件，窗口上将会自动显示出附件的文件图标和名称。双击“附件”的图标，在“邮件预览框”显示信件的内容，如图 7—43 所示。

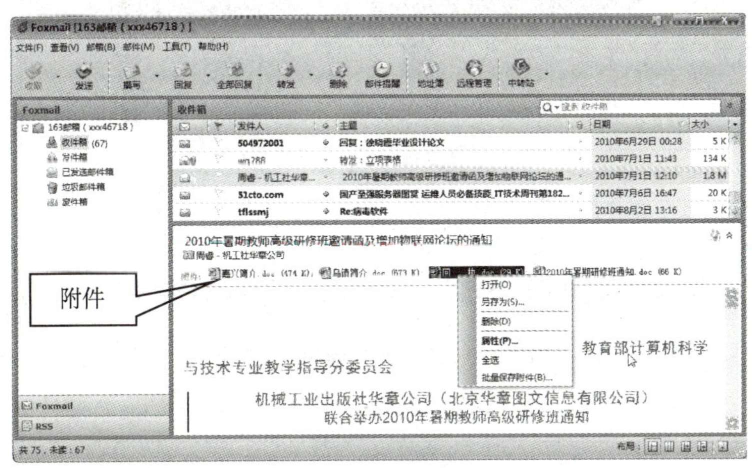


图 7—43　附件邮件

在“附件”的文件上，单击鼠标右键，在快捷菜单中选择相应的命令。快捷菜单中，包括：“打开”、“另存为”、“删除”、“属性”、“全选”和“批量保存附件”六个按钮。

单击“打开”按钮，则打开附件文件。

单击“另存为”按钮，则把附件保存到指定路径位置。

单击“删除”按钮，则把选定的附件删除掉。

单击“属性”按钮，则显示文件的大小、文件类型和编码方式。

单击“全选”按钮，则选定所有的附件。

单击“批量保存附件”按钮，则选择你需要保存的附件。

如果邮件带有图片附件，那么图片可以嵌入到邮件内容之后显示出来，无需逐个图片打开观看，方便您的阅读。

**提示：**在附件栏中选中附件图标，然后将其拖动到桌面或者文件夹中，同样可以保存附件。

4. 选择界面风格

写邮件时，单击“查看｜界面风格”命令，可以设定窗口相应部分的显示。

5. 撰写邮件

单击工具栏的“撰写”按钮（或单击“邮件｜写新邮件”命令），即可打开邮件编辑器撰写邮件。

（1）选择编辑状态。在菜单栏，单击“选项”命令，它包含一些编辑状态的选项。

（2）邮件头信息的填写。邮件头信息包括：收件人、抄送、主题、暗送、发件人和回复。默认只显示前三项，如图 7—44 所示。要显示其他项，单击工具栏中的“选项｜邮件头信息”命令。

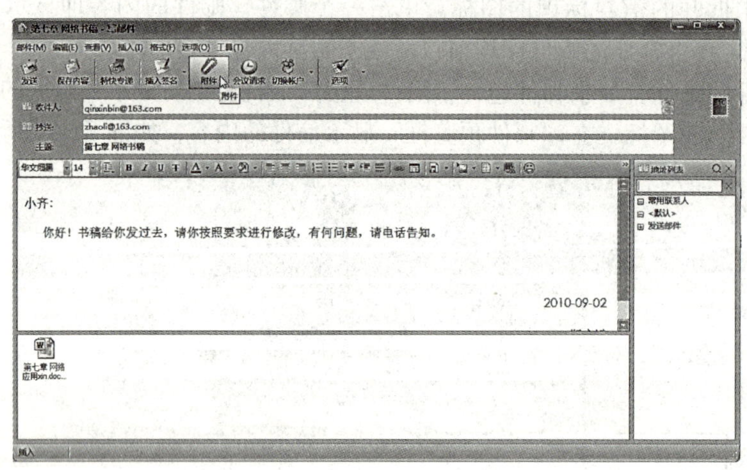


**图 7—44 填写邮件头和添加附件**

**提示：**主题也可以不填写。

（3）添加附件。编写邮件时，可能由于邮件有特殊的格式，或者内容过多，可以利用附件的功能。

附件是随邮件一同寄出的文件，文件的格式不受限制，这样电子邮件不仅仅能够传送纯文本文件，而且还能传送包括图像、声音以及可执行程序等各种文件。附件发送功能大大地扩展了电子邮件的用途。

单击工具条上的附件按钮“ ”，选择需要添加的“附件”文件。“附件”文件可以同时选择多个，选取完毕以后，单击“打开”按钮，完成添加附件的操作。

**提示：** 可以通过拖放文件的方式添加附件。选中将要作为附件的一个或多个文件，用鼠标把文件拖动到写邮件窗口的主题栏上，放开鼠标，文件就显示在写邮件窗口的附件栏中了。如果需要把一个目录下的所有文件和子目录作为附件发送，可以通过使用 WinZip 等压缩软件把该目录压缩成一个文件，再把压缩文件添加为附件。

6. 发送邮件

写好邮件后，单击工具栏的“发送”按钮，或单击“特快专递”按钮，即可发送邮件。

立即发送：邮件保存在发件箱中，并立即发送出去。即使发送失败也不必担心，因为邮件已经保存在发件箱中了。

特快专递：普通的邮件发送是通过您的邮箱所属的 SMTP 邮件服务器进行投递的，而特快专递精简了投递过程，无需通过发送邮件服务器来投递，而是直接找到收件人邮箱所在的服务器，直接把邮件送到对方的邮箱中，避免邮件通过服务器中转所造成的延迟。这样，当邮件发送完毕后，对方就可以立刻收到邮件了。

7. 保存内容

保存当前正在撰写的邮件内容。如果一个邮件还没有写完被迫中断，就可以保存内容。保存内容后，保存为草稿的邮件放在发件箱中，用鼠标双击它可以重新打开，继续编辑。

8. 回复、转发、再次发送邮件

选中目标邮件后，单击“邮件”菜单（或单击工具栏的按钮、或单击鼠标右键），在快捷菜单中选择相应的操作。

（1）回复。给发件人写回信时，弹出的邮件编辑器窗口中，“收件人”将自动填入邮件的回复地址，默认编辑窗口中包含了原邮件内容（如果不需要，可以将其删除）。邮件写完后，像撰写新邮件时一样，选取发送的方式即可。

（2）全部回复给所有人。当来信不仅仅发给一个人的时候，使用这个功能将不仅仅回复给发件人一个人，同时也发送给原始邮件中除自己之外所有的收件人、抄送人。

（3）转发。将邮件转发给其他人时，弹出邮件编辑器窗口，将包含了原邮件的内容，如果原邮件带有附件的话，也会自动附上，这时可以编辑修改邮件的内容。在“收件人”中填入要转发到的邮件地址再选取发送的方式即可。

（4）再次发送。重新发送一个已发送过的邮件，可以针对原先已经发送过的邮件（一般可以在已发送邮件箱里找到它）再进行编辑，对内容或地址做出修改后再作为一封新的邮件重新发送。

9. 新建账户

单击“邮箱｜新建邮箱账户”命令，Foxmail 账户向导将帮助我们新建立一个账户，具体操作步骤和 Foxmail 软件配置相同。

10. 账户更名

选择需要更名的账户，单击“邮箱｜更名”命令，这时账户的名称变为可编辑状态。输入新的名称，按回车键即完成账户的更名。

**注意：**这里的改名只是改变账户显示的名称，账户的实际名称不变。

11. 删除账户

选择需要删除的账户，单击“邮箱 | 删除”命令，系统会询问是否确实要删除此账户。账户被删除后，该账户中的邮件仍然保存在邮件目录中，必要时可以恢复。

12. 账户加密

选择需要设置口令的账户，单击“邮箱 | 设置邮箱账户访问口令”命令，出现“口令输入”对话框，在“口令”和“确认”栏输入相同的口令，单击“确认”按钮即可。

被加密的账户前面将会有一把锁“ ”作为标记，表示此账户已经加密。双击该账户，或者使用该账户收发邮件，将出现一个口令对话框，输入正确的口令方可继续执行。

要清除加密账户的密码，只需双击账户，输入正确的口令，然后单击“邮箱 | 设置邮箱账户访问口令”命令，在弹出的对话框中不填写任何口令，直接单击“确定”按钮即可。

## 本章小结

本章主要介绍了计算机网络的一些基本概念，ADSL 接入互联网、局域网共享接入互联网的方法和步骤，Internet Explorer 8.0 浏览器的使用，免费 163 邮箱的申请，使用 163 邮箱和 Foxmail 收发邮件等。通过本章的学习，学生对网络知识有个基本的了解，在以后的工作中，能够运用网络进行邮件的发送和接收。

## 习 题 7

1. 问答题

(1) 什么是网络?

(2) 网络的分类有哪些?

(3) 什么是网络协议?

(4) 什么是域名? 什么是域名系统?

(5) 交换机和集线器的区别是什么?

(6) 路由器的功能是什么?

(7) Internet 的接入方式有哪些?

(8) Internet 主要提供哪些服务?

(9) WWW 是什么? 其主要作用是什么?

(10) 什么是 ISP?

2. 选择题

(1) Internet 的前身是（　　）。

A. Intranet　　B. Ethernet　　C. ARPAnet　　D. Cernet

(2) Internet 的核心协议是（　　）。

A. ISP/SPX　　B. X. 25　　C. UDP　　D. TCP/IP

(3) 下面关于 IP 地址和物理地址的叙述正确的是（　　）。

A. 在网络中硬件地址又称为物理地址或 MAC 地址

B. IP 地址在计算机里面是十进制的数字表示的

C. 物理地址就是 IP 地址

D. 物理地址和 IP 地址不一样，但它也和 IP 地址一样在网络中使用

(4) 下面协议中用于 WWW 传输控制的协议是（　　）。

A. URL　　B. http　　C. FTP　　D. SMTP

(5) Internet 服务提供者的英文简写是（　　）。

A. ISP　　B. DSS　　C. NII　　D. IIS

(6) 一座大楼内的计算机网络属于（　　）。

A. PAN　　B. LAN　　C. WAN　　D. MAN

(7) 将一个局域网接入 Internet，首选设备是（　　）。

A. 路由器　　B. 交换机　　C. 集线器　　D. 中继器

(8) 某一速率为 100M 的交换机有 20 个端口，则每个端口的传输速率为（　　）。

A. 2 000M　　B. 10M　　C. 5M　　D. 100M

(9) 对于主机域名 aa. bb. edu. cn 来说，其中（　　）表示主机名。

A. aa　　B. bb　　C. edu　　D. cn

(10) 目前实际存在与使用的广域网基本都采用（　　）。

A. 总线型拓扑　　B. 网状拓扑　　C. 环型拓扑　　D. 星型拓扑

3. 填空题

(1) 要连接 Internet 主要完成两件事：________和________。

(2) 计算机相互交流所用的语言我们称为网络协议，网络协议在互联网中也有很多种________、________和________等。

(3) ADSL 使用________软件来拨号上网。

(4) 域名服务是运行域名系统的 Internet 工具，执行域名服务的服务器称之为________，通过________来应答域名服务的查询。

(5) 浏览器是用来________、________、________等的程序。

(6) 电子邮件地址的格式是：________________。

(7) 通常 Internet 上的个人用户不能直接接收电子邮件，而是通过________负责电子邮件的接收。

(8) 收藏夹的位置在系统文件夹里面，如果计算机系统是 Windows，则收藏夹的存储路径是________________。

(9) 接收到的邮件中，如果是已看过的邮件是________颜色，未看过的邮件是________颜色。

# 第 8 章　常用办公自动化设备

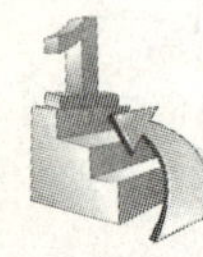

## 本章重点

- 常用的办公设备种类
- 设备的使用方法

## 教学目标

随着计算机和通信技术的飞速发展，现代办公自动化设备越来越多，而且档次越来越高。通过本章的学习，学生可以了解常用办公设备的种类、使用方法、日常维护等内容。

随着计算机和通信技术的飞速发展，现代办公自动化设备越来越多，而且档次越来越高，作为一名办公室的工作人员，每天都要使用到大量的办公设备（见图 8—1），因此，掌握基本的办公设备使用常识是很必要的。

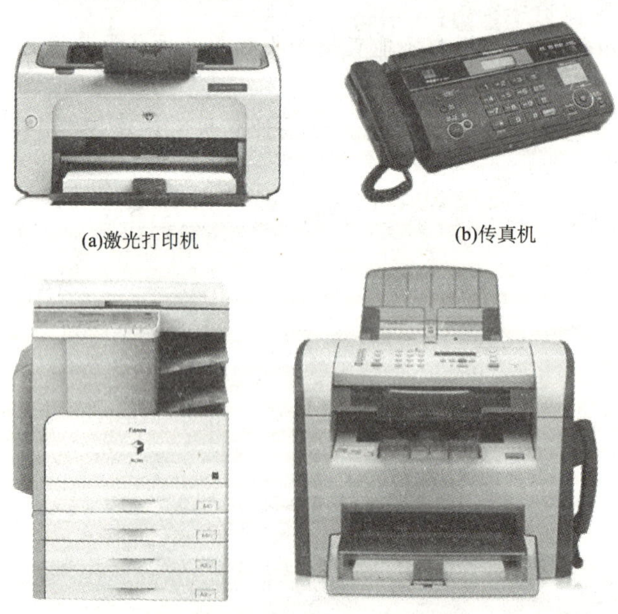

(a)激光打印机　(b)传真机

(c)复印机　(d)一体机

**图 8—1　常用办公自动化设备**

## 8.1 激光打印机

从打印机原理上来说，市面上较常见的打印机大致分为喷墨打印机、激光打印机和针式打印机。与其他类型的打印机相比，激光打印机有着较为显著的几个优点，包括打印速度快、打印品质好、工作噪声小等。而且随着价格的不断下调，现在已经广泛应用于办公自动化（OA）和各种计算机辅助设计（CAD）系统领域。

### 8.1.1 激光打印机简介

1. 激光打印机的种类

激光打印机又可以分为黑白激光打印机和彩色激光打印机两大类。由于针式打印机从商务办公领域的淡出，黑白激光打印机以精美的打印质量、低廉的打印成本、优异的工作效率，逐渐成为当今办公打印市场的主流。

从应用角度来看激光打印机又大体分为个人家用激光打印机、中小企业激光打印机和高端商用激光打印机。个人家用激光打印机侧重于价格低廉，对输出质量没有过高要求；中小企业激光打印机侧重于打印质量；高端商用激光打印机侧重于输出速度和输出质量。

彩色激光打印机一般面对专业领域，主要是因为打印机的整机和耗材价格较高，但其打印色彩表现逼真、安全稳定、打印速度快、寿命长，而且随着科技的发展，成本会越来越低，相信将来会有更多的个人和企业用户选择彩色激光打印机。

2. 激光打印机的主要厂家

随着打印机的发展，国内激光打印机市场的主要厂家有：惠普（HP）、爱普生（EPSON）、佳能（CANON）、利盟（LEXMARK）、柯尼卡美能达（MINOLTA）、富士施乐（XEROX）、联想（LENOVO）、方正（FOUNDER）等。

### 8.1.2 选购黑白激光打印机

黑白激光打印机一般应用于打印非彩色图像文字、文件、报表等，特点是速度快、质量好、价格便宜、成本低。选购黑白激光打印机应考虑如下几个方面。

1. 品牌

品牌是产品质量、服务、可靠性及性能的综合体现。选对了品牌就意味着成功了一半，知名的品牌都是历经多年努力，质量有保证，在各个方面都达到了较高的水平。

2. 服务

服务的好坏直接影响客户的使用和生产效率。好的售前服务方便客户购买，好的售中服务方便客户使用，好的售后服务方便客户维护。

3. 打印分辨率

激光打印机的打印质量是用 DPI（Dots Per Inch）来衡量，即每英寸上有几个点。DPI 的值越大，说明打印的效果越好，打印的图像越细致，当然价格也越高。现在的激光打印机一般为 600DPI、1200DPI。

4. 打印速度

反映激光打印机的速度参数是 PPM（Page Per Minute），即每分钟打印的页数。PPM 值越大，说明打印机打印速度越快，当然价格也越高。

5. 打印接口

所谓打印接口，是 PC 将需要打印的文件或图像经过处理，转换成打印机能够接收的格式，通过电缆传送打印机，打印机打印出图像。打印机目前主要有两种接口，并行接口和USB接口，目前使用最多的是USB接口。

6. 纸张大小

现在窄行激光打印机可以打印A4、B5型复印纸大小的文稿，而宽行激光打印机可以打印A3、B4型复印纸大小的文稿。如果你需要打印机较宽的图像，表格的话，就需要购买A3的激光打印机。对于一般办公室和家庭使用，购买A4激光打印机已能满足需要。

### 8.1.3 激光打印机的使用

正确使用激光打印机，对提高打印机使用寿命和减少故障是必要的。因此在使用中需要注意以下问题。

1. 注意打印介质

由于激光打印机的工作过程不同于针式打印机，所以激光打印机不能打印蜡纸。另外，激光打印机用纸必须干燥，不能有静电，否则易卡纸或导致打印的文件发黑。

2. 正确安放激光打印机

激光打印机尽量不要安放在不通风的房间中，同时注意不要让打印机的排气口直接吹向用户，如果条件许可，最好让打印机的排气口对准室外。这是因为激光打印机在打印过程中会产生臭氧，每打印5万张就必须更换臭氧过滤器，通过激光打印机自检样张可以看出该机已打印过多少张。将激光打印机放在拥挤的环境中、房间的通风不佳、打印机排气口正对操作人员的脸部、臭氧过滤器使用过久等都会使打印机在打印过程中所产生的臭氧对人体产生危害，此时必须改进打印机的工作环境，并及时更换臭氧过滤器。此外，也不要将打印机放在阳光直射、过热、潮湿或有灰尘的地方。

3. 保护好感光鼓

感光鼓在工作时应保持相对湿度在20%～80%，温度在10～32.5℃，避免阳光直射，尽量做到恒温恒湿。感光鼓在未拆封时使用有效期为两年半，拆封后的有效期为6个月，鼓盒上印有有效期，一定要在有效期内使用。感光鼓从铝袋包装拿出后不能放在阳光下直接照射，也不能在室内灯光下放置超过十分钟，否则将影响打印效果。在打印过程中有时打印机液晶显示屏上会显示信息，表明此时感光鼓中的墨粉将用完，必须马上加粉或更换感光鼓，否则打印出来的稿件将变淡，还会出现白条。

4. 不要触摸定影器

最好不要触摸定影器（该部件上一般都标有中、英文“高温，请勿触摸”的字样），特别是刚使用完打印机，该部件的温度往往很高。

5. 不要触摸打印机内部的部件

不要用手轻易触摸打印机内的部件，不要划伤或触摸感光鼓的表面。当你从打印机中取出碳粉盒时，应把它放在一个干净、平滑的表面上，而且要避免用手触摸感光鼓，因为人手指上的油脂往往会永久地破坏它的表面并会直接影响打印质量。不要把碳粉盒上下翻转，也不要把它立于一端，要尽量避免感光鼓暴露在光线下，也不要在（室内）光线下长时间地暴露碳粉盒，不要打开感光鼓的保护盖，因为感光鼓的过度暴露会造成打印页上出现不正常的暗或亮区域，还会降低使用寿命。不要用手触摸激光束前的玻璃，否则会直接降低打印质量。

### 8.1.4 知识拓展

以HP LaserJet 1020打印机为例介绍打印机安装步骤和测试。

1. 安装打印机

(1) 关闭计算机中所有打开的程序。

(2) 将 HP LaserJet 1020 系列打印系统软件 CD 插入 CD-ROM 驱动器中。

(3) 如果 CD 没有自动启动，请单击“开始|运行”命令，单击“浏览”命令，在 CD 的根目录下找到 SETUP. EXE 文件并双击。

(4) 在出现的“欢迎界面”上，单击“下一步”按钮，开始进行安装。

(5) 在“惠普软件许可协议”界面上，单击“是”按钮。

(6) 在“型号”界面上，突出显示相应的 HP LaserJet 1020 系列打印机。单击“下一步”按钮，出现“开始复制文件”界面。

(7) 验证设置是否正确，然后单击“下一步”按钮，开始复制系统文件。

(8) 当出现提示时，用 USB 连接线连接打印机和计算机。“新硬件向导”将检测到打印机并完成安装过程。

(9) 在“安装完成”界面上，默认情况下会选中“在线注册打印机”及“打印测试页”复选框。

(10) 如不注册，去掉已选中的“在线注册打印机”复选框。

(11) 在已选中“打印测试页”复选框的情况下，单击“完成”按钮，这将关闭安装向导并打印测试页。

**注意：**在打印测试页之前一定要把打印机纸放入打印机中。如果系统提示您是否重新启动计算机，单击“是”按钮。

2. 测试打印机

如果打印机在使用过程中出现问题，可以通过打印测试页来进行判断。如果能够正常打印测试页，说明打印机正常。因为 HP LaserJet 1018、1020 激光打印机没有按键，所以只能联机打印测试页不能脱机打印测试页。

**提示：**HP LaserJet 1022、1022n 激光打印机可以脱机打印测试页。

(1) 检查驱动程序。打印联机测试页前，请确定已经在计算机上正确安装了驱动程序，并且 USB 连接线已经与计算机连接，打印机处于就绪状态。判断驱动程序是否成功安装的方法如下：

单击“开始|打印机和传真”命令，进入“打印机和传真”窗口。在“打印机和传真”窗口中，查看是否有 HP LaserJet 1020 打印机图标。如果没有 HP LaserJet 1020 打印机图标，说明驱动程序没有安装成功或者没有启动打印机服务；如果有说明已经安装了打印机驱动程序。

(2) 打印测试页。

①在“打印机和传真”窗口中，右键单击“HP LaserJet 1020”图标，在快捷菜单中，单击“属性”命令，出现“属性”对话框。

②在“HP LaserJet 1020 属性”窗口中，单击“打印测试页”按钮。如果能够正常打印测试页，说明打印机已经能够正常使用了。

提示：HP LaserJet 1022、1022n、1022nw 激光打印机可以打印脱机测试页，不需要安装驱动程序。只要按打印机的“执行”键，等到绿色指示灯开始闪烁，打印机会自动打印出一张测试页，查看脱机测试页可以了解打印机当前的基本配置信息。

## 8.2 传真机

随着通信技术的发展，不少办公室都购置了传真机，有些用户因对它的功能不甚了解，仅仅把它当作远距离的复印机使用。其实，传真机有许多功能可供开发。什么是传真机呢?传真机就是应用扫描和光电变换技术，把文件、图表、照片等静止图像转换成电信号，传送到接收端，以记录形式进行复制的通信设备。

### 8.2.1 传真机的种类

目前市场上常见的传真机可以分为四大类：

(1) 热敏纸传真机 thermal paper fax machine（也称为卷筒纸传真机）；

(2) 热转印式普通纸传真机 thermal transfer process ordinary paper fax machine；

(3) 激光式普通纸传真机 laser ordinary paper fax machine（也称为激光一体机）；

(4) 喷墨式普通纸传真机 ink jet ordinary paper fax machine（也称为喷墨一体机）。

四类传真机中最常见的是热敏纸传真机和喷墨/激光一体机，而激光一体机和喷墨一体机的不同之处仅仅是打印方式和所采用的耗材上。所以基本上可以分为两大阵营进行比较，一类为热敏纸传真机，另一类为喷墨/激光一体机。

### 8.2.2 选购传真机

1. 确定用途

日前市场上主要有商用和家用传真机两类，两者在功能、价格上均有较大差异。若收发传真的数量不大、频率不高，则购买家用机较为合算；相反，则选择功能比较全面，高速的商用机。

2. 注意产品的几个主要性能

(1) 清晰度。

77 线/mm 扫描密度的传真机，只能传送大字体文件，若发送的传真字体很小，则需选择 154 线/mm 的传真机；而决定传真品质的半色调的级数，一般文件应为 16 级，数字表格适合 16 级或 32 级，图片或照片应首选 64 级。

(2) 传真速度。

常见传真机速率为 9 600bps，即 15 秒/页，也可选择 14400bps 速率的，6 秒/页的速度，这样可真节省大量通信费用。

(3) 传真机幅面。

多为 A4 幅面，但若常发送宽幅文稿，则需选 B4 的传真机。

3. 附加功能

在同等价格下，应选择有存贮发送、定时接收、无纸接收、自动重拨、语音答录、自动切纸等附加功能的传真机。

4. 售后服务

无论购买何种品牌，均建议在该品牌代理商、有维修能力的商家购买，以求有保证的售后服务。购买时，注意产品保修卡、中文说明书、出厂编号、CIB标志、长城标志、入网标志以及适应中国电压的电源（220V、50～60Hz），正规传真机的电源插头应为三相扁插头。

5. 试机检测

当场试机，注意复印件文字是否清晰（国家标准要求5号字应可辨认）；复印图像信息是否层次丰富、逼真；检查走纸是否正常、切纸是否整齐及振动、噪声大小等，以求购得性能稳定的传真机。

### 8.2.3 传真机的使用与维护

1. 不要频繁地开机

这是因为每次开关机都会使机内的电子元器件发生冷热变化，而频繁的冷热变化容易导致机内元器件提前老化，每次开机的冲击电流也会缩短传真机的使用寿命。经常通电其实是传真机最好的保养方法。

2. 雷雨天气注意防止雷击

近年来，雷击已成为电器损坏的一大元凶，尤其是网络上的电器，比如并入有线网的电视机、上网的电脑及传真机等。传真机最好的预防雷击方法是：雷雨天气如不使用传真机，除关掉电源外，应将电话线插头拔掉，这是因为雷击主要是从电话线进来的。

3. 不要随意更换电源线

传真机原机所带电源线的插头都是3针式插头，中间1针起保护接地作用。若将其拔掉或改用两针插头，则对安全不利。

4. 不宜在高温、强磁、强腐蚀性气体的环境中使用

高温、强腐蚀性气体不但会影响传真机记录纸的印字质量，而且会对电子线路造成不良影响或毁坏。强磁场不仅会干扰通话，还会使传送的图像失真。

5. 不要使用非标准的传真纸

劣质的传真纸光洁度不够，使用时会对感热记录头和输纸辊造成磨损。记录纸上的化学染料配方不合理，会造成印字质量不佳，保存时间变短。

6. 合纸舱盖的动作不宜过猛

传真机的感热记录头大多装在纸舱盖的下面，合上纸舱盖时动作过猛或过轻都会使纸舱盖变形，重则会造成感热记录头的破裂和损坏。

7. 稿件要干净

有装订针、大头针之类硬物的图文资料，以及墨迹或胶水未干的稿件不宜发送。这是因为上述硬物容易划伤扫描玻璃或其他装置，引起传真机故障。而稿件上的墨迹或胶水未干则易弄脏扫描玻璃，造成传真机发送质量下降。

8. 不要把传真机当复印机使用

不要把传真机当作复印机来使用，重要资料要用静电复印机复印后保存。传真机完成复印功能的主要部件是感热记录头，它是传真机最重要的部件之一，靠自身发热工作，因此应尽量减少其工作时间，以延长传真机的使用寿命。对于重要的、需要长期保存的文件，一定要用静电复印机复印一份长期保存。

### 8.2.4 知识拓展

1. 连接传真机

传真机背后有一个插座标有“LINE”，从该插座引出的两线用于电话线相接。

有的传真机本身不带电话机，它通常还有“TEL”插座，在此可以接上一个电话机。电话机和传真机实际上是串行连接的。有人将电话机与传真机并联相接，即电话机直接连到“LINE”上，这时如果采用该电话机拨号来进行传真机发送，则会出现通信失败的现象，原因是传真机内部线路并没有转换到外部“LINE”上去。

2. 发送和接收

(1) 发送文件。

①手动拨号发送文件。

装入文件：把将要发送的文件放入文件进稿器上，选择好清晰度和对比度。

呼叫对方：拨对方的电话号码，若占线可重拨，直至拨通。

等待对方“准备好”的回音：此时可能出现两种情况：A. 如果对方传真机处于自动接收状态，用户会听到“准备好接收”的“哔”音信号（CED信号）；B. 对方是手动接收状态，请对方操作员按下“启动（START)”键，你将听到类似“哔”音的信号。

启动发送操作：当听到对方来的“哔”音信号，立即按下“启动”键，挂下话筒，文稿会自动地进入传真机并被发送给对方。此时，如果传输成功，将会显示“成功发送”信息，倘若通信失败，亦会有出错信息显示。

②自动发送。

将对方的传真机设为自动接收，在本地传真机放入原稿后，拨对方的号码，按“开始/复印”键，对方有信号就可以自动发送传真。

(2) 接收文件。

①自动接收。

自动接收时，传真机必须是处于自动接收状态，可用键选择或者通过编程设置；通常会有自动接收指示灯指示或在显示屏上显示现时为自动接收状态。

对方发送的传真到来时，电话铃在响若干声后（可按要求设置）即转入自动接收，接收对方传来的传输文稿。

接收完毕，若成功，则会有通信成功的信息显示；不成功，则会有出错信息显示或告警。

②手动接收。

在传真机处于手动接收的状态下，电话铃声响声后，即可进行接收操作，具体可分两种情况：

- 如果对方是手动发送，回答呼叫，按照对方要求，按下“启动”键，挂下话筒，便可接收对方传来的传真文件。
- 对方是自动发送时，在拿起话筒时，会听到类似“哔”音的CNG信号，这表明对方是自动发送传真状态，这时按下“启动”键，便能接收文件。

(3) 复印操作。

将文稿放在进稿器上，按下该复印（COPY）键，即可完成复印动作。目前大多数传真机的复印键盘和启动键是合二为一（START/COPY）的，这时，要进行复印操作的话，需首先确认传真机线路是处于未接通的状态，否则，按下“START/COPY”键，将成为发送状态。

说明：一台传真机收到文件的质量部分取决于发送的原文件的质量，一般来说，用打字机打印；用黑墨水书写；用白色或浅色的纸的原稿文件才能保证质量。

## 8.3 复印机

静电复印机是一种现代化的办公设备，它可以提高公文形成的速度，节省大量的等待时间，给办公带来极大的方便。由于复印机的功能越来越多，技术性又强，如果不了解机器的基本结构和组成就无法操作和使用，操作不当还会损坏，所以作为办公人员，必须掌握复印机的使用方法。

什么是复印机呢？复印机是从书写、绘制或印刷的原稿得到等倍、放大或缩小的复印品的设备。

### 8.3.1 复印机的种类

复印机的种类有：模拟复印机、数码复印机、家用型复印机、办公型复印机、便携型复印机、工程图纸复印机。

### 8.3.2 选购复印机

1. 价格

价格因素包括两个方面，一是机器本身的价格，不同的品牌价格不同，现今市场占有率较高的品牌有：佳能、夏普、施乐、美能达等。二是购买者自身的价格承受能力。

2. 速度

复印机工作速度是决定其价格的一大因素，如果复印量比较大应选用高速的复印机。

3. 功能

购买复印机时需要了解复印机是否具有消钉功能，是否适合复印红头文件等特殊原件，能不能使用透明胶片，支持缩放的比例范围是多少，是否具有双面复印和多原稿成套复印功能等。

4. 工作方式

复印机的工作方式有两种：数码和模拟方式。由于目前数字复印机的绝对价格比模拟复印机要高一些，因此笔者建议注重经济性的用户仍然选购模拟复印机，那些想引入数字办公模式的用户和对图像复印效果要求较高的用户则最好选购数码复印机。

5. 售后服务

在选购时应选择设立了较多维修点的品牌，并从实力较强的代理商处购买，一旦复印机出现故障，将会很快地得到维修。

### 8.3.3 复印机的使用与维护

1. 电源选择

电源的额定值应选择200～240V，50Hz，8A以上。电压过高或过低会造成复印机不能正常使用，并且其他设备不要与复印机在同一线路，接地要用三相插座，电源线勿折勿压，关机后再拔电源线。

2. 爱护设备

勿让回形针、曲别针等金属件掉入机内，勿在机器上放重物，勿将装有液体的容器放在复印机上或机器周围。

3. 异常故障

出现故障代码，机器出现异声和异味，机器被水或其他液体淋湿，机器外壳过热等立即关掉电源并请维修员维修机器。

4. 选择墨粉

不要使用假墨粉，假墨粉会对复印机造成不良后果。通常出现底灰加重，颜色深浅不均，复印纸使用张数减少，硒鼓的磨损增大，寿命降低，定影辊上易沾墨粉，机器内的粉尘落于电路板上，造成短路，烧毁器件。

5. 选购复印纸

大家在选购复印纸时，应着眼于纸张的外观特性，如纸张的白度、厚度、均匀度，裁剪的整齐度等。劣质复印纸含酸性，严重腐蚀硒鼓、磨损鼓、粉尘吸附于硒鼓表面，摩擦大，造成磨损严重，硒鼓寿命降低，复印件变黑，字迹模糊，出纸部位卡纸，复印件褶皱不平，复印机内部变脏，灰尘增大。

6. 不频繁开机

经常开关机，对机器部件寿命有影响，如果两次复印间隔不超过 30 分钟时，尽量使用复印机节能功能。

7. 卡纸故障

卡纸故障占复印机故障率的 70%～80%，一般复印机在面板上都有卡纸部位指示灯，在机器上找到相应部位，取出卡纸即可，不可强行拉扯，注意拿卡纸时不要划伤感光鼓。为减少复印机的卡纸故障率，应选用中性复印纸，避免复印纸受潮，将纸左右上下并列对齐，复印纸装匣时，一定要放平。

8. 保养时间

复印机在使用 1～2 个月就要维护保养，要进行保养，以便使复印机正常使用，降低故障率。

### 8.3.4 知识拓展

1. 复印机的安装条件

为确保机器性能的安全和正常，在初次安装以及使用期间搬移复印机时，注意下列事项：

（1）电源和接地要求：电源电压波动应在额定电压的±10%以下。应尽量使用机器原装的三芯插头，与带地线的插座配合使用。

（2）环境温度：机器使用环境的温度应在 5～35℃之间。温度过高对机器散热不利，影响机器寿命和复印质量；温度过低，一些器件的性能会受影响，预热时间也会延长。

（3）环境湿度：室内相对湿度应在 20%～85%之间，在过湿的环境下使用会缩短机器的寿命，并影响复印的质量。

（4）通风问题：复印机使用时会释放一定量的有害气体和热量，对人体的健康不利。因此要求放置复印机的房间应通风良好，保持室内空气新鲜。

（5）安放条件：复印机应安放在水或其他液体不能溅到的地方，应远离易燃物或腐蚀性气体，应在无尘的环境中。复印机放置时应水平置于机台或桌面上，支撑物必须坚固，使之不会随机器的运转而晃动。机器背部应留 15cm 以上的空间做通风道，机器前面和左右两边应留有足够的空间，以便于机器的操作、更换消耗品和维修保养。

2. 复印机的安装步骤

（1）检查包装：去除包装，检查主机、零部件、消耗材料及备件，确保完整无缺，新机器要按操作手册说明逐一小心去掉包装物或紧固件。

（2）正确放置：按照安放要求正确放置主机，并依次安装感光鼓，加入载体及墨粉、安装纸盒和副本盘。在安装墨粉时应先取出显影盒，再从显影盒中取出显影仓，然后将墨粉轻摇几次后装入显影仓（切记将封条和挡片拉出）。在安装纸盒时，应先取出纸盒的转动固定螺钉，然后放入纸张，调整纸盒间距。

（3）主机显示及工作状态检查：包括机器各部位有无损伤和变形；各齿轮、皮带轮和链轮等是否处于正确位置；各按键和机器状态显示是否正常。

（4）机器试运行：经过通电、预热，若机器无异常显示或声音，即可复印。试运行测试的内容应包括：原样复印、连续复印、缩放复印、浓淡复印和各送纸盒送纸能力测试等。

（5）做好记录：试运行正常后，应装好后挡板和前门，并擦拭机器表面、清理现场，同时填写使用维修卡片，并附上一张复印品，存档备查。

（6）安装自选附件：例如自动分页器、自动进稿器等，这些附件请按照相应技术材料说明正确安装。

## 8.4 多功能一体机

随着外设产品集成化程度的提高，一体机的使用范围越来越广。在市场上的占有率越来越多，机器的性能以及外观都得到了市场的认可，随着多功能一体机价格的日益便宜，这类新兴的办公产品也随之走进寻常百姓家庭。

什么是一体机呢？一体机是集传真、打印、复印与扫描等功能为一体的机器。其影像是通过油墨形成的，而不像复印机是通过碳粉形成。但是在操作及外形上，今天的一体机都像一台典型的复印机。

### 8.4.1 多功能一体机的种类

就日前各厂商推出的多功能一体机产品，根据打印方式主要可以分为喷墨一体机和激光一体机两大类。

激光技术的多功能一体机有打印速度快，成像品质高，被大多数人认为是下一代一体机市场的主流，但成本较高。喷墨一体机成本低，性价比突出，并且普遍都支持彩色输出，对于日常办公，通常会有彩色文本或文字图像混合的处理需求，对于打印和复印质量要求不高的办公用户或是追求性价比的办公用户和个人用户来说，使用喷墨一体机是一个不错的选择。

### 8.4.2 一体机的使用与维护

1. 手动发送传真

（1）将传真原稿有字的一面朝下装入 ADF 进纸盘。控制面板液晶屏会提示“文档已装入”，如图 8—2 所示。

（2）拿起听筒能够听到长长的拨号音，输入对方的传真号码，等待电话接通。

电话接通后，一般会有以下两种情况：

①如果您听到了刺耳的传真信号，则说明对方传真机设置了自动接收传真。直接按“传真”按钮，开始发送传真，控制面板液晶屏顺序提示“存储传真页面 1”→“正在拨号…”→“连接”→“发送页面 1”→“发送 1 页，确定”，发送传真结束后回到“就绪”状态。

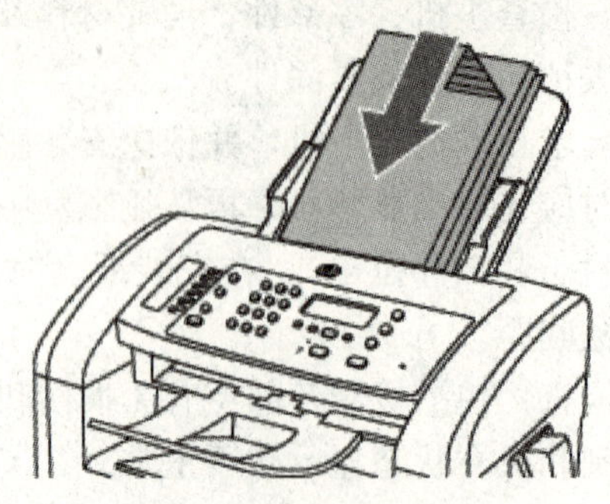

图 8—2 装入传真原稿

②如果对方有人接听电话，您可以告知对方是要发送传真给他，让他给您传真信号。听到传真信号后，直接按“传真”按钮，开始发送传真，控制面板液晶屏顺序提示“存储传真页面 1”→“正在拨号…”→“连接”→“发送页面 1”→“发送 1 页，确定”，发送传真结束后回到“就绪”状态。这时，手动发送传真完成。

2. 自动发送传真

(1) 将传真原稿有字的一面朝下装入 ADF 进纸盘。控制面板液晶屏会提示“文档已装入”。

(2) 输入对方的传真号码或者电话簿号码，然后按“传真”按钮，开始发送传真，控制面板液晶屏顺序提示“存储传真页面 1”→“正在拨号…”→“连接”→“发送页面 1”→“发送 1 页，确定”，发送传真结束后回到“就绪”状态。这时，自动发送传真的操作就完成了。

3. 逐页扫描

(1) 将要扫描的原件面朝下装入 ADF 中。

(2) 双击 HP 控制器桌面图表。

(3) 依次单击 HP 控制器和扫描以打开 HP 对话框。

(4) 单击“扫描”按钮。

(5) 如果扫描多页，装入下一页纸，单击“扫描”，重复以上步骤直到扫描完成。

(6) 单击“完成”按钮，然后单击“目标”按钮。

4. 扫描到文件

(1) 在“目标”中选择“保存至文件”。

(2) 命名文件并指定目标位置。

(3) 单击“保存”按钮，原件即被扫描并保存。

5. 扫描至电子邮件

(1) 在“目标”中选择“电子邮件”。

(2) 这时打开一封空白电子邮件，扫描的文档作为附件出现在电子邮件中。

(3) 输入电子邮件收件人，添加文本或其他附件，单击“发送”按钮。

### 8.4.3　一体机的安装

现以 HP LaserJet M1319f 多功能一体机为例，介绍安装步骤：

（1）打开包装，撕掉所有的橙色胶带和包装材料。

（2）查看装箱单，了解包装箱内的物品。

（3）安装控制面板盖板，如图 8—3 所示。

（4）连接电源，将电源线的一端连接到一体机的背面，将另一端插入交流（AC）电源插座中，打开一体机背面的电源开关。

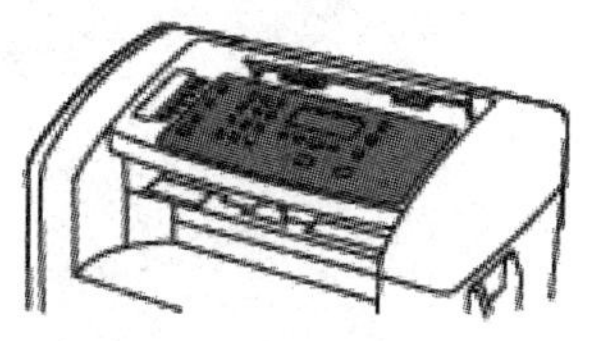

图 8—3　安装控制面板盖板

（5）按照显示屏的说明操作，设置默认语言和地区。选择地区后，一体机将自动重启。通过设置控制面板菜单可以将英文显示调整为中文显示。

控制面板显示屏显示英语，需要调整为简体中文显示，操作步骤如下：

①按控制面板上的设定按钮，进入控制面板主菜单。

②按箭头按钮，查看“System setup”菜单，然后按设定按钮。

③按箭头按钮，查看“Language”子菜单，然后按设定按钮。

④按箭头按钮，选择“Simp Chinese”项，然后按设定按钮，这时，控制面板显示屏就显示简体中文了。

（6）安装纸盒，调整纸张导板，贴住纸张边缘，如图 8—4、图 8—5 所示。

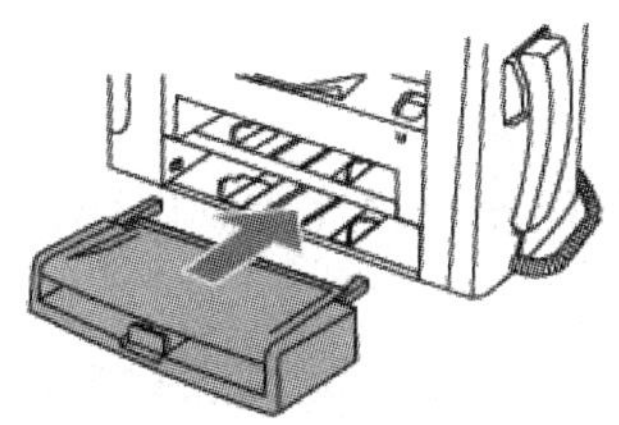

图 8—4　安装纸盒

图 8—5　调整纸张导板

（7）装入纸张，顶端朝前，打印面朝下，如图 8—6 所示。

（8）打开硒鼓舱门，图 8—7 所示。

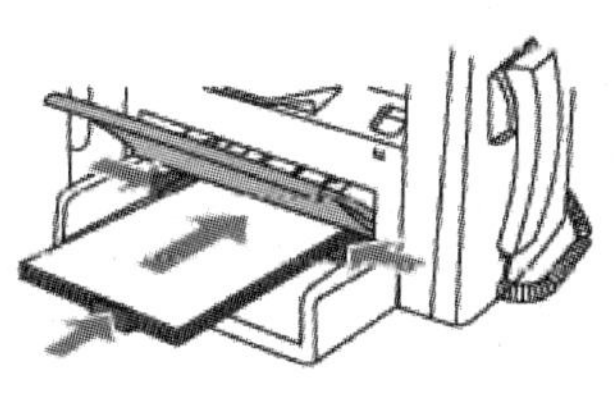

图 8—6　装入纸张

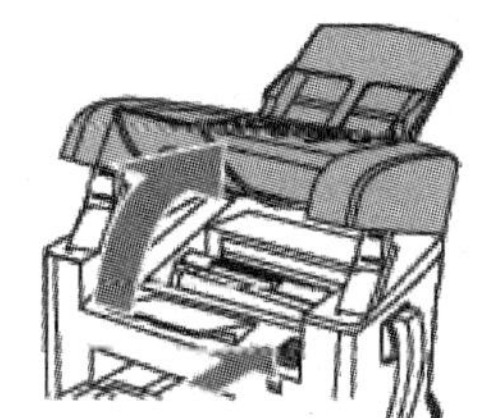

图 8—7　打开硒鼓舱门

（9）从包装中取出新硒鼓，握住硒鼓的两端，轻轻地从前到后摇晃硒鼓 5 次（不能左右摇晃），使硒鼓中的碳粉均匀分布。取下橙色保护盖，然后直接拉起橙色拉片，撕去密封胶条。

（10）将新硒鼓插入打印机中，直至其稳固就位，如图 8—8 所示。关闭硒鼓舱门，如图 8—9 所示。

**注意：**如果没有将硒鼓稳固就位，会导致打印机经常卡纸或者提示“检测不到打印硒鼓”信息。

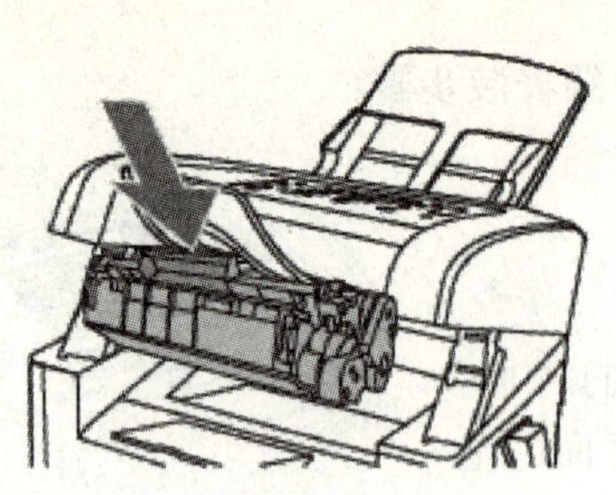

图 8—8　装入硒鼓

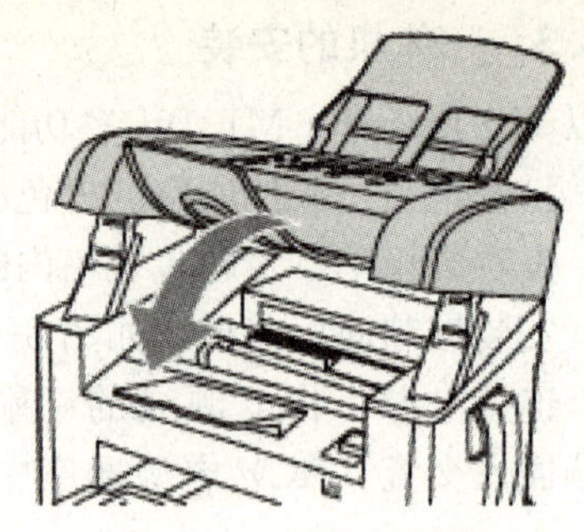

图 8—9　关闭硒鼓舱门

（11）安装驱动程序，将惠普一体机安装光盘放入电脑的光驱，驱动程序会自动运行。

**提示：**如果光盘不能自动运行，可以在“我的电脑”中打开打印机驱动程序光盘，双击其中的“setup. exe”文件。在安装打印机驱动程序前，建议先不要连接打印机 USB 连接线。

（12）在“感谢您从 HP 购买产品!”窗口中，点击“安装”按钮。

（13）在“选择简易安装或高级安装”窗口中，选择“简易安装”选项，然后单击“下一步”按钮。

（14）在“请允许所有 HP 安装向导过程”窗口中，单击“下一步”按钮。

（15）在“立即连接设备”窗口中，将打印机的 USB 连接线连接到电脑，打印机驱动程序会自动检测连接的设备。如图 8—10 所示。

（16）装入纸张，准备打印测试页。在“祝贺您！软件安装完成。”窗口中，去掉“在线注册打印机”选项，然后单击“完成”按钮，如图 8—11 所示。

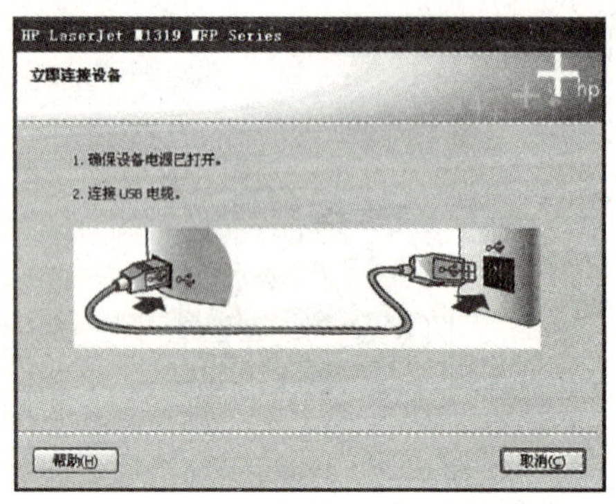


图 8—10　连接打印机 USB 连接线

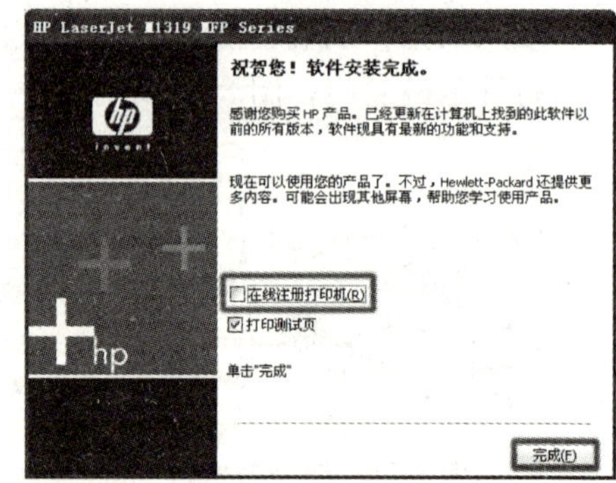


图 8—11　完成安装

（17）在“HP LaserJet M1319 MFP Series”窗口中，单击“关闭”按钮。

（18）在“HP LaserJet M1319 MFP Series Setup Utility”窗口中，单击“取消”按钮。测试页打印完毕后，就可以使用多功能一体机打印了。

## 本章小结

本章介绍了打印机、传真机、复印件和多功能一体机的概念、选购、使用、日常维护和简单的故障维修。尽管目前办公设备的型号越来越多，但基本的操作有相似之处。通过本章学习，将会对办公设备的使用有一个初步的理解，今后使用不会感到陌生，在此基础上，经过进一步的学习，操作会更加熟练。

## 习 题 8

1. 问答题

(1) 从打印机原理上来说，市面上较常见的打印机大致分为几种?

(2) 激光打印机有什么优点?

(3) 激光打印机分为几类?

(4) 什么是传真机?

(5) 目前市场上常见的传真机有几大类?

(6) 从应用角度上主要有哪两类传真机?

(7) 传真机的几个主要性能是什么?

(8) 什么是复印机呢?

(9) 复印机的种类有哪些?

(10) 什么是一体机?

2. 选择题

(1) 以下分辨率最高、打印质量最好的打印机为（　　）打印机。

A. 针式　　B. 喷墨　　C. 热敏　　D. 激光

(2) 办公自动化的英文简称为（　　）。

A. OFF　　B. OA　　C. AUT　　D. AO

(3) 可以用于打印多层纸（如发票）的打印机是（　　）。

A. 喷墨打印机　　B. 激光打印机　　C. 针式打印机　　D. 以上都不是

(4) 传真机传送文稿的幅面一般为（　　）。

A. B3　　B. 16K　　C. A3　　D. A4

(5) 激光打印机有着较为显著的几个优点，包括（　　）。

A. 打印速度快　　B. 打印品质好　　C. 工作噪声小　　D. 以上都对

(6) 彩色激光打印机一般面对（　　）领域。

A. 专业　　B. 家庭　　C. 学校　　D. 企业

(7) 反映激光打印机的打印质量，用是（　　）来衡量的。

A. DPI　　B. DIP　　C. IPD　　D. DPP

(8) 现在的激光打印机一般为（　　）DPI。

A. 600、1000　　B. 600、1200　　C. 600　　D. 1200

(9) 打印机目前主要有两种接口，它们是（　　）。

A. USB、并行口　　B. USB、串行口　　C. 并行口、串行口　　D. USB、PS/2

(10) 电源电压的额定值应选择（　　）。

A. 交流 200～240V　　B. 直流 200～240V

C. 交直流 200～240V　　D. 以上都不对

(11) 复印机在使用（　　）个月就要维护保养，要进行保养，以便使复印机正常使用。

A. 1～2　　B. 3～4　　C. 1～2　　D. 12

(12) 一体机是集（　　）等功能为一体的机器。

A. 传真、复印与扫描　　B. 传真、打印与扫描

C. 打印、复印与扫描　　D. 传真、打印、复印与扫描

3. 填空题

(1) 从打印机原理上来说，市面上较常见的打印机大致分为________、________和针式打印机。

(2) 激光打印机分为________和________。

(3) 从目前来看，现在用得最多的是________打印机。

(4) 选购黑白激光打印机应考虑________、________、________、打印速度、打印接口、纸张大小。

(5) 目前市场上常见的传真机有________、热转印式普通纸传真机、激光式普通纸传真机、喷墨式普通纸传真机。

(6) 复印机的种类有________、________、________、办公型复印机、便携型复印机和工程图纸复印机。

(7) 多功能一体机根据打印方式主要可以分为________和________。

(8) 我国交流电源的标准是________________。

(9) 目前打印机所使用的接口是________。

(10) 如果家庭要使用彩色打印机，你认为应该买________打印机。

# 参考文献


[1] 靳广斌．办公自动化基础教程与实训．北京：北京大学出版社，2006

[2] 李宁，胡新和．办公自动化技术．北京：中国铁道出版社，2009

[3] 孔令德．计算机公共基础．北京：高等教育出版社，2007

[4] 刘芳．大学计算机基础．北京：冶金工业出版社，2008

[5] Office 2010 软件帮助信息

[6] 惠普 HP LaserJet M1319f 多功能激光一体机使用说明

[7] 惠普 HP laser Jet 1020 打印机使用说明

## 教育部高职高专计算机教指委规划教材

| 序号 | 标准书号 | 书 名 | 主 编 | 定价(元) | 备 注 |
|---|---|---|---|---|---|
| 1 | ISBN 978-7-300-12890-0 | 大学计算机基础教程 | 舒望皎、王瑛舒雅 | 26.00 | 配备教学资源 |
| 2 | ISBN 978-7-300-13635-6 | 计算机信息技术基础与实训教程 | 王洪香、孟祥瑞 | 33.00 | 配备教学资源 |
| 3 | ISBN 978-7-300-12889-4 | C 语言程序设计项目教程 | 吕新平 | 29.80 | 配备教学资源 |
| 4 | ISBN 978-7-300-13861-9 | C 语言程序设计实例教程 | 周静、陈俊伟 | 33.00 | 配备教学资源 |
| 5 | ISBN 978-7-300-13434-5 | 数据结构与算法 | 田晶、金鑫 | 29.00 | 配备教学资源 |
| 6 | ISBN 978-7-300-12888-7 | 计算机组装与维修案例教程·浙江省高校重点教材建设(高职高专) | 张海波 | 29.00 | 配备教学资源 |
| 7 | ISBN 978-7-300-14122-0 | 网络技术基础项目教程 | 张学金 | 29.00 | 配备教学资源 |
| 8 | ISBN 978-7-300-11722-5 | ASP. NET 网络程序设计 | 崔连和 | 28.00 | 配备教学资源 |
| 9 | ISBN 978-7-300-13432-1 | 现代办公自动化项目教程(Windows XP+Office2010) | 靳广斌 | 29.00 | 配备教学资源 |
| 10 | ISBN 978-7-300-11475-0 | 软件工程技术与实用开发工具 | 王伟 | 26.00 | 配备教学资源 |
| 11 | ISBN 978-7-300- | 软件测试技术与项目实训 | 于艳华 | 28.00 | 配备教学资源 |
| 12 | ISBN 978-7-300-12061-4 | Java 程序设计项目教程 | 张兴科、季昌武 | 29.80 | 配备教学资源 |
| 13 | ISBN 978-7-300-12059-1 | Java 网络程序设计项目教程——校园通系统的实现 | 王茹香 | 25.00 | 配备教学资源 |
| 14 | ISBN 978-7-300-12060-7 | JSP 动态网站设计项目教程 | 张兴科 | 28.00 | 配备教学资源 |
| 15 | ISBN 978-7-300-12504-6 | Dreamweaver CS 网页设计与实训教程 | 史晓红、章立 | 29.00 | 配备教学资源 |
| 16 | ISBN 978-7-300-12887-0 | SQL Server 2005 数据库案例教程 | 尹毅峰、李东 | 28.00 | 配备教学资源 |
| 17 | ISBN 978-7-300-13435-2 | Web 数据库设计项目教程 | 邵冬华 | 29.00 | 配备教学资源 |
| 18 | ISBN 978-7-300-12759-0 | 企业级网站开发项目教程(ASP. NET) | 陈义辉、沙继东 | 32.00 | 配备教学资源 |
| 19 | ISBN 978-7-300-12891-7 | 动态网站开发技术项目教程(ASP. NET) | 牛立成 | 29.00 | 配备教学资源 |
| 20 | ISBN 978-7-300-13430-7 | 基于 C#的 Windows 应用程序设计项目教程 | 刘昌明、郑卉 | 28.00 | 配备教学资源 |
| 21 | ISBN 978-7-300-13246-4 | 数据库开发技术项目教程(SQL Server 2008+C#2008) | 王跃胜 | 28.00 | 配备教学资源 |
| 22 | ISBN 978-7-300-13431-4 | Windows Server 操作系统维护与管理项目教程 | 王伟 | 29.00 | 配备教学资源 |
| 23 | ISBN 978-7-300-13433-8 | Linux 网络服务器搭建管理与应用 | 周奇 | 28.00 | 配备教学资源 |
| 24 | ISBN 978-7-300- | 数字电子技术及 EDA 设计项目教程 | 王艳芬、候聪玲 | 28.00 | 配备教学资源 |
| 25 | ISBN 978-7-300-13636-3 | Flash CS5 动画设计项目实践教程 | 周奇 | 29.00 | 配备教学资源 |
| 26 | ISBN 978-7-300-12892-4 | Premiere Pro CS4 视频编辑项目教程(彩印) | 尹敬齐 | 38.00 | 配备教学资源 |
| 27 | ISBN 978-7-300-12894-8 | 中文版 Photoshop 设计与制作项目教程(彩印) | 张小志、高欢 | 35.00 | 配备教学资源 |
| 28 | ISBN 978-7-300-12893-1 | 3ds Max 动画设计与制作项目教程(彩印) | 许广彤 | 35.00 | 配备教学资源 |
| 29 | ISBN 978-7-300-12886-3 | 网页美术设计(彩印) | 许广彤 | 33.00 | 配备教学资源 |

## 全国高职高专计算机系列精品教材

| 序号 | 标准书号 | 书 名 | 主 编 | 定价(元) | 备 注 |
|---|---|---|---|---|---|
| 1 | ISBN 978-7-300-12039 3 | 网络管理与维护 | 马志彬 | 26.00 | 配备教学资源 |
| 2 | ISBN 978-7-300-12437-7 | 计算机应用基础 | 沈美莉、陈孟建、池敏 | 32.00 | |
| 3 | ISBN 978-7-300-12435-3 | 计算机应用基础实训 | 刘静 | 26.00 | |
| 4 | ISBN 978-7-300-12458-2 | C 语言程序设计 | 汪剑 | 25.00 | |
| 5 | ISBN 978-7-300-12432-2 | Java 实例应用教程 | 王建虹 | 26.00 | |
| 6 | ISBN 978-7-300-12459-9 | 计算机组成原理 | 朱小军 | 25.00 | |
| 7 | ISBN 978-7-300-12429-2 | 计算机网络技术实训教程 | 曹建春 | 28.00 | |
| 8 | ISBN 978-7-300-12431-5 | Dreamweaver 网页设计与制作案例教程 | 李敏 | 26.00 | |
| 9 | ISBN 978-7-300-12428-5 | 计算机组装与维护 | 陈桂生 | 22.00 | |
| 10 | ISBN 978-7-300-12434-6 | 多媒体应用技术基础教程 | 张明 | 20.00 | |
| 11 | ISBN 978-7-300-12436-0 | 三维动画设计与制作 | 向华 | 28.00 | |
| 12 | ISBN 978-7-300-12430-8 | 数据结构导论 | 蔡厚新 | 39.80 | |
| 13 | ISBN 978-7-300-12438-4 | 操作系统概论 | 杨云 | 29.00 | |
| 14 | ISBN 978-7-300-12433-9 | 二维动画制作技术 | 牟奇春 | 26.00 | |

**图书在版编目（CIP）数据**

现代办公自动化项目教程（Windows XP+Office 2010）/靳广斌主编．—北京：中国人民大学出版社，2011.5

教育部高职高专计算机教指委规划教材

ISBN 978-7-300-13432-1

Ⅰ.①现… Ⅱ.①靳… Ⅲ.①窗口软件，Windows XP-教材②办公自动化-应用软件，Office 2010-教材 Ⅳ.①TP316.7②TP317.1

中国版本图书馆CIP数据核字（2011）第032192号

教育部高职高专计算机教指委规划教材

**现代办公自动化项目教程（Windows XP+Office 2010）**

主　编　靳广斌

副主编　樊广峰

| | | | |
|---|---|---|---|
| **出版发行** | 中国人民大学出版社 | | |
| **社　　址** | 北京中关村大街31号 | **邮政编码** | 100080 |
| **电　　话** | 010－62511242（总编室） | | 010－62511398（质管部） |
| | 010－82501766（邮购部） | | 010－62514148（门市部） |
| | 010－62515195（发行公司） | | 010－62515275（盗版举报） |
| **网　　址** | http://www.crup.com.cn | | |
| | http://www.ttrnet.com(人大教研网) | | |
| **经　　销** | 新华书店 | | |
| **印　　刷** | 北京七色印务有限公司 | | |
| **规　　格** | 185 mm×260 mm　16开本 | **版　　次** | 2011年8月第1版 |
| **印　　张** | 17.75 | **印　　次** | 2016年1月第2次印刷 |
| **字　　数** | 429 000 | **定　　价** | 32.00元 |

# 教师信息反馈表

为了更好地为您服务，提高教学质量，中国人民大学出版社愿意为您提供全面的教学支持，期望与您建立更广泛的合作关系。请您填好下表后以电子邮件或信件的形式反馈给我们。

| 您使用过或正在使用的我社教材名称 | | 版次 | |
|---|---|---|---|
| 您希望获得哪些相关教学资料 | | | |
| 您对本书的建议（可附页） | | | |
| 您的姓名 | | | |
| 您所在的学校、院系 | | | |
| 您所讲授课程名称 | | | |
| 学生人数 | | | |
| 您的联系地址 | | | |
| 邮政编码 | | 联系电话 | |
| 电子邮件（必填） | | | |
| 您是否为人大社教研网会员 | □ 是　会员卡号：__________<br>□ 不是，现在申请 | | |
| 您在相关专业是否有主编或参编教材意向 | □ 是　　　□ 否<br>□ 不一定 | | |
| 您所希望参编或主编的教材的基本情况（包括内容、框架结构、特色等，可附页） | | | |

**我们的联系方式：北京市海淀区中关村大街 31 号**
**中国人民大学出版社教育分社**
邮政编码：100080
电话：010-62515923
网址：http://www.crup.com.cn/jiaoyu
E-mail：jyfs_2007@126.com